Helmut Weber

Praktische
Systemprogrammierung

Helmut Weber

Praktische Systemprogrammierung

Grundlagen und Realisierung unter UNIX
und verwandten Systemen

http://www.vieweg.de

Die Wiedergabe von Gebrauchsnamen, Handelsnamen, Warenbezeichnungen usw. in diesem Werk berechtigt auch ohne besondere Kennzeichnung nicht zu der Annahme, daß solche Namen im Sinne der Warenzeichen- und Markenschutz-Gesetzgebung als frei zu betrachten wären und daher von jedermann benutzt werden dürften.

Höchste inhaltliche und technische Qualität unserer Produkte ist unser Ziel. Bei der Produktion und Auslieferung unserer Bücher wollen wir die Umwelt schonen: Dieses Buch ist auf säurefreiem und chlorfrei gebleichtem Papier gedruckt. Die Einschweißfolie besteht aus Polyäthylen und damit aus organischen Grundstoffen, die weder bei der Herstellung noch bei der Verbrennung Schadstoffe freisetzen.

ISBN 978-3-528-05658-2   ISBN 978-3-663-05800-7 (eBook)
DOI 10.1007/978-3-663-05800-7

Vorwort

Dieses Buch ist aus Vorlesungen und Praktika hervorgegangen, die der Verfasser am Fachbereich Informatik der Fachhochschule Wiesbaden als Vertiefungsfach für fortgeschrittene Studenten gehalten hat. Bei einem Fach wie der Systemprogrammierung stellt sich zunächst die Frage nach der Auswahl des Stoffes, der gerade hier keineswegs so standardisiert sein kann wie in verwandten Fächern wie Betriebssysteme und Compilerbau.

Literaturaspekte

Die Literatur über Systemprogrammierung ist zudem nicht sehr reichhaltig, wenn es um allgemeine und systemübergreifende Aspekte geht. Auf der anderen Seite gibt es zu bestimmten weit verbreiteten Systemen im PC-Bereich wie MS-DOS, Windows 3.1 oder OS/2 eine Fülle von Veröffentlichungen von Herstellern und unabhängigen Autoren. Jedoch schon bei etwas weniger oft verkauften Systemen wie Windows NT ist der Markt an Veröffentlichungen in Buchform dünner, was sich bei der Systemprogrammierung auf kommerziellen Minirechnern und Mainframes mit Systemen wie DEC VMS und IBM VM oder IBM MVS unrühmlich fortsetzt. Den Lichtblick bilden eine Reihe von Büchern über Systemprogrammierung unter UNIX oder UNIX-Derivaten wie z. B. Linux. Diese wenden sich an sowohl an Programmierer mit Hardware auf Intel 80X86-Basis als auch mit MC 680X0-Prozessoren, Workstations mit verschiedenen RISC-Prozessoren und schließlich Mainframes mit VAX-, IBM- und anderer Hardware.

Zielrichtung

Für die praktische Arbeit Lernender in der Systemprogrammierung, seien es Studenten an Hochschulen oder sich fortbildende Praktiker, erscheint es mir von großer Wichtigkeit, ein System heranzuziehen, das noch einigermaßen durchschaubar ist, andererseits aber alle wesentlichen Eigenschaften moderner Großrechnerbetriebssysteme hat. D.h., es muß ein Multi-User/Multi-Tasking-System sein und es darf nicht "zu viele" Systemaufrufe besitzen. Zusätzlich sollte es in einer geläufigen höheren Programmiersprache zu programmieren sein und allgemein verbreitet sein. Was bleibt da übrig? Der Leser möge die Frage selbst beantworten.

Einigen wir uns auf UNIX und die Sprache C, so bleiben Fragen bestehen, wie es mit der Portierbarkeit von systemnahen Programmen bestellt ist. Wir möchten doch vieles von dem hier erworbenen Wissen auch auf andere Systemkonfigurationen anwenden, vielleicht auch die Programme dort weiter verwenden. Aus diesem Grunde werden im Rahmen dieses Textes auch Portabilitätsfragen innerhalb der UNIX-Dialekte und Aspekte der Portierbarkeit auf andere Systeme mit im Vordergrund des Interesses stehen. Die anderen Systeme sind das inzwischen veraltete Standardsystem MS-DOS und das bisher leider zu wenig benutzte Multi-Tasking-System OS/2, ferner Windows NT als modernes Multi-Tasking-System und Netzwerk-Betriebssystem. Die Gründe dafür sind u.a., daß "alle" Programmierer MS-DOS kennen und daß OS/2 eben doch viele Aspekte von UNIX ebenfalls in leichter Abwandlung verwirklicht. Eine andere Wahl wäre VMS gewesen, aber auf der VAX gibt es ja auch UNIX!

Dem Leser wird eine ganze Reihe von technischen Einzelheiten über System-Calls, Error-Codes und ähnliches zugemutet. Wir dokumentieren die einzelnen Systemaufrufe relativ vollständig, ohne jedoch den mindesten Anspruch zu erheben, ein UNIX Programmers-Manual zu ersetzen! An solchen Lesestoff muß sich jedoch der zukünftige Systemprogrammierer gewöhnen, ganz gleichgültig, mit welchem System er später arbeitet. Daneben finden sich auch recht viele Beispielprogramme im C-Quellcode, die die behandelten Methoden ausprobieren sollen. Es hat sich ja inzwischen als gesicherte Tatsache herausgestellt, daß die Betrachtung von Beispielen beim Erlernen der Programmierung sehr nützlich ist. Noch besser ist es freilich, die gerade neu aufgenommenen Begriffe durch eigene Programme auszuprobieren und zu erkunden.

Aufbau des Buches

Das Buch zerfällt in die folgenden Abschnitte: Kapitel 1 dient zur Begriffsbestimmung und bringt einige Fakten über die Aufgaben und den Alltag von Systemprogrammierern in Rechenzentren und ähnlichen Institutionen. In Kapitel 2 werden eine Reihe von Grundlagen der Systemprogrammierung besprochen oder auch wiederholt, die vielleicht auch aus Lehrveranstaltungen über Betriebssysteme bekannt sein dürften. Im Vordergrund unseres Interesses stehen dabei Schichtenmodelle von Betriebssystemen, Systemaufrufe und Programmiersprachen für die Systemprogrammierung. Wir untersuchen auch etwas genauer die Ursachen von Schwierigkeiten bei der Portierung von Systemsoftware.

Natürlich kann man keine ernsthafte Systemprogrammierung ohne ein konkretes Beispiel eines Betriebssystems betreiben. Zu diesem Zweck füllen wir in Kapitel 3 das in Kapitel 2 vorgestellte Skelett ein wenig mit Fleisch in Form von Details über das UNIX-System. Über die Auswahl dieses Systems wurde ja schon einiges gesagt. Kapitel 4 gibt eine kurze Einführung in die wichtigsten Werkzeuge, die uns UNIX für Zwecke der Programmentwicklung bietet. Dazu gehört die Shell-Programmierung, die für die praktische Arbeit mit UNIX-Systemen wichtig ist. Sie wird in Abschnitt 4.1 behandelt. Der Rest dieses Kapitels ist C-Compilern wie cc und gcc und den Programmentwicklungswerkzeugen wie lint, make und Debuggern wie dbx gewidmet. Auch die Compilerbau-Werkzeuge lex und yacc und die UNIX-Dokumentation werden hier angesprochen

Das zentrale Kapitel 5 schließlich befaßt sich mit der Systemprogrammierung von UNIX wobei System V und BSD im Vordergrund stehen. Wir beschreiben darin die UNIX-Systemaufrufe bzw. UNIX-Subroutines eingehend mit ihren Argumenten und Fehlercodes und geben Beispiele für ihre Verwendung und auch den größeren Zusammenhang. In 5.2 wird die für die Systemprogrammierung spezifische Fehlerbehandlung eingeführt. Eine wichtige Gruppe von Systemdiensten ist für das File-Handling zuständig. Sie wird in 5.3 behandelt. Abschnitt 5.4 wiederholt den Begriff der Standard-Files. Der nächste Abschnitt 5.5 befaßt sich mit weiteren auf Files bezogenen System-Calls, die mit Zugriffsrechten und Attributen zu tun haben. Directories und Filesysteme kommen in Paragraph 5.6 zu ihrem Recht, zusammen mit den zugehörigen Systemaufrufen und sonstigen nützlichen Funktionen.

Paragraph 5.7 untersucht die Möglichkeiten von UNIX zur Prozeßerzeugung und weitere Steuerungsmöglichkeiten für Prozesse. Zur Kommunikation und Synchronisation von Prozessen untereinander haben die folgenden Abschnitte 5.8 und 5.9 wesentliche Gesichtspunkte beizutragen. Es geht um Lock-Files, Pipes, FIFOs, Message Queues, Semaphore, Shared Memory und Memory Mapping. In Abschnitt 5.10 wird die Steuerung von alphanumerischen Terminals unter UNIX betrachtet. Zum Einsatz kommt dabei termcap, terminfo und das Curses-Paket. Durch dessen weite Verbreitung ist auch eine Übertragbarkeit auf andere Systeme gesichert, bei den ja u. U. ganz andere Konzepte wie Memory-Mapped IO benutzt werden.

Das sechste Kapitel beschäftigt sich mit der Übertragung der gerade untersuchten Begriffe auf andere Betriebssysteme wie MS-DOS, OS/2 bzw. Windows NT. In vielen Fällen klappt dies ja durch Emulationen der entsprechenden System-Calls durch die verwendeten Compiler recht gut. Bei manchen anderen Fällen existiert auch keine Übertragungsmöglichkeit - und ist vielleicht auch gar nicht von Nöten. Einige Überlegungen dazu finden sich auch in Abschnitt 5.1. In Kapitel 7 sind einige Fallstudien von systemnahen C-Programmen hauptsächlich für UNIX, aber auch zum Teil für MS-DOS, IBM OS/2 und Windows NT zusammengestellt. Einige hoffentlich nützliche Zusammenstellungen von System-Calls und diverse Übersichten finden sich im Anhang.

Vorkenntnisse

Welche Vorkenntnisse sollte der Leser aufweisen? Er sollte eine Vorlesung über Betriebssysteme gehört haben oder eines der Standardwerke auf diesem Gebiet studiert haben (z.B. [Bach], [Deitel], [Silberschatz], [Tanenbaum1]) und gut in C programmieren können. Als Auffrischung empfiehlt sich dazu der Klassiker [Kernighan]. Praktische und theoretische Kenntnisse, vor allem über UNIX, aber auch über MS-DOS, OS/2 und Windows NT sind selbstverständlich von Vorteil.

Danksagung

Der Verfasser dankt vielen Kollegen und Studenten des Fachbereichs Informatik der Fachhochschule Wiesbaden für Diskussionen über Themen dieses Buches, für manche Ideen, die Eingang gefunden haben, und nicht zuletzt auch für die Suche von Fehlern in den abgedruckten Programmen. Besonders seien meine Studenten Matthias Kadenbach und Oliver Bildesheim genannt, die ein früheres Stadium des Manuskripts auf ein neues Textverarbeitungssystem umgestellt und viele der Zeichnungen neu hergestellt haben. Für Formulierungshilfen für Abschnitt 4.1 danke ich meinen damaligen Studenten Susanne Faust und Eric Trautmann. Herr Dirk Lormess hat dankenswerterweise einige der csh-Beispiele und einen Entwurf des Abschnitts über Curses verfaßt. Herr Nick Dathe hat freundlicherweise die Rohfassung von Abschnitt 4.5.2 übernommen. Roland Jung und Christoph Weyer haben die Urfassung des Programms aus Abschnitt 5.9.5 geschrieben. Für umfangreiche Korrekturarbeiten danken ich meinen Diplomanden Bernd Wocker und Klaus Furmann. Ferner seien unter meinen hiesigen Kollegen namentlich genannt Herr Prof. Dr. K.-L. Nöll, Herr Prof. Dr. R. Kröger und Frau Dipl.-Inform. (FH) Elke Fauth. Meinem Sohn Stefan danke ich für umfangreiche Schreib- und Formatierarbeiten.

Konventionen

Zur leichteren Lesbarkeit benutzen wir folgende Schrifttypen:

Gatineau	Normaler Text
Gatineau Bold	**Namen von System-Calls und System-Funktionen**
Gatineau Kursiv	*Hervorhebungen aller Art*
Letter Gothic	Programme und Programmierungsbeispiele, Progamm-Output
Helvetica-Narrow	Kommandozeilen und Programm-Input, eingerahmte Deklarationen von Systemaufrufen und sonstigen wichtigen Funktionen

Beispielprogramme

Die Beispielprogramme dieses Buches wurden getestet auf folgenden Systemen

- SUN IPX unter SunOS 4.1.2 (Abkömmling von 4.3BSD)
- SUN SparcStation 20 unter Solaris 2.4 (System V Release 4)
- Pentium PC unter Linux (1.x.x)
- Pentium PC unter FreeBSD 2.0.5 (4.4BSD)

und zum Teil auch auf

- Pentium PC mit OS/2 3.0 (Warp),
- Pentium PC mit MS-DOS 6.2 unter Windows für Workgroups 3.11
- Pentium PC mit MS Windows NT 3.51
- Pentium PC mit MS Windows 95

Den Quelltext der Beispielprogramme findet man im Internet mit anonymous ftp auf dem Server

ftp.informatik.fh-wiesbaden.de

im Directory /pub/sysprog/buch. Der Autor nimmt gern Hinweise auf Fehler in diesem Manuskript und sonstige Kommentare dazu entgegen und ist über E-Mail im Internet erreichbar unter

weber@informatik.fh-wiesbaden.de

Wiesbaden, im Oktober 1997

Helmut Weber

Inhaltsverzeichnis

1 Einleitung

Der allgemeine Begriff der Software gliedert sich auf in

Systemsoftware und **Anwendersoftware.**

Die **Anwendersoftware** löst Probleme des Anwenders und soll uns hier nicht weiter interessieren.

Die **Systemsoftware** - auch **systemnahe Software** genannt - besteht aus Programmen, die Funktionen der Rechenanlage steuern. Einen guten Überblick über diese Gebiet bekommen wir, wenn wir einige Beispiele nennen:

- Betriebssystem des Rechners
- Dienstprogramme des Betriebssystems
- Compiler
- Binder, Lader
- Debugger, Profiler
- Editoren
- Grafikprogrammpakete
- Programmbibliotheken aller Art
- Gerätetreiber
- Terminalemulationen
- Datenbankmanagementsysteme

Die Liste ist bei weitem nicht komplett. Jeder kann sie nach eigenen Vorstellungen ergänzen. Der Begriff der **Systemprogrammierung** - auch **EDV-Systemtechnik** genannt - ist die Disziplin innerhalb der Informatik (oder der EDV), die sich mit der Programmierung und Wartung von systemnaher Software beschäftigt. In der Praxis eines Rechenzentrums oder eines Betriebes ergeben sich folgende spezielle Aufgabenstellung für die **Systemprogrammierer**:

- Entwicklung von Betriebssystemsoftware und systemnaher Software

- Installation und Generierung von Betriebssystemen

- Administration von Rechnern und Rechnernetzen

  Organisation der Datensicherung
  Benutzerorganisation
  Abrechnung
  Zuteilung von Plattenplatz und Berechtigungen

- Wartung von Betriebssystemen und von systemnaher Software (Compiler, Datenbanksystem, ...)

  Installation neuer Versionen
  Anfertigung von Fehlerreports
  Beseitigung von Fehlern (Patches)

- Tuning des Betriebssystems (Feinabstimmung der Parameter des Systems für Multiprogramming, ...)

- Programmierung von Utilities in der Kommandosprache des Systems (z.B. REXX-Proceduren, Shell-Scripts, ...)

- Programmierung oder Modifikation von Utilities, Treibern, etc. in der System-implementierungs-Sprache

- Portierung (Umstellung) von Fremdprogrammen auf das Zielsystem

- Installation und Wartung von Programmbibliotheken

- Lesen von Magnetbändern fremder Herkunft

- Beratung von Benutzern bei Fehlern und Problemen mit dem System

- Abhaltung von Kursen zur Systembenutzung und in Programmiersprachen

- Portierung von Programmen von einer Sprache in eine andere

- Erzeugung von "Compilern" mit Compilerbauwerkzeugen

- Betreuung der DFÜ-Einrichtungen und Netzwerke

Es wird an dieser Stelle klar, daß die Tätigkeit des Systemprogrammierers äußerst anspruchsvoll sein kann und demzufolge eine Vielzahl von Spezialkenntnissen verlangt. Diese werden in der Regel neben einem Studium durch jahrelange Praxistätigkeit und Spezialkurse erworben.

Einige der *fachlichen Anforderungen* an Systemprogrammierer sollen hier explizit erwähnt werden:

- Kenntnisse effizienter Methoden und Algorithmen für Aufgaben, die im systemnahen Bereich häufig auftreten, wie Sortier- und Suchvorgänge, Dateiorganisation, Datenabstraktionen.

- Detaillierte Kenntnisse der Hardware und des Betriebssystems, speziell der Systemaufrufe des Betriebssystems.

- Gute praktische Kenntnisse der Systemimplementierungssprache(n) und der Konventionen der Systemprogrammierung auf dem speziellen System.

- Spezialkenntnisse, die durch Kurse beim Hersteller erworben werden müssen.

- Spezialliteratur und (meterweise) Dokumentation, die vom Hersteller erworben werden muß.

Nur der erste Punkte dieser Aufstellung ist systemunabhängig. Die restlichen Punkte hängen mehr oder weniger stark von der Architektur des Rechners und noch stärker vom Betriebssystem ab.

Dieses Buch beschäftigt sich hauptsächlich mit den *Kernaufgaben* der Systemprogrammierung, die in der Programmierung systemnaher Software in einer dafür geeigneten Programmiersprache (z.B. C) unter Verwendung von Systemaufrufen liegen. Dabei sollen Themen von systemübergreifendem Interesse in den Vordergrund gerückt werden. Als Modell der Systemprogrammierung werden wir dafür das UNIX-System mit seinen Systemdiensten im natürlichen Zusammenhang mit der Programmierung in C verwenden. In vielen Fällen ermöglicht dies eine leichte Portierung auch auf Nicht-UNIX-Systeme wie MS-DOS, Windows NT oder OS/2.

2 Grundlagen der Systemprogrammierung

2.1 Betriebssysteme

Zum täglichen Umgang des Systemprogrammierers gehört in erster Linie das Betriebssystem des Rechners, mit dem er arbeitet. Es ist daher selbstverständlich, daß er sich einen guten Einblick in die Eigenschaften und Besonderheiten dieses Systems verschaffen muß.

2.1.1 Hauptaufgaben von Betriebssystemen

Wir erläutern hier als Wiederholung kurz die **wesentlichen Komponenten** eines Betriebssystems.

Speicher-Verwaltung

Zuweisung und Überwachung des Betriebsmittels Speicher (Haupt- und Hintergrundspeicher), Führung von Tabellen der Speicherbelegung durch Benutzerjobs bzw. Prozesse (laufende Programme). Bedienung von Anforderungen und Freigabe von Speicher.

Prozessor-Verwaltung

Zuteilung des Betriebsmittels Prozessor an die zum Ablauf bereiten Prozesse. Die meisten größeren Systeme arbeiten dabei im Multiprogramming-Betrieb. Darunter verstehen wir die Bearbeitung von mehreren in kleinen Zeitabschnitten verzahnten Aufgaben. Von großer praktischer Bedeutung ist dabei der Zuteilungsalgorithmus.

Prozeß-Verwaltung

Betreuung sämtlicher Prozesse (im Ablauf befindlicher Programme) im Rechnersystem. Erzeugung von neuen Prozessen auf Anforderung des Betriebssystems bzw. anderer existierender Prozesse, Entfernung von Prozessen aus dem System.

I/O-Geräte-Verwaltung

Effiziente Zuweisung von I/O-Geräten und Vermittlungseinheiten (Datenkanäle, Steuereinheiten), Vermeidung von Konflikten; Initiierung, Überwachung der Ausführung, Terminierung von I/O-Vorgängen, Datenkonversion, logische Kontrolle des File-Systems. Dabei werden vor allem Dienstleistungen der Prozeß-Verwaltung in Anspruch genommen

Dienstprogramme

Hierzu gehören sämtliche Programme, die das System dem Benutzer für spezielle Aufgaben zur Verfügung. Dazu gehören Editoren, Kopierprogramme, Textverarbeitungsprogramme, Utilities zum Lesen von Magnetbändern, ...

2.1.2   Schichtenmodelle

Um in die Komplexität und Vielfalt eines Rechnersystems mit Betriebssystem und der weiteren Systemsoftware eine Struktur zubringen, verwendet man gern ein Schichtenmodell. Jede der Schichten des Modells ist durch eine Menge von *Operationen* charakterisiert, die sie zur Verfügung stellt. Man nennt die Gesamtheit der von einer Schicht bereitgestellten Operationen auch *virtuelle* oder *abstrakte Maschine*. Ein Schichtenmodell ist als gedankliche Abstraktion eines konkreten Systems natürlich nicht eindeutig. Ein gängiges Modell (vgl. [DalCin1]) sieht folgendermaßen aus:

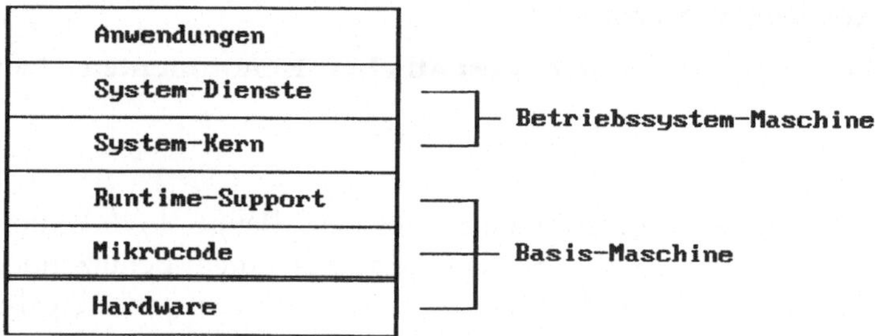

Abb. 2.1: Schichtenmodell

Die unterste Schicht bildet die Hardware des Rechners, bestehend aus Prozessor, Speicher und Peripherie. Darüber liegt die vom Microcode des Leitwerks des Prozessors gebildete Schicht. Häufig werden auch beide zusammengefaßt betrachtet bzw. sind identisch. Über beiden finden wir häufig eine Runtime-Support-Schicht, die für Kontextwechsel, Prozeduraufrufe und Fehlerbehandlungen zuständig ist.

Nr.	Schicht	Objekte	Typische Operationen
5	Benutzer-oberfläche	Environment-Daten	Kommandos, Menus, etc.
4	Geräte-Verwaltung	Files, Geräte	creat, unlink, open, close, read, write, lseek
3	Speicher-Verwaltung	Segmente, Pages	Read, Write, Fetch
2	Basic-I/O	Datenblöcke, Cluster	Read, Write, Allocate, Free
1	Kern (Nucleus)	Prozesse, Sema-phore	Create, Destroy, Suspend, Resume, Signal, Wait

Abb. 2.2: Beispiel einer Betriebssystemmaschine

Über der aus den drei untersten Schichten bestehenden *Basis-Maschine* liegt das *Betriebssystem*. Es gliedert sich in den System-Kern - zuständig für Prozeß- und Speicher-Verwaltung, Prozessor- und Geräte-Verwaltung - und in die Systemdienste, die u.a. das Filesystem, Kommunikationssysteme und die Benutzeroberfäche beinhalten.

Die *Betriebssystem-Maschine* wird von den Programmen des Betriebssystems gebildet, die bei Großrechnern eine sehr komplexe Struktur aufweisen. Auch hierfür erweist sich eine Schichtengliederung als vernünftiges Konzept. Sie kann etwa folgendermaßen aussehen:

Das Gesamt-Rechnersystem, von dem wir ausgegangen sind, wird durch Abbildungen der einzelnen Schichten aufeinander realisiert. Dabei wird in der Regel eine Operation einer Schicht durch eine Sequenz von Operationen der darunterliegenden ersetzt.

Als konkretes Beispiel betrachten wir die Verhältnisse bei MS-DOS (Version 3 bis 6) auf dem PC. Hier liegt unter Einbeziehung des BIOS und einer heute fast obligatorischen grafischen Benutzeroberfläche wie Windows die folgende Schichtenbildung vor.

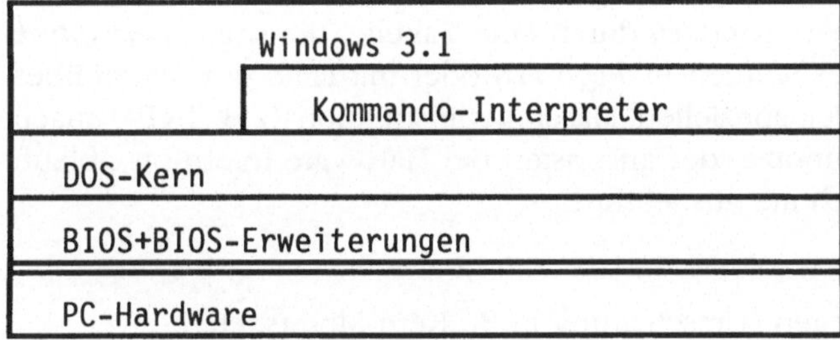

Abb. 2.3: Schichtenstruktur bei MS-DOS

2.2 Systemaufrufe

Bei jedem Betriebssystem hat der (System-)Programmierer prinzipiell die Möglichkeit, Dienste zumindest einer, manchmal auch mehrerer, Schichten in Anspruch zu nehmen. Diese Dienste heißen

Systemaufrufe (syn. System-Calls, Supervisor-Calls).

Systemaufrufe führen Aufgaben wie

- Datenblöcke von Files lesen,
- Files löschen,
- Prozesse erzeugen,
- Semaphore manipulieren

aus. Der Mechanismus der Systemaufrufe ist **systemabhängig**. Dies erschwert die Portierung systemnaher Programme. Systemaufrufe können in der Assemblersprache des Systems erfolgen, häufig auch in Hochsprachen (C unter UNIX). Oft stellen Compiler Interfaces zwischen Assembler und Hochsprache bereit. Wir unterscheiden grob zwei Arten von Systemaufrufen:

Kern-Aufrufe	*Bibliotheks-Aufrufe*
Der Code gehört zum System-kern	Der Code ist in Bibliotheken gespeichert
(z.B. Time-, Date-, Prozeß-, I/O-Routinen)	(z.B. Formatiertes I/O, Grafik, ...)

Abb. 2.4: Arten von Systemaufrufen

Systemaufrufe werden technisch normalerweise als *Software-Interrupts* oder als *Prozedur-Calls* abgewickelt.

2.2.1   Software-Interrupts

Dies sind bestimmte Assembler- bzw. Maschineninstruktionen, die Software-Interrupts erzeugen. Sie heißen in der Praxis etwa *INT* (Intel 80X86) oder *TRAP* (MC68000). Sie ähneln normalen Unterprogrammaufrufen (Calls), aber die Zieladresse ist nicht fest vorgegeben, sondern durch eine Tabelle, die sog. *Interruptvektor-Tabelle* bestimmt. Parameter werden in *Registern* oder mit Hilfe des *Stacks* übergeben. Bei der Ausführung der speziellen Maschineninstruktion (z.B. INT) macht man sich den Mechanismus zunutze, der ansonsten bei Hardware-Interrupts abläuft. Prinzipiell werden folgende Schritte ausgeführt:

(a)   Statusregister retten,

(b)   Prozessorstatus neu festlegen (Umschaltung in BS-Kern-Modus, etc.),

(c)   Inhalt bestimmter Prozessorregister wie Programmzähler auf Stack retten,

(d)   in der Interruptvektor-Tabelle den Interruptvektor suchen, der der INT-Nummer entspricht,

(e)   Inhalt des Interruptvektors in Programmzähler und eventuell weitere Register laden,

(f)   die damit angesprungene *Interrupt-Service-Routine* sorgt nun für die Erledigung der Anforderung, eventuell über weitere Systemaufrufe;

(g)   nach deren Beendigung Restaurierung des alten Prozessorstatus und der Registerzustände.

Für den letzten Schritte gibt es i.a. besondere Maschineninstruktionen wie IRET (Intel 80x86) oder RTE (MC68000). Der Umweg über die Interruptvektor-Tabelle hat gegenüber direkten Calls den Vorteil, daß man zu Test- und Wartungszwecken und bei Änderung des Betriebssystems leicht andere Interrupt-Service-Routinen definieren (*Interrupts verbiegen*) kann.

MS-DOS-Funktionsaufruf

Die MS-DOS System-Calls werden über den Interrupt 21H erreicht, je nach gesetztem AH-Register wird eine andere Funktion ausgeführt. Die folgende 8086-Assembler-Sequenz zeigt ein *Makro* namens **read-handle**, das eine bestimmte Anzahl von Bytes von einem durch ein File-Handle referierten geöffneten File in einen Puffer liest, eine der Standardaufgaben eines Betriebssystems..

```
read_handle        macro handle,buffer, bytes  ; Beginn des Makros;
                   mov   bx,handle        ; BX-Reg. := File-Handle
                   mov   dx,offset buffer       ;DX-Reg. := Bufferadresse
                   mov   cx,bytes         ; CX-Reg. := Bytes-Anzahl
                   mov   ah,3FH                 ; AH-Reg. := Funktionsnummer
                   int 21H                ; DOS-Funktion ausführen
                   endm                   ; Ende des Makros
```

Ein Fehler der Operation wird durch das Setzen des Carry-Flags angezeigt. Der Wert des AX-Registers gibt Aufschluß über die Art des Fehlers:

AX=5 => Zugriff verweigert,   AX=6 => Ungültiges File-Handle

Im Erfolgsfall enthält AX die Anzahl der gelesenen Bytes.

Wie schon erwähnt, verwendet man häufig **Interfaces** zu den Software-Interrupt-Instruktionen, die von benutzerfreundlichen Programmiersprachen angeboten werden. In Borland C könnte man ein ähnliches Resultat durch die folgende kleine Funktion erreichen.

```c
/* small model */
#include <dos.h>
unsigned read_handle(handle, buffer, bytes)
int handle;
char *buffer;
unsigned bytes;
{
    union REGS regs;
    int ret;

    regs.x.bx = handle;
    regs.x.dx = (unsigned) buffer;
    regs.x.cx = bytes;
    regs.h.ah = 0x3f;
    ret = intdos(&regs, &regs);
    return (regs.x.cflag ? -ret : ret);
}
```

Bei MS-DOS ist der Ablauf eines Systemaufrufs in den meisten Fällen nicht mit einem Software-Interrupt erledigt. Vielmehr sind mehrere Instanzen des Betriebssystem beteiligt - wieder kommt das Schichtenmodell zum Vorschein! Abbildung 2.5 soll einen typischen Fall aufzeigen:

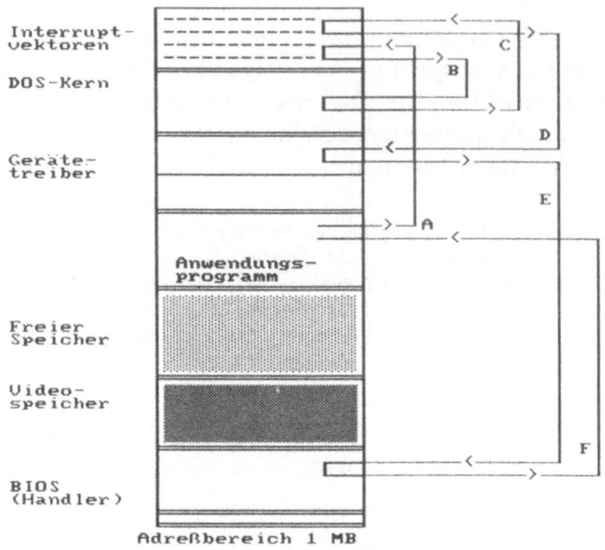

Abb. 2.5: Vorgänge bei einem Systemaufruf unter MS-DOS

Wie schon erwähnt, schaltet eine SWI-Instruktion den Rechner meistens vom Benutzermodus in den Systemmodus (Supervisormodus, Kernmodus) um. Dabei wird
die Kontrolle dem Betriebssystem übergeben. Im Systemmodus können Instruktionen ausgeführt werden, deren Ausführung im Benutzermodus nicht erlaubt ist.
Nach Abarbeiten der Interrupt-Service-Routine wird die Kontrolle wieder an das Be-
nutzerprogramm zurückgegeben. Der Unterschied dieser Betriebsmodi muß nicht
bei allen Rechnern existieren; so gibt es ihn etwa bei PC unter MS-DOS nicht. Bei
allen Systemen, die auf Multiprogramming basieren, ist er jedoch unumgänglich.

2.2.2   Über Calls aufgerufene Prozeduren

Bei manchen Betriebssystemen findet man für den Aufruf von System-Calls einen
normalen Call-Vorgang vor, z.B. bei UNIX, OS/2, MULTICS und VMS. Bei Systemen
wie OS/2 und MULTICS wird dabei die Technik des dynamischen Linkens verwandt.
Bei MULTICS und MS OS/2 hat man es mit sogenannten *Call-Gates* zu tun, die Pro-
zedur-Aufrufe über die Grenzen von Protection-Levels hinaus ermöglichen
[Tanenbaum2]. Bei UNIX hingegen verbirgt sich hinter dem bequemen Call intern
ein Software-Interrupt-Mechanismus. Der Programmierer muß sich, jedenfalls wenn
der Aufruf aus einer Hochsprache heraus erfolgt, also keine besonderen Gedanken
über die Parameterübergabe machen.

Auf der VAX sind Systemaufrufe aus der Assemblersprache MACRO sowie aus Hochsprachen wie FORTRAN, C, Pascal heraus verwendbar. Die Funktion scr$set_cursor wird im Programm als external deklariert, um anzuzeigen, daß sie in der System-Subroutine-Library zu finden ist. Zur Laufzeit findet der Systemkern die aktuellen Bildschirmmanipulationsroutinen im Terminaltreiberprozeß.

Programm 2.1 Beispiel für VAX-Systemaufrufe (aus [Maddix/Morgan])

```
PROGRAM screener(input, output);
CONST
    Number_of_columns = 80; (* Number of lines and *)
    Number_of_lines = 24;   (* columns on terminal *)
VAR
    x, y, line_wanted, column_wanted, result: integer;

FUNCTION scr$set_cursor(line, column: integer): integer external;

BEGIN
    FOR x:= 1 To 6 DO write('1234567890');
    writeln;
    FOR y:= 2 TO Number_of_lines DO writeln(y);

    result:= scr$set_cursor(5, 24);
    REPEAT
        write('Please input line and column positions');
        write(' as Line (1-', Number_of_lines, ')');
        writeln(', Column(1-', Number_of_columns,': ');
        readln((line_wanted, column_wanted);
    UNTIL (line_wanted IN [1..Number_of_lines]) AND
          (column_wanted IN [1..Number_of_columns]);
    result:= scr$set_cursor(line_wanted, column_wanted);
    write('*');
END.
```

2.2.3   Eine Klassifizierung

Üblicherweise werden Systemaufrufe in einem konkreten Betriebssystem nach ihrer Funktionalität klassifiziert. Die folgende Tabelle führt die gängigen Gruppen auf. Gleichzeitig werden Beispiele für UNIX genannt.

Funktionalitätsgruppe	UNIX-Beispiele für systemnahe Routinen
Fehlerbehandlung	**perror**
I/O-Funktionen	**creat, open, close, read, write, link, readlink, symlink, lseek, fcntl, dup, dup2, ioctl**
File-Manipulation	**chmod, chown, access, stat, fstat, lstat, utime**
Directory-Manipulation	**chdir, mkdir, rmdir, getcwd, ftw, opendir, readdir, closedir, rewinddir, seekdir, telldir**
Filesystem-Manipulation	**mount, umount, mknod, sync**

Prozeß-Steuerung	**fork, vfork, exec, getpid, getuid, setuid, geteuid, seteuid, getpgrp, setpgrp, exit, wait, kill, signal, sleep, sigaction, sigsuspend, sigprocmask, alarm, pause,**
Prozeß-Kommunikation	**pipe, mkfifo, semget, semop, shmget, shmat, shmdt, shmctl, msgget, msgctl, msgsnd, msgrcv, ptrace**
Speicher-Allokation	**brk, sbrk, malloc, calloc, realloc**
Zeit-Dienste	**time, times**
Terminal-Steuerung	**ioctl**, *termcap, terminfo, curses-Library*

In späteren Kapiteln werden wir für die meisten dieser Gruppen Anwendungsbeispiele finden.

2.3 Systemprogrammiersprachen

2.3.1 Systematik

Traditionell werden systemnahe Programme in *Assembler* geschrieben. Wesentliche Vorteile dieser Vorgehensweise sind:

- Effizienz der erzeugten Objektprogramme
- Kompaktheit der erzeugten Objektprogramme
- Möglichkeit des direkten Zugriffs auf die Hardware
- Benutzbarkeit aller Instruktionen des Prozessors

Zu den Nachteilen gehören:

- Fehleranfälligkeit der Programme
- geringe Produktivität der Programmierer
- geringe Portabilität der Programme auf andere Systeme
- schlechte Lesbarkeit und Dokumentation

Höhere Programmiersprachen weisen diese Nachteile i.a. nicht auf. Im Gegenteil, ihre Stärken liegen gerade in der Negation dieser Punkte. Als Nachteile müssen wir im wesentlichen gerade die Negation der Vorteile der Assemblersprachen nennen, also u.a.

- Fehlen von Sprachelementen, die für die Systemprogrammierung wichtig sind
- zu große Objektprogramme
- mangelnde Effizienz

Seit geraumer Zeit werden Systemprogramme und ganze Betriebssysteme verstärkt in höheren Programmiersprachen geschrieben. Man schätzt die Vorteile von der Seite des Software-Engineering (Lesbarkeit, Strukturierung, Sicherheit, Portabilität) höher ein, als die unvermeidlichen Nachteile. Wir teilen die für die Systemprogrammierung geeigneten höheren Sprachen auf in:

- solche, die *spezielle Sprachelemente* für die Systemprogrammierung enthalten wie:
Prozeß-Erzeugung, Synchronisation, Unterbrechungsbehandlung, etc. (Beispiele sind
PEARL, Ada, PL/1)

- solche, die diese Sprachelemente nicht besitzen, dafür aber *stärker maschinenorientiert* sind und eine direktere Kontrolle der Hardware gestatten (Beispiele sind etwa C, Modula-2)

Die Übergänge sind dabei natürlich fließend. Im letzteren Fall lassen sich durch Anschluß von Assemblerroutinen in der Regel neue "Sprachelemente" in Form von Prozeduraufrufen ergänzen. Bei der Beurteilung der Eignung von höheren Programmiersprachen für Aufgaben der Systemprogrammierung ist zunächst ein **Anforderungskatalog** notwendig, an dem wir sie messen wollen. Wir verlangen:

- Behandlung asynchroner Ereignisse, Prioritäten im Programmablauf

- Umgehung der strengen Typbindung

- Einbindung von Programmteilen, die in Maschinensprache geschrieben sind
  (Inline-Code, Anschluß externer Assembler-Routinen)

- Möglichkeiten der direkten Ansprache von Hardwarekomponenten wie
  Prozessor-Register, Ports, Speicherzellen

- Möglichkeiten der Verwendung von Systemaufrufen

- Modularität des Programmaufbaus, separate Übersetzbarkeit von Modulen

- Erzeugbarkeit effizienten Maschinencodes durch den Compiler

- Manipulation von Datenelementen auf niedriger Ebene (bitweise Operationen
  wie AND, OR, XOR, ...)

Von der **Programmierumgebung** verlangen wir zusätzlich:

- Existenz von Entwicklungswerkzeugen wie Make, symbolischer Debugger,
  syntaxgesteuerter Editor, event. Quellcode-Kontrollsystem

Höhere Programmiersprachen sind in der Vergangenheit u.a. zur Implementation
folgender Betriebssysteme verwandt worden:

- PL/1   MULTICS-System
- PL/M   CP/M
- Pascal   UCSD-System
- C   UNIX-Familie und UNIX-Clones wie LINUX, MINIX,   etc.
- C   OS/2
- C   Windows NT bzw. 95
- Modula-2   Lilith-Arbeitsplatzrechner (N. Wirth)
- Oberon   Oberon-System (N. Wirth)

Hardwarenahe Schichten der Betriebssysteme wurden und werden dabei in der Regel in Assembler geschrieben, was jedoch prozentual einen Anteil von ca. 5% - 15%
ausmachte.

2.3.2   Ein elementares Beispiele in mehreren Sprachen

Zu den elementaren Utilities eines Betriebssystems gehört ein **File-Kopierprogramm**, das den Inhalt eines Files in ein anderes File kopiert. Ein solches Programm besteht prinzipiell aus folgenden Schritten:

1. Spezifikation der Namen der beiden Files: Eingabe-File und Ausgabe-File. Dies kann auf verschiedene Weise geschehen: interaktiv oder durch Angabe auf der Kommandozeile, was einen speziellen Mechanismus benötigt.

2. Öffnen des Eingabe-Files und Erzeugung des Ausgabe-Files. Dabei können diverse Fehlersituationen auftreten.

3. Wenn beide Files angeschlossen sind, beginnen wir eine Schleife, die vom Eingabe-File Datenblöcke liest und auf das Ausgabe-File schreibt. Dabei müssen jeweils Statusinformationen beachtet werden, die Fehlersituationen anzeigen. Die Schleife wird beendet, wenn keine Daten mehr auf dem Eingabe-File vorliegen (EOF-Situation).

4. Schließen der beiden Files. Beendigung des Laufs.

Wir wollen uns ansehen, wie ein solches Programm in PL/I, C, Modula-2, Ada und 80X86-Assembler aussehen kann. Zu jeder der genannten Sprachen geben wir vorher einige der wichtigsten Charakteristiken an.

2.3.2.1   PL/1

Die Sprache PL/1 umfaßt (in abgewandelter Form) die wichtigsten Sprachelemente von ALGOL60 (Vorgänger von Pascal), FORTRAN und COBOL. Damit ist auch der Einsatzbereich beschrieben: es handelt sich um eine Allzweck-Sprache.

An **Kontrollstrukturen** ist alles vorhanden, was heute üblich ist. Die **Blockstruktur** von PL/1 umfaßt sowohl die Möglichkeiten von Pascal als auch von C, d.h. eine Schachtelung von Prozedurblöcken und zusätzlich BEGIN-Blöcke mit Deklarationen. Ein Programm kann aus mehreren, getrennt übersetzten, externen Prozedur-Blöcken bestehen. Die **Datenstrukturen** sind vielfältig: *char, bit, float, fixed* (in mehreren Ausprägungen: *binary, decimal*), *pointer, picture* (Erbe von COBOL), Strukturen, Arrays sowie verschiedene Speicherklassen (z.B. *static, automatic, based*).

Auf **Bitebene** stehen durch Standardfunktionen genügend Operationen zur Verfügung. Die **Ein**-und **Ausgabe**-Möglichkeiten sind vielfältig, auch der kommerziellen Datenverarbeitung genügend. PL/I enthält eine **Ausnahmebehandlung** für Unterbrechungen wie arithmetische Fehler. Die **Typkonvertierung** geschieht automatisch, was aus heutiger Sicht zu den Schwachpunkten zählt. Insgesamt ist die Sprache sehr mächtig, aber auch leider recht kompliziert und schwer zu lernen. Beim MULTICS-System wurde ein erweitertes PL/1 benutzt, das eine Systemprogrammierung auf sehr hoher logischer Ebene ermöglichte. Das folgende Beispiel zeigt uns, daß der eigentliche Kopiervorgang mit einer Anweisung erledigt wird: einer Pointerzuweisung! Leider hat diese Art der Systemprogrammierung bisher kaum Schule gemacht.

Programm 2.2: Copy-Prozedur in MULTICS-PL/1

```
copy : procedure(from_dir, to_dir, file_name);
  dcl (from_dir, to_dir, file_name) char (*);
  dcl bit_count fixed binary;
  dcl (fp, tp) pointer;
  dcl segment bit(bit_count) based;
  call initiate(from_dir, file_name, bit_count, fp);
  call make_seg(to_dir, file_name, 1011b, tb);
  tp->segment = fp->segment;
  call set_bc(to_dir, file_name, bit_count);
  call terminate(fp);
  call(terminate(tp);
  return;
end;
```

Es gibt eine Reihe von Gründen, die dafür sprechen, daß PL/1 in der Systemprogrammierung keine große Zukunft mehr haben wird, vor allem das Aufkommen von C, Ada und Modula-2.

2.3.2.2   C

Die Sprache C (siehe [Kernighan/Ritchie]) entwickelte sich aus der älteren Sprache BCPL (Basic Combined Programming Language) über den Umweg von B. Der Vorteil von C gegenüber B ist das Vorhandensein von Datentypen. C ist eine relativ einfache Sprache, verglichen mit PL/1. Seine heutige Bedeutung hat C vor allem durch die enge Verbindung mit dem Betriebssystem UNIX erlangt, das seit 1973 überwiegend in C geschrieben ist. Seit 1987 ist C standardisiert (ANSI-C).

Die **Datenstrukturen** umfassen die arithmetischen Typen *int, short, long, unsigned, float, double,* ferner *char,* Strukturen (*struct, union*), Arrays, Pointer, Aufzählungstypen, und verschiedene Speicherklassen: *extern, static.* Die Menge der **Kontrollstrukturen** ist vollständig, gemessen am heutigen Standard. Ein Programm besteht aus mehreren getrennt übersetzbaren Funktions- und Datendeklarationen. Die **Blockstruktur** erlaubt keine geschachtelten Funktionen, aber anonyme Deklarationsblöcke innerhalb von Funktionen. C erlaubt effiziente Operationen auf **Register**- und **Bitebene**. Auch sind vielfältige **Ein**-und **Ausgabe**-Möglichkeiten vorhanden. Überhaupt ist die reichhaltige **Library**, die i.A. bei C-Compilern unter nicht-UNIX-Systemen zur Verfügung steht, eine der Stärken dieser Sprache. **Typkonvertierungen** finden relativ ungehindert statt. Deshalb ist C eine relativ "unsichere" Sprache. Allerdings lassen sich in ANSI-C durch Verwendung geeigneter Hilfsmittel (Header-Files mit Prototypen, Lint-Programm) diese Nachteil in den Griff bekommen.

Programm 2.3: Copy-Programm in C

```
#include <stdio.h>
main(argc, argv)
int argc;
char *argv[];
{
```

```c
FILE *strm1, *strm2;
int zeichen;

if (argc != 3) {
  printf("Usage: %s filename1 filename2\n", argv[0]);
  exit(1);
}

strm1 = fopen(argv[1], "rb");
if (strm1 == NULL) {
  printf("%s: Fehler beim Oeffnen von %s\n", argv[0], argv[1]);
  exit(1);
}
strm2 = fopen(argv[2], "wb");
if (strm2 == NULL) {
  printf("%s: Fehler beim Oeffnen von %s\n", argv[0], argv[2]);
  exit(1);
}

while ((zeichen = getc(strm1)) != EOF)
   if (putc(zeichen, strm2) == EOF)
      fprintf(stderr, "%s: Fehler bei Schreiben auf %s", argv[0], argv[2]);

fclose(strm1);
fclose(strm2);
return(0);
}
```

Das hier gezeigte Programm benutzt die sogenannte ANSI-C Standard-I/O-Library
zum Lesen und Schreiben. Dies ist zwar sehr portabel, aber von der Performance
nicht optimal für Systemzwecke. Später lernen wir spezielle Systemaufrufe für diesen
Zweck kennen.

Von besonderer Aktualität sind *objektorientierte* Erweiterungen von C wie *C++* und
Objective C, die wichtige Konzepte wie Wiederverwendbarkeit von Software und
Vererbung von Objekten unterstützen. Sie werden sicherlich in der Zukunft auch die
Systemprogrammierung beeinflussen. In letzter Zeit ist die Sprache *Java* als Weiter-
entwicklung und Vereinfachung von C++ viel beachtet worden.

2.3.2.3   Modula-2

Nach dem Erfolg mit Pascal entwickelte N. Wirth eine Nachfolgesprache, die inzwischen erkannte Schwächen von Pascal überwinden sollte und auch speziell für Aufgaben der Systemprogrammierung geeignet sein sollte.

Die **Datenstrukturen** von Modula-2 umfassen alles, was heute anerkannt ist: arithmetische Typen wie *integer, cardinal, real,* ferner *char, boolean,* Aufzählungstypen,
Unterbereichstypen, Arrays, Records (auch mit Varianten), *Bitset* zur Manipulation
auf **Bitebene**. Die Sprache weist alle **Kontrollstrukturen** moderner Sprachen auf,
mit Ausnahme der mancherorts verpönten GOTO-Anweisung. **Parallele Abläufe**
werden rudimentär durch Coroutinen unterstützt Die Blockstruktur gestattet Schachtelung von Prozeduren und eine Modularisierung in Form von getrennt übersetzbaren Modulen. Diese sind aufgeteilt in Definitions- und Implementationsteil. Modula-

2 ist streng getypt, was sich durch explizite **Typkonvertierungen** jedoch umgehen läßt. Als Nachteil wird allgemein bemängelt, daß die sehr wichtige Modul-Library, die I/O-Routinen und wesentliche Prozeduren zur systemnahen Programmierung enthält, *nicht genormt* ist. Dies hat dazu geführt, daß fast jeder Compiler andere Schnittstellen zur Library aufweist, was der Portabilität von Modula-2-Programmen in hohem Maße abträglich ist. Es ist zu befürchten, daß diese ausgezeichnete und sichere Programmiersprache sich am Markt nicht recht durchsetzen wird.

Programm 2.4: Copy-Prozedur in Modula-2 (MS-DOS, Tayloris-Comp.)

```
PROCEDURE copy(from, to : ARRAY OF CHAR);
CONST maxbuf = 8192;
VAR
    fh1, fh2 : File;
    nbytes : CARDINAL;
    buffer : ARRAY [1..maxbuf] OF BYTE;
BEGIN
   Open(fh1, from, Reading);
   IF fh1.status <> Ok THEN
      WriteString('CP: Error opening file ');
      WriteString(from);
      WriteLn;
      RETURN
   END;
   Create(fh2, to);
   IF fh2.status <> Ok THEN
      WriteString('CP: Error opening file ');
      WriteString(to);
      WriteLn;
      RETURN
   END;
   REPEAT
     ReadBytes(fh1, maxbuf, LADR(buffer), nbytes);
     WriteBytes(fh2, nbytes, LADR(buffer));
   UNTIL nbytes <> maxbuf;
   Close(fh1);
   Close(fh2);
END copy;
```

2.3.2.4 Ada

Ada wurde im Auftrag des US-Verteidigungsministeriums entwickelt. Das Ziel war, eine einheitliche Programmiersprache für große, eingebettete Systeme im Rahmen der Zuständigkeit des Ministeriums zu bekommen und dem Wildwuchs der Sprachbenutzung eine Ende zu bereiten.

Die Sprache basiert auf Pascal und anderen modernen Sprachen wie Euclid, Lis, Mesa, Algol 68 und besitzt eine überwältigende Fülle an Elementen. Alle modernen Kontrollstrukturen, Datenstrukturen, Blockstrukturierung, strenge Typung, Möglichkeit zum Anschluß von Assembler-Routinen und I/O-Bibliotheken sind vorhanden. Die Modularität des Programmentwurfs wird durch Packages unterstützt, die den Modulen in Modula-2 nahe verwandt sind. Eine PL/1-nahe Ausnahmebehandlung (*Exceptions*) ist vorhanden. Parallelausführung und Synchronisation von *Tasks* wird unterstützt. Ferner gibt es *objektorientierte* Ansätze in Form *Generischer* Packages zwecks Vererbung von Daten und Prozeduren. Aus Platzgründen können wir auf weitere Einzelheiten nicht eingehen. Stattdessen das Beispiel eines vollständigen Ada-Programms, für dessen Effizienz jedoch nicht garantiert wird.

Programm 2.5: COPY-Programm in Ada

```
with Sequential_IO;
with Text_IO;
with System;
use Text_IO;
procedure CP is
   type bytebuf is array (integer range 1..1) of System.byte;
   package byte_IO is new Sequential_IO (bytebuf);
   use byte_IO;
   max: constant integer := 30;
   lastin, lastout: natural;
   infilename, outfilename: string(1..max);
   inf, outf: byte_io.file_type;
   buf: bytebuf; retval : integer;

   function open_file return integer is
   begin
      byte_IO.open(inf, in_file, infilename(1..lastin));
      return 0;
      exception
        when byte_IO.use_error | byte_IO.name_error  =>
             put("CP: Error opening input file ");
             put(infilename(1..lastin));
             new_line;
             return 1;
   end open_file;

   function create_file return integer is
   begin
      byte_IO.create(outf, out_file, outfilename(1..lastout));
      return 0;
      exception
        when byte_IO.use_error | byte_IO.name_error  =>
             put("CP: Error opening output file ");
             put(outfilename(1..lastin));
             new_line;
             return 1;
   end create_file;

begin
   put("Input file: ");   get_line(infilename, lastin);
   put("Output file: ");  get_line(outfilename, lastout);

   if open_file > 0 then return; end if;
   if create_file > 0 then return; end if;

   while not byte_io.end_of_file(inf) loop
      byte_io.read(inf, buf);
      byte_io.write(outf, buf);
   end loop;
   byte_io.close(inf); byte_io.close(outf);
```

```
      exception
         when byte_IO.end_error =>
            put("CP: error while copying");
            new_line;
   end CP;
```

In jedem Fall bleibt offen, ob Ada sich in der Systemprogrammierung allgemein durchsetzen wird.

2.3.2.5   80X86-Assembler unter MS-DOS

Assembler-Sprachen sind hochgradig systemabhängig. Die damit entwickelten Programme sind deswegen nur sehr schwer zu portieren. Als Abschluß unserer COPY-Beispielreihe soll hier ein Programm in Assembler für 80X86-Mikroprozessoren unter MS-DOS stehen. Zwecks Übersichtlichkeit und Dokumentation macht es intensiv Gebrauch von der *Makrotechnik*.

Programm 2.6: COPY-Programm in 80X86-Assembler (MASM) für MS-DOS

```
code       segment
           assume  cs:code,ds:code,es:nothing,ss:nothing
;                                 FUNCTION REQUEST 3FH
READ_HANDLE  macro  handle,buffer,bytes
           mov     bx,handle
           mov     dx,offset buffer
           mov     cx,bytes
           mov     ah,3FH
           int     21H
           endm
;                                 FUNCTION REQUEST 40H
WRITE_HANDLE macro  handle,buffer,bytes
           mov     bx,handle
           mov     dx,offset buffer
           mov     cx,bytes
           mov     ah,40H
           int     21H
           endm
;                                 FUNCTION REQUEST 09H
DISPLAY    macro  string
           mov     dx,offset string
           mov     ah,09H
           int     21H
           endm
;                                 FUNCTION REQUEST 4CH
END_PROCESS  macro  return_code
           mov     al,return_code
           mov     ah,4CH
           int     21H
           endm
;                                 FUNCTION REQUEST 48H
ALLOCATE_MEMORY  macro  bytes
           mov     bx,bytes
           mov     cl,4
           shr     bx,cl
           inc     bx
           mov     ah,48H
           int     21H
```

```
        endm
;                                  FUNCTION REQUEST 49H
FREE_MEMORY  macro  seg_addr
        mov     ax,seg_addr
        mov     es,ax
        mov     ah,49H
        int     21H
        endm
;                                  FUNCTION REQUEST 4AH
SET_BLOCK  macro  last_byte
        mov     bx,offset last_byte
        mov     cl,4
        shr     bx,cl
        add     bx,17
        mov     ah,4AH
        int     21H
        mov     ax,bx
        shl     ax,cl
        mov     sp,ax
        mov     bp,sp
        endm
;
IFCARRY  macro  address
        local   jump
        jnc     jump
        jmp     address
jump:
        endm
;
;
        org     100H
start:
        call    copy

maxbuf  equ     8192
stdin   equ     0
stdout  equ     1

mem_seg dw      ?


;
copy    proc
        set_block   last_inst       ; function 4AH
        ifcarry     error_setblk
        allocate_memory maxbuf       ; function 48H
        ifcarry     error_alloc
        mov         mem_seg,ax
; save address of new memory

read_buffer:
        push        ds
        mov         ax,mem_seg
        mov         ds,ax            ; point DS at buffer
        read_handle stdin,0,maxbuf   ; Function 3FH
        pop         ds
        ifcarry     error_read
        cmp         ax,0             ; end of file?
```

```
                je        return          ; yes, return
                mov       cx,ax            ; # of bytes read
                push      ds
                mov       ax,mem_seg
                mov       ds,ax            ; point DS at buffer
                write_handle stdout,0,cx  ; function 40H
                pop       ds
                ifcarry   error_write
                jmp       read_buffer      ; read again

        return: free_memory mem_seg        ; function 49H
                ifcarry   error_freemem
                end_process 0              ; return to MS-DOS
        error_read:
                display errrd              ; display message
                end_process 1              ; exit with errorlevel
        errrd   db     "CP: read error",0DH,0AH,"$"
        error_write:
                display errwr              ; display message
                end_process 1              ; exit with errorlevel
        errwr   db      "CP: write error",0DH,0AH,"$"

        error_setblk:
                display errsb              ; display message
                end_process 1              ; exit with errorlevel
        errsb   db      "CP: setblk error",0DH,0AH,"$"

        error_alloc:
                display erral              ; display message
                end_process 1              ; exit with errorlevel
        erral   db      "CP: alloc error",0DH,0AH,"$"

        error_freemem:
                display errfm              ; display message
                end_process 1              ; exit with errorlevel
        errfm   db      "CP: freemem error",0DH,0AH,"$"
        copy    endp

        last_inst:                         ; to mark next byte
        ;
        code    ends
                end     start
```

Das obige Copy-Programm in Assembler ist vollständig, jedoch dadurch vereinfacht,
daß es die *Standardeingabe* auf die *Standardausgabe* kopiert. Auf der Kommandozeile kann man dann das I/O umlenken! Dem Leser wird empfohlen, auch das As-
semblerbeispiel genau zu studieren. Es scheint nur auf den ersten Blick schwerer
verständlich zu sein, als die vorangehenden Beispiele.

Nach diesem Ausflug in die Welt der Systemprogrammiersprachen stellen wir fest:
die ideale Sprache für die Systemprogrammierung gibt es vielleicht gar nicht. In der
Praxis muß man mit Kompromissen leben. In vielen Fällen hat der Systemprogrammierer auch gar nicht die Qual der Wahl, sondern ist gezwungen, eine vom
System bzw. durch die Konvention vorgegebene Sprache zu verwenden - man den-

ke an UNIX und C. Falls man die Wahl hat, sollten dabei Gesichtspunkte wie **Sicherheit** und **Portabilität** besonders hoch eingeschätzt werden.

2.4   Portabilitätsfragen

Auf dem Sektor der Anwendungsprogrammierung sind in den letzten Jahrzehnten große Fortschritte gemacht worden:

- durch die *Normung* von Programmiersprachen in Form von ANSI-, ISO- und DIN-Normen für Programmiersprachen wie C, COBOL, FORTRAN und Pascal.

- durch die *Normung* weiterer Funktionsbereiche der EDV wie etwa der Computer-Grafik durch die Normen bzw. Normvorschläge CORE, GKS, PHIGS und zugehörige Sprachanbindungen.

Damit ist es im Prinzip möglich, portable Anwendungsprogramme zu schreiben, die auf allen Rechnersystemen laufen, die über die erforderlichen genormten Software-komponenten verfügen. Auf dem Bereich der systemnahen Programmierung sieht es demgegenüber naturgemäß viel schlechter aus. Systemprogramme bewegen sich ja im allgemeinen nicht auf der hohen Abstraktionsstufe von Anwendungsprogrammen und setzen häufig unmittelbar auf die Eigenschaften der Hardware und des Betriebs-systems auf. Es ist sinnvoll, sich zunächst Gedanken über die bestehenden Hindernisse für die Portabilität von Systemsoftware, für die Gründe der Inkompatibilität zu machen. Wir führen hier stichwortartig eine - sicher nicht vollständige - Reihe von Gründen auf.

1. Unterschiedliche Hardwarearchitekturen

Bytegröße: Anzahl der Bits im Byte

Wortgröße: Anzahl der Bytes im Maschinenwort

Wortstruktur: Reihenfolge der Bytes in Maschinenworten

Speicherbedarf für Primitiv-Datentypen:
                          z.B. für Integer-Zahlen und Pointer

Interne Darstellung arithmetischer Daten:
                          1-er oder 2-er Komplement, IEEE-Format,

Adreßgrenzen für Datenobjekte:
                          Ausrichtung an Wortgrenzen

Maschineninstruktionen:
                          Typ des Prozessors (z.B. RISC, ...)

Codierung: z.B. ASCII, EBCDIC, etc.

Unterbrechungssystem:
                          Anzahl, Bedeutung und Priorität von Interrupts

Systemzustände: Privilegierung und Umschaltung

Adreßräume: Größe und Adressierung, Segmentierung

2. Unterschiede in der Softwarearchitektur des Betriebssystems

Organisation des I/O- und File-Systems:
installierbare Geräte-Treiber, Hierarchie-Ebenen, Baumstrukturen, Graphen-Struktur, unterschiedliche Filetypen und Zugriffsmethoden, Namensgebung von Files, Anzahl der Namen, Links, Kontrollblöcke, Einheitlichkeit bzw. Unterschiede zwischen Files und Geräten, Standard-Files, Laufwerke, Zugriffsberechtigungen

Organisation der Prozeß-Verwaltung:
Form des Prozeß-Konzepts, Threads, Single-Tasking, Multi-Tasking, Multi-Programming, Formen der Prozeß-Synchronisation und Kommunikation

Form der Speicher-Verwaltung:
Speicherschutz, virtuelle Speicherverwaltung, Paging, Segmentierung, Swapping, Logische Adreßraumverwaltung für Programme, reentrante Programme, Code-Sharing

Systemimplementierungssprachen:
Festlegung auf eine oder mehrere Sprachen, Assembler oder Hochsprache

Art der Systemaufrufe:
Interrupt, Call oder ähnliches

Funktionalität der Systemaufrufe:
Mächtigkeit des Systems, Vorhandensein von Funktionen

Kommandointerpreter/Shell:
Befehlssyntax, Mächtigkeit, eventuell Unterschiede zwischen Systemkommandos, Utilities und Anwendungsprogrammen, Vorhandensein von Pipes, Fehlermeldungen, Programm-Umgebung

Dienstprogramme:
Mächtigkeit und Umfang des Repertoires, Einbindungsmöglichkeit in eigene Programme

Terminalhandling:
Art der Ansteuerung, Unterstützung verschiedener Typen, Vorhandensein von Bibliotheken für Window-Systeme, Grafik-Unterstützung, eventuell Memory-Mapped I/O

Benutzerverwaltung:
Mehrbenutzer-System versus Einbenutzer-System, Login-Vorgang, Mehrfachzugriff, Benutzergruppen

2.5   Zum Programmierstil im Systembereich

In der Systemprogrammierung sollten zunächst die üblichen Regeln des **Software-Engineering** beachtet werden (vgl. z.B. [Fairley]). Daneben sind folgende Punkte von Wichtigkeit:

- Anpassung an die **Konventionen** der Systemprogrammierung in der jeweiligen Systemumgebung. Dies kann Punkte wie Wahl der Sprache, Namensgebung, Benutzung spezieller Datentypen und Include-Files etc. betreffen

- Formulierung von Systemprogrammen in der nötigen **Allgemeinheit**, so daß z.B. unterschiedliche Hardwareausstattungen berücksichtigt werden (beim PC unter MS-DOS kann das bedeuten: Diskette oder Festplatte, unterschiedliche Ausstattung mit RAM-Speicher, zusätzlicher Speicher wie expanded oder extended Memory, Bildschirmadapter, etc., bei Multiuser-Systemen müssen u.U. verschiedene Terminaltypen unterstützt werden oder Benutzer mit verschiedenen Rechten, etc.)

- Unverzichtbar sind **Fehlerprüfungen**, normalerweise nach jedem Systemaufruf, ferner bei

- Speicherallokationen (auf dem Heap),
- sonstigen File-Operationen,
- Stack-Manipulationen (Überlauf!),

und bei allen Operationen, wo die aufgerufenen Routinen einen Ausgabeparameter zur Fehlererkennung oder etwas sinngemäßes bieten. Insgesamt ist also ein *defensiver Programmierstil* angesagt. Nach Murphys Gesetz wird nämlich alles schief gehen, was nur irgendwie schief gehen kann.

- **Aussagekräftige Fehlermeldungen**, wenn etwas nicht funktioniert hat, sind notwendig. Dabei benutzte man den vom System zur Verfügung gestellten Mechanismus (Fehlervariablen, Texte, spezielle Fehlerausgabemedien, etc.)

- **Intensive Tests** unter allen denkbaren Einsatzbedingungen sind erforderlich.

3 Ein konkretes System: UNIX

Im vorigen Kapitel wurden die wichtigsten Elemente von Betriebssystemen kurz angerissen. Auch haben wir uns mit der Problematik inkompatibler Systeme befaßt. Hier wollen wir konkret das für unsere weiteren Betrachtungen wichtigste System betrachten: UNIX, ein *multiuserfähiges Multitasking-System*.

3.1 Zur Geschichte von UNIX

Seit 1965 entwickelten die Bell Telephone Laboratories zusammen mit dem damaligen Computer-Hersteller General Electric und dem MIT ein neues Betriebssystem namens MULTICS. Dieses sollte ein Time-Sharing-System mit virtuellem Speicher und vielen anderen Neuerungen gegenüber konventionellen Systemen werden und hat später auch großen Einfluß auf die Entwicklung moderner Betriebssysteme gewonnen. Eine primitive Version von MULTICS lief 1969 auf einer GE 645-Maschine. Aus Unzufriedenheit mit dem damaligen Stand des Projekts und anderen Gründen gaben die Bell Labs jedoch ihre Beteiligung am MULTICS-Projekt auf, das später von der Firma Honeywell zur Reife geführt wurde. Der Autor hat noch in den 80er Jahren selbst längere Zeit an einem MULTICS-Doppelprozessor-System am Rechenzentrum der Johannes-Gutenberg-Universität in Mainz gearbeitet und ist der begründeten Meinung, daß es sich dabei um ein hervorragendes Betriebssystem handelte, dem UNIX nicht das Wasser reichen kann. Leider ist MULTICS inzwischen wohl ausgestorben.

Einige der ehemaligen MULTICS-Mitarbeiter bei Bell Labs, darunter Ken Thompson und Dennis Ritchie, waren nach dem Ausscheiden aus dem Projekt ohne geeignete Programmierumgebung. Versuchsweise entwickelten sie u.a. ein Filesystem und einen einfachen Betriebssystem-Kern für die GE 645. Da Ken Tompson gleichzeitig wegen eines anderen Projektes, des Spielprogramms "Space Travel", Erfahrungen mit einer wenig benutzten PDP-7-Anlage gesammelt hatte, entwickelten Thompson und Ritchie schließlich ihr System auf diesem Computer.

Es handelte sich dabei um eine frühe Version des UNIX-Filesystems, das Prozeß-Subsystem und eine geringe Anzahl von Utilities. Das Ganze erhielt als Anspielung auf MULTICS den Namen UNIX. 1971 wurde UNIX auf die PDP-11 portiert. Das System hatte folgende Größenordnung: 16 KByte für das Betriebssystem, 8 KByte für Benutzerprogramme, eine Disk mit 512 KByte und ein Limit von 64 KByte pro File. Beeinflußt von BCPL schuf Thompson die (interpretierte) Sprache B. Diese wurde von Ritchie weiterentwickelt: durch Hinzufügung von Datentypen und -strukturen sowie die Möglichkeit der Erzeugung von Maschinencode. So entstand C. 1973 wurde das ursprünglich in Assembler geschriebene System zum größten Teil in C neu geschrieben. Ab 1977 wurde UNIX auch auf "nicht-PDP"-Maschinen portiert, wobei Erweiterungen wie Paging (bei Berkeley UNIX) hinzukamen. Wegen seiner Kompaktheit und Eleganz war UNIX zunächst an Universitäten sehr beliebt, an die es AT&T komplett mit Quellcode fast umsonst abgab. Quellcode diente oft als Anschauungsmaterial für Vorlesungen über Betriebssysteme. Nach dem Beginn der kommerziellen Vermarktung von UNIX durch verschiedene Firmen ist dies nicht mehr möglich. Ende der 70er-Jahre spaltete sich die UNIX-Entwicklung in viele Entwicklungszweige auf. Die Hauptlinien der Entwicklung zeigt das folgende Bild. Das System wurde auf eine Unzahl von Rechnern übertragen. Einige wenige dieser Produkte sollen genannt werden:

DEC VAX:	BSD-UNIX, Ultrix,	HP:	HP-UX,
SCO:	*UNIX V 386, XENIX 286/386,*	IBM:	*IX, AIX,*
SUN:	*SunOS, Solaris*		

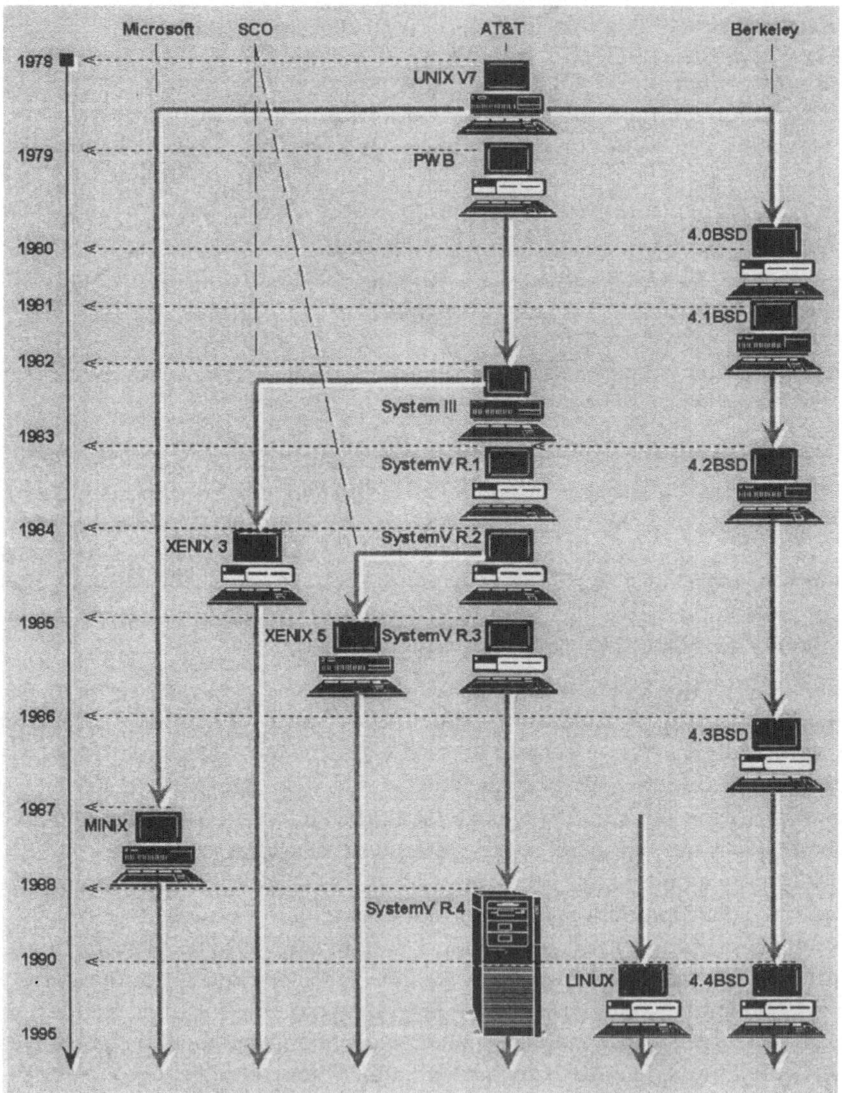

Abb. 3.1: Zeittafel der UNIX-Versionen

Heute gibt es Nachschöpfungen von UNIX, die für Lehrzwecke inklusive Quellcode günstig zu erwerben sind, z.B. MINIX von [Tanenbaum1], eine zu Version 7 kompatible Entwicklung für PCs mit modularem Aufbau. Wichtiger ist inzwischen LINUX geworden, ein UNIX-Nachbau mit hervorragenden Eigenschaften und X-Window-Oberfläche. LINUX steht mittlerweile für viele Hardwareplattformen zur Verfügung. Auch "echte" UNIX-Versionen sind inzwischen für PCs zum Nulltarif erhältlich, z.B. FreeBSD, von 4.4SBD abgeleitet.

Bei der Entwicklung von UNIX stand vor allem der Gesichtspunkt der **Einfachheit** im Vordergrund. Die geringen Speicherkapazitäten der ursprünglich verwendeten Rechner wie PDP-7 und PDP-11 waren zum Teil dafür verantwortlich.

3.2 Der Aufbau von UNIX

UNIX besteht im wesentlichen aus zwei Teilen, dem **Kern** und den **Systemprogrammen**. Abb. 3.2 läßt den Aufbau erkennen. Die Schnittstelle für den Programmierer ist gegeben durch die **Systemaufrufe** und weitere Funktionen in C. Die Benutzerschnittstelle besteht aus den **Systemprogrammen** oder Utilities.

Benutzer		
Shells und Kommandos Compiler und Interpreter System-Bibliotheken		
Systemaufruf-Interface zum Kern		
Signale Terminal-Handling Character-I/O-System Terminal-Treiber	Filesystem Swapping Block-I/O-System Platten- und Band-Treiber	CPU-Scheduling Seiten-Ersetzung Demand-Paging Virtueller Speicher
Kern-Interface zur Hardware		
Terminal-Controller Terminals	Geräte-Controller Platten und Bänder	Memory-Controller Physischer Speicher

Abb. 3.2: Schichtenstruktur von 4.2 BSD-UNIX (nach [Silberschatz])

Files in UNIX sind eine Byte-Folge ohne Struktur. Sie sind in baumförmigen Directory-Strukturen angeordnet. *Directories* selbst sind ebenfalls Files. *Pfadnamen* geben die Stellung im Baum an. Ein Beispiel:

/usr/local/font

Der Slash / dient als Trennzeichen, die Symbole . und .. dienen zur Bezeichnung des Directories selbst und des Parent Directories. Files können mit mehreren Namen versehen werden mit Hilfe sog. Links. Neben Files und Directories gibt es Special-Files, die I/O-Geräten oder Platten-Partitionen entsprechen. Die Schnittstellen des Systems zu Files und I/O-Geräten sind also dieselben, was die Handhabung wesentlich vereinfacht.

Files werden intern durch sog. I-Nodes (gesprochen EYE-node) repräsentiert, die die wesentlichen Informationen über die Files enthalten. Blockgrößen für Files sind z.B. 8192 und 1024, jedenfalls Vielfache von 512.

Prozeß-Verwaltung

Ein Prozeß ist ein Programm in seiner Ausführung. Der Status eines Prozesses wird beschrieben durch sein **Image.** Ein Image besteht u.a. aus

- Speicherbild
- Registerwerten
- Status der geöffneten Files
- Angabe des aktuellen Directories

Das Image ist während der Ausführung des Prozesses *resident* im Speicher. Falls Prozesse höherer Priorität Speicherplatz brauchen, wird das Image *geswappt* (ausgelagert).

Das **Speicherbild** besteht aus den drei logischen *Segmenten*, dem Prozedursegment (auch Text-Segment genannt), das reentrant ist, dem Daten-Segment und dem Stack-Segment.

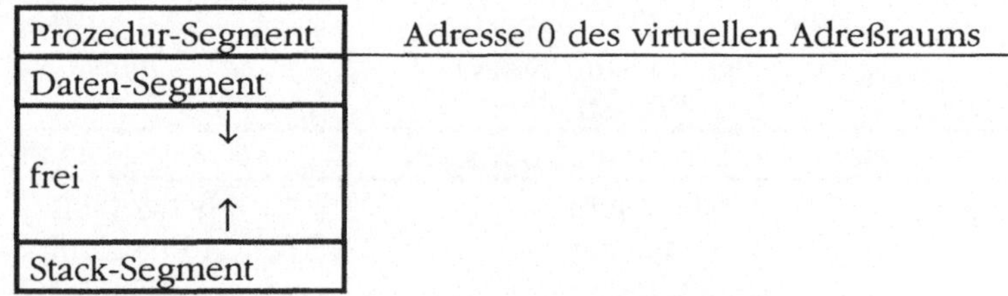

Abb. 3.3: UNIX-Speicherbild

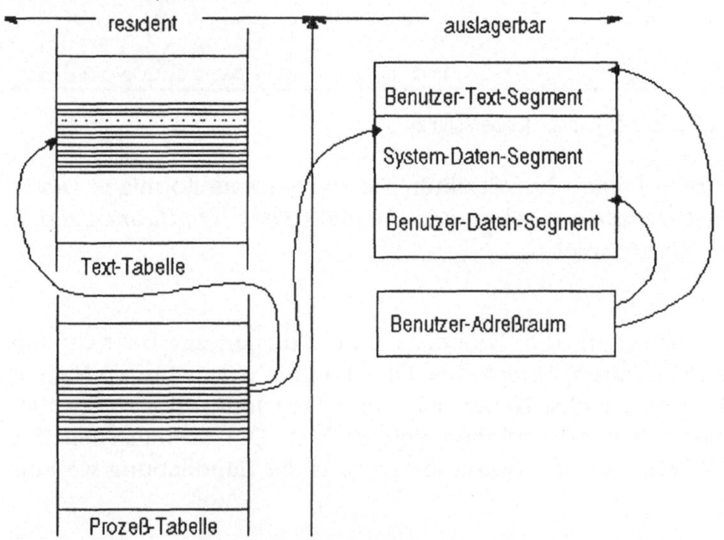

Abb. 3.4: UNIX-Prozeß-Tabelle (vgl. [Richter])

Der *virtuelle Adreßraum* des Prozesses enthält Prozedur- oder Text-Segment, Daten-Segment und Stack-Segment. Die beiden letzteren können gegeneinander wachsen. Die *Read-Only-Text-Segmente* des Systems werden zentral verwaltet, um das *Sharing* von gemeinsam benutzten Routinen zu ermöglichen.

Jeder Prozeß hat einen Eintrag in der **Prozeß-Tabelle**. Dieser enthält Informationen, die das System benötigt, wenn der Prozeß nicht aktiv ist. Prozesse können in zwei Zuständen ablaufen: im *User-Mode* und im *Kern-Mode*. Im User-Mode führt der Prozeß Benutzer-Programme aus und greift auf das Benutzer-Daten-Segment zu. Im Kern-Mode ruft der Prozeß im Kern enthaltene Systemfunktionen auf und greift auf das System-Daten-Segment zu.

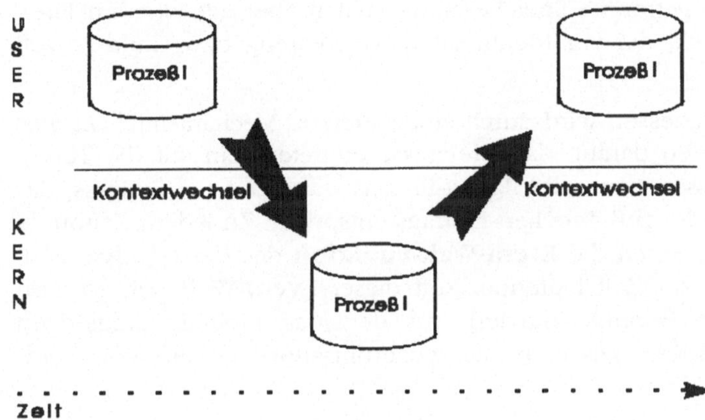

Abb. 3.5: Kontextwechsel bei Systemaufrufen

Im Abb. 3.5 führt ein im User-Mode laufender Prozeß i einen Systemaufruf aus, der einen Kontextwechsel in den Kern-Mode bewirkt. Wenn der nun im Kern-Mode laufende Prozeß i den Systemaufruf beendet hat, wechselt er erneut den Kontext und läuft danach wieder im User-Mode weiter ab.

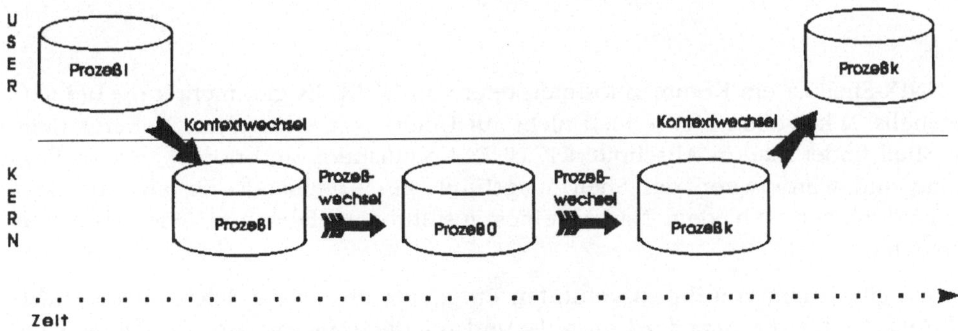

Abb. 3.6: Kontext- und Prozeßwechsel bei Systemaufrufen

Das nächste Bild zeigt eine kompliziertere Situation. Prozeß i führt einen Systemaufruf durch, der einen Kontextwechsel in den Kern-Mode bewirkt. Bei Systemaufrufen, bei denen der Prozeß auf ein Ereignis warten muß, hat dies normalerweise einen Prozeßwechsel zur Folge: Prozeß i im Kern-Mode wechselt zu Prozeß 0, dem Scheduler. Dieser wählt einen zum Ablauf bereiten Prozeß aus, und es erfolgt im Kern-Mode der Prozeßwechsel von Prozeß 0 zu Prozeß k. Dieser geht mittels Kontextwechsel wieder in den User-Mode über.

Erzeugung und Synchronisation von Prozessen

Neue Prozesse werden durch den Systemaufruf **fork** kreiert. Er bewirkt eine Teilung des laufenden Prozesses in zwei konkurrente Prozesse: den *Parent*-Prozeß und den *Child*-Prozeß. Diese haben getrennte Speicherräume, teilen aber alle offenen Files. **Fork** gibt einen Wert zurück, der zur Identifikation von Parent- bzw Child-Prozeß dient.

Die Synchronisation von Prozessen wird durch einen *Ereignis*-Mechanismus (*Events*) durchgeführt. Prozesse warten darauf, daß Ereignisse eintreten. Ein auf die Terminierung seines Child-Prozesses wartender Parent-Prozeß wartet auf ein Ereignis, das der Adresse seines eigenen Prozeß-Tabellen-Eintrags entspricht. Zu jedem Zeitpunkt haben *alle* Prozesse *bis auf einen* die **Event-Wait-Funktion** des Kerns aufgerufen. Dieser eine Prozeß ist der zur Zeit laufende. Ruft dieser **Event-Wait** auf, so wird derjenige Prozeß höchster Priorität aktiviert, für den das Ereignis eingetreten (*signalisiert worden*) ist. Im Kern geschieht die Synchronisation mit Hilfe von Hardware-Instruktionen.

Scheduling, Swapping und Paging

Hierfür wird ein Prioritäts-Algorithmus zusammen mit dem Round-Robin-Verfahren verwandt. Beim System 4.2BSD etwa ist die Zeitscheibe q = 1/10 Sekunde. Die Prioritäten werden jede Sekunde neu berechnet. Der Scheduler-Prozeß, Prozeß 0, auch *Swapper-Prozeß* genannt, lagert im Bedarfsfall Prozesse ein und aus, entweder das ganze Image oder Teile davon wie in 4.2BSD-UNIX, wo die Hardware einen *Paging*-Mechanismus bietet. Dieses Demand-Paging benutzt ein modifiziertes LRU-Verfahren.

Die Shell

Eine UNIX-Shell ist ein Kommando-Interpreter von UNIX. Es gibt mehrere gebräuchliche Shells. Wir wollen hier jedoch nicht auf Unterschiede eingehen. Näheres über die C-Shell findet man in Abschnitt 4.1. UNIX-Kommandos sind normalerweise Programme und werden von der Shell ausgeführt. Ein Kommando besteht aus dem Kommandonamen, d.h. dem Namen eines ausführbaren Files und einer Liste von Argumenten.

Die Shell gibt jedem von ihr ausgeführten Programm drei offene Files: für die *Standard-Eingabe*, für die *Standard-Ausgabe* und für die *Fehlermeldungen*. Diese Files werden normalerweise mit dem Terminal verknüpft, können jedoch auch mit Hilfe von "<", ">", "2>" bzw. ">>" umgelenkt werden.

Die Shell-Kommandosprache besitzt Kontrollstrukturen zur Steuerung von Batch-Files: *if/then/else, case, while, for*. Eine herausragende Eigenschaft der Shell sind die *Pipes*. Eine Pipe ist ein zu zwei Prozessen gleichzeitig geöffnetes anonymes File, wobei die Daten allerdings im Hauptspeicher gehalten werden:

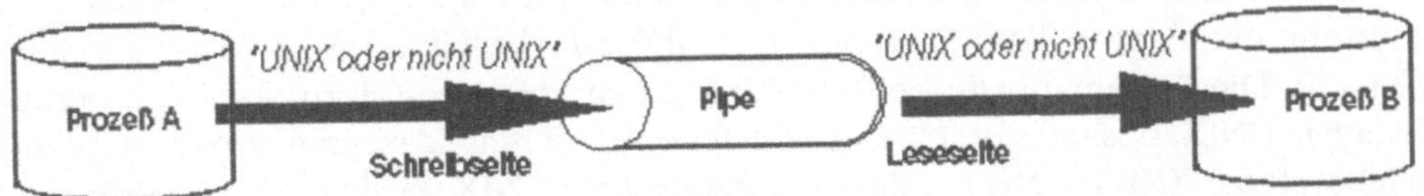

Abb. 3.7: UNIX-Pipe

Information wird auf der einen Seite in die Pipe geschrieben und auf der anderen Seite gelesen. Dabei gibt es eine *automatische Synchronisation*. D.h. es ist ein ohne Eingriffe des Benutzers funktionierender Erzeuger-Verbraucher-Mechanismus implementiert.

Eine Gruppe von UNIX-Kommandos stellen sog. *Filter* dar. Sie lesen von der Standardeingabe und schreiben auf die Standard-Ausgabe. Zusammen mit dem Pipe-Mechanismus führt dies zur Möglichkeit der Erzeugung von Befehlsketten, z.B.

cat myfile | grep Miller

3.3 Vergleichende Bemerkungen bzgl. anderer Betriebssysteme

MS-DOS war für den PC mit 8088-Prozessor sicherlich ein geeignetes Betriebssystem. Für die heute aktuellen Mikrorechner mit 80386-, 80486- und Pentium-Prozessoren ist es obsolet, auch wenn immer wieder neue Versionen und vor allem die Menge der unter MS-DOS laufenden Software sein Leben verlängern. Einen ähnlichen Effekt auf anderer Ebene erleben wir bei FORTRAN! Weiter soll hier zu MS-DOS nicht mehr gesagt werden. Inzwischen ist ein Nachfolger - Windows 95 - auf dem Markt.

OS/2 von IBM ist ein modernes 32-Bit-Betriebssystem, in der historischen 16-Bit-Version 1.X nur für den Intel 80286-Prozessor, der längst veraltet ist. Die Version 2.X nutzt auch die Eigenschaften des 80386-Prozessors und seiner Nachfolger. In seiner neusten Version 3 und 4 (Warp) bietet OS/2 eine objektorientierte graphische Benutzeroberfläche und Multitasking, sowie DOS- und Windows 3.1-Unterstützung. Gute Netzwerkfähigkeiten sind vorhanden.

UNIX, das wir oben genauer betrachtet haben, ist ein portables Betriebssystem für eine Vielzahl von Prozessoren, angefangen vom 80X286, über MC 680X0 bis zu RISC-Prozessoren und Mainframes.

UNIX und OS/2 haben eine Reihe von **Gemeinsamkeiten**: Die Filestruktur besteht bei beiden aus einer Folge von 8-Bit-Bytes, die Systemaufrufe zum Erzeugen, Löschen, Schreiben und Lesen von Files sind bei beiden vorhanden. Das hierarchisch angeordnete Filesystem ist bei beiden vorhanden. Beide erlauben eine baumförmige Prozeß-Struktur und Pipes zur Kommunikation zwischen Prozessen. Insgesamt wurden beide vom MULTICS-System in ihrem Design beeinflußt - natürlich positiv.

Kommen wir zu den **Unterschieden** zwischen UNIX und OS/2: UNIX bietet Multitasking und Single-User oder Multi-User-Betrieb an Terminals bzw. X-Terminals, OS/2 nur Single-User-Betrieb (allerdings gibt es Multi-User-Erweiterungen anderer Hersteller). UNIX ist portabel, OS/2 hängt eng an der 80X86-Prozessor-Architektur. Beide haben ein lineares Speichermodell. Beide unterstützten ein virtuelles Speichersystem mit Paging bzw. Swapping. UNIX erlaubt Links (Verweise) auf Files, OS/2 nicht. Die Systemaufrufe bei UNIX führen zu Software-Interrupts, OS/2 benutzt Call-Gates. UNIX besitzt nur eine Zugriffsebene auf das Terminal, OS/2 zusätzlich I/O-Subsysteme (Kbd-, Mou-, Vio-Systemaufrufe). UNIX besitzt im Gegensatz zu OS/2 in vielen Versionen noch keine Threads und Sessions. Eine UNIX-Shell, z.B. die C-Shell, ist ein sehr viel komplexeres und mächtigeres Werkzeug als die Kommandointerpreter von OS/2. Auch die Menge der bei UNIX-Systemen mitgelieferten Utilities ist wesentlich umfangreicher und funktional bedeutender als die der OS/2-Dienstprogramme. Allerdings gibt es inzwischen Portierungen der wichtigsten UNIX-Dienstprogramme, inklusive der Shells, auch für OS/2!

Ein weiterer Punkt von Bedeutung ist, daß der **Quellcode** von UNIX prinzipiell erhältlich ist, so daß Software- und Hardwarehersteller ihre eigene UNIX-Version adaptieren können. Der Quellcode von OS/2 ist ein gut gehütetes Geheimnis von IBM, genauso wie der von Windows NT und Windows 95 von Microsoft.

Windows NT (Workstation bzw. Server) ist ein hervorragendes 32-Bit-Netzwerkbetriebssystem mit präemptivem Multitasking, Benutzerverwaltung, grafischer Benutzeroberfläche nach Windows 3.11-Art (geplant ist eine Oberfläche nach Art von Windows 95) und recht guten Emulationsfähigkeiten, etwa für DOS-Programme. Es enthält eigentlich alles, was man sich vom alten Windows 3.1 gewünscht hat, und noch viel mehr. Windows NT ähnelt OS/2 in vielen inneren Bereichen, bietet jedoch mehr an Funktionalität, was den Sicherheitsbereich und die Verwaltung von Accounts angeht. Ob so etwas bei "persönlichen" Computern gebraucht wird, ist eine andere Frage.

Windows NT bietet weitreichende Netzwerkfähigkeiten mit fast allen wünschenswerten Protokollen. Ein ftp-Server fehlt ebenfalls nicht. Clients für telnet und ftp sind vorhanden, genauso wie PPP- und SLIP-Anbindungen. Zu einem vollständigen Multiuserbetrieb im Netzwerk, wie man ihn von UNIX gewöhnt ist, fehlen eigenlich nur ein telnet-Daemon und die Anbindung an das X-Window System. Diese Funktionen werden von einer speziellen Version des Windows-NT Servers der Firma Tektronics geboten. Dieses Produkt fällt allerdings vom Preis sehr aus dem Rahmen der Desktop-Betriebssysteme. Ein weiterer Pluspunkt von Windows NT ist seine Skalierbarkeit. Es wird mittlerweilen auch für andere Hardwareplattformen als die Intel-Prozessoren angeboten, etwa für RISC-Maschinen.

Von der Funktionalität scheint mir Windows NT sehr überzeugend zu sein, vor allem im Netzwerkbereich. Insgesamt bleibt jedoch die banale Feststellung: es kann nicht so viel wie UNIX.

Das im Herbst 1995 eingeführte Microsoft Windows 95 ist eine Kreuzung zwischen Windows NT und Windows 3.11 mit einer OS/2-ähnlichen Oberfläche, insgesamt ein 32-Bit-System für Intel-PCs mit präemptivem Multitasking. Es besitzt die vielzitierten Plug-and-Play-Fähigkeiten beim Einbau neuer Hardwarekomponenten. In vielen Fällen funktioniert dies wirklich und ist eine bedeutende Hilfe. Auch die Netzwerkfähigkeiten möchte ich sehr loben. Von UNIX ist Windows 95 natürlich weiter entfernt als Windows NT!

4 Wichtige UNIX-Werkzeuge

4.1 UNIX-Shells

4.1.1 Überblick

Eine UNIX-Shell ist grundsätzlich ein Kommandointerpreter, der die von Benutzer eingegebenen Kommandos liest und nach einigen Aufbereitungen zur Ausführung bringt. Neben dieser wichtigen Aufgabe der Kommandointerpretation verfügt eine UNIX-Shell auch über Fähigkeiten von höheren Programmiersprachen, z.B. Verzweigungen, Schleifen und Funktionsdefinitionen. Prinzipiell ist die Login-Shell, die der Benutzer nach dem Einloggen sieht, frei wählbar, sie wird im File /etc/passwd definiert. Es sind also z.B. auch menugesteuerte Shells denkbar oder Shells, die auf bestimmte Weise restringiert sind. Es existiert nicht nur eine einzige Shell, sondern es wurden im Laufe der UNIX-Entwicklung auf den verschiedenen UNIX-Versionen eigene Shells entwickelt. Die heutzutage gebräuchlichsten UNIX-Shells sind:

Name der Shell	Name des Programms	UNIX-Dialekt
Bourne-Shell	sh	alle Dialekte
Korn-Shell	ksh	System V
C-Shell	csh	BSD-Unix, SunOS, Solaris, FreeBSD
Bourne-Again-Shell	bash	Linux, FreeBSD, OS/2 (!)

Bourne-, C- und Korn-Shell sind die offiziellen UNIX-Shells. Aus der wahren Flut von Public-Domain-Shells sollen einige weitere genannt werden.

Die *tcsh* ist einer fehlerbereinigte Fassung der C-Shell mit u.a. einem zusätzlichen Kommandozeileneditor. Die Free Software Foundation (GNU Software) propagiert die Bourne-Again-Shell (*bash*), die kompatibel zur Bourne-Shell und teilweise zur Korn-Shell ist. Die Z-Shell *zsh* kann als Erweiterung der Korn-Shell gesehen werden und wird von manchen schon als etwas überladen betrachtet.

Wichtig ist die Einordnung der diversen Shells in die Familienverhältnisse. Es gibt zwei Familien: die Bourne-Familie mit *sh, ksh, bash, zsh* und die C-Shell-Familie mit *csh* und *tcsh*. Um einen gewissen Eindruck der Fähigkeiten der einzelnen Shells zu vermitteln, geben wir weiter unten eine Übersicht über deren Leistungsmerkmale (vgl. [Heuer]). Die Verfügbarkeit eines Merkmals wird mit ' +' symbolisiert. Im Vergleich zu anderen Shells leistungsfähigere Implementationen erhalten ' ++' oder sogar ' +++' .

Welche Shell sollte man nun benutzen? Die meisten UNIX-Benutzer verwenden zunächst die vom Hersteller bzw. Systemadministrator voreingestellte Version. Bei SUN-Rechnern wird man z.B. mit der C-Shell konfrontiert, bei LINUX mit der Bash. Für den Systemadministrator wird häufig die Bourne-Shell vorgegeben. Dies hat sicherlich seine Gründe in der Abwesenheit von manchen Features, die eben auch zu

Fehlern führen können. Insgesamt kann es nichts schaden, sich ein wenig umzusehen, welche anderen Shells auf dem UNIX-System denn noch zur Verfügung stehen. In vielen Fällen sind das insgesamt gerade die oben genannten: *sh, csh, ksh* und *bash*.

Die *bash* muß man sich für viele kommerzielle UNIX-Systeme selbst beschaffen und compilieren. Der Aufwand lohnt jedoch. Mir persönlich gefällt im Gegensatz zur *csh* besonders der einfache History-Mechanismus. Wir sehen an dieser Stelle, daß die Wahl der Shell vielleicht zum großen Teil auch Geschmackssache ist. Ein anderer Aspekt ist die Portabilität. Man will unter Umständen auf einem Nicht-UNIX-System wie OS/2 weiter seine gewohnte Shell benutzen. Dies schränkt den Kandidatenkreis vielleicht ein wenig ein.

	sh	csh	ksh	bash	tcsh	zsh
Namensexpansion	+	+	+	+	+	+
Namensvervollständigung		+	+	++	+++	+++
Ein-/Ausgabeumlenkung	++	+	++	++	+	++
Überschreibschutz		+	+	+	+	+
Asynchrone Prozesse	+	+	+	+	+	+
Jobkontrolle		+	+	+	+	+
History-Mechanismus		+	+	++	++	++
Kommandozeileneditor			+	+	+	+
Tippfehlerkorrektur					+	+
Login-Dateien	+	+	+	+	+	++
RC-Dateien		+	+	+	++	+++
Logout-Dateien		+			+	+
Alias-Definitionen		++	+	+	++	+
Shell-Funktionen			+	+		+
Arithmetische Operationen		+	+	+	+	+
Feldvariablen		+	+		+	+
Signalbehandlung	++	+	++	++	+	++
Directory-Stack		+	+	+	++	+

Abb. 4.1 Shell-Vergleich

Es ist hier nicht möglich, alle Shells genauer zu behandeln. Wir haben uns dafür entschieden, in diesem Abschnitt die weitverbreitete C-Shell etwas genauer zu betrachten.

4.1.2   Die C-Shell

Die C-Shell wurde auf der Berkeley-System-Distribution Linie entwickelt. Sie basiert zwar auf dem Konzept der Bourne-Shell, ihre Syntax ist jedoch sehr stark an die Programmiersprache C angelehnt. Die wesentlichen Erweiterungen gegenüber der Standard-Bourne-Shell werden in den folgenden Abschnitten behandelt. Wir behandeln zunächst das **Starten und Beenden** der C-Shell.

Die csh (C-Shell) kann als Shell gleich beim Login gestartet werden, indem der Systemverwalter entsprechend „/bin/csh'' als Login-Programm für den Benutzer in der Datei /etc/passwd einträgt. Man bezeichnet diese dann als Login-Shell. Der Benutzer kann sie jedoch auch explizit aufrufen mittels

csh {optionen} {argumente}

Bei jedem Aufruf einer neuen csh werden zuerst die Kommandos aus der vom Systemverwalter geschriebenen Datei /etc/cshrc und dann die Kommandos aus der Datei .cshrc im Home Directory des speziellen Benutzers ausgeführt. Handelt es sich bei dem Aufruf um eine Login-Shell, so werden zusätzlich noch die Kommandos aus der Datei $home/.login gelesen und ausgeführt, wenn diese Datei existiert. Danach meldet sich die csh mit dem Promptzeichen ''%'' oder ''#'', falls der Benutzer als Superuser arbeitet. Mit dem Befehl

    set prompt = text

kann ein individueller Promptstring festgelegt werden. Die Datei /etc/cshrc kann Informationen über Maschineneigenschaften und Voreinstellungen für die Benutzer enthalten. Die Datei .cshrc im Home-Directory wird bei jedem Start einer neuen csh automatisch gelesen und ausgeführt und enthält meistens Definitionen von Aliasen und Shell-Variablen. In der .login-Datei werden Aktionen, wie z.B. Durchführen von einmaligen Terminal-Einstellungen, Setzen von globalen Variablen usw. festgehalten. Die csh kann auf drei verschiedene Arten verlassen werden:

* EOF <Ctrl-D>
* exit
* logout

Da es vorkommen kann, daß man die Shell versehentlich durch ein EOF terminiert, kann dies durch das Setzen der Shellvariablen $ignoreeof verhindert werden. Hiernach wird die csh nur noch durch logout oder exit beendet. Beim Abmelden einer Login-Shell werden vor dem endgültigen Verlassen der csh noch die Kommandos aus der Datei $home/.logout gelesen und ausgeführt. Diese Datei kann für Aufräumarbeiten verwendet werden, die bei jedem Verlassen einer csh durchzuführen sind, z.B. Löschen aller Dateien in einem lokalen temporären Directory.

4.1.3 Einfache Kommandos, Pipelines, Kommandosubstitution

Ein einfaches Kommando ist eine Folge von Wörtern, wobei das erste Wort den Namen des Kommandos angibt, das auszuführen ist. Jedes Kommando liefert einen Rückgabewert, den Exit-Status, der den Erfolgsgrad der Kommandoausführung anzeigt (0: ok., von 0 verschieden: Fehler). Mit

    echo $status

kann der exit-status des zuletzt ausgeführten Kommandos ausgegeben werden. Eine *Pipeline* ist eine Folge von einem oder mehreren Kommandos, welche mit | oder |& voneinander getrennt sind. Das Pipesymbol bewirkt, daß die Standardausgabe des links vom Pipesymbol | angegebenen Kommandos direkt in die Standardeingabe des rechts stehenden Kommandos weitergeleitet wird. Bei |& wird die Standardausgabe und Standardfehlerausgabe weitergeleitet.

Mehrere Kommandos können als einfaches Kommando behandelt werden, indem sie durch folgende Zeichen getrennt werden:

;	Kommandos werden streng nacheinander ausgeführt
&	Kommandos werden im Hintergrund abgearbeitet
&&	Kommandos werden nur ausgeführt, wenn das vorherige Kommando erfolgreich war (Exit-Status = 0)
| |	Kommandos werden nur ausgeführt, wenn das vorherige Kommando nicht erfolgreich war (Exit-Status $\neq$ 0)

Kommandos, deren Standardausgabe von der csh als Teil der Kommandozeile zu verwenden ist, müssen mit Back-Quotes ` geklammert werden:

`` `kommandos` ``

4.1.4   History- und Alias-Mechanismus

Der *History*-Mechanismus der csh ermöglicht es, früher eingegebene Kommandozeilen ganz oder Teile davon wieder zu verwenden. Sie führt Buch über vorher verwendete Kommandoaufrufe. Da dies viel Platz kosten kann, werden nur die n letzten Kommandozeilen gespeichert. Die Größe des Kommandospeichers wird durch die Shellvariable $history definiert und umfaßt standardmäßig nur eine Zeile. Mit

    set history = n

werden jeweils die n letzten Zeilen, die keine leeren Kommandos enthielten, gespeichert und sind wieder aufrufbar. Diese alten Aufrufe können nun durch den Aufruf

    history

fortlaufend durchnumeriert, ausgegeben werden. Solche älteren Eingabezeilen können nun bei der csh auf drei Arten angesprochen werden:

    1. mit der Kommandonummer: !nummer
    2. durch Angabe des Kommandos: !name
    3. durch ein Textstück einer Kommandozeile: !?text?

In allen Fällen muß sich die Kommandozeile noch im Kommandopuffer befinden, d.h. darf maximal

    $history

Zeilen zurückliegen. Man braucht jedoch nicht das vollständige alte Kommando zu übernehmen, sondern kann Teile daraus aufgreifen und/oder Teile darin ersetzen:

    !nummer:bereich{:modifikator}...

Mit dem *Alias*-Mechanismus der csh ist es möglich, an einen ganzen oder auch unvollständigen Kommandoaufruf einen Kurznamen (Alias) zu vergeben. Vor der Ausführung eines Kommandos wird untersucht, ob eine Ersetzung vorgenommen werden soll. Das Kommando alias kann auf drei verschiedene Arten aufgerufen werden:

    alias   gibt alle zur Zeit definierten Aliase aus

alias kürzel	gibt den Wert des Alias *kürzel* aus, wenn ein solches existiert
alias kürzel wortliste	definiert ein Alias *kürzel*

Kommt nun in einem Kommando *kürzel* als Kommandoname vor, so wird statt dessen von der csh *wortliste* eingesetzt und die Interpretation beginnt von vorne. Es können somit geschachtelte Ersetzungen vorkommen.

Eine Alias-Zuweisung kann folgendermaßen aufgahoben werden:

unalias *kürzel*	löscht das Alias mit Namen *kürzel*
unalias *muster*	löscht Aliase, die durch das Muster *muster* abgedeckt werden
unalias *	alle Aliase werden gelöscht

4.1.5   Vordefinierte und benutzerdefinierte Shell-Variablen

Benutzerdefinierte Variablen können auf drei verschiedene Arten deklariert werden:

set name = text	Die Variable name wird deklariert und erhält als Wert die Zeichenkette *text*. Der Gültigkeitsbereich ist lokal. Mit dem Aufruf von **set** ohne Argumente können alle in der momentanen Shell-Umgebung lokal definierten Shell-Variablen angezeigt werden.
@ name = ausdruck	Der numerische Ausdruck wird ausgewertet und das Ergebnis der Variablen *name* als Wert zugewiesen. Der Gültigkeitsbereich ist lokal.
setenv name = text	Der Gültigkeitsbereich ist global, d.h. diese Variable wird an Subshells exportiert.

Um zu überprüfen, ob eine Variable definiert ist oder nicht, steht der Ausdruck

$?variablenname

zur Verfügung. Dieser Ausdruck liefert den Wert 1, wenn die Variable momentan definiert ist, andernfalls den Wert 0. Mit

$variablenname

wird der Inhalt der entsprechenden Variable angegeben. Es ist darauf zu achten, daß Leerzeichen zwischen set, setenv, =, name und dem Wert stehen müssen.

Die csh ermöglicht zudem die Deklaration von Feldern, d.h. Shellvariablen mit mehreren Elementen. Diesen Elementen müssen bei der Definition sogleich Werte zugewiesen werden, es darf jedoch auch eine leere Zeichenkette sein. Eine Deklaration geschieht in der Form

set name = (element1 element2 element3 `´)

Mit $name wird das ganze Feld angesprochen und die Shellvariable $#name gibt die Anzahl der Elemente des Feldes $name an.

Neben den vom Benutzer definierten Shell-Variablen gibt es die vordefinierten Variablen:

$argv	Parameter des Prozeßaufrufs
$cdpath	Gibt den Suchpfad für das cd-Kommando an
$child	Prozeßidentifikation (PID) des Sohnprozesses
$cwd	Voller Pfadname des aktuellen Katalogs
$history	Anzahl der im History-Speicher festgehaltenen Kommandos
$home	Wird cd ohne einen Parameter aufgerufen, so wird das in $home stehende Verzeichnis zum aktuellen Verzeichnis
$path	Suchpfad für das Starten von Programmen
$prompt	Bereitzeichen der csh
$shell	Pfadname der Shell
$status	Ergebniswert des zuletzt ausgeführten Kommandos
$$	Prozeßnummer (PID) der laufenden Shell

Die folgenden Shell-Variablen sind nicht automatisch definiert:

$echo	Jedes Kommando wird vor der Ausführung in seiner expandierten Version angezeigt
$ignoreeof	Verhindert, daß die csh versehentlich durch ein Dateiende-Zeichen terminiert wird
$noclobber	Verhindert, daß eine existierende Datei durch Ausgabe-umlenkung versehentlich überschrieben wird (Kommando wird abgebrochen → Fehlermeldung)
$noglob	Expandierung von Metazeichen in Dateinamen wird unterdrückt
$notify	Beendigung von anderen, gleichzeitig ablaufenden Jobs wird sofort gemeldet und nicht erst bei der nächsten Prompt-Ausgabe
$time	Automatische Zeitmessung aller aufgerufenen Kommandos
$verbose	Nach jeder History-Ersetzung wird das erzeugte Kommando angezeigt

4.1.6   Interne Kommandos der csh

Es gibt sogenannte interne csh-Kommandos bzw. Shell-Kommandos. Zu ihrer Ausführung braucht deshalb kein zusätzlicher UNIX-Prozeß gestartet werden. Die Anweisungen zur Ablaufsteuerung gehören ebenfalls zu den internen Kommandos.

alias {kürzel} {kommando}	Definieren bzw. Anzeigen von Aliasen
bg {%auftrag}	Ausführung von angehaltenen Jobs im Hintergrund fortsetzen
cd {katalog} / chdir	Wechsel in anderes Directory
dirs	Gibt den Inhalt des Directory-Stacks aus
echo parameter	Gibt die expandierten Parameter zurück
eval parameter	Ausführen der Parameter als Kommandos
exec {wert}	Überlagern der csh mit einem Kommando
exit {wert}	Beenden der aktiven Shell und *wert* wird als Ergebnis geliefert

fg {%auftrag}	Ausführung des angegebenen Auftrags im Vordergrund
glob parameter	Wie echo, ohne Sequenzerkennung
history -rn	Anzeigen der Kommandos im History-Puffer
jobs {-l}	Aktive Jobs mit Prozeßnummern werden an gezeigt
kill {-signal} {pid}	Bricht den angegebenen Prozeß ab
limit {resource} {groesse}	Festlegen bzw. Anzeigen der Systemressourcen
login {benutzer}	Führt ein Logout für den aktuellen Benutzer und ein Login für den angegebenen Benutzer durch
logout	Beendet die aktuelle Shell
nice ...	Kommandos mit niedriger Priorität ausführen lassen
nohup ...	Kein Abbrechen des Prozesses durch ein Beendigung der Sitzung möglich
notify {%auftrag}	Sofortige Information bei Statusänderungen eines Programms
popd {+n}	Katalognamen können aus dem Directory-Stack wieder herausgeholt werden
pushd {+n} / {name}	Katalognamen können im Directory-Stack abgelegt werden
rehash	Die csh merkt sich die Inhalte der in $path angegebenen Verzeichnisse intern. Hiermit wird der Speicher neu aufgebaut
set {a = b}	Die Shellvariable a wird definiert und bekommt den Wert b zugewiesen
setenv {a = b}	Arbeitet wie set, bezieht sich aber auf globale Variablen
shift {feld}	Verschieben der Werte von Positionsparame tern oder Variablen
source script	Lesen und Ausführen der Kommandos aus *script* in der aktuellen Shell
stop {%auftrag} / {pid}	Anhalten des angegebenen Hintergrund-Jobs
suspend	Anhalten der aktuellen Shell
time {kommando}	Ausgeben der von der aktuellen csh bzw. von einem Kommando verbrauchten CPU-Zeit
umask {wert}	Setzen bzw. Anzeigen der Dateikreierungs maske
unalias {kommando}	Löschen von Aliasen
unhash	Das Hashverfahren für die Kommandos soll nicht mehr verwendet werden.
unlimit {resource}	Beseitigung von Limits für Systemressourcen
unset variablen	Löschen von lokalen Shell-Variablen

unsetenv variablen	Löschen von globalen Shell-Variablen
wait	Warten auf Beendigung von Hintergrund-Jobs

4.1.7   Ein- und Ausgabeumlenkung

Die csh erlaubt eine Umlenkung der Standardeingabe, Standardausgabe und Standardfehlerausgabe. Jedem dieser drei Ein- und Ausgabekanäle ist ein Dateideskriptor zugeordnet:

Standardeingabe (**stdin**):	0
Standardausgabe (**stdout**):	1
Standardfehlerausgabe (**stderr)**	2

Folgende Umlenkungen sind möglich:

<datei	Öffnet die Datei und lenkt ihren Inhalt zur Standardeingabe des Kommandos.
>datei	Die Standardausgabe wird in die Datei umgelenkt. Existiert die Datei noch nicht, so wird sie neu angelegt. Wenn die Datei bereits existiert, wird sie überschrieben, wenn die Shell-Variable $noclobber nicht gesetzt ist, andernfalls wird eine Fehlermeldung ausgegeben.
>!datei	Umlenkung der Ausgabe unter Verhinderung der Überprüfung der noclobber-Variablen.
>&datei	Die Standardfehlerausgabe wird auf dieselbe Datei wie die Standardausgabe umgelenkt.
>&!datei	Umlenkung der Standardfehlerausgabe unter Verhinderung der Überprüfung der noclobber-Variablen.
>>datei	Die Standardausgabe wird am Ende der angegebenen Datei angehängt
>>!datei	Verhindert die Überprüfung der noclobber-Variablen
>>&datei	Sowohl die Standardausgabe als auch die Standardfehlerausgabe werden an das Ende der Datei umgelenkt
>>&!datei	Verhindert die Überprüfung der noclobber-Variablen

4.1.8   Programmierung der C-Shell

Alle Befehle und Kommandos von UNIX sind nicht nur einzeln am Kommandoprompt, sondern auch in einer Art Programm ausführbar. Man kann dieses mit den Batch-Dateien in DOS vergleichen. Unter UNIX werden sie Shell-Prozeduren oder Shell-Skripts genannt. Zur Erstellung eines solchen Shell-Skripts, müssen lediglich, mittels eines beliebigen Editors, ein oder mehrere Kommandos in einer Datei gespeichert werden. Die Syntax entspricht dabei exakt derjenigen, die auch sonst verwendet wird. Jede Zeile des Shell-Skripts wird interpretiert und ausgeführt. Um in einem Shell-Skript auch Entscheidungen zu treffen oder Wiederholungen zu erzeugen, stehen neben den bisher gezeigten Befehlen noch einige mehr zur Verfügung, die im Folgenden beschrieben werden. Ein Shell-Skript kann durchaus ein weiteres aufrufen und auch Rekursionen sind möglich. Hierzu wird aber jeweils eine neue

Shell (einen neuer Prozeß) gestartet. Die Anzahl der Prozesse eines Benutzers kann hingegen durch den Administrator begrenzt worden sein.

Aufruf eines Shell Skripts

Es gibt drei Möglichkeiten, um ein Shell-Skript zu starten. Zum einen mit

csh dateiname

Dabei öffnet man eine neue C-Shell und übergibt ihr den Namen des Shell-Skripts, das daraufhin ausgeführt wird. Die andere Möglichkeit ist

chmod u+x dateiname
dateiname

Man macht zunächst aus der Datei eine ausführbare Datei und kann dann das Shell-Skript einfach mit seinem Namen aufrufen. Diese Möglichkeit ist zweifellos die sinnvollere, da das Shell-Skript nun wie jeder andere Befehl aufgerufen werden kann (auch aus anderen Shells heraus). Sehr wichtig ist bei dieser Möglichkeit aber folgendes: Um sicherzustellen, das ein Shell-Skript, wie gewünscht, in einer C-Shell ausgeführt wird, muß in der ersten Zeile ein # eingetragen sein. Und um ganz sicher zu gehen kann die erste Zeile auch

#!/bin/csh

lauten. Dadurch wird explizit die C-Shell aufgerufen. Bei anderen Shells steht an dieser Stelle etwa

#!/bin/sh
#!/bin/ksh
#!/bin/bash

Die dritte Möglichkeit lautet (siehe 4.1.6) **source** dateiname. Dabei wird keine neue Shell gestartet. Vielmehr werden die Kommandos in der Datei *dateiname* innerhalb des gerade laufenden Shell-Prozesses abgearbeitet.

Variablen

Innerhalb eines Shell-Skripts können natürlich sowohl vor- als auch benutzerdefinierte Variablen verwendet werden, siehe 4.1.5. Ein Beispiel:

set temp_dir = /usr/tmp

Die Variable temp_dir wird erzeugt und ihr ein Pfadname zugeordnet. Mit

cd $temp_dir

wird somit in das entsprechende Verzeichnis gewechselt. Dieser Verzeichniswechsel ist allerdings nur bis zum Ende des Shell-Skripts gültig. Nach der Rückkehr befindet man sich im gleichen Verzeichnis wie vor dem Aufruf. Mit

set dir = ' pwd'

wird der Variablen dir der aktuelle Pfad zugewiesen. Da es sich bei pwd um ein eigenes Kommando handelt, muß dies in Hochkomma eingeschlossen werden. Dies bewirkt, daß zu dessen Ausführung eine eigene Shell geöffnet und das Kommando darin ausgeführt wird.

Werden Variablen (wie später zu sehen ist) zu Vergleichen herangezogen, so ist es ratsam diese in Anführungsstriche einzuschließen, da eine Variable, die zwar deklariert ist, der aber noch kein Wert zugewiesen wurde, ohne Anführungsstriche 'Nichts' dargestellt. Nur mit Anführungsstrichen wird dies als Leerstring interpretiert und nur damit kann auch ein Vergleich durchgeführt werden.

Eine Variable, die mit setenv deklariert wird, steht auch allen von diesem Shell-Skript aufgerufenen Subshells global zur Verfügung. Sie kann aber dort nicht nachhaltig verändert werden.

Kommentare

Ein Shell Skript kann und sollte stets mit Kommentaren versehen werden. Ein Kommentar wird mit dem Zeichen # eingeleitet und endet mit dem Ende der Zeile. Kommentare können an beliebiger Stelle stehen.

4.1.9   Steuerungsstrukturen der C-Shell

Wir beginnen mit **Verzweigungen**. Die **if-Anweisung** hat die Gestalt

```
if  ( Bedingung )  then
     Kommando(s) 1
else
     Kommando(s) 2
endif
```

Da die eigentliche Funktion der If-Anweisung bekannt sein dürfte, soll hier nicht näher darauf eingegangen werden. Zu Beachten ist, daß zwischen den Klammern und der Bedingung stets mindestens ein Leerzeichen oder Tabulator, ein sogenannter *white space character*, stehen muß. Die Bedingung selbst kann jeder beliebige logische Ausdruck sein. Ein Beispiel:

```
mkdir ABC
if  ( $status  ==  0 ) then
     echo  "Das Verzeichnis ABC wurde angelegt"
else
     echo  "Fehler beim Anlegen von ABC"
endif
```

Bedingungen können außerdem folgendes enthalten:

-r dateiname	prüfen, ob eine Datei existiert und lesbar ist
-w dateiname	prüfen, ob eine Datei existiert und beschreibbar ist
-x dateiname	prüfen, ob eine Datei existiert und ausführbar ist
-d name	prüfen, ob es sich bei *name* um ein Verzeichnis handelt
-z dateiname	prüfen, ob die Datei leer ist
!-z dateiname	prüfen, ob die Datei Daten enthält

Mit == und != können Strings oder Zahlen auf Gleichheit bzw. Ungleichheit geprüft werden. Bei Zahlen können darüber hinaus die Zeichen >, <, >= oder <= angewendet werden. Auch logische Operationen sind möglich:

```
&&        AND
||        OR
!         NOT
```

Klammern können verwendet werden, um die Bewertungsreihenfolge zu verändern.

Die **switch-Anweisung** lautet

```
switch ( ausdruck )
    case wert1:         Kommando(s) 1
        breaksw
    case wert2:         Kommando(s) 2
        breaksw
    ...
    default:            Default-Kommando(s)
        breaksw
endsw
```

Wie es von C her wohl bekannt ist, dient eine solche Anweisung dazu, je nach dem Wert der in Klammern stehenden Ausdrucks (z.B. eine Variable), einen der darunter aufgeführten Zweige einzuschlagen und die Kommandos, bis zum breaksw, auszuführen. Wird keine Übereinstimmung gefunden, werden die Defaultkommandos herangezogen, sofern sie vorhanden sind.

Wir kommen nun zu den **Schleifen**.

Die **foreach**-Anweisung hat die Form

```
foreach variable ( wert1 wert2 ... )
    Kommando(s)
end
```

Anders, als man dies von sonstigen Programmiersprachen gewohnt ist, werden hier der Variablen nur genau die Werte zugewiesen, die in der Klammer angegeben sind, wie das Beispiel

```
foreach wert ( 1 3 5 )
    echo $wert
end
```

zeigt. Es liefert als Ergebnis

```
1
3
5
```

Auch das Jokerzeichen ' *' ist verwendbar, wie das Beispiel zeigt:

```
foreach  datei ( * )
    echo $datei
end
```

Dies listet den Inhalt des Verzeichnisses (Dateien und Unterverzeichnisse) auf. Ist einer Variablen zuvor ein Feld, also eine Liste mit z.B. mehreren Dateinamen zugewiesen worden, so wird in der foreach-Schleife jede dieser Dateien berücksichtigt. In einem solchen Fall darf die Variable nicht in Anführungsstrichen stehen, vgl. 4.1.8

Die **while**-Anweisung der C-Shell lautet

```
while ( Ausdruck )
    Kommando(s)
end
```

Die Funktion der while-Schleife unterscheidet sich nicht von der anderer Programmiersprachen. Die Schleife wird solange durchlaufen, wie der Ausdruck wahr ist. Wichtig ist auch hier wieder, wie auch bei den vorangegangenen Fällen, daß zwischen dem Ausdruck und den Klammern mindestens ein Leerzeichen oder Tabulator steht. Ein Beispiel:

```
while ( $a < 12 )
    ...
end
```

Der Inhalt der Variablen wird hier, obwohl alle Variablen stets nur Strings enthalten, dennoch als Zahl interpretiert. Dafür sorgt der Zusammenhang in dem sie auftritt.

Bei der **repeat**-Anweisung zeigt sich folgende Syntax:

```
repeat n Kommando
```

Vollkommen anders, als man es gewohnt ist, verhält sich also der Befehl repeat. Er wiederholt lediglich das angegebene Kommando n-mal. Dies könnte zum Beispiel für eine Zeitmessung nützlich sein. Das Beispiel

```
repeat 3 echo "Hallo"
```

liefert das Resultat:

```
Hallo
Hallo
Hallo
```

Beim Aufruf eines Shell Skripts kann es nötig sein, diesem **Parameter** zu übergeben. Zu diesem Zweck existieren bereits Systemvariablen, die die Anzahl und den Inhalt dieser Parameter innerhalb des Shell Skripts zur Verfügung stellen. Wird beispielsweise ein Shell Skript mit

```
name para1 para2 para3
```

aufgerufen, so enthalten die Systemvariablen folgende Werte:

```
$#argv    = 3              (nur die Anzahl der übergebenen Parameter)
```

```
$argv[0]   = name           (= $0)
$argv[1]   = para1          (= $1)
$argv[2]   = para2          (= $2)
$argv[3]   = para3          (= $3)
```

Zur Fehlersuche (**Tracing**) in einem Shell-Skript gibt es die Möglichkeit, dieses in einer Art Trace-Modus auszuführen. Dazu muß das Shell Skript mit

```
csh -x  name
```

aufgerufen werden. Es werden dann alle Kommandos vollständig ausgegeben und zwar mit den aktuellen Variablenwerten. Mit der Option -v werden nur die Kommandos, ohne die aktuellen Variablenwerte und mit -vx beides angezeigt. Handelt es sich bei dem Shell-Skript um eine ausführbare Datei, so können die Optionen in der ersten Zeile hinzugefügt werden => #!/bin/csh -vx).

Das **test** Kommando kann anstelle einer Bedingung, die innerhalb von Klammern ausgewertet wird (z.B. bei einer if-Anweisung) verwendet werden. Denn

if (...) **then**

entspricht

```
test ...
if ( $status == 0 ) then
```

Ist der Ausdruck, der mit test überprüft wird, wahr, so wird der Wert 0 zurückgeliefert, andernfalls ungleich 0. Dieser steht wie immer in der Systemvariablen status zur Verfügung und kann entsprechend ausgewertet werden.

Das **expr** Kommando dient dazu, innerhalb eines Shell-Skripts einfach numerische Ausdrücke zu berechnen. Ein Beispiel:

```
set a = expr $a + 1
```

Möglich sind die Operationen +, -, *, /, % (Modulo), wobei dem Multiplikationszeichen der Backslash vorangestellt sein muß. Wichtig auch hierbei wieder: zwischen den Variablen, Konstanten und Rechenzeichen müssen Leerzeichen oder Tabulatoren stehen. Einfacher ist allerdings die schon in 4.1.5 angegebene Möglichkeit mit

```
@ a = $a + 1
```

Bei dieser Notation kann auch auf die Maskierung des Multiplikationszeichens verzichtet werden.

4.1.10   Beispiele für C-Shell-Skripts

Programm 4.1 Shell-Skript Frequenzwörter-Liste

```
#! /bin/csh
###############################################################
# Shell-Script zur Aufstellung einer Frequenzwoerterliste    #
# Autor: Dirk Lormess                                        #
###############################################################
```

```
cat $* | tr "[A-Z]" "[a-z]" | tr -cs "[a-z']" "\012" | sort | uniq -c | sort +0nr +1d
| pr -w80 -4 -h "Frequenzliste fuer $*"
```

Programm 4.2 Shell-Skript Rekursives Directory-Listing

```
#!/bin/csh -f
# -f zum Verhindern, dass .cshrc ausgefuehrt wird
#
# Shell-Scriptes zur rekursiven Auflistung von Verzeichnissen
# Autor: Dirk Lormess
#
# Steuert Debug-Ausgabe
# set SCRIPT_DEBUG

# ist allgemeiner Debug-Modus eingeschaltet
if ( ${?SCRIPT_DEBUG} ) then
    set verbose
    set echo
endif
# Der UNIX-command 'basename' schneidet von einem ihm uebergebenen
# Verzeichnispfad alle Pfadnamen ab, bis der Verzeichnisname uebrig
# bleibt. Das Anhaengen des Scriptnamen selbst (argv[0] = $(0))
# liefert
# an SCRIPTNAME den Scriptnamen.

set SCRIPTNAME = `basename ${0}`

# Ueberpruefen der Parameteranzahl
if ( ${#argv} != 1 ) then
        \echo " "
        \echo "usage: ${SCRIPTNAME} verzeichnisname"
        \echo " "
        exit 1
endif

# Ist der Uebergabeparameter ein Verzeichnis ?!
if ( -d ${1} ) then

    # Parameter ist ein Verzeichnis-Name

    # Aktuelle Rekursionstiefe festlegen
    if (! ${?SD_BLANKS} ) then
        setenv SD_BLANKS "    "

        # Ins uebergebene Verzeichnis wechseln
        (""cd ${1}; \echo "${cwd}/")

        # War die Pfadangabe absolut ?!
        set ABSOLUTE = `echo ${0} | grep "^/"`
        if ( "${ABSOLUTE}" != "" ) then
            # Pfad relativ zum aktuellen Verzeichnis
            setenv SD_PATH "`dirname ${0}`"
        else
            # Pfad absolut->Pfadname und Scriptname zusammenbasteln
            setenv SD_PATH "`dirname ${cwd}/${0}`"
        endif
    else
```

```
            setenv SD_BLANKS "${SD_BLANKS}    "
        endif

        # Ist Parameter executable -> Fehlerausgabe nach NULL
        if ( -x ${1} ) then
            ""cd ${1} >& /dev/null

            # Ausgabe der Files
            foreach NAME (`\ls`)
                # falls Verzeichnis erneuter Aufruf
                if ( -d ${NAME} ) then
                    \echo "${SD_BLANKS}${NAME}/"
                    ${SD_PATH}/${SCRIPTNAME} ${NAME}
                else
                    \echo "${SD_BLANKS}${NAME}"
                endif
            end
        else
            \echo "${SD_BLANKS}\! Zugriff verweigert \!"
        endif

        exit 0

else
    # Parameter ist kein Verzeichnisname
    \echo " "
    \echo "Uebergabeparameter ${1} ist kein Verzeichnis"
    \echo " "
    exit 1
endif
```

Programm 4.3 Shell-Skript Türme von Hanoi

```
#!/bin/csh
#
# Shell-Script zur Loesung des Problems der Tuerme von Hanoi
# Autor: Dirk Lormess
#
# Steuert Debug-Ausgabe
#set DEBUG

# Script-Variable
set n

# ist Debug-Modus gesetzt ?!
if ($?DEBUG )then
    set verbose
    set echo
endif

# Kommando Zeile pruefen
if ($#argv < 4) then
    \echo ""
    \echo "usuage: ${0} n a b c"
    \echo ""
    exit 1
endif
```

```
# jetzt geht's los
if ($(1) > 1) then
   @ n = $(1);
   @ n--;
   $(0) $(n) $(2) $(4) $(3)
endif

echo "von $(2) nach $(3)"

if ($(1) > 1) then
   @ n = $(1);
   @ n--;
   $(0) $(n) $(4) $(3) $(2)
endif

exit 0
```

4.2   UNIX C-Compiler und verwandte Utilities

4.2.1   Was braucht man zum Programmieren unter UNIX?

Wir brauchen auf jeden Fall einen *Texteditor* und einen *C-Compiler*. Für größere
Programme empfiehlt sich die Benutzung des *Make*-Programms zur Compilierung in
Abhängigkeit von geänderten Programmfiles. Für die Fehlersuche im Programmtext
ist neben dem C-Compiler das *lint*-Programm häufig sehr nützlich. Für das schritt-
weise Testen eines Programmes und die Suche nach Laufzeitfehlern brauchen Sie in
vielen Fällen einen *Debugger*. Weitere mehr oder weniger wichtige Utilities sind der
Assembler *as* und der Binder *ld* sowie die Archiv-Utility *ar*.

Als Texteditor kann jeder UNIX-Editor benutzt werden, z.B. *ed*, *vi*, *emacs* oder einen
der Editoren der graphischen Oberfläche, z.B. *xedit*. Die Wahl des Editors ist weitgehend Geschmackssache, so daß wir hier auf Beschreibungen verzichten, außer
Kurzbeschreibungen bei ed und vi. Mehr findet man etwa in [Gulbins] oder in den
Manuals der Rechnersysteme. Über Debugger und die Programme *ar*, *ld*, *lint* und
make wird später ausführlicher gesprochen.

4.2.2   Standard-UNIX C-Compiler

Die Hauptaufgabe des Compilers ist die Übersetzung eines syntaktisch korrekten C-
Programms, das in einem oder mehreren Quellfiles enthalten ist, in ein ablauffähiges
Binärprogramm. Falls der Compiler in den Quellfiles Fehler vorfindet, so gibt er
Fehlermeldungen, in weniger schweren Fällen auch nur Warnungen aus. Bei UNIX-
Systemen wurde in der Vergangenheit in der Regel ein C-Compiler mitgeliefert.
Manche Hersteller sparen sich diesen Service inzwischen. Wir werden sehen, daß es
dafür eine gute Abhilfe gibt. Der C-Compiler heißt in einer UNIX-Umgebung und
auch in vielen anderen Fällen *cc*. Das cc-Programm erledigt seine Aufgabe normaler-
weise in mehreren Schritten:

1.	Präprozessor-Aufgaben	*(/lib/cpp)*
	(z.B. Makro-Expansion,File-Includierung)	
2.	Compilation/Optimierung	*(/lib/ccom, /lib/c2)*
3.	Assemblierung	*(as)*
4.	Binden	*(ld)*

In Klammern stehen die Namen der einzelnen Compiler-Pässe. Die für jeden dieser
Schritte zuständigen Programme werden unter der Aufsicht des Steuerprogramms cc
ausgeführt. Über ld werden wir später noch genauer reden. Der Benutzer gibt im
einfachsten Fall zur Compilation seines C-Quellprogrammes prog.c nur die Kommandozeile

```
$ cc prog.c
```

ein. Zur Ausführung des - bei korrektem prog.c! - so erzeugten ausführbaren Files
a.out reicht dann der Befehl

```
$ a.out
```

aus. Wir betrachten hier nun den Aufruf des C-Compilers genauer:

cc [Optionen] File ...

Filenamen, die mit .c enden, werden als C-Quelltext betrachtet und übersetzt. Alle
anderen Filenamen werden als Objektmodule betrachtet und dem Binder (Linkage
Editor) ld übergeben. Der Compiler erzeugt aus den Quellfiles Objektfiles mit dem
gleichen Namen, jedoch dem Suffix .o. Im Standardfall (ohne "-o" und "-c") erhält
das ausführbare Binärfile den Namen a.out.

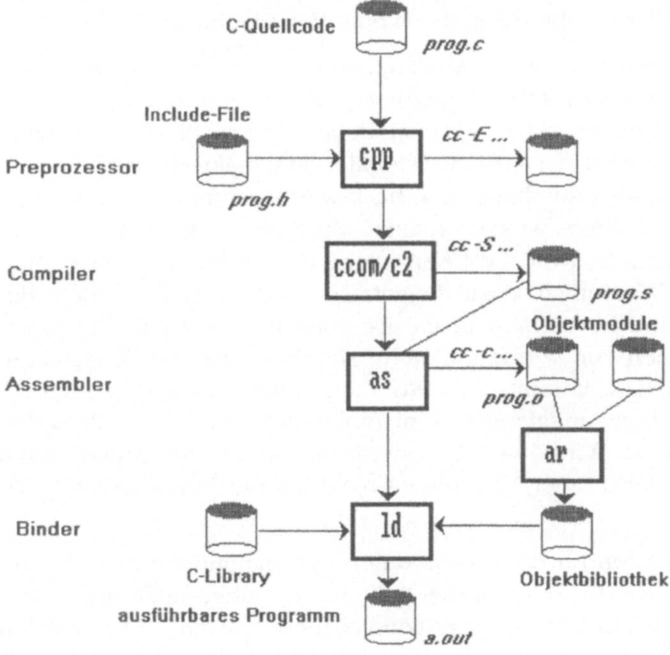

Abb. 4.2: Der Ablauf einer Compilation (vgl. [Gulbins])

Die wichtigsten Optionen sind:

-c   Das automatische Binden findet nicht statt, die Objektdatei bleibt
            erhalten.

-g   Es wird Debugging-Information in die Symboltabelle aufgenommen

-E   Es wird nur der Präprozessor cpp gestartet, die Ausgabe geht auf die
            Standard-Ausgabe.

-O   Optimierung des Objektcodes.

-S   Assemblerausgabe auf Files mit Endung .s

-o file   Das vom Binder erzeugte ausführbare File heißt file.

-w   es werden keine Warnungen ausgegeben

-Dmac*[=y]* Analog zu #define wird ein Makro definiert. Fehlt *=y*, so wird *=1*
            genommen.

-I*Dir*   Directory *Dir*, in dem Include-Files zusätzlich gesucht werden sollen.

-l lib   die Objektbibliothek lib wird an den Binder weitergereicht.

Eine ganze Reihe weiterer Optionen können zur Steuerung mit angegeben werden.
Diese hängen allerdings zum Teil sehr stark vom jeweils verwendeten Compiler ab.

4.2.3   GNU C-Compiler

Wie schon gesagt, sparen sich manche Hersteller von UNIX-Systemen inzwischen
die Auslieferung eines C-Compilers. Das hat sicherlich auch sachliche Gründe, da
man heute moderne auf System V basierende UNIX-Kerne auch ohne Compilation
bzw. ohne Link-Vorgang dynamisch konfigieren kann, d.h. Gerätetreiber einbinden
kann. Auf der anderen Seite bietet ein C-Compiler dann noch eine zusätzliche Einnahmequelle für den Hersteller des Betriebsystems oder Fremdanbieter.

Der GNU C-Compiler der Free Software Foundation und auch die gesamte GNU-
Software bieten im Gegensatz dazu keine Einnahmequelle für irgend jemand, sondern sind frei erhältlich im Internet oder gegen moderate Preise auf verschiedenen
CDs zu erwerben. Zusätzlich wird der GNU C-Compiler allgemein als der beste er-
hältliche Compiler betrachtet, also durchaus auch für besser erachtet als kommerzielle Compiler der Hersteller. Diese weitverbreitete Akzeptanz hat den GUN C-
Compiler (gcc) zum Quasi-Standard für die Übersetzung der im Internet frei verfügbaren Software gemacht. Wesentlich dazu beigetragen hat sicherlich auch der
Aspekt der Einheitlichkeit und Portierbarkeit, da gcc eben für alle UNIX-Versionen
auf allen Hardwareplattformen zur Verfügung steht. Neben echten UNIX-Systemen
und UNIX-Derivaten wie LINUX, kommt der GNU C-Compiler inzwischen auch für
andere Betriebssysteme in Frage, angefangen vom zahlenmäßig weltweit führenden
MS-DOS über IBMs OS/2 bis zu Windows NT, vom Macintosh bis zum Amiga. Auch
Großrechner, wie etwa von DEC unter VMS fehlen nicht auf der imponierenden Liste.

An Hochschulen wird inzwischen für die Ausbildung und Programmierung in C und
C++ fast ausschließlich der GNU-Compiler benutzt. Es soll aber nicht ganz ver-
schwiegen werden, daß man ihn vor der Benutzung generieren muß. Die Quellen
müssen vom Internet per ftp geholt werden. Danach erfolgt eine zeitaufwendige
make-Prozedur mit mehrmaligem Compilieren und zuletzt der Installation in der

UNIX-Filestruktur. Es wird also zunächst ein anderer C-Compiler vorausgesetzt. Wer den nicht hat, kann auch in vielen Fällen die Binärfiles aus dem Internet beziehen. Eine Abhilfe ist die Cross-Compilation auf einer anderen Maschine mit existierendem C-Compiler für die Ziel-Maschine. Die aktuelle GNU C-Compiler-Version enthält zusätzlich auch Compiler für die objektorientierten Sprachen C++ und Objective C, die man jedoch nicht unbedingt generieren muß. Inzwischen sind auch weitere GNU-Compiler im Internet erhältlich, z.B. für Pascal, Fortran und Ada. Ein GNU Assembler, GNU Make fehlen ebensowenig wie ein GNU Debugger und Compilerbautools GNU Bison und GNU flex als Ersatz für die UNIX-Tools yacc und lex.

Benutzung von gcc

Der Aufruf lautet analog zu cc

gcc [Optionen] File ...

oder

g++ [Optionen] File ...

im Fall der C++-Compiler, wobei es viele Optionen gibt und mehrere Quell-Files spezifiziert werden können. Mit g++ beschäftigen wir uns hier nicht weiter. Die Optionen von gcc gliedern sich nach den Begriffen

1. Generelles (Overall)
2. Sprache
3. Warnungen
4. Debugging
5. Optimierung
6. Präprozessor
7. Linker
8. Directories
9. Zielmaschine
10. Maschineabhängige Größen
11. Codegenerierung

Wir beschreiben im folgenden nur die aus unserer Sicht wichtigsten Optionen.

1. *Generelle Optionen*: sie beeinflussen den gesamten Compilations-Prozeß und beziehen sich auf die gesamte Kommandozeile. Dazu gehören

-E	Stop nach dem Präprozessor.
-S	Erzeugung eines Assemblerfiles für jedes Quell-File.
-c	Nur Erzeugung von .o-Files, kein Linkvorgang.
-o file	Output geht nach file anstatt a.out oder *.o .
-v	Verbose (geschwätziger) Modus.

2. *Sprach-Optionen*: sie beeinflussen den erlaubten Sprachumfang für die Quell-Files. Dazu gehören

-ansi	ANSI-Standard Syntax wird unterstützt.
-traditional	Kernighan&Ritchie-Syntax wird unterstützt.

-fno-builtin	Kein Support für nicht-ANSI-Funktionen.

3. *Präprozessor-Optionen*: sie kontrollieren die erste Phase der Compilation.

-C	Kommentare werden erhalten.
-Dmac{=string}	Definiert Makro mac=string.
-Umac	Makro mac wird vergessen.
-E	Es wird nur der Präprozessor ausgeführt.
-H	Jedes benutzte Header-File wird ausgegeben.
-P	Es werden keine #line-Kommandos erzeugt
-dM	Liste von Makros wird ausgegeben.
-nodistinc	Es werden nur auf der Kommandozeile angegebene Include-Directories benutzt.

4. *Linker-Optionen*: sie werden an den Linker weitergegeben.

-llib	Es wird mit der Bibliothek lib gelinkt.
-nostdlib	Es wird keine Standard-Bibliothek beim Linken benutzt, nur die angegebenen.
-static	Es werden statische Bibliotheken benutzt, anstelle von dynamischen.

5. *Directory-Optionen*: sie beziehen sich auf spezifische Directories, die bei der Compilation benutzt werden sollen. Die meisten Phasen haben Default-Directories. Diese werden hier geändert.

-Bdir	Im Directory dir sollen die ausführbaren Compiler-Files (cpp, cc1 und ld) gesucht werden
-Idir	Include-Files werden im Directory dir gesucht.
-Ldir	Library-Files werden im Directory dir gesucht.

6. *Warnungs-Optionen*: sie beeinflussen die Ausgabe aller diagnostischen Meldungen. Einige dieser Optionen sind:

-W	Ausgaben von zusätzlichen Meldungen bezüglich Optimierung, Prototyping, etc.
-Wall	Alle -W-Optionen eingeschaltet.
-fsyntax-only	Nur Syntaxprüfung, keine Compilation.
-pendantic	Alle Nicht-ANSI-Warnungen ausgeben.
-w	Alle Warnungen unterdrücken.

7. *Debugging-Optionen*: sie kontrollieren die Ausgabe von zusätzlichem Code für Debuggingzwecke. Dazu gehören u.a.:

-g	Debugging-Informationen für dbx, gdb und andere Debugger.
-gcoff	Debugging-Informationen im COFF-Format.
-gdbx	Debugging-Informationen für dbx.
-ggdb	Debugging-Informationen für GNU-Debugger gdb.
-gsdb	Debugging-Informationen für sdb.
-p	Informationen für prof-Kommando

8. *Optimierungs-Optionen*: sie kontrollieren das Niveau der Codeoptimierung. U.a. gibt es:

```
-O           Optimierung einschalten.
-O2          Starke Optimierung einschalten.
-finline     Funktionen werden in-line expandiert.
```

9. *Ziel-Maschinen-Optionen*: man kann bei entsprechender Installation Code für verschiedene Maschinen erzeugen.

```
-b machine   Spezifikation der Ziel-Maschine.
-V version   Spezifikation der Version des GNU-C-Compilers. Sinnvoll, wenn
             mehrere installiert sind.
```

10. *Codegenerierungs-Optionen*: Steuerung bestimmter Einzelheiten der Codegenerierung.

```
-fshort-double   Double-Variablen haben dieselbe Größe wie float.
-fvolatile       Alle Speicherreferenzen durch Pointer werden als volatile
                 definiert.
-fpic            Positionsunabhängigen Code generieren
```

Wir betrachten nun noch einige Beispiele für den Aufruf von gcc. Was passiert im einzelnen?

```
$ gcc -ansi -o prog.exe prog.c
$ gcc -c -S -v file1.c file2.c
$ gcc -E pro.c > prog.output
$ gcc -g -O2 -o prog prog1.c prog2 prog3.c
```

4.2.4 Bibliotheksverwalter ar

Mit Hilfe des Bibliotheksverwalters ar (archive) können mehrere Dateien zu einer Bibliothek zusammengefaßt werden. Zumeist werden dabei Objektdateien zu einer Objektbibliothek angeordnet, welche als Eingabe für den Binder ld dienen kann. Prinzipiell können jedoch auch andere Dateien in dieser Art verwendet werden. Die Vorteile von Bibliotheken sind außer einer geringfügigen Platzersparnis (Anzahl der Directoryeinträge) eine bessere Übersicht und eine erhöhte Bindegeschwindigkeit (der Binder-Lader muß nur die Bibliotheksdatei öffnen und schließen). Wird beim Binden eine Bibliothek verwendet, so werden nur die Bibliothek und nicht die daraus zu bindenden Module angegeben. Der Aufruf des Bibliotheksverwalters hat folgendes Aussehen:

ar Funktion Bibliothek Files

Dabei können folgende Funktionen ausgewählt werden:

d (**d**elete)   Die angegebenen Files sollen aus der genannten Bibliothek gelöscht werden.

m (**m**ove)   Die angegebenen Files sollen an das Ende der Bibliothek kopiert werden. Mittels eines nachfolgenden Zeichens a, b oder i, sowie derdann nötigen Angabe (ein bereits in der Bibliothek liegendes File) kann angegebenwerden, wohin das betreffende Modul zu kopieren ist; a: nach dem angegebenen Modul; b und i: vor dem angegebenen Modul).

r (**r**eplace)   In der Bibliothek werden die darin enthaltenen Module durch Dateien ersetzt. Folgt auf das r ein u, so werden nur diejenigen Files zur Ersetzung herangezogen, deren Änderungdatum aktueller ist als das der Bibliotheksdatei. In gleicher Art wie bei der m-Funktion können die optionalen Positionsparameter a, b und i verwendet werden. Wird ein neues Modul hinzugefügt, so wird dieses am En-de der Bibliothek abgelegt. Mit r wird auch eine neue Bibliothek erzeugt.

t (**t**able)   Ein Inhaltverzeichnis der Bibliothek wird ausgegeben.

x (e**x**tract)   Die genannten Files werden aus der Bibliothek herausgezogen. Der Inhalt der Bibliothek bleibt unverändert. Werden keine Files angegeben, so werden alle extrahiert.

An alle Funktionszeichen kann noch ein v angehängt werden. Dies bewirkt, daß zu allen Dateien zusätzliche Informationen ausgegeben werden. Wir betrachten ein Beispiel: die folgenden vier Objectfiles (teil1.o, teil2.o, teil3.o und teil4.o) mögen in einem Directory existieren. Um aus ihnen ein Bibliotheksarchiv teile.a zu erzeugen, benutzen wir das Kommando

```
$ ar rv teile.a teil1.o teil2.o teil3.o teil4.o
```

Wir erzeugen ein Listing des Archivs teile.a mit dem Kommando

```
$ ar tv teile.a
rw-r--r--       0/0       2887       May       04       11:37       1995       teil1.o
rw-r--r--       0/0       6001       May       04       11:55       1995       teil2.o
rw-r--r--       0/0       3937       May       05       07:16       1995       teil3.o
rw-r--r-- 0/0 5513 May 07 12:31 1995 teil4.o
```

Um eine Komponente zu ersetzen, verwenden wir den Befehl

```
$ ar vr teile.a teil2.o
```

Für die Entwicklung größerer Programme und Programmsysteme ist ar ein wichtiges Hilfsmittel zur Erzeugung und Manipulation von Bibliotheken.

4.2.5   Binder ld

Der Binder (Linkage Editor) ld ermöglicht es, mehrere Objektfiles zu einem neuen File zusammenzubinden. Dieses File kann entweder ein ausführbares Programm oder ein neues Objektfile sein, das als Eingabe für weitere ld-Aufrufe dient. ld ver-sucht dabei, die in den einzelnen Modulen vorhandenen, nicht aufgelösten Referen-zen aufzulösen. Das Resultat von ld steht normalerweise im File a.out. Der Aufruf von ld erfolgt in der Form

ld [Optionen] Files

Die wichtigsten Optionen sind:

-ename   Die Adresse des Symbols name soll der Eintrittspunkt für das ausführbare Programm sein. Normalerweise ist es die Adresse 0.

-i	Bei der Ausführung sollen Code- und Datensegment in getrennten Adreßbereichen liegen (Standard).
-lname	Abkürzung für die Bibliothek /lib/libname.a, die dazugebunden werden soll. Falls sie nicht existiert, sucht ld /usr/lib/libname.a.
-n	Read-Only-Textsegment
-o name	Ausgabefile soll name heißen.
-r	Ausgabefile soll für weitere Bindevorgänge verwendet werden, enthält also noch das Relokationsattribut.
-s	Die Symboltabelle und das Relokationsmerkmal werden in der Ausgabe entfernt.
-x	Lokale Symbole werden nicht in die Symboltabelle mit aufgenommen.

Wir betrachten nun Beispiele für die Verwendung von ld:

```
$ cc -s prog1.c
```

Das programm prog1.c wird übersetzt. Die Option "-s" wird von cc an ld weitergegeben, so daß im Bindevorgang die Symboltabelle nicht in a.out aufgenommen wird

```
$ ld crt0.o prog.o q.o u.o -lc -o prog
```

Die Objektmodule crt0, prog, q und u werden zu einem ausführbaren Programm prog zusammengebunden. Dabei ist crt0 die Startroutine des C-Laufzeitsystems. Durch die Option "-lc" wird die Standardbibliothek /lib/libc.a hinzugebunden.

```
$ ld -r -o search.o s1.o s2.o
```

Die beiden Objektmodule s1 und s2 werden zu einem File search.o zusammengebunden, das wegen der Option "-r" noch relokierbar ist.

4.3   UNIX Make

4.3.1   Überblick

Das make-Kommando ist das wichtigste und auch mächtigste Werkzeug zur Entwicklung von größeren Programmsystemen. Es wurde zur automatischen Wartung von Programmen entworfen, deren Vollständigkeit und Korrektheit von einer Reihe anderer Files abhängt, die auf irgendeine Weise miteinander kombiniert werden müssen.

Der Aspekt der Wartung ist automatisiert, und die von make durchgeführten Aktionen können in vielfältiger Weise von den Files abhängig gemacht werden. Ein typisches, bei großen Programmen, die aus mehreren Modulen bestehen, auftretendes Problem ist, daß Änderungen nötig sind, sobald ein Quellcodemodul modifiziert wurde. Der Benutzer hat dann zwei Möglichkeiten:

1. er übersetzt das ganze System neu (ein sog. Build), was aber eine Menge Zeit in Anspruch nehmen kann,

2. er übersetzt nur die vom geänderten Modul abhängigen Teile neu und geht dabei das Risiko ein, irgendwelche Abhängigkeiten zu vergessen, was zu Inkonsistenzen führen kann.

Mit dem make-Kommando kann man diesen Vorgang so automatisieren, daß nur die wirklich betroffenen Module kompiliert werden und zudem garantiert ist, daß das neue System konsistent ist. Bei den von make durchgeführten Aktionen werden folgende Punkte beachtet:

- Die Aktionen können vom Datum abhängen, an dem zuletzt in betroffene Dateien geschrieben wurde. Dieses Datum wird aus dem UNIX-Filesystem entnommen, und damit kann entschieden werden, welche Modifikationen neueren Datums sind.

- Das make-Kommando selbst kennt einige wichtige Abhängigkeiten. Zum Beispiel weiß es, daß eine .o-Datei von einer zugehörigen .c-Datei durch eine Kompilation abhängt über ein cc-Kommando.

- Außerdem kann es nötig sein, daß der Programmierer in die Lage versetzt wird, die Abhängigkeiten des Zielprogramms von den diversen beteiligten Dateien festzusetzen.

4.3.2   Makefiles

Das make-Programm geht standardmäßig davon aus, daß sich im aktuellen Directory eine Datei namens *makefile* (bzw. *Makefile*) befindet, die Einzelheiten zu den Programmen enthält, die sich aus den explizit angegebenen Komponenten-Dateien zusammensetzen. In der Datei *makefile* wird ferner festgelegt, auf welche Weise das jeweilige Programm von diesen Bestandteilen und anderen Dateien abhängt. Das meist beim Schreiben allgemeiner Makefiles auftretende Problem ist, die explizit vom Programmierer vorgegebenen Abhängigkeiten mit den implizit vom make-Kommando selbst verstandenen Regeln zu kombinieren. Ein Makefile besteht aus folgenden Teilen:

- **Abhängigkeitsdefinitionen** (dependency lines): das sind diejenigen Zeilen in einem Makefile, in denen die Abhängigkeiten festgelegt werden. Sie beginnen mit einer Liste von einem oder mehreren sog. Target-Files, gefolgt von einem Doppelpunkt und der Liste der Dateien, von denen die Zieldateien abhängen.

  Beispiel: Ein ausführbares Programm prog1 hängt von den (bereits übersetzten) Modulen prog1.o, main.o und com1.o ab. Damit lautet die Beschreibung dieser Abhängigkeit:

      prog1: prog1.o main.o com1.o

- **Shellkommandos** (command lines): das sind diejenigen Zeilen in einem Makefile, die ausgeführt werden, wenn eine oder mehrere der Dateien, die in der Abhängigkeitsdefinition stehen, jüngeren Datums als das Target-File sind. Die Kommandos werden von den Abhängigkeiten entweder durch ein Semikolon getrennt (wenn sie in einer Zeile stehen) oder, sofern sie in eine neue Zeile geschrieben werden, durch das <tab>-Zeichen in Spalte 1 dieser Zeile. Im Beispiel sieht das folgendermaßen aus:

```
prog1: prog1.o main.o com1.o
<tab>cc -o prog1 prog1.o main.o com1.o
prog1.o: prog1.c; cc -c prog1.c
main.o : main.c; cc -c main.c
com1.o : com1.c; cc -c com1.c
```

Make erkennt in der ersten Zeile des Beispiels, einer Abhängigkeitsdefinition, ob die .o-Dateien, von denen prog1 abhängt, jüngeren Datums als das Target-File prog1 sind. In diesem Fall wird prog1 entsprechend dem Kommando in der zweiten Zeile erstellt. Zum Binden der einzelnen Module wird der cc-Compiler benutzt, der hierzu besser geeignet ist, als der separate Binder **ld**. cc lädt nämlich auch alle u.U. benötigten Systemmodule automatisch. Für die in der Kommandozeile benötigten .o-Files sind im Beispiel wieder Abhängigkeiten aufgeführt, die im folgenden analog behandelt werden. Zu beachten ist, daß für jedes Kommando eine eigene Shell aufgerufen wird. Damit werden keinerlei Nebeneffekte an die darauf folgenden Kommandozeilen weitergegeben. Sollte in einem Makefile einmal eine Zeile zu lang werden, so kann man mit einem Backslash "\" als letztem Zeichen eine Fortsetzungszeile erzwingen.

- **Kommentare**: Jeder Text nach einem # bis zum Zeilenende wird in einem makefile als Kommentar aufgefaßt. Die häufige Verwendung von Kommentaren ist natürlich genauso anzuraten wie bei jeder Programmentwicklung in anderen Sprachen auch.

- **Makros**: Mit Makros kann man Makefiles parametrisieren. Man benutzt sie hauptsächlich, um Listen zu definieren, die Files, Compileroptionen, Bibliotheken oder Kommandos enthalten. Makros werden in Makefiles durch Statements der Form

```
STRING1 = string2
```

definiert, wobei das Gleichheitszeichen diese Zeile als Makro kennzeichnet. Die Konvention verlangt, Makros in Großbuchstaben zu schreiben. Wir betrachten ein Beispiel:

```
OBJECTS = prog1.o main.o com1.o
prog1: $(OBJECTS); cc -o prog1  $(OBJECTS)
prog1.o: prog1.c; cc -c prog1.c
main.o : main.c; cc -c main.c
com1.o : com1.c; cc -c com1.c
```

Will man den Wert eines Makros ansprechen, so muß dem Makronamen ein $-Zeichen vorangestellt und der Name selbst in Klammern geschrieben werden. Vordefinierte Makros sind Makros, die das make-Kommando per Voreinstellung bereits kennt. Dazu gehören Definitionen wie

```
CC = cc
AS = as
```

Welche vordefinierten Makros dem make-Kommando bekannt sind, kann man in den entsprechenden Handbüchern nachschlagen. Die Namen $*, $@, $< und $? haben eine besondere Bedeutung:

$@	ist der volle Name des Target-Files,
$*	ist der Name des Target-Files ohne eine Endung,
$<	ist der Name des Files, das den Aufruf verursachte,
$?	bezeichnet eine Liste von Files, die jünger sind als die von diesen abhängigen Files

4.3.3   Benutzung von Make

Der Aufruf des make-Kommandos hat folgende Form:

make [Optionen] [Makro-Definitionen] [Targets]

Wird kein Target-File angegeben, so wird das erste im Makefile vorkommende Target als Zielobjekt angenommen. Make kennt die folgenden Optionen:

-f filename	gibt an, daß die Abhängigkeiten im File Filename zu suchen sind. Fehlt diese Option, so sucht make in der angegebenen Reihenfolge nach einer Datei mit dem Namen makefile oder Makefile imaktuellen Directory,
-p	gibt alle Makrodefinitionen und Target-Beschreibungen aus,
-i	make bricht nicht ab, falls ein Kommando einen Fehler meldet,
-k	meldet ein Kommando einen Fehler, so wird zwar die Bearbeitung des aktuellen Eintrags beendet, jedoch werden die Einträge, welche davon nicht abhängig sind, weiter bearbeitet,
-s	die ausgeführten Kommandos werden nicht angezeigt,
-r	die internen Abhängigkeitsregeln von make werden nicht benutzt,
-n	die bei einer wirklichen Bearbeitung durchzuführenden Kommandos werden ausgegeben, aber nicht ausgeführt (sehr nützlich für Testzwecke!),
-t	das Zielobjekt (Target-File) erhält ein neues Erstellungsdatum, ohne daß eine Generierung erfolgt,
-d	für Testzwecke werden ausführliche Informationen zu den betrachteten Dateien und deren Datumsangaben ausgegeben.

4.4   UNIX Lint

Lint ist ein Programm, das C-Quellprogramme einer wesentlich schärferen Kontrolle unterwirft, als dies ein C-Compiler machen würde. Die Verwendung von lint ist auf alle Fälle dann empfehlenswert, wenn das zu entwickelnde C-Programm auf andere Maschinen portiert werden soll, oder falls es sich bei der Entwicklung um ein größeres Programmpaket handelt, das von mehreren Programmierern erzeugt wird.

Lint führt unter anderem eine strenge Typenprüfung durch (Typverträglichkeit der Zuweisungen, Typ-Casting, Parameterübergabe bei Funktionsaufrufen usw.) und weist auch auf unerreichbare break-Anweisungen hin. Nicht benutzte Variablen und Funktionen werden ebenso entdeckt, wie einige Fälle schlechter Programierung. Der Aufruf von Lint hat folgendes Aussehen:

lint [Optionen] C-Quellfiles

Als Optionen läßt Lint zu:

-a   zeigt Zuweisungen von long-Variablen an nicht-long-Variable an.

-b   zeigt nicht erreichbare break-Statements an.

-p   führt einen Portabilitätscheck durch. Neben anderem werden alle internen Variablennamen auf die Länge von 8 Zeichen und alle externen Variablennamen auf die Länge von 6 Zeichen gekürzt.

-n   Es wird keine Kompatibilitätsprüfung gegenüber der Standard Library durchgeführt.

-v   unterdrückt Meldungen über nicht benutzte Argumente bei Funktionen.

-x   zeigt externe Variablen an, die nie benutzt werden, aber durch ein extern-Statement deklariert wurden.

Die Benutzung weiterer Optionen hängt vom benutzten UNIX-System ab. Es gibt bei lint besonders starke Unterschiede zwischen System V und BSD 4.2 (Berkeley-UNIX). Wir haben als Beispiel eine spezielle lint-Version auf das Copy-Programm 2.3 angesetzt. Das Resultat war:

```
--- Module:   cp.c
exit(1);
cp.c(24) : Info 718: exit undeclared, assumed to return int
cp.c(24) : Info 746: call to exit not made in the presence of a
prototype

--- Global Wrap-up

Warning 526: exit (line 24, file cp1.c) not defined
Warning 628: no argument information provided for function exit
(line 24, file cp.c)
```

Das lint-Programm beschwert sich hier also nur über einen fehlenden Prototypen für die exit-Funktion, eine ungefährliche Sache.

4.5 UNIX Debugger

4.5.1 Allgemeines

Leider sind die Programme, die wir schreiben, nicht immer fehlerfrei. Im Systembereich gilt dies leider auch, vielleicht sogar mehr, als in der Anwendungsprogrammierung. Eine häufig beobachtete Situation ist der "Absturz" eines Prozesses. Stürzt ein Prozeß während der Laufzeit aus irgendwelchen Gründen ab, so wird, falls dies nicht vom Benutzer bzw. vom Systemverwalter explizit unterbunden wurde, ein Speicherabzug unter dem Namen *core* im aktuellen Directory abgelegt. Diese Datei *core* kann nun mit einem Debugger genauer untersucht werden.

Auf den meisten UNIX-Systemen ist der interaktive Debugger *adb* (absolute debugger) vorhanden. Mit ihm kann man u. a.

- UNIX-Programme unter seiner Kontrolle laufen lassen, Haltepunkte setzen, sowie Register und Speicherinhalte in verschiedenen Formaten ausgeben und modifizieren,

- Speicherabzüge (sog. Core-Dumps) analysieren,

- den Inhalt von Files inspizieren und direkt modifizieren.

Da ein Debugger mit maschinenabhängigen Komponenten des Rechners wie Registern arbeitet, ist er sehr maschinen- und implementierungsabhängig. Viele Hersteller benutzen adb als Grundlage für sehr komfortable Debugger (z.B. *dbx* und *dbxtool* der Firma Sun). Ein anderer Debugger ist *sdb* von AT&T. Ein frei verfügbarer Debugger ist der GNU-Debugger *gdb*, der z.B bei Linux und FreeBSD mitgeliefert wird.

4.5.2   Debugger dbx und dbxtool

Dbx ist ein interaktiver, kommandozeilenorientierter Debugger. Es lassen sich damit Programme der verschiedensten Programmiersprachen untersuchen:

- C
- C++
- Assembler
- Fortran
- Modula-2
- Pascal

Wichtig hierbei ist, daß beim Kompilieren eines C-Quellcodes auf jeden Fall die -g Option angegeben werden muß. Dies ermöglicht das Erzeugen von speziellen symbolischen Informationen im Object-File. Jeder Schritt des Kompilierens muß diese -g Option enthalten (also auch das Linken).

Dbxtool ist eine fensterorientierte Oberfläche für dbx unter OpenWindows, der graphischen Oberfläche von SunOs. Es ist einfacher zu benutzen als dbx, da die meisten Befehle mit Hilfe der Maus abgesetzt werden können. Der Befehlssatz, d.h. die Möglichkeiten von dbxtool, sind identisch mit denen von dbx. Dbxtool ermöglicht das freie Definieren von Buttons, welche wiederum dbx-Befehlen zugeordnet werden können. Wir betrachten nun Befehle, Funktionen und die Syntax von dbx bzw. dbxtool. Der Aufruf lautet:

dbx -option [objectfile [corefile]]

Die wichtigsten Optionen sind:

-a pid   Der Debugger wird an den durch die Prozeß-Id pid identifizierten
                Prozeß angehängt.

-r   Das Programm wird sofort gestartet. Wird es ohne Fehler beendet, so
                wird auch *dbx* beendet. Im anderen Fall wird eine Fehlermeldung
                angezeigt und man ist im Eingabemodus von *dbx*.

-c comfile   Die im File comfile enthaltenen Debug-Kommandos werden vor
                Beginn der Debug-Sitzung ausgeführt.

-I dir   Source Files werden im Directory dir gesucht, ansonsten im Current
                Directory.

Einige mögliche Operatoren für dbx/dbxtool sind:

+	addieren
-	subtrahieren
*	multiplizieren
/	dividieren
div	ganzzahlig dividieren
<<	left shift
>>	right shift
&	bitweises UND
|	bitweises ODER
^	exklusives ODER
~	bitweises Komplement
&	Adresse von
<	kleiner als
>	größer als
<=	kleiner-gleich
>=	größer-gleich
==	gleich
!=	ungleich
!	NOT
&&	logisches UND
||	logisches ODER
sizeof	Größe einer Variablen oder eines Types
0x	Hexadezimale Konstante

Anzeigen von Quellcode

    list vonziele1, biszeile2
    list prozedurname

Beispiel: (dbx) **list 1,12**

```
1       #include <stdio.h>
2
3       main()
4       {
5               printf("hello world!\n");
6               dumpcore();
```

```
7       }
8
9       dumpcore()
10      {
11              abort()
12      }
```

Anzeigen aktiver Prozeduren oder Funktionen:

where [n]   Es werden die letzten n aktiven Prozeduren/Funktionen des Stacks und wenn möglich die zugeordneten Quellcode-Zeilennummer angezeigt. Ohne n werden alle aktiven Prozeduren bzw. Funktionen angezeigt.

up [n]   Aufwärtsbewegung im Call-Stack um n Levels

down [n]   Abwärtsbewegung im Call-Stack um n Levels

Anzeigen von Daten:

print expression [,expression ...]   Zeigt die Werte der angegebenen Ausdrücke an. Dabei sind die oben beschriebenen Operatoren zulässig.

display [expression[,expression ...]]   Zeigt bei jedem Programmstop·(Break-Point) die Werte der angegebenen Ausdrücke an. Dabei sind die oben beschriebenen Operatoren zulässig. Ohne Argumente werden die Werte aller momentan sichtbaren Ausdrücke gezeigt.

undisplay [expression[,expression ...]]   Stoppt das Anzeigen des angegeben Identifiers. Bei Angabe eines Types werden die Elemente der Struktur gezeigt.

whatis identifier | type   Zeigt den Typ des angegebenen Identifiers. Bei Angabe eines Types werden die Elemente der Struktur gezeigt.

assign | *set* variable = expression   Zuweisungsoperation.

dump [functionsname]   Zeigt die Namen und Werte aller lokalen Variablen und Parameter der angegebenen bzw. der aktuellen Funktion an.

Break-Points setzen:

stop at source-line-number [*if* condition]   Stoppt die Ausführung eines Programms in der angegebenen Quellzeile. Wenn eine Bedingung angegeben ist, wird nur bei erfüllter Bedingung (TRUE) in der angegebenen Zeile angehalten.

stop in procedure/function [*if* condition]   Stoppt die Ausführung eines Programms in der ersten Zeile der angegebenen Funktion/Prozedur. Wenn eine

	Bedingung angegeben ist, wird nur bei erfüllter Bedingung (TRUE) in dieser Zeile angehalten.
stop variable [*if* condition]	Stoppt die Ausführung eines Programms, wenn sich der Wert der angegebenen Variablen ändert. Wenn eine Bedingung angegeben ist, wird nur bei erfüllter Bedingung (TRUE) und der Änderung des Wertes der Variablen angehalten. Dieses Kommando verlangsamt die Programm-ausführung erheblich.
when at source-line-number {command; ...}	Führt die angegebenen Komman-dos bei Erreichen der angegebenen Zeilen nummer des Quellcodes aus.

analog:

when in procedure/function {command; ...}

when condition {command; ...}

clear source-line-number	Löscht alle Break-Points der angegebenen Zeilennummer des Quellcodes.
status	Zeigt die aktuellen *trace-*, *when-* und *stop-* Kommandos mit ihrer Zeilennummer an.

<u>Starten und Tracen eines Programms:</u>

run [args] [>filename]	Startet das aktuelle Programm mit den ange-gebenen Argumenten.
cont [at source-line-number]	Setzt das Programm vom letzten Break-Point (bzw. der angegebenen Quellcode-Zeilen-nummer) fort.
trace source-line-number [*if*-condition]	Zeigt die Zeile vor der Ausführung an (wenn die Bedingung TRUE ist).
trace procedure/function [*if* condition]	Zeigt Informationen zur Prozedur/Funktion an (wenn die Bedingung TRUE ist): - Wer die Routine aufruft - Übergebene Parameter - Rückgabewert
trace expression *at* source-line-number [*if*-condition]	Zeigt den Wert des Ausdrucks bei jedem Erreichen der angegebenen Zeile an (wenn die Bedingung TRUE ist).
trace variable [*in* procedure/function] [*if*-condition]	Zeigt den Namen und den Wert der Variablen bei jeder Änderung

des Wertes Zeile an (wenn die Bedingung TRUE ist). Dieses Kommando verlangsamt die Programmausführung erheblich.

step [n]   Führt die nächsten n Programmzeilen aus. Ohne n wird nur die nächste Programmzeile ausgeführt.

call procedure (parameters)   Startet die angegebene Prozedur mit den übergebenen Parametern.

Wir betrachten nun die Anwendung von dbx auf ein Beispielprogramm namens silly.c:

```
 1          #include <stdio.h>
 2
 3          int x=5;
 4
 5          int add(int, int);
 6
 7          main(){
 8            int y=5;
 9            y++;
10            x--;
11            printf("\n");
12            printf("x = %d\n",x);
13            printf("y = %d\n",y);
14            printf("x + y = %d\n\n",add(x,y));
15          }
16
17          add(int p1, int p2){
18            int summe;
19            summe= p1+p2;
20            return summe;
21          }
```

```
$ cc -g silly.c -o silly
$ dbx silly
Reading symbolic information...
Read 163 symbols
(dbx)

(dbx) stop in main
(2) stop in main
(dbx)

(dbx) run
Runnung silly
stopped in main at line 7 in file "silly.c"
        7          main(){
(dbx)

(dbx) print x
```

```
x = 5
(dbx) print y
bad data address
(dbx)

(dbx) next 2
stopped in main at line 9 in file "silly.c"
          9          y++;
(dbx) print add(1,2)
add(1,2) = 3
(dbx)

(dbx) whatis summe
int summe;
(dbx) whatis p1
int p1;

(dbx) stop at 19
(2) stop at "/home/fbi-wap03/weber/silly.c":19
(dbx) run

(dbx) where
add(p1= 4, p2= 6), line 19 in "silly.c"
main(), line 14 in "silly.c"
(dbx) quit
```

Bequemer ist das Arbeiten unter einer graphischen Benutzeroberfläche wie Open-
Windows, wenn man ein graphisches Debugger-Interface wie dbxtool oder xxgdb
zur Verfügung hat.

4.5.3   GNU Debugger

Eine gute Alternative zu den **nativen** Tools wie dbx oder dbxtool ist der GNU Debugger gdb mit seinem graphischen Interface xxgdb, der bei den Freeware-
Systemen wie Linux oder FreeBSD für den PC mitgeliefert wird. Er kann im Prinzip
auch alles, was die oben genannten Debugger können. Die Kommandos ähneln
denen von dbx und sind zum Teil identisch. Gdb ist besonders geeignet für die Zu-
sammenarbeit mit dem wohlbekannten und bewährten GNU C-Compiler gcc.

4.6   UNIX Texteditoren

Wie schon gesagt, kennt UNIX viele Editoren. Es gibt Standard-Werkzeuge wie ed,
sed und vi, die bei jedem System vorhanden sind. Ferner gibt es im Internet frei er-
hältliche Editoren wie emacs, joe und elvis, die man an sein eigenes System u.U.
anpassen muß. Der beim weit verbreiteten Linux-System verwendete Editor *elvis* ist
ein vi-Clone, der auch für andere Betriebssysteme wie MS-DOS, OS/2 und Windows

NT zur Verfügung steht. Daneben gibt es natürlich auch Editoren speziell für das X-Window-System wie *textedit* und *xedit*. Sie sind durchaus komfortabel zu nennen.

Wir wollen uns hier kurz auf ed und vi konzentrieren, die im UNIX-Systembereich meist verwandt werden. Sie sind eng verwandt und haben zum Teil dieselben Befehle. Es ist schon viel Negatives über vi geschrieben worden. Er ist wirklich nicht ganz so einfach zu bedienen wie der Turbo-Pascal-Editor oder textedit unter X-Windows, aber zum Handwerkszeug eines Systemprogrammierers gehört meiner Meinung nach die Bedienung von vi dazu. Man kann durchaus auch in Situationen geraten, wo nicht einmal mehr vi funktioniert. Dann muß man etwa auf ed zurückgreifen.

4.6.1   Editor ed

Dieser Editor arbeitet zeilenorientiert. Wir rufen ed normalerweise mit der Angabe der zu bearbeitenden Datei auf, also etwa in der Form:

```
$ ed prog.c
```

oder etwa

```
$ ed -p \> prog.c
```

wobei das ASCII-Zeichen > als Prompt gesetzt wird. Der Editor meldet sich dann mit

```
>
```

und wartet auf Eingaben. Ed kennt zwei Arbeitsmodi:

* Kommandomodus
* Eingabemodus

Nach dem Start befindet sich ed im Kommandomodus. Durch bestimmte Kommandos kann er in den Eingabemodus wechseln, so daß man Daten eingeben kann. Der Eingabemodus wird durch einen Punkt . am Beginn einer Zeile abgebrochen. Ed geht dann wieder in den Kommandomodus.

Syntax von ed-Kommandos

Ein ed-Kommando besteht i.a. aus einer Bereichsangabe und einem Befehl, der durch einen Buchstaben repräsentiert wird. Die Bereichsangabe bezieht sich auf die Zeilen der Datei. Sie kann aus Anfangs- und Endzeile, getrennt durch ein Komma, bzw. aus einer einzigen Zeilenangabe bestehen. Es gibt ferner einige Sonderzeichen:

```
%  ganzer Text
.  aktuelle Zeile
$  letzte Zeile
```

Beispiele sind:

```
12,15d
.p
%n
78,$p
```

i

Ist kein Bereich angegeben, wie im letzten Beispiel, bezieht sich das Kommando auf die *aktuelle* Zeile.

Wichtige ed-Befehle

a (append)   Neue Zeilen werden an die aktuelle oder die angegebene Zeile angehängt. Bsp.: 5a

d (delete)   Die angegebenen Zeilen werden gelöscht. Bsp.: 5,8d

i (insert)   Neue Zeilen werden vor der aktuellen bzw. angegebenen Zeile eingefügt. Bsp.: i

n (number)   Die angegebenen Zeilen werden mit Zeilennummern aufgelistet. Bsp.: 10,20n

p (print)   Die angegebenen Zeilen werden aufgelistet. Bsp.: 1,$p

q (quit)   '   Verlassen von ed ohne Abspeichern (evtl. Warnung!). Bsp.: q

r (read)   Einlesen eines Textes aus einem File mit Einfügung. Bsp.: 8r prog.c

s (substitute)   Ersetzung von Textmustern im angegebenen Bereich Bsp.: 50,70s/MS-DOS/UNIX/

u (undo)   Die letzte Änderung in der aktuellen Zeile wird rückgängig gemacht. Bsp.: u

w (write)   Der angegebene Bereich wird in ein File geschrieben. Ohne Bereichsangabe wird der ganze Text gesichert. w file.neu

   (search)   Suche nach einem Textmuster ab der aktuellen Zeile durch Angabe des Musters zwischen / / bzw. ? ? (rückwärts) Bsp.: /fork/

4.6.2   Editor vi

Vi ist ein Full-Screen-Editor. Bis auf die letzte Zeile wird der Bildschirm zur Darstellung des Textes genutzt. Leerzeilen werden durch ~ am Anfang gekennzeichnet. Wir rufen vi normalerweise mit der Angabe der zu bearbeitenden Datei auf, also etwa in der Form:

```
$ vi prog.c
```

Der Editor vi kennt drei Arbeitsmodi:

- Kommandomodus
- Eingabemodus
- ed-Modus

Im Kommandomodus kann man den Cursor frei im Text bewegen und vi-Befehle eingeben, deren Zeichen nicht am Bildschirm sichtbar sind. Dabei sind auch die ed-

Befehle nutzbar. Mit dem vi-Befehl Q wird in den ed-Modus umgeschaltet. Mit dem vi-Befehl : wird ein einzelner ed-Befehl eingeleitet, der dann sichtbar auf der letzten Bildschirmzeile erfolgt. Im Eingabemodus, der durch bestimmte Befehle erreicht wird, kann wie beim ed Text eingegeben werden. Durch <ESC> wird dieser wieder in Richtung Kommandomodus verlassen.

Cursor-Positionierung

Der Cursor kann i.a. durch die Cursortasten des Terminals bzw. der Console gesteuert werden. Falls diese nicht richtig arbeiten, kann man die Steuerung durch vi-Befehle, also bestimmte Buchstaben benutzen.

k	eine Zeile nach oben
j	eine Zeile nach unten
h	ein Zeichen nach links
l	ein Zeichen nach rechts
<Ctrl-F>	eine Bildschirmseite nach unten
<Ctrl-B>	eine Bildschirmseite nach oben
0	zum Anfang der Zeile
$	zum Ende der Zeile
W	zum nächsten Wort
B	zum vorhergehenden Wort
H	zum Anfang des Bildschirms
M	zur Mitte des Bildschirms
L	zur letzten Zeile des Bildschirms
1G	zur ersten Textzeile
nG	zur n-ten Textzeile
G	zum Textende

Die genannten Befehle sind nur im Kommandomodus nutzbar. Sie können i.a. noch durch einen numerischen Präfix ergänzt werden, z.B. 10j bedeutet 10 Zeilen abwärts im Text.

Eingabe-Befehle

Ist der Cursor an der richtigen Stelle, so kann man in den Eingabemodus schalten. Bei manchen Befehlen erfolgen jedoch noch vorher Positionierungen.

a	Anhängen von Text nach der aktuellen Position
A	Anhängen von Text am Ende der aktuellen Zeile
i	Einfügen von Text vor der aktuellen Position
I	Einfügen von Text am Anfang der aktuellen Zeile
o	Einfügen von Text nach der aktuellen Zeile
O	Einfügen von Text vor der aktuellen Zeile
R	Überschreiben des Textes ab der aktuellen Position

Editier-Befehle

r	Überschreiben des aktuellen Zeichens
x	Löschen des aktuellen Zeichens
X	Löschen des links stehenden Zeichens

Suchen und Ersetzen

Diese Kommandos werden im ed-Modus eingegeben. Die Eingabe eines / führt automatisch in den ed-Modus. Wiederholungsfunktionen sind

n	wiederholt den letzten Suchbefehl
N	wiederholt den letzten Suchbefehl in umgekehrter Richtung

Block-Operationen

yo (yank)	Textblock in Puffer schreiben, wobei o die Art des Blocks angibt

        o=y   Zeile

        o=w   Wort

        o=<Leerzeichen> Zeichen

do (delete)	Textblock löschen und in Puffer schreiben
p(paste)	Textblock hinter der aktuellen Position einfügen
P(paste)	Textblock vor der aktuellen Position einfügen

Beispiele:		
	yy	Zeile im undo-Puffer ablegen
	10y<Leertaste>	10 Zeichen im undo-Pufferablegen
	p	Inhalt des undo-Puffers hinter der akt. Pos. einfügen
	b5yy	5 Zeilen in Puffer b ablegen
	17dd	17 Zeilen löschen

Einlesen, speichern und verlassen von vi

:r Datei	Datei einlesen
:q!	Verlassen von vi ohne zu speichern
:w	Sicherung des Textes
:w Datei	Datei speichern
:wq	Sicherung des Textes und beenden von vi
:x	Sicherung des Textes, wenn nötig und beenden von vi

Shell-Kommandos

!<Komm.>	Das angegebene UNIX-Kommando wird ausgeführt
:sh	Eine Shell wird geöffnet, die man mit exit wieder verlassen kann.

Zeilennumerierung einschalten

:se nu

Zum Schluß betrachten wir ein elementares Beispiel im Zusammenhang:

```
$ vi hello.c
i
#include <stdio.h>
main() {
    printf("Hello, world\n");
    return;
}
<ESC>
w
! cc -o hello hello.c
q!
$
```

4.7   Compilerbau-Werkzeuge

In der Praxis des Compilerbaus und der Systemprogrammierung werden heute viel-
fach Werkzeuge eingesetzt, die Routineaufgaben erleichtern sollen. In erster Linie ist
dabei an die Punkte

- Generierung eines Scanners
- Generierung eines Parsers mit semantischen Aktionen

gedacht. Solche Aufgaben treten nun nicht etwa hauptsächlich beim Bau größerer
Sprachübersetzer auf, sondern bei vielen kleinen Problemen innerhalb größerer
Programme, also etwa dort, wo Eingabezeilen des Benutzers verarbeitet werden
müssen. Ein Beispiel sind Shells. Von besonderer Bedeutung sind heute wegen ihrer
Verbreitung die Werkzeuge *Lex* und *Yacc*, die beim Betriebssystems UNIX als Utili-
ties mitgeliefert werden. Lex ist ein Scanner-Generator, der anhand von Spezifikatio-
nen der Symbole durch reguläre Ausdrücke eine Scanner-Funktion in C erzeugt.
Yacc ist ein Parser-Generator, der anhand einer EBNF-ähnlichen Spezifikation der
Grammatik einen Parser in C erzeugt. Sehr viele der im Internet frei verfügbaren
UNIX-Programme machen Gebrauch von diesen Utilities.

Diese beiden Tools sind jedoch nicht nur für UNIX und die Sprache C erhältlich,
sondern auch für andere Betriebssysteme wie MS-DOS, OS/2, VMS und auch für andere Programmiersprachen wie z.B. Pascal und C++. Die GNU-Varianten heißen *flex*
und *bison*. Sie sind als C-Quellcode frei im Internet erhältlich.

4.7.1   Scanner-Generator Lex

Vorgehensweise

Hier wird gezeigt, wie Lex im allgemeinen Kontext von UNIX und C zu benutzen ist.
Zunächst wird eine Spezifikation des Scanners in Form eines Programms lex.l erstellt, geschrieben in der Lex-Sprache. Dann wird mit Hilfe des Lex-Compilers ein C-
Programm lex.yy.c daraus erzeugt. Das Programm lex.yy.c besteht aus einer Tabelle,
die ein aus den regulären Ausdrücken von lex.l erstelltes Übergangsdiagramm darstellt, zusammen mit einer Standardroutine, die diese Tabelle zum Erkennen von

Lexemen benutzt. Die in lex.l an reguläre Ausdrücke gebundenen Aktionen sind C-Codestücke, die unverändert in lex.yy.c übernommem werden.

Zum Schluß wird lex.yy.c durch den C-Compiler in ein Objektprogramm übersetzt. Dieses stellt den Scanner dar, der einen Eingabestrom in eine Folge von Symbolen zerlegt.

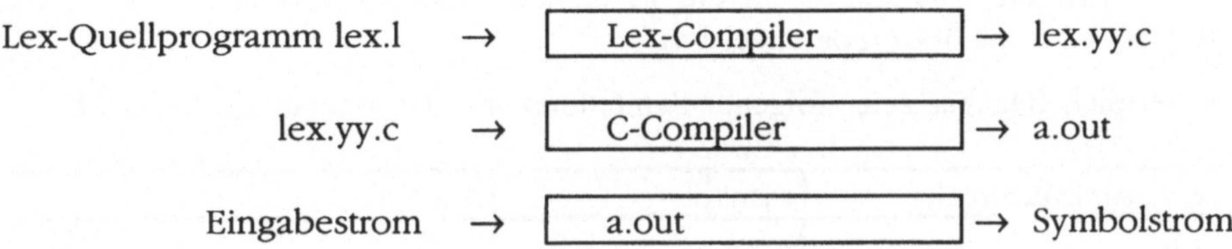

Lex-Spezifikationen

Ein Lex-Programm besteht aus drei Teilen:

> Deklarationen
> %%
> Übersetzungsregeln
> %%
> Hilfsprozeduren

Der Deklarationsteil enthält Deklarationen von

- Variablen,
- symbolischen Konstanten,
- regulären Definitionen.

Eine symbolische Konstante ist ein Bezeichner, der als Repräsentant einer Konstante deklariert ist. Reguläre Definitionen dienen zur Bildung regulärer Ausdrücke, die innerhalb der Übersetzungsregeln vorkommen. Die Übersetzungsregeln sind Anweisungen der Form

> p_1 {Aktion$_1$}
> p_2 {Aktion$_2$}
> ...   ...
> p_n {Aktion$_n$}

Dabei ist jedes p_i ein regulärer Ausdruck und jede Aktion$_i$ ein Programmstück, das der Scanner ausführen soll, wenn ein Lexem für das Muster p_i gefunden wurde. Der dritte Abschnitt eines Lex-Programmes besteht aus allen zur Durchführung der Aktionen benötigten Hilfsprozeduren.

Zusammenarbeit von Scanner und Parser

Ein mit Lex erzeugter Scanner arbeitet folgendermaßen mit einem Parser zusammen. Sobald der Parser aktiviert wurde, beginnt der Scanner Zeichen für Zeichen den Eingabestrom zu lesen, bis er das längste Präfix der Eingabe (z.B. ist *Ban* Präfix von *Banane*) gefunden hat, das auf einen der regulären Ausdrücke p_i paßt. Anschließend führt er Aktion$_i$ durch. Normalerweise gibt er dabei die Kontrolle an den Parser zurück. Falls dies jedoch nicht der Fall ist, versucht der Scanner weitere Lexeme zu finden, bis irgendeine Aktion die Kontrolle an den Parser zurückgibt. Die wiederholte Suche nach Lexemen bis zu einem expliziten Rücksprung ermöglicht dem Scanner eine unkomplizierte Verarbeitung von Leerzeichen und Kommentaren. Der Scanner gibt dem Parser als einzigen Wert das gefundene Symbol zurück. Über eine globale Variable `yylval` kann ein zusätzlicher Attributwert zur näheren Beschreibung des Lexems übergeben werden.

Ein Beispiel: Gegeben seien folgende Symbolmuster in Form regulärer Ausdrücke:

Regulärer Ausdruck	Symbol	Attributwert
ws	-	-
if	if	-
then	then	-
else	else	-
id	id	Verweis auf Tabelleneintrag
num	num	Verweis auf Tabelleneintrag
<	relop	LT
<=	relop	LE
=	relop	EQ
<>	relop	NE
>	relop	GT
>=	relop	GE

Dabei sind die von den Terminalen **if**, **then**, ..., **relop**, **id** und **num** erzeugten Stringmengen durch folgende reguläre Definitionen gegeben:

if	$\rightarrow$ if
then	$\rightarrow$ then
else	$\rightarrow$ else
relop	$\rightarrow$ < | <= | = | <> | > | >=
id	$\rightarrow$ **letter** (**letter** | **digit**)*
num	$\rightarrow$ **digit**$^+$ (.**digit**$^+$)? (E (+ | -)? **digit**$^+$)?
letter	$\rightarrow$ A | B | ... | Z | a | b | ... | z
digit	$\rightarrow$ 0 | 1 | ... | 9
delim	$\rightarrow$ **blank** | **tab** | **newline**
ws	$\rightarrow$ **delim**$^+$

Es folgt das zugehörige Lex-Programm:

```
%{
        /* Definition der symbolischen Konstanten
        LT, LE, EQ, NE, GT, GE,
        IF, THEN, ELSE, ID, NUMBER, RELOP */
%}

/* Reguläre Definitionen */
delim           [\t\n]
ws              {delim}+
```

```
letter          [A-Za-z]
digit           [0-9]
id              {letter}({letter}|{digit})
number {digit}+(\.{digit}+)?(E[+\-]?{digit}+)?


%%
{ws}            { /* keine Aktion, keine Rückkehr */ }
if              { return(IF); }
then            { return(THEN); }
else            { return(ELSE); }
{id}            { yylval = install_id(); return(ID); }
{number}        { yylval = install_num(); return(NUMBER); }
"<"             { yylval = LT; return(RELOP); }
"<="            { yylval = LE; return(RELOP); }
"="             { yylval = EQ; return(RELOP); }
"<>"            { yylval = NE; return(RELOP); }
">"             { yylval = GT; return(RELOP); }
">="            { yylval = GE; return(RELOP); }


%%
install_id()
{ /* Funktion zum Eintragen eines Lexems in die Symboltabelle.
        yytext zeigt auf das erste Zeichen des Lexems, yyleng gibt
        seine Länge an. Rückgabewert ist ein Verweis auf den
        Symboltabelleneintrag          */
}

install_num()
{
  /* Ähnliche Funktion zum Eintragen eines Lexems, das eine
        Zahl darstellt */
}
```

Im *Deklarationsteil* erkennen wir die Deklaration einiger symbolischer Konstanten, die in %{ und %} eingeschlossen werden. Was zwischen diesen Klammern steht, wird unbesehen in lex.yy.c kopiert. Genauso ergeht es den Hilfsprozeduren im dritten Abschnitt, die hier durch install_id und install_num vertreten sind; sie werden ebenfalls nach lex.yy.c kopiert. Daneben enthält der Deklarationsteil noch einige reguläre Definitionen.

4.7.2   Parser-Generator Yacc

Yacc ist ein Parser-Generator für LR-Grammatiken, die gegenüber LL-Gramatiken gewisse Vorzüge haben. Ein Compiler kann unter Verwendung von Yacc konstruiert werden, so wie folgendes Diagramm zeigt

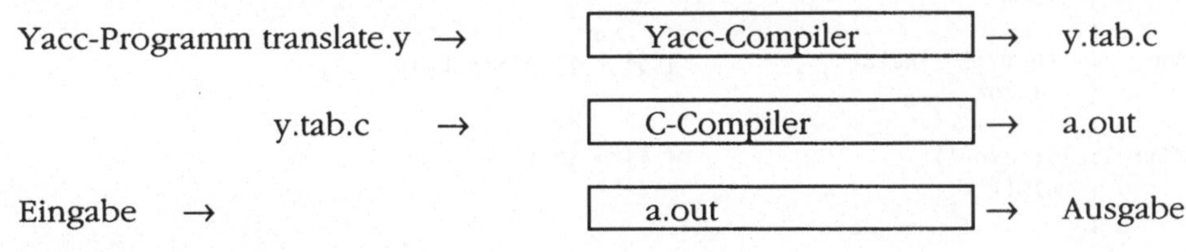

Das UNIX-Kommando

$ yacc translate.y

überführt die Syntaxspezifikationen im Yacc-Programm translate.y in ein C-Programm y.tab.c. Dieses stellt einen LALR-Parser zusammen mit anderen C-Routinen dar, die vom Benutzer verwendet werden können. Mit Hilfe von

$ cc y.tab.c -ly

wird y.tab.c übersetzt und mit der y-Bibliothek, die das LR-Analyseprogramm enthält, zusammengelinkt. Werden noch andere Routinen gebraucht, so können diese zusammen mit y.tab.c übersetzt werden.

Yacc-Spezifikationen

Ein Yacc-Programm besteht aus drei Teilen:

> Deklarationen
> %%
> Übersetzungsregeln
> %%
> Hilfsprozeduren

Dies ähnelt dem Aufbau von Lex-Programmen sehr.

Beispiel: Das folgende Yacc-Programm dient zur Konstruktion eines einfachen Tischrechners, der einen arithmetischen Ausdruck einliest, ihn auswertet und dann den entsprechenden Zahlenwert ausgibt. Es werden also schon semantische Aktionen in den Parser einbezogen. Die Grammatik dazu lautet

$$
\begin{aligned}
E &\rightarrow \quad E + T \mid T \\
T &\rightarrow \quad T * F \mid F \\
F &\rightarrow \quad (E) \mid \textbf{digit}
\end{aligned}
$$

Das Token (Symbol) digit ist eine Ziffer zwischen 0 und 9. Es folgt das Yacc-Programm:

```
%{
#include <ctype.h>
%}

%token DIGIT

%%
line    : expr '\n'                     { printf("%d\n", $1); }
        ;

expr    : expr '+' term                 { $$ = $1 + $3; }
        | term
        ;

term    : term '*' factor               { $$ = $1 * $3; }
        | factor
        ;

factor  : '('expr')'                    { $$ = $2 }
        | DIGIT
        ;
```

```
%%
yylex()
{
        int c;
        c = getchar();
        if (isdigit(c)) {
                yylval = c-'0';
                return DIGIT;
        }
        return c;
}
```

Der *Deklarationsteil* enthält optional gewöhnliche C-Deklarationen, begrenzt durch %{ und %}. Ferner können dort Deklarationen von Grammatikzeichen stehen, die im zweiten und dritten Teil benutzt werden. Der *Übersetzungsregelteil* besteht aus Regeln. Jede Regel besteht aus einer Produktion der Grammatik in EBNF-ähnlicher Form und der assoziierten sematischen Aktion. Die Menge der Produktionen

< linke Seite > → < alt 1 > | < alt 2 > | ... | < alt n >

wird in Yacc als

< linke Seite >   : < alt 1 >   { semant. Aktion 1 }
                   | < alt 2 >   { semant. Aktion 2 }
                     . . .
                   | < alt n >   { semant. Aktion n }
                   ;

geschrieben. Ein gequotetes einzelnes Token ' c' wird als Terminalsymbol c genommen. Ungequotete Strings, die nicht als Token deklariert sind, werden als Nichtterminale betrachtet. Die erste Produktion wird als Startsymbol genommen. Die semantischen Aktionen werden in { und } eingeklammert. Sie sind Folgen von C-Anweisungen. Das Symbol $$ in einer semantischen Aktion verweist auf den Attributwert des auf der linken Seite stehenden Nichtterminals. Das Symbol $i verweist auf den Wert des i-ten Grammatiksymbols auf der rechten Seite der Produktion (Terminal oder Nichtterminal). Die semantische Aktion wird bei der Reduktion der zugehörigen Produktion ausgeführt.

Der *Hilfsprozedurteil* besteht aus optionalen C-Funktionen. Ein Scanner mit dem Namen yylex muß zur Verfügung stehen. Er kann entweder als C-Funktion selbst programmiert werden oder durch Lex erzeugt sein und dann z.B. durch ein #include-Statement eingebunden werden.

Problematik der Benutzung von Lex und Yacc

Es darf nicht der Eindruck entstehen, mit Tools wie Lex und Yacc könnte der Compilerbau automatisiert werden. Durch Eingabe einer Spezifikation der kontextfreien Grammatik der Sprachsyntax und durch Eingabe von regulären Ausdrücken für die lexikalische Analyse erhält man zwar den Quellcode des Gerüstes eines Compilers. Jedoch sind damit hauptsächlich nur Routineaufgaben erledigt und es fehlt noch sehr viel zum fertigen Compiler! Die semantischen Aktionen des Parsers müssen ja in der Yacc-Sprache nach wie vor im C-Quellcode von Hand eingetragen werden. Dazu gehören

- Symboltabellenmanipulationen
- Semantische Prüfungen (Typprüfungen etc.)
- Zwischencode-Erzeugung

Gegenüber der Technik des rekursiven Abstiegs, wo verschiedene Verwaltungsaufgaben durch den Compiler erleichtert werden, müssen hier manche Stacks selbst verwaltet werden. Weitere Punkte von Interesse, die nicht der Automatisierung zugänglich sind, sind die Optimierung, die Codeerzeugung und der Runtime-Support.

4.8   UNIX Dokumentation

Durch die Struktur und Geschichte von UNIX ist es kaum möglich, alles an Informationen zusammenzustellen, was ein (angehender) Systemprogrammierer braucht, um produktiv zu sein. Natürlich könnte er sich alle Bände der Systemdokumentation des jeweiligen Herstellers in sein Bücherregal stellen, doch dies ist ein sehr teurer und für Studenten nicht gangbarer Weg. Ein guter Ausweg sind die Online-Dokumente, die uns UNIX selbst anbietet. Das am häufigsten benutzte Informationssystem sind die sog. Man (kurz für Manual) Pages, die auf jedem UNIX-System installiert sind. Sie bieten Hilfe an über Unix-Kommandos, System-Calls, allgemeine C-Library-Funktionen (Subroutines), Special Files und verschiedene Begriffe aus der Systemadministration. Die UNIX Dokumentation ist traditionell eingeteilt in 8 Bereiche:

Section 1:	General User
Section 2:	System Calls
Section 3:	Subroutines
Section 4:	File Formats
Section 5:	Miscellaneous
Section 6:	Games
Section 7:	Special Files
Section 8:	System Administration

Um Hilfe für einen bestimmten Begriff zu bekommen, benutzt man das Kommando

```
$ man [Section] Begriff
```

Falls man die Man Page zum lpr-Kommandos sehen will, reicht einfach

```
$ man lpr
```

Es erscheinen mehrere Seiten Text auf dem Schirm, die man mit dem more-Kommando ansehen kann. Die Leertaste bringt jeweils eine neue Seite, die <Return>-Taste eine neue Zeile. Mit der b-Taste blättert man eine Seite zurück. Die oben genannten Sektionsnummern sind manchmal wichtig, wenn es zu einem UNIX-Begriff mehrere Einträge im System der Man Pages gibt. Ein Beispiel dafür ist *kill*. Da macht es einen Unterschied, ob wir

```
$ man 1 kill
```

oder


```
$ man 2 kill
```

eingeben. Im ersten Fall wird das kill-Kommando beschrieben. Im zweiten Fall sieht man die Man Page des Systemaufrufs kill. Die meisten Man Pages sind im Verzeichnis */usr/man* gespeichert. Häufig werden auch zusätzlich installierte Man Pages in */usr/local/man* installiert. Prinzipiell kann jedes Verzeichnis dafür gewählt werden. Nur führt dieses Vorgehen recht bald zum Chaos. Wesentlich für die Suche nach den Man Pages auf jeden Fall ist die Environment-Variable MANPATH. Sie muß alle relevanten Verzeichnisse enthalten, getrennt durch einen Doppelpunkt. Das Man-System benutzt das nroff-Programm zur Formatierung der Man Pages. Durch Wahl eines entsprechenden Ausgabegerätes erhält man ein dafür geeignet formatiertes Schriftbild. Für ein einfaches Listing einer Man Page in einem File reicht etwa

```
$ man lpr > /tmp/lpr.man
```

Neben *man* sind noch die UNIX-Kommandos *apropos* und *whatis* von Interesse, die bestimmte Indexfiles durchsuchen und zu einem Begriff gefundene Informationen auflisten. Probieren Sie diese Möglichkeiten aus!

Es gibt natürlich noch andere, komfortablere Möglichkeiten, um UNIX-Informationen online zu lesen, vor allem unter einer graphischen Oberfläche, z.B. *xman*. Genannt sei ferner das *Answerbook* von Sun Microsystems.

5 UNIX-kompatible Systemdienste

5.1 Portabilitätsgesichtspunkte

In der Anwendungsprogrammierung sind durch die Normung von Programmiersprachen und durch andere Standards (etwa in der Computer-Grafik: SigGraph CORE, GKS, PHIGS, CGI, OpenGL) in der Vergangenheit große Fortschritte hin zum Ziel der Vereinheitlichung von Programmen und zur Möglichkeit der Entwicklung portabler Software gemacht worden. In der Systemprogrammierung sieht es dem gegenüber sehr schlecht aus. Wo Assemblersprachen in der Systemprogrammierung eingesetzt werden, ist dies auch nicht anders zu erwarten. Erfolge werden sich dort einstellen, wo Systemsoftware in höheren Programmiersprachen entwickelt wird, z.B. in C, C++, Modula-2 oder Ada.

Wir befinden uns noch in den Anfängen einer solchen Standardisierungsentwicklung, vgl. [POSIX, X/OPEN]. So versucht der POSIX-Standard von IEEE unter anderem, ein auf UNIX basierendes *Standard-Betriebssystem* und die notwendige Umgebung zu definieren, welche es erlauben, Applikationen auf Quellcodeebene zu portieren. Der Entwurf umfaßt folgende Teile [POSIX]:

- Die Definition von Begriffen und Objekten, deren Aufbau, die sie ändernden Operationen und die Wirkung dieser Operationen.

- Die Betriebssystemschnittstelle und ein Grundstock von Bibliotheksfunktionen mit der Anbindung an C.

- Schnittstellenaspekte bezüglich der Portabilität, dem Format von Datenträgern und bei der Fehlerbehandlung.

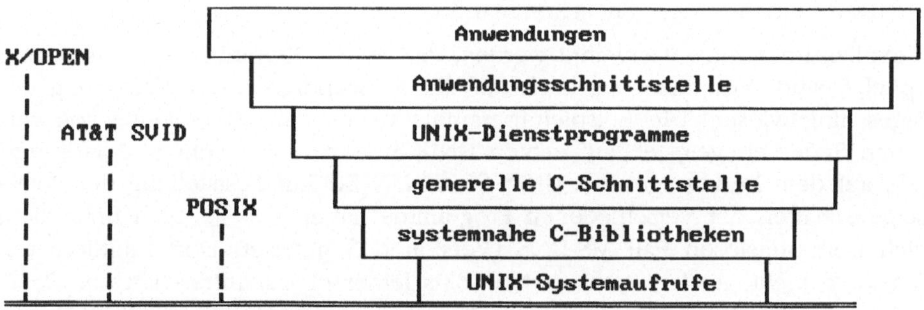

Abb. 5.1: Abdeckung der Schnittstellen durch POSIX, SVID, X/OPEN

In der X/OPEN-Gruppe [X/OPEN] wurden Portabilität für die Themenbereiche Systemaufrufe und Bibliotheken, Kommandos und Dienstprogramme, Sprachen und Data Management in Angriff genommen, also für einen erheblich weitergehenden Bereich. Daneben gibt es die wichtige SVID (System V Interface Definition) von

AT&T, vgl. [SVID, Gulbins], die hauptsächlich die Systemaufrufe bei UNIX System V definiert. Die verschiedenen Standardisierungsbestrebungen sind auf den ersten Blick recht verwirrend, jedoch decken sie verschiedene Ebenen der Programmierung ab, siehe Abb. 5.1. Eine weitere wichtige Gruppe sind die BSD-UNIX-Systeme, die im universitären Bereich große Verbreitung gefunden haben, wie z.B. SunOS.

Wenn man die Verbreitung der höheren Programmiersprachen in der Praxis betrachtet und auf der anderen Seite die fortschreitende Bedeutung UNIX-artiger Betriebssysteme sieht, so erscheint es zwingend, als Modell der Systemprogrammierung mit praktischer Zukunft und hinreichender Funktionalität des Betriebssystems, das Gespann C und UNIX zu wählen. Dazu wird sich wahrscheinlich in der Praxis später C++, eine objektorientierte Erweiterung von C, gesellen. Ein weiterer Grund ist ferner die relative Überschaubarkeit und Einfachheit des System-Call-Interface von UNIX-kompatiblen Betriebssystemen. Bei System V sind es ca. 80 Systemaufrufe und davon wird nur die Hälfte häufig benutzt. Dabei kann auch ein Anfänger noch einigermaßen den Überblick behalten. Die in diesem Kapitel beschriebenen UNIX-Systemaufrufe werden durch

```
Rahmen mit einfachem Rand
```

und die UNIX-Subroutines (Runtime-Funktionen, die ihrerseits zum Teil Systemaufrufe benutzen) durch

```
Rahmen mit doppeltem Rand
```

gekennzeichnet. Die benötigten Include-Files sind angegeben, ferner auch, zu welcher UNIX-Spezifikation (SVID, BSD oder POSIX) die jeweiligen Systemaufrufe bzw. Subroutines gehören. Wo es möglich und sinnvoll ist, nennen wir auch ein äquivalentes UNIX-Kommando oder Shell-Kommando.

Es soll explizit noch einmal erwähnt werden, daß gute C-Kenntnisse Voraussetzung für Kapitel 5 sind. Vor allem sei auch auf die Notwendigkeit der Benutzung der Man-Pages hingewiesen! Die Beispielprogramme wurden auf einer Reihe von verschiedenen Systemen getestet: auf echten UNIX-Systemen wie SunOS, Solaris und FreeBSD, auf dem hervorragenden UNIX-Clone LINUX. Zur Feststellung der Portabilitätseigenschaften der verschiedenen Programme haben wir sie auch unter dem eigentlich hoffnungslosen Fall MS-DOS (Version 6.2) getestet. Dort funktionieren natürlich viele nicht. Anders sieht es bei IBMs leider etwas unterschätztem OS/2-System und bei Windows NT aus, wo doch recht vieles funktioniert, natürlich abhängig vom Compiler. Wir haben durchgehend die ausgezeichneten GNU C-Compiler für die entsprechenden Plattformen verwandt, mit Ausnahme von Windows NT, wo der professionelle WATCOM C-Compiler zum Zug kam.

Aus Platzgründen ist in den Listings in diesem Buch meist nur die UNIX-Version abgedruckt. Falls Änderungen für andere Systeme notwendig sind, findet man diese im maschinenlesbaren Quellcode zusammen mit Hinweisen über die getesteten Platt-

formen. Dieser vollständige Quellcode sieht dann bei einem vollständig portablen
Programm etwa so aus:

```
/* io.c                      */
/* Borland bcc 3.1, DOS 6.2   */
/* gcc 2.5.7 (DJGPP), DOS 6.2 */
/* gcc 2.5.7 (EMX), OS/2 3.0  */
/* gcc 2.5.8, LINUX           */
/* gcc 2.6.3, FreeBSD 2.0.5   */
/* gcc 2.6.3, SunOS 4.1.2     */
/* gcc 2.5.8, Solaris 2.4     */
/* Watcom 10.5, WINNT 3.51    */

#define BUFLEN 512
main()
{
    char buf[BUFLEN];
    int nread;

    while((nread = read(0, buf, BUFLEN)) > 0)
        write(1, buf, nread);
    exit(0);
}
```

5.2 Fehlerbehandlung

Bei allen Systemaufrufen unter UNIX können *Fehlersituationen* auftreten. Diese
werden durch den universellen Funktionswert **-1** der aufgerufenen C-Funktion angezeigt, in manchen Fällen auch durch einen Null-Pointer (NULL) als Resultat. Es ist
die Pflicht des Systemprogrammierers, einen Test auf den jeweiligen Fehlerwert
durchzuführen. Die eben genannte Konvention ist wegen ihrer Einfachheit nützlich,
gibt aber noch nicht den Grund für den aufgetretenen Fehler an. In fast allen Fällen
ist es jedoch sinnvoll, daß das den System-Call ausführende Programm Aufschluß
über die Fehlerursache bekommt und damit eventuell geeignet darauf reagieren
kann.

5.2.1 Fehlercodes

Jeder bei Systemaufrufen vorkommende Fehler hat deshalb eine Nummer, einen
mnemonischen Code zur Nummer, und normalerweise einen String mit einer Meldung. Man kann dies alles benutzen durch Einfügen von

```
#include <errno.h>
```

ins Programm. Dies bewirkt bei korrekten Include-Files auch, daß die Variablen

```
extern int  errno;
extern char *sys_errlist[];
extern int  sys_nerr;
```

bekannt sind. Die Fehlervariable errno wird vom Systemaufruf gesetzt, wenn ein
Fehler auftritt. Im folgenden einfachen Beispiel versucht ein C-Programm ein File
zum Schreiben zu öffnen. Falls dies etwa nicht vorhanden ist, wird ein Fehler durch

den Return-Wert -1 angezeigt. Die Fehlervariable errno hat bei einer Standard-UNIX-Implementation dann den Wert ENOENT = 2. Wir probieren dies schnell aus:

Programm. 5.1: fehler.c

```c
#include <stdio.h>      /* wegen fprintf, stderr */
#include <sys/types.h> /* u. U. wegen fcntl.h  */
#include <fcntl.h>      /* damit O_RDONLY definiert ist */
#include <errno.h>
#define FEHLER -1
char filename[] = "nichtda";


main()
{
   if (open(filename, O_WRONLY) == FEHLER)
      if (errno == ENOENT)
         fprintf(stderr, "File %s nicht vorhanden\n", filename);
      else if (errno == EACCES)
         fprintf(stderr, "Schreibzugriff auf %s nicht erlaubt\n",
         filename);
      else
         fprintf(stderr, "Fehler Nr %d\n", errno);
   return 0;
}
```

Wir compilieren das Programm und starten es unter der Voraussetzung, daß das File *nichtda* nicht existiert:

$ cc -o fehler fehler.c
$ fehler
File nichtda nicht vorhanden

Im Include-File *<errno.h>* sind die manifesten Konstanten (wie z.B. ENOENT) definiert, die errno annehmen kann. Die möglichen Werte hängen naturgemäß sehr vom System ab. In Anhang C sind alle Fehlercodes unter UNIX aufgeführt. Noch einfacher und komfortabler arbeitet man mit der UNIX-Subroutine (kein System-Call!) **perror**:

```
Die perror-Subroutine        (POSIX, SVID, BSD )

void perror(message);
   char *message;
```

Diese Funktion gibt auf der Standardfehlerdatei einen Text aus, der aus dem übergebenen String, einem Doppelpunkt und einer zusätzlichen, mit dem Wert von errno zusammenhängenden Meldung besteht, die in **sys_errlist**[errno] gespeichert ist. Es folgt ein Zeilenvorschub. Ersetzt man in obigem Beispiel die gesamte *if (errno == FEHLER)*...-Anweisung durch

```c
if (errno == FEHLER) perror("Fehler beim Öffnen");
```

so erscheint z.B. die Meldung

Fehler beim Öffnen: No such file or directory .

Die externe Variable **sys_nerr** schließlich enthält die Gesamtzahl der in sys_errlist
vorhandenen Meldungen. Mit folgendem Programm können Sie alle Fehlermeldungen ihres Systems ausdrucken:

Programm 5.2: meldung.c

```
#include <stdio.h>
extern sys_nerr;
extern char *sys_errlist[];

main()
{
   int count;
   char *s;

   for (count = 0; count < sys_nerr; count++)
      if ((s = sys_errlist[count]) != NULL)
         printf("%3d : %s\n", count, s);
}
```

Beim FreeBSD-System für PCs mit Intel 80386 Prozessor ergab sich folgender Ausdruck:

```
 0 : Undefined error: 0              32 : Broken pipe
 1 : Operation not permitted         33 : Numerical argument out of
 2 : No such file or directory            domain
 3 : No such process                 34 : Result too large
 4 : Interrupted system call         35 : Resource temporarily
 5 : Input/output error                   unavailable
 6 : Device not configured           36 : Operation now in progress
 7 : Argument list too long          37 : Operation already in progress
 8 : Exec format error               38 : Socket operation on non-
 9 : Bad file descriptor                  socket
10 : No child processes              39 : Destination address required
11 : Resource deadlock avoided       40 : Message too long
12 : Cannot allocate memory          41 : Protocol wrong type for
13 : Permission denied                    socket
14 : Bad address                     42 : Protocol not available
15 : Block device required           43 : Protocol not supported
16 : Device busy                     44 : Socket type not supported
17 : File exists                     45 : Operation not supported
18 : Cross-device link               46 : Protocol family not supported
19 : Operation not supported by      47 : Address family not supported
     device                               by protocol family
20 : Not a directory                 48 : Address already in use
21 : Is a directory                  49 : Can't assign requested
22 : Invalid argument                     address
23 : Too many open files in system   50 : Network is down
24 : Too many open files             51 : Network is unreachable
25 : Inappropriate ioctl for         52 : Network dropped connection on
     device                               reset
26 : Text file busy                  53 : Software caused connection
27 : File too large                       abort
28 : No space left on device         54 : Connection reset by peer
29 : Illegal seek                    55 : No buffer space available
30 : Read-only file system           56 : Socket is already connected
31 : Too many links                  57 : Socket is not connected
                                     58 : Can't send after socket
```

```
        shutdown                      70 : Stale NFS file handle
59 : Too many references: can't       71 : Too many levels of remote in
     splice                                path
60 : Operation timed out              72 : RPC struct is bad
61 : Connection refused               73 : RPC version wrong
62 : Too many levels of symbolic      74 : RPC prog. not avail
     links                            75 : Program version wrong
63 : File name too long               76 : Bad procedure for program
64 : Host is down                     77 : No locks available
65 : No route to host                 78 : Function not implemented
66 : Directory not empty              79 : Inappropriate file type or
67 : Too many processes                    format
68 : Too many users
69 : Disc quota exceeded
```

Eine Tabelle der wesentlichen unter UNIX gebräuchlichen Fehlercodes und deren Bedeutungen findet sich in Abschnitt A.4. Es soll an dieser Stelle noch einmal daran erinnert werden, daß man prinzipiell nach jedem System-Call den Erfolg am Return-Wert testen muß. Andernfalls kann es zu schwerwiegenden Fehlfunktionen des Programms kommen.

5.3   Funktionen zum File-Handling

Das File-Handling ist eine der fundamentalen Aufgaben eines Betriebssystems. Unter UNIX ist es besonders leicht zu verstehen, da hier, aber auch unter MS-DOS und OS/2, Files **unstrukturierte Byte-Folgen** sind. Eine Interpretation, z.B. als Folge einzelner Records, obliegt dem Anwendungsprogramm. Die hier vorgestellten System-Calls sind die Grundlage aller anderen I/O-Routinen, wie z.B. der formatierten Ausgabefunktionen der Standard-I/O-Library. Wir geben zunächst einen kurzen Überblick über die Systemaufrufe:

creat	erzeugt ein leeres File
open	öffnet ein File zum Lesen bzw. Schreiben
close	schließt ein vorher geöffnetes File
read	liest Informationen aus einem File
write	schreibt Informationen in ein File
lseek	Bewegung zu einem bestimmten Byte im File
link	Link (Verweis auf File) anlegen
unlink	File oder Verweis auf File löschen
symlink	Symbolischen Link anlegen
readlink	Symbolischen Link lesen

Eine hervorragende Beschreibung der durch diese Systemaufrufe bewirkten Vorgänge im Kern findet man in [Bach].

5.3.1   Sequentieller Zugriff

Nun zur Beschreibung der einzelnen Systemaufrufe:

```
Der creat Systemaufruf     (POSIX, SVID, BSD)

int creat(filename, mode)
    char *filename;
    int mode;
```

creat erzeugt ein neues File mit dem absoluten oder relativen Pfadnamen, der durch den String filename gegeben ist. Falls es nicht existiert, wird es neu angelegt mit den durch mode festgelegten Zugriffsberechtigungen, andernfalls wird der Inhalt des alten Files vergessen und mode nicht beachtet. **creat** liefert im Erfolgsfalls einen Filedeskriptor zurück, eine kleine nichtnegative Zahl zurück. Diese kann dann in **read** und **write** weiter als interne Bezeichnung für das File verwandt werden. Die Schreibposition steht am Anfang des Files. Im Fehlerfall liefert **creat** den universellen Wert -1. Die Fehlervariable **errno**, deren Werte wir in Zukunft überall in eckigen Klammern [ ] anführen, gibt näheren Aufschluß über den etwaigen Grund, z.B.:

- wenn kein Filedeskriptor mehr verfügbar ist [EMFILE, ENFILE],
- wenn der Filename nicht richtig gebildet ist [ENOTDIR, ENOENT, EISDIR],
- wenn filename nicht in den Adreßbereich des Prozesses zeigt [EFAULT],
- wenn nicht ausreichend Berechtigungen im Directory vorliegen, in dem das File kreiert werden soll, [EACCES]
- wenn das File schon existiert, aber nicht beschrieben werden darf [EACCES].

Manche der Fehlermöglichkeiten der Systemaufrufe sind dem Leser beim ersten Lesen vielleicht noch nicht verständlich, werden aber jeweils bei den Systemaufrufen schon genannt, weil wir an späteren Stellen des Buches darauf zurückkommen. Die Fehlercodes sind im übrigen in Abschnitt 8.4 zusammenfassend erklärt.

Ein Beispiel für die Verwendung von **creat** ist

```
fd = creat("/usr/weber/myfile", 0644);
```

Das File wird mit Lese- und Schreibberechtigung für den Besitzer und Leseberechtigung für alle anderen Benutzer erzeugt.

open ähnelt **creat**, ist jedoch im Detail etwas verschieden. Dieser System-Call erlaubt uns, ein durch den String filename bezeichnetes File zum Lesen, Schreiben oder für beides zu öffnen.

```
Der open Systemaufruf   (POSIX, SVID, BSD)

#include <fcntl.h>
int open(filename, access[, mode])
    char *filename;
    int access, mode;
```

Das Include-File fcntl.h, normalerweise in /usr/include beheimatet, beschreibt die erlaubten Zugriffsmethoden in Form von durch #define's definierte manifeste Konstanten. Diese sind in gewissem Maße systemabhängig. Unter System V gibt es

O_RDONLY	öffnen zum Lesen
O_WRONLY	öffnen zum Schreiben
O_RDWR	öffnen zum Schreiben und Lesen
O_APPEND	öffnen zum Anhängen beim Schreiben
O_CREAT	Falls das File schon existiert, wird O_CREAT ignoriert, andernfalls wird es mit dem Zugriffsmodus mode kreiert
O_TRUNC	Falls das File existiert, wird sein Inhalt gelöscht
O_EXCL	Falls O_CREAT und O_EXCL gesetzt sind, scheitert **open**, wenn das File schon existiert

Ein der drei ersten Konstanten muß angegeben werden. Die folgenden Konstanten können damit durch das bitweise OR verknüpft werden. **open** liefert den Filedeskriptor als Resultat oder im Fehlerfall wie üblich -1. Das kann z.B. passieren,

- wenn der Pointer filename nicht in den Adreßbereich des Prozesses zeigt [EFAULT],
- wenn schon zu viele Files offen sind [EMFILE, ENFILE],
- wenn der Filename nicht in Ordnung ist [ENOTDIR,
- wenn Zugriffsrechte fehlen [EISDIR, EACCES]
- wenn das File nicht existiert (nur wenn O_CREAT nicht gesetzt ist) [ENOENT].

Beispiele für die Verwendung von **open** sind:

```
fd = open("myfile", O_RDONLY);
fd = open("yourfile", O_WRONLY|O_APPEND);
fd = open("/usr/weber/oldornew", O_RDWR|O_CREAT, 0600);
```

Nach dem Öffnen eines Files mit **open** ist die momentane Lese- oder Schreibposition das erste Byte des Files. Zum Schließen eines mit **open** oder **creat** geöffneten Files dient **close**.

```
Der close Systemaufruf    (POSIX, SVID, BSD)

int close(filedescriptor)
   int filedescriptor;
```

Im Erfolgsfall liefert **close** den Wert 0 zurück, im Fehlerfall -1. Dies passiert dann,

- wenn der Filedeskriptor ungültig ist, d.h. nicht auf ein geöffnetes File verweist [EBADF].

Wird **close** vergessen, so schließt UNIX alle Files automatisch beim Programmende. Das folgende kleine Beispiel für **creat** und **close** kann als UNIX-Kommando zum Erzeugen eines leeren Files dienen.

Programm 5.3: cr.c

```
#include <stdio.h>   /* wegen fprintf  */
main(argc, argv)
int argc;
char *argv[];
{
```

```
    int fd;          /* Filedeskriptor */

    if (argc != 2) {
        fprintf(stderr, "Aufruf: %s filename\n", argv[0]);
        exit(1);
    }
    /* Filedeskriptor erzeugen */
    if ((fd = creat(argv[1], 0644)) < 0) {
        perror(argv[0]);
        exit(2);
    }
    close(fd);  /* File schließen */
    exit(0);
}
```

Wir wollen cr.c testen:

```
$ cc -o cr cr.c
$ cr neu
$ ls neu
total 0-rw-r--r--  1 weber            0 Aug  8 17:04 neu
```

Die eigentliche Datenübertragungsarbeit beim Schreiben und Lesen von Informationen leisten ausschließlich **read** und **write**:

Der **read** Systemaufruf   (POSIX, SVID, BSD)

int read(filedescriptor, buffer, size)
    int filedescriptor;
    char *buffer;
    unsigned size;

Der **write** Systemaufruf   (POSIX, SVID, BSD)

int write(filedescriptor, buffer, size)
    int filedescriptor;
    char *buffer;
    unsigned size;

Der Zeiger buffer zeigt auf die Stelle im Speicher, wo die mit **write** zu schreibenden Daten stehen bzw. die mit **read** zu lesenden Daten hinkommen sollen, d.h. auf den Puffer. Der Parameter size definiert die Maximalzahl von Bytes, die zwischen Puffer und File übertragen werden sollen.

Der Rückgabewert ist die Anzahl der tatsächlich geschriebenen bzw. gelesenen Character oder -1 im Fehlerfall. Fehler können auftreten unter anderem bei

- ungültigem Filedeskriptor [EBADF]
- physikalischen I/O-Fehlern beim beteiligten I/O-Gerät
- ungültiger Puffer-Adresse [EFAULT]
- einer unterbrochenen Operation [EINTR]

- beim Schreiben auf eine nicht zum Lesen geöffnete Pipe [EPIPE]
- beim Schreiben auf ein zu groß werdendes File [EFBIG]

Falls der Wert des size-Parameters größer als der darstellbare Zahlenbereich von int ist, muß der Return-Wert als unsigned interpretiert werden. Das folgende Programm-fragment zeigt das Zusammenspiel zwischen **open**, **read** und **close**:

Programm 5.4: openread.c

```c
#include <fcntl.h>    /* wegen O_RDONLY */
#include <stdio.h>    /* wegen fprintf  */
#define BUFLEN 1024
char workfile[] = "data";
main()
{
    int fd, nread;
    char buf[BUFLEN];  /* Puffer */

    /* File "data" zum Lesen Oeffnen */
    if ((fd = open(workfile, O_RDONLY)) == -1) {
        fprintf(stderr, "Fehler beim Oeffnen von %s\n",
                workfile);
        exit(1);
    }
    /* Einlesen der Daten */
    if ((nread = read(fd, buf, BUFLEN)) == -1) {
        fprintf(stderr, "Fehler beim Lesen\n");
        exit(1);
    }
    /* File schliessen */
    close(fd);
}
```

Das Zusammenwirken von **open**, **read**, **write** und **close** studieren wir an einer neueren Version des Kopierprogramms, vgl. Programm 2.3:

Programm 5.5: cp.c

```c
#include <string.h>
#include <stdio.h>
#include <sys/types.h>
#include <stdlib.h>
#include <fcntl.h>
#define B_LEN 16384
#define PERM   0644

main(argc, argv)
int argc;
char *argv[];
{
  int  fhandle1, fhandle2;
  int  bytesread, byteswritten;
  char *buffer;

  if (argc != 3) {
    fprintf(stderr, "Usage: %s filename1 filename2\n", argv[0]);
    exit(1);
```

```
    }

    fhandle1 = open(argv[1], O_RDONLY);
    fhandle2 = open(argv[2], O_CREAT|O_WRONLY,PERM);
    if (fhandle1 < 0) {
      perror("Fehler beim Oeffnen des Eingabefiles");
      exit(1);
    }
    if (fhandle2 < 0) {
      perror("Fehler beim Oeffnen des Ausgabefiles");
      exit(1);
    }

    if ((buffer = (char *) malloc(B_LEN)) == NULL) {
      fprintf(stderr, "%s: Fehler bei der Speicherallokation\n",
              argv[0]);
      exit(1);
    }

    bytesread = B_LEN;
    byteswritten = B_LEN;
    while (bytesread == B_LEN && byteswritten == bytesread) {
      bytesread = read(fhandle1, buffer, B_LEN);
      byteswritten = write(fhandle2, buffer, bytesread);
    }

    close(fhandle1);
    close(fhandle2);
    free(buffer);
    return(0);
}
```

Wir compilieren cp.c und starten cp:

```
$ cc -o cp cp.c
$ ./cp cp cpneu
-rwxr-xr-x  1 weber          5274 Aug  8 16:46 cp
-rw-r--r--  1 weber          5274 Aug  8 17:04 cpneu
```

Das Kopierprogramm funktioniert also! Vergleichen Sie seine Geschwindigkeit mit der des früheren Programms 2.3. Bei sukzessiven Aufrufen von **write** wird der **File-Pointer** jeweils um die Anzahl der geschriebenen Bytes nach hinten verschoben, so daß wir zu einem einfachen sequentiellen Schreibmechanismus kommen. Genauso ergibt mehrmaliges Lesen mit **read** einen sequentiellen Lesemechanismus. Wie erkennen wir nun das Ende eines Files beim sequentiellen Lesen? Wenn der verbleibende zu lesende Teil des Files weniger als size Bytes umfaßt, so wird der Return-Wert von **read** von size abweichen. Wir testen dies z.B. in der Form

```
if ((nread = read(fd, buffer, size)) < size) {
  /* EOF gefunden */
}
```

Beim Schreiben mit **write** kann die Anzahl der geschriebenen Bytes dann kleiner werden als die Zahl zu schreibender Bytes, wenn das Medium, z.B. eine Diskette während des Schreibens voll wird. Dies muß als Fehler betrachtet werden.

5.3.2   Random-Zugriff

Zum Positionieren des File-Pointers, der intern vom Typ long ist, dient der Systemaufruf **lseek**. Die Zählung der Bytes eines Files beginnt bei 1. Bei frühen UNIX-Versionen hieß diese Funktion *seek* und lieferte nur ein int-Ergebnis.

Anfang des   Ende des

| 1 | 2 | 3 | . . . | m-2 | m-1 | m |

Files   Files

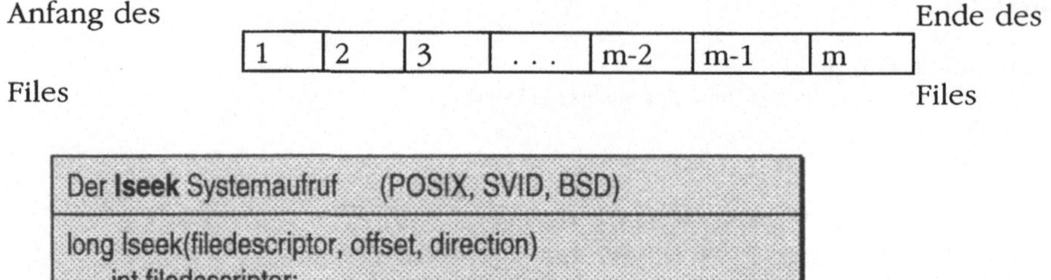

Neben dem Filedeskriptor des geöffneten Files sind die Parameter offset und direction von entscheidender Bedeutung für das richtige Setzen des File-Pointers. Sie wirken folgendermaßen zusammen:

direction	neue Position des File-Pointers
0	Byte Nr. 1 + offset
1	End-of-file-Position + offset
2	gegenwärtige Position + offset

Als Resultat bringt **lseek** eine long-Zahl, die den neuen Wert des File-Pointers angibt oder -1 im Fehlerfall. Ein Fehler tritt auf,

- falls der Filedeskriptor ungültig ist [EBADF],
- falls der Filedeskriptor einen zwischen zwei Prozessen offenen Kanal (Pipe oder FIFO) referiert [ESPIPE],
- falls direction einen falschen Wert hat [EINVAL],
- falls der neue File-Pointer negativ wäre [EINVAL].

Das folgende Programmfragment zeigt uns, wie wir Daten an das Ende eines existierenden Files anhängen können:

```
fd = open(filename, O_RDWR);
lseek(fd, OL, 2);
write(fd, buffer, BSIZE);
```

Wir betrachten nun ein etwas größeres, abgeschlossenes Beispiel. Das Programm reverse.c erläutert, wie man mit Hilfe von lseek, read und write ein File in umgekehrter Richtung lesen und den Inhalt auf ein anderes schreiben kann.

Programm 5.6: reverse.c

```
#include <sys/types.h>
#include <fcntl.h>
#include <stdlib.h>
#include <stdio.h>
```

```c
#define BUFLEN 1

main(argc, argv)
int argc;
char *argv[];
{
   long newpos, position;
   int  direction, nread,
        fdin, fdout;
   char buffer[BUFLEN];

   if (argc != 3) {
      fprintf(stderr, "Aufruf: %s infile outfile\n", argv[0]);
      exit(1);
   }

   /* Files oeffnen */
   if ((fdin = open(argv[1], O_RDONLY)) == -1) {
      perror("Fehler bei open");
      exit(1);
   }
   if ((fdout = open(argv[2], O_CREAT|O_WRONLY,0777)) == -1) {
      perror("Fehler bei creat");
      exit(1);
   }

   position = lseek(fdin, OL, 2);
   position--;
   do {
      lseek(fdin, position, 0);
      if ((nread = read(fdin, buffer, BUFLEN)) == BUFLEN)
         write(fdout, buffer, nread);
      else perror("");
         position--;
   } while (position >= 0 && nread == BUFLEN);

   close(fdin);
   close(fdout);
   return(0);
}
```

Es muß beachtet werden, daß die Puffergröße hier den geringsten möglichen Wert 1 hat, was gegenüber anderen "Kopierprogrammen" zu großen Geschwindigkeitseinbußen führt. Das obige Programm läuft sowohl unter UNIX, als auch MS-DOS und OS/2.

5.3.3 Verweise auf Files

Unter UNIX können Files mehr als einen Namen haben. Dies ist dienlich dafür, einfachere Zugriffswege zu eröffnen. Zur Erzeugung von Links (Verweisen) dient **link**.

<table>
<tr><td>Der link Systemaufruf   (POSIX, SVID, BSD)</td></tr>
<tr><td>int link(original_name, alias_name)
    char *original_name;
    char *alias_name;</td></tr>
<tr><td>Zugehöriges Kommando: ln</td></tr>
</table>

Es müssen zwei Pfadnamen als Parameter spezifiziert werden. Der erste davon -
original_name - muß ein schon existierender Name eines Files sein. Der zweite - ali-
as_name - ist der neu zu erzeugende Link, unter dem in Zukunft das File ebenfalls
anzusprechen sein wird. Im Erfolgsfall liefert link 0 zurück, im Fehlerfall wird kein
Link erzeugt und -1 zurückgegeben. Gründe dafür können sein:

- ein Link existiert schon [EEXIST],
- falsche Zeiger auf die Argument-Strings [EFAULT],
- falsch gebildete Pfadnamen [ENOENT, ENOTDIR],
- mangelnde Zugriffsrechte [EACCES, EPERM],
- das Ausgangsfile existiert nicht [ENOENT],
- der zu erzeugende Link liegt auf einem anderen Filesystem oder in einem Read-
  Only-Filesystem [EROFS, EXDEV].

Als Gegenstück zu **creat** bzw. **link** können wir **unlink** ansehen:

<table>
<tr><td>Der unlink Systemaufruf   (POSIX, SVID, BSD)</td></tr>
<tr><td>int unlink(pathname)
    char *pathname;</td></tr>
<tr><td>Zugehöriges Kommando: rm</td></tr>
</table>

unlink löscht einen Verweis (Link) auf ein File bzw. ein File selbst, wenn dieses
nur noch den einzigen Namen hat, der durch das Argument pathname angegeben
ist. Der Rückgabewert ist 0 im Erfolgsfall und -1, wenn **unlink** scheitert. Dies kann
dann passieren,

- wenn die Adresse des Filenamenstrings ungültig ist [EFAULT],
- wenn der Filename nicht richtig gebildet ist [ENOENT, ENOTDIR]
- wenn nicht die notwendigen Berechtigungen zum Löschen vorliegen [EACCES,
  EPERM],
- wenn das File in einem Read-Only-Filesystem liegt [EROFS].

Der Inhalt des Files selbst wird erst dann gelöscht, wenn alle Prozesse das File geschlossen haben. In diesem Zusammenhang wollen wir die POSIX-(ANSI-C)-
Funktion **remove** erwähnen, die manchmal einer portablen Programmierung dienlich sein kann. Ihre Bedeutung ist ebenfalls klar.

<table>
<tr><td>Die remove Subroutine   (POSIX, ANSI)</td></tr>
<tr><td>int remove(pathname)
    char *pathname;</td></tr>
<tr><td>Zugehöriges Kommando: rm</td></tr>
</table>

remove ist jedoch häufig nur als Makro auf **unlink** aufgesetzt. Als Beispiel soll ein Programm dienen, das die Wirkung des UNIX-Kommandos **mv** in vereinfachter Form nachbildet.

Programm 5.7: move.c

```c
#include <stdio.h>
main(argc, argv)
int argc;
char *argv[];
{
    if (argc != 3) {
        fprintf(stderr, "Aufruf: %s file1 file2\n", argv[0]);
        exit(1);
    }
    if (link(argv[1], argv[2]) < 0) {
        perror("Fehler bei link");
        exit(1);
    }
    if (unlink(argv[1]) < 0) {
        perror("Fehler bei unlink");
        unlink(argv[2]);
        exit(1);
    }
    printf("%s erfolgreich\n", argv[0]);
    exit(0);
}
```

Zunächst wird ein Verweis mit dem neuen Namen durch **link** erzeugt. Wenn dies erfolgreich war, wird der alte Name mit **unlink** entfernt. Die bisher betrachteten Links, auch harte oder reguläre Links genannt, müssen auf demselben Filesystem liegen. In manchen Fällen will man auch Links über Filesystem-Grenzen hinaus setzen. Dafür kann, falls vorhanden, der Systemaufruf **symlink** eingesetzt werden.

<table>
<tr><td>Der symlink Systemaufruf   (BSD)</td></tr>
<tr><td>#include <unistd.h>
int symlink(original_name, alias_name)
    char *original_name;
    char *alias_name;</td></tr>
<tr><td>Zugehöriges Kommando: ln -s</td></tr>
</table>

Es müssen zwei Pfadnamen als Parameter spezifiziert werden. Der erste davon - original_name - muß ein schon existierender Name eines Files sein. Der zweite - alias_name - ist der neu zu erzeugende symbolische Link, ein File, in dem der Name orignal_name abgelegt wird. Unter diesem ist in Zukunft das File ebenfalls anzusprechen. Im Erfolgsfall liefert **symlink** 0 zurück, im Fehlerfall wird kein Link erzeugt und -1 zurückgegeben. Gründe dafür können sein:

- ein symbolischer Link existiert schon [EEXIST],
- falsche Zeiger auf die Argument-Strings [EFAULT],
- falsch gebildete Pfadnamen [ENAMETOOLONG, EINVAL, ENOENT, ENOTDIR],
- mangelnde Zugriffsrechte bestehen [EACCES, EPERM],
- das Ausgangsfile existiert nicht [ENOENT],
- zu viele symbolische Links bei der Auswertung [ELOOP],
- der symbolische Link würde auf einem Read-Only-Filesystem liegen [EROFS],
- kein Platz zum Anlegen des Links [ENOSPC].

Zum Lesen eines symbolischen Links dient der Systemaufruf **readlink**.

```
Der readlink Systemaufruf                    (BSD)

#include <unistd.h>
    int readlink(pathname, buf, bufsize)
    char *pathname;
    char *buf;
    int bufsize;
```

Readlink schreibt den Inhalt des symbolischen Links pathname in den Puffer buf der Größe bufsize. Es wird kein 0-Character angehängt. Das Ergebnis von **readlink** ist die Zahl der Character im Puffer, oder -1 im Fehlerfall. Gründe dafür können sein:

- falsche Zeiger auf die Argument-Strings [EFAULT],
- falsch gebildete Pfadnamen [ENAMETOOLONG, EINVAL, ENOENT, ENOTDIR],
- zu viele symbolische Links bei der Auswertung [ELOOP],
- mangelnde Zugriffsrechte bestehen [EACCES].

Symbolische Links haben inzwischen auch Eingang in UNIX System V gefunden. In dem folgenden Beispiel wollen wir **symlink** und **readlink** testen. Ein symbolischer Link wird angelegt, mit ls -l gelistet, mit **readlink** gelesen und schließlich mit **unlink** wieder gelöscht.

Programm 5.8: slnktest.c

```
/* slnktest.c */
#include <string.h>
#include <stdio.h>
#include <unistd.h>
#define BSIZE 40

main(argc, argv)
int argc;
char *argv[];
{
```

```
      int k;
      char buffer[BSIZE];
      char cmd[20] = "ls -l ";

      if (argc != 3) {
         fprintf(stderr, "Aufruf: %s file1 file2\n", argv[0]);
         exit(1);
      }
      if (symlink(argv[1], argv[2]) < 0) {
         perror("Fehler bei symlink");
         exit(1);
      }
      strcat(cmd , argv[2]);
      system(cmd);
      k = readlink(argv[2], buffer, BSIZE);
      if (k < 0) {
         perror("Fehler bei readlink");
         exit(1);
      }
      buffer[k] = '\0';
      printf("Gelesener symbolischer Link: %s\n", buffer);
      unlink(argv[2]);
      exit(0);
   }
```

Wir probieren das Programm aus:

```
$ cc -o slnktest slnktest.c
$ snlktest slnktest xxxxxx
lrwxrwxr-x  1 weber   weber   8 Jan 10 22:17 xxxxxx -> slnktest
Gelesener symbolischer Link: slnktest
```

5.4   Standard-Files

Ein UNIX-System öffnet automatisch drei Files (Kanäle) als Standard-Files für jedes
ablaufende Programm:

Name	Filedeskriptor	Gerät
standard input	0	Tastatur des Terminals
standard output	1	Bildschirm des Terminals
standard error	2	Bildschirm des Terminals

Die Funktion read und write zum Zugriff auf Files können auch auf diese "Files" an-
gewandt werden, also nicht nur auf Platten-Files, sondern generell für alle Arten von
Ein- und Ausgaben. Eine wichtige Rolle bei UNIX-Systemen spielt für den Benutzer
die Möglickeit von **I/O-Umlenkung** und **Pipes**. Die Shell erlaubt es, die Standard-
Files auf der Kommandozeile beliebig umzuleiten. Die folgenden Beispiele mögen
dies erläutern:

   (a)   **prog < infile**
   (b)   **prog > outfile**
   (c)   **prog 2> errfile**
   (d)   **prog <infile >>outfile**

(e) `prog1 | prog2 >text`

In Beispiel (a) wird die Standardeingabe vom File infile genommen, in (b) geht die Standardausgabe auf File outfile. In (c) wird standard error auf das File errfile umgeleitet. Beispiel (d) demonstriert zwei Umleitungen. Die Standardeingabe kommt von infile, die Standardausgabe wird an outfile angehängt, der Inhalt dieses Files wird also nicht überschrieben. Im Fall (e) sind die Standardausgabe von prog1 und die Standardeingabe von prog2 durch eine Pipe verbunden. Die Programme laufen bei UNIX-Systemen konkurrent zueinander ab und prog2 nimmt die Ausgabe von prog1 direkt als Eingabe entgegen, wobei zur Synchronisation ein Erzeuger-Verbraucher-Mechanismus dient. I/O-Direktion und Pipes sind sehr nützlich, um flexible und von der Bedienung einheitliche und konsistente Programme zu schreiben, die als allgemein verwendbare Hilfsmittel dienen können. Man nennt solche Programme, die von der Standardeingabe lesen und auf die Standardausgabe schreiben, *Filter*. Diese stellen geradezu ein Markenzeichen von UNIX dar. Unser Beispielprogramm io.c kopiert von der Standardeingabe auf die Standardausgabe:

Programm 5.9: io.c

```
#define LANG   512
#define STDIN  0
#define STDOUT 1
main()
{
    char buf[LANG];
    int gelesen;

    while((gelesen = read(STDIN, buf, LANG)) > 0)
        write(STDOUT, buf, gelesen);
    return 0;
}
```

Was passiert, wenn wir das Programm io.c kompilieren, starten und danach Daten eingeben?

```
$ cc -o io io.c
Dies ist Eingabezeile Nr. 1          ←     Benutzereingabe
Dies ist Eingabezeile Nr. 1
Dies ist Eingabezeile Nr. 2          ←     Benutzereingabe
Dies ist Eingabezeile Nr. 2
...
<Ctrl-D>                             ←     Benutzereingabe
```

Das Programm gibt jeweils ein Echo der Eingabezeile als Ausgabe und wartet auf die nächste Eingabezeile! Um den Ablauf zu beenden, kann man das EOF-Zeichen, typischerweise <Ctrl-D> oder <Ctrl-Z> eingeben. Das Programm versucht also nicht, 512 Zeichen einzulesen, sondern jeder **read**-Aufruf ist nach dem Drücken von RETURN beendet und gibt in der Regel weniger als 512 Zeichen zurück. Dies führt zu vernünftigen interaktiven Arbeitsmöglichkeiten. Jedenfalls ist dieses Verhalten bei normaler Terminal-Einstellung zu beobachten. Die Fehlerausgabe auf standard error kann mit write erfolgen, etwa in der Form

```
char *msg = "Fehlermeldung\n";
...
if (   )
   write(2, msg, strlen(msg)-1);
```

Gebräuchlicher ist es, den Standard-Fehler-Stream stderr zu benutzen, wie wir dies ja in unseren Beispielen bisher schon getan haben.

5.5 Files in einer Multi-User-Umgebung

Das Repertoire an Systemaufrufen für das File-Handling ist bei allen Multi-User-System wesentlich umfangreicher als bei Single-User-Systemen, da die Notwendigkeit der Manipulation von Zugriffsrechten auf Files und Directories und weitere neue Begriffe hinzukommen.

5.5.1 Zugriffsrechte

Jedes File in einem UNIX-System *gehört* einem der Systembenutzer, auch **User** genannt. Die Identität des Users wird durch die **Userid** (UID), eine nichtnegative Zahl, bestimmt. Das System speichert die UID des **Owners**, wenn ein File kreiert wird. Die UID, die zu einem bestimmten User-Namen gehört, findet man im sog. Paßwort-File, d.h. im File */etc/passwd*. Genauer gesagt steht dort die UID als jeweiliges drittes Feld einer Zeile. Die Zeile

weber::17:6::/usr/weber:/bin/sh

besagt, daß der User weber die UID 17 hat. Die Felder sind durch einen Doppelpunkt getrennt. Ihre Bedeutung der Reihe nach ist:

1. Feld: User-Name
2. Feld: Passwort (verschlüsselt!)
3. Feld: UID
4. Feld: GID (Group-Id.)
5. Feld: Kommentar (z.B. Adresse, Telefon, etc.)
6. Feld: Home-Directory
7. Feld: erstes zu startendes Programm (normalerweise eine Shell)

In einer Group (Gruppe) sind mehrere User verwaltungstechnisch zusammengefaßt, was die Vergabe von Zugriffsrechten vereinfacht. Beim Kreieren von Files wird die GID des Prozesses (normalerweise gleich der GID des Users) ebenfalls gespeichert. Zugriffrechte legen fest, wie verschiedene User auf ein File zugreifen dürfen. Dabei unterscheidet man bei UNIX drei Kategorien von Usern:

- Owner
- User aus der Gruppe des Owners (Group)
- andere User

Für jede Kategorie gibt es drei Zugriffsberechtigungen:

r (read)
w (write)
x (execute)

Ferner gibt es für ausführbare Files noch weitere Berechtigungen. Das System speichert die Berechtigungen und weitere Typangaben als Bitmuster in einer Zahl, dem **File-Mode**, ab. Dieser setzt sich additiv aus oktalen Werten zusammen, die folgende Bedeutungen und Namen haben (vgl. Include-File *<sys/stat.h>*). Jedoch sind nicht bei allen Systemen alle vorhanden.

S_IFMT	0170000	Filetyp-Maske	
S_IFSOCK	0140000	Socket	
S_IFLNK	0120000	Symbolischer Link	
S_IFREG	0100000	Reguläres File	
S_IFBLK	060000	Block Special File	
S_IFDIR	040000	Directory File	
S_IFCHR	020000	Character Special File	
S_IFIFO	010000	Fifo File	
S_ISUID	04000	Set-UID-Bit	
S_ISGID	02000	Set-GID-Bit	
S_ISVTX	01000	Save-Text-Image-Bit	
S_IRUSR	0400	read	(Owner)
S_IWUSR	0200	write	(Owner)
S_IXUSR	0100	execute/search	(Owner)
S_IRGRP	0040	read	(Group)
S_IWGRP	0020	write	(Group)
S_IXGRP	0010	execute/search	(Group)
S_IROTH	0004	read	(Other)
S_IWOTH	0002	write	(Other)
S_IXOTH	0001	execute/search	(Other)

Abb. 5.2: Zusammensetzung des UNIX File-Modes

Die vorangestellte Null bei diesen Zahlen zeigt nach C-Konventionen an, daß sie *oktal* gemeint sind. Der File-Mode 0640 etwa bedeutet, daß der Owner das File lesen und schreiben darf, daß User aus der Group lesen dürfen und daß andere Benutzer keine Zugriffserlaubnis haben. Nicht alle der manifesten Konstanten sind bei allen UNIX-Systemen vorhanden. Darüber hinaus gibt es häufig weitere manifeste Konstanten, die mehrere Möglichkeiten zusammenfassen:

    S_IRWXU, S_IRWXG und S_IRWXO

Ferner kann S_ENFMT als Kennzeichen für das verbindliche (mandatory) Record Locking bei einem File auftauchen. Häufig wird unter UNIX eine symbolische Schreibweise für die Berechtigungen verwandt, etwa vom ls-Kommando. So sind z.B. äquivalent

rwxr-xr--	und	0754
rw-r--r--	und	0644
r-sr-sr-x	und	06555
rwxr-xr-t	und	01755

Die erste Dreiergruppe betrifft Owner, die zweite Group, die dritte andere Benutzer. Steht statt des x bei Owner oder Group ein s, so ist das Set-UID bzw. das Set-GID-Bit gesetzt. Das Save-Text-Image wird durch ein t anstelle des dritten x angezeigt.

Bei gesetztem Set-UID-Bit passiert folgendes: der Prozeß, der durch die Ausführung eines Programm zustande kommt, erhält wahrend der Ausführung die effektive User-id des File-Owners - und damit dessen Rechte. Ähnliches geschieht beim Set-GID-Bit. Diesen Effekt macht man sich bei Programmen zunutze, die Aufgaben im sicherheitskritischen Bereich zu erledigen haben. Ein Beispiel ist das *passwd-Programm*, dessen Owner der Super-User root ist. Mit passwd kann auch ein nicht privilegierter Benutzer sein Paßwort ändern. Auf das /etc/passwd-File hat ja nur root Schreibberechtigung! Das Set-Text-Image-Bit sorgt dafür, daß ein Programm auch dann noch im Swap-Bereich belassen wird, wenn es momentan von keinem User benötigt wird. Dies beschleunigt natürlich den Start von häufig benutzen Programmen wie Editoren, Compilern etc. Das Set-Text-Image-Bit kann i.a. nur vom Super-User gesetzt werden.

Zur Manipulation von Berechtigungen dienen folgende System-Calls:

```
access   Ermittlung eines Zugriffrechts
chmod    Änderung von Berechtigungen
chown    Änderung von Owner und Group
umask    Maske für Rechte bei der File-Erzeugung
```

Mit Hilfe von **access** kann man feststellen, ob ein Prozeß, gemessen an der realen UID, nicht der effektiven UID, eine bestimmte Berechtigung zum Zugriff auf ein File hat.

```
Der access Systemaufruf  (POSIX, SVID, BSD)

include <unistd.h>
int access(pathname, accessmode)
    char *pathname;
    int accessmode;
```

Das Argument pathname ist ein String mit dem Namen des Files. Das Argument accessmode stellt den hier gefragten Mode des Files dar und setzt sich additiv zusammen aus bestimmten ganzzahligen Werten. Dafür sind manifeste Konstanten bei neueren UNIX-Systemen im Headerfile *<unistd.h>* definiert.

Manif. Konst.	Wert	Bedeutung
R_OK	04	read-Berechtigung
W_OK	02	write-Berechtigung
X_OK	01	execute-Berechtigung
F_OK	00	Existenz

access liefert als Resultat 0, wenn der Zugriff erlaubt ist und -1, wenn nicht, oder wenn ein Fehler beim Aufruf vorliegt. Die globale Fehlervariable **errno** liefert dann Information über den Grund:

- Eine Komponente des Pfades ist kein Directory [ENOTDIR],
- pathname war NULL [ENOENT],
- Das File pathname existiert nicht [ENOENT],
- Suchrechte reichen nicht aus bei einer Komponente des Pfadnamens [EACCES],
- Schreibzugriff auf ein Read-Only-Filesystem [EROFS],
- Die Zugriffsrechte des Files gestatten nicht den gewünschten Zugriff [EACCESS],
- Der Zeiger pathname zeigt nicht in den Adreßbereich des Prozesses [EFAULT].

Das folgende Beispiel benutzt **access**, um (i) festzustellen, ob ein File existiert, (ii) ob es modifizierbar ist. Wenn beides positiv beantwortet wird, wird es gelöscht bzw. der Link des angegebenen Namens gelöscht. Man beachte auch hier, daß die Beurteilung der Zugriffrechte aufgrund der *realen UID* des Prozesses getroffen wird.

Programm 5.10: delete.c

```
#include <stdio.h>
#define EXIST  0
#define WRITE  2
#define ERROR -1

main(argc, argv)
int argc;
char *argv[];
{
    if (argc != 2) {
        fprintf(stderr, "Aufruf: %s filename\n", argv[0]);
        exit(1);
    }
    if (access(argv[1], EXIST) == ERROR) {
        printf("File %s existiert nicht.\n", argv[1]);
        exit(0);
    }
    if (access(argv[1], WRITE) == 0) {
        if (unlink(argv[1]) == ERROR)
            perror(argv[1]);
    } else
        perror(argv[1]);
}
```

Zugriffsrechte, d.h. den File-Mode, ändert man mit dem Systemaufruf **chmod**.

```
Der chmod Systemaufruf  (POSIX, SVID, BSD)

int chmod(pathname, newmode)
    char *pathname;
    int newmode;

Zugehöriges Kommando: chmod
```

Das erste Argument ist ein String mit dem Pfadnamen des betreffenden Files. Das zweite Argument newmode ist der neue File-Mode. Nur der Owner oder Super-User darf der File-Mode ändern. Das Resultat von **chmod** ist 0, wenn die Änderung gemacht wurde, andernfalls -1. Dies ist z.B. dann der Fall,

- wenn der Pointer auf den String auf eine ungültige Adresse zeigt [EFAULT],
- wenn der Pfadname in irgendeiner Weise falsch gebildet ist [ENOTDIR, ENOENT],
- wenn Zugriffsrechte fehlen [EACCES],
- wenn das File auf einem Read-Only-Filesystem liegt [EROFS],
- wenn die effektive Userid des Aufrufers nicht die des Owners des Files oder die des Super-Users ist [EPERM].

Ein typischer Aufruf von **chmod** lautet:

```
if (chmod("testfile", 0644) < 0) printf("chmod-Aufruf nicht erfolgreich.");
```

Die Zugriffsrechte eines Files können auch durch die Änderung des Owner- bzw. Group-Attributs modifiziert werden. Diese Aufgabe hat **chown**.

```
Der chown Systemaufruf   (POSIX, SVID, BSD)

int chown(pathname, ownerid, groupid)
    char *pathname;
    int ownerid;
    int groupid;

Zugehöriges Kommando: chown
```

Pathname hat dieselbe Bedeutung wie bei **chmod**. Die Argumente ownerid und groupid geben die neu zu setzenden Werte von UID bzw. GID an. Auch hier darf nur der Owner bzw. der Super-User diese Angaben verändern. Das Resultat und die Fehlermöglichkeiten von **chown** entsprechen denen von **chmod**. Aus Sicherheitsgründen werden bei der Ausführung von **chown** etwaige gesetzte Set-UID-Bits und Set-GID-Bits ausgeschaltet!

Jedem Prozeß ist eine sog. **File Creation Mask** zugeordnet, die dazu dient, Zugriffsrechte bei der Erzeugung von Files abzuschalten, unabhängig davon, was für ein File-Mode bei **creat** oder **open** angegeben wird. Wenn in der Maske ein Bit *an* ist, so wird es beim Erzeugen des Files *ab*geschaltet. Ist mask die Maske, so bewirkt ein

```
fd = creat(pathname, mode);
```

in Wirklichkeit die Ausführung von

```
fd = creat(pathname, (~mask)&mode);
```

Die Maske wird gesetzt bzw. abgefragt mit Hilfe des System-Calls **umask**.

<table>
<tr><td>Der umask Systemaufruf   (POSIX, SVID, BSD)</td></tr>
<tr><td>int umask(newmask)
   int newmask;</td></tr>
<tr><td>Zugehöriges Shell-Kommando: umask</td></tr>
</table>

Das Argument newmask ist die neue File Creation Mask. Das Resultat ist der alte
Wert der Maske. Dies kann dazu dienen, die Maske nach einer Modifikation später
wieder zu restaurieren:

```
int altemaske, neuemaske;

altemaske = umask(neuemaske);
                ...
                ...
umask(altemaske);
```

Das folgende Programm prinmask.c zeigt die Funktion des **umask** System-Calls
beim Kreieren von zwei Files, einmal mit der File Creation Mask 0, dann mit 0200.

Programm 5.11: prinmask.c

```
#include <stdio.h>
#define LIST   "ls -l"    /* UNIX */
#define SIZE      30
#define ERROR     -1
#define PMODE     0666
#define FILENAME "umasky"

void del()
{
   if (unlink(FILENAME) == ERROR) {
      perror(FILENAME);
      exit(1);
   }
}

void create()
{
   int fd;

   if ((fd = creat(FILENAME, PMODE)) == ERROR) {
      perror(FILENAME);
      exit(1);
   }
   close(fd);
}

main()
{
   char command[SIZE];
   int oldmask;

   sprintf(command, "%s %s", LIST, FILENAME);
   oldmask = umask(0);
```

```
    create();
    system(command);
    del();

    oldmask = umask(0200);
    create();
    system(command);
    chmod(FILENAME, PMODE);
    del();
    exit(0);
}
```

Die Subroutine **system**, die in Abschnitt 5.7.1 besprochen wird, ruft nach dem Erzeugen des Files jeweils das **ls**-Kommando auf, um die Zugriffsrechte des Files aufzulisten. Beim Übersetzen und Starten von prinmask passiert folgendes:

```
$ cc -o prinmask prinmask.c
$ prinmask
total 0
-rw-rw-rw-  1 weber         0 Apr 28 19:43 umasky
total 0
-r--rw-rw-  1 weber         0 Apr 28 19:43 umasky
```

5.5.2   File-Attribute

Wir lernen hier die folgenden Systemaufrufe kennen:

stat	Ermittlung der Attribute eines Files
lstat	Ermittlung der Attribute eines symbolischen Links
fstat	Ermittlung der Attribute eines Files bei Angabe eines Filedeskriptors
utime	Änderung von Zeit-Attributen

Die zu **stat**, **lstat** und **fstat** gehörende Datenstruktur stat, die die Attribute zusammenfaßt, ist im Include-File *<sys/stat.h>* definiert. Sie ist in gewissem Maße systemabhängig. Unter UNIX System V und unter 4.4BSD sieht sie folgendermaßen aus, wobei die Datentypen dev_t, ino_t,... time_t im Include-File *<sys/types.h>* definiert sind. Z.B. steht time_t für long und ushort für unsigned short.

```
struct stat { /* System V */
    dev_t       st_dev;                 /* Log. Gerät                          */
    ino_t       st_ino;                 /* I-Node-Nummer                       */
    ushort      st_mode;                /* File-Mode und -Typ                  */
    short       st_nlink;               /* Anzahl der Links auf File           */
    ushort      st_uid;                 /* UID des Owners                      */
    ushort      st_gid;                 /* GID des Owners                      */
    dev_t       st_rdev;                /* Identifikation des Geräts           */
    off_t       st_size;                /* log. Größe des Files in Bytes       */
    time_t      st_atime;               /* letzter Zeitpunkt des Lesens        */
    time_t      st_mtime; /* letzter Modifikations-Zeitpunkt des Files         */
    time_t      st_ctime; /* letzter Modifikations-Zeitpkt. der Struktur       */
}
```

```
struct stat { /* 4.4BSD */
    dev_t      st_dev;              /* Log. Gerät                      */
    ino_t      st_ino;             /* I-Node Nummer                   */
    mode_t     st_mode;            /* File-Mode und -Typ              */
    nlink_t    st_nlink;           /* Anzahl der Links auf File       */
    uid_t      st_uid;             /* UID des Owners                  */
    gid_t      st_gid;             /* GID des Owners                  */
    dev_t      st_rdev;            /* Identifikation des Geräts       */
    struct timespec st_atimespec;  /* letzter Zeitpunkt des Lesens */
    struct timespec st_mtimespec;  /* letzter Modifikations-Zeitpunkt des Files*/
    struct timespec st_ctimespec;  /* letzter Modifikations-Zeitpkt. der Struktur*/
    off_t      st_size;            /* Log. Größe des Files in Bytes */
    quad_t     st_blocks;          /* Blöcke alloziert für File       */
    u_long     st_blksize;         /* Optimale Filesystem I/O-Op. Blockgröße */
    u_long     st_flags;           /* User-definierte Flags für File */
    u_long     st_gen;             /* File-Generation Nummer          */
};
```

Abb. 5.3 : Die stat Struktur

Das Format der angekündigten Systemaufrufe ist:

Der stat Systemaufruf   (POSIX, SVID, BSD)

```
include <sys/types.h>
include <sys/stat.h>
int stat(pathname, buffer)
    char *pathname; struct stat *buffer;
```

Verwandtes Kommando: ls

Der lstat Systemaufruf   (BSD)

```
include <sys/types.h>
include <sys/stat.h>
int lstat(pathname, buffer)
    char *pathname; struct stat *buffer;
```

Verwandtes Kommando: ls

Der fstat Systemaufruf   (POSIX, SVID, BSD)

```
include <sys/types.h>
include <sys/stat.h>
int fstat(filedescriptor, buffer)
    int filedescriptor; struct stat *buffer;
```

Stat und **fstat** unterscheiden sich also nur durch die Art und Weise der Identifikation des Files durch Pfadnamen bzw. Filedeskriptor. Das zweite Argument ist ein Zeiger auf den Puffer, der nach dem Aufruf die Informationsstruktur enthalten soll. **Lstat** unterscheidet sich von **stat** dadurch, daß es die Attribute eines symbolischen Links liefert, während **stat** die Attribute des Files liefert, auf den der Link zeigt. Im Unterschied zu anderen Objekten haben Symbolische Links keinen Owner, keine Group, keinen File-Mode, keine Zeitangaben. Diese Attribute werden vielmehr vom übergeordneten Directory genommen. Die einzigen Attribute eines solchen Links sind der Typ (S_IFLNK), Größe, Blöcke und Link-Anzahl (immer gleich 1).

Das Resultat von **stat, lstat** bzw. **fstat** entspricht dem Standard: 0, falls erfolgreich, -1 andernfalls. Ein Fehler kann beispielsweise auftreten

- bei ungültigem Pfadnamen [ENOTDIR, ENOENT],
- bei ungültigem Filedeskriptor [EBADF],
- bei ungültiger Adresse des Puffers [EFAULT],
- bei fehlenden Zugriffsrechten [EACCES],
- bei zuvielen symbolischen Links bei der Übersetzung des Pfadnamens [ELOOP].

Das folgende Programm spion.c überwacht auf der Kommandozeile anzugebende Files auf etwaige Änderungen. Mit Hilfe von stat wird in einer Schleife nach jeweils k Sekunden geprüft, ob sich ein Attribut gegenüber früher geändert hat. Wenn ja, erfolgen Meldungen über die Art der Änderung. Falls keine Files mehr vorhanden sind, beendet der "Spion" sein Arbeit. Neu ist hier zusätzlich die Funktion sleep, die einen Prozeß für n Sekunden suspendiert.

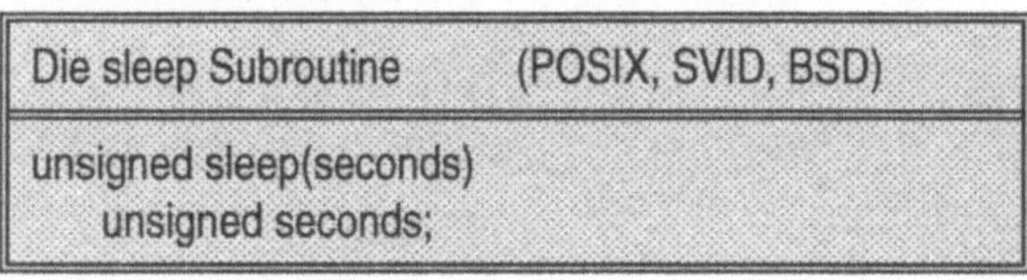

Programm 5.12: spion.c

```
/* Meldung ausgeben, wenn File sich aendert */
#include <stdio.h>
#include <sys/stat.h>

#define MFILE    10
#define BOOLEAN  int
#define TRUE     1
#define FALSE    0

struct stat sb;
BOOLEAN exists[MFILE];

main(argc, argv)
int argc;
char *argv[];
{
    int     nsec;
    int     j;
    struct  stat last[MFILE];
    BOOLEAN done;
```

```c
    if (argc < 3) {
        fprintf(stderr, "Aufruf: %s n filename ...\n",
                argv[0]);
        exit(1);
    }

    nsec = atoi(argv[1]);
    --argc;
    if (--argc > MFILE) {
        fprintf(stderr, "%s: zu viele Filenamen\n", argv[0]);
        exit(1);
    }

    /* Initialisierung */
    for (j = 1; j <= argc; j++) {
        if (stat(argv[j+1], &sb) < 0) {
            fprintf(stderr, "%s: Fehler bei stat auf %s\n",
                    argv[0], argv[j+1]);
            exit(1);
        }
        last[j-1] = sb;
    }

    for (j = 1; j <= argc; j++)
        exists[j-1] = TRUE;

    /* Schleife */
    for (;;) {
        for (j = 1; j <= argc; j++)
            if (exists[j-1])
                vergleich(argv[j+1], &last[j-1], argv[0],
                          &exists[j-1]);

        /* Test, ob fertig */
        done = TRUE;
        for (j = 1; j <= argc; j++)
            done = done && (!exists[j-1]);
        if (done) {
            fprintf(stderr, "%s beendet\n", argv[0]);
            exit(0);
        }

        /* Schlafen fuer nsec Sekunden */
        sleep(nsec);
    }
}

vergleich(name, last, progname, flag)
char *name;
char *progname;
struct stat *last;
BOOLEAN *flag;
{
    if (stat(name, &sb) < 0) {
        fprintf(stderr, "%s: %s existiert nicht mehr.\n",
                progname, name);
```

```
        *flag = FALSE;
    } else {
      if (sb.st_mtime != (*last).st_mtime)
        fprintf(stderr, "%s: %s aendert mtime\n",
                progname, name);
      if (sb.st_atime != (*last).st_atime)
        fprintf(stderr, "%s: %s aendert atime\n",
                progname, name);
      if (sb.st_ctime != (*last).st_ctime)
        fprintf(stderr, "%s: %s aendert ctime\n",
                progname, name);
      if (sb.st_mode != (*last).st_mode)
        fprintf(stderr, "%s: %s aendert mode\n",
                progname, name);
      if (sb.st_nlink != (*last).st_nlink)
        fprintf(stderr, "%s: %s aendert nlink\n",
                progname, name);
      if (sb.st_uid != (*last).st_uid)
        fprintf(stderr, "%s: %s aendert UID\n",
                progname, name);
      if (sb.st_gid != (*last).st_gid)
        fprintf(stderr, "%s: %s aendert GID\n",
                progname, name);
      if (sb.st_size != (*last).st_size)
        fprintf(stderr, "%s: %s aendert size\n",
                progname, name);
      *last = sb;
    }
    return;
}
```

Wir übersetzen und starten das Programm spion zum Ablauf im Hintergrund z.B.:

```
$ cc -o spion spion.c
$ spion 10 test1 test2 &
```

und modifizieren dann die Files prog1 und prog2. Dann erscheinen auf dem Bildschirm mit gewissen Verzögerungen - denn spion schläft ja jeweils 10 Sekunden zwischen seinen Aktivitäten - Meldungen wie

```
spion: test1 aendert atime
```

Auch zum Ändern der stat-Struktur gibt es Möglichkeiten. Zum Setzen der Zugriffs- und Modifikationszeit eines Files dient der Systemaufruf **utime**.

```
Der utime Systemaufruf    (POSIX, SVID, BSD)

#include <sys/types.h>
#include <utime.h>
int utime(pathname, times)
    char *pathname; struct utimbuf *times;

Verwandtes Kommando: touch
```

Die Struktur utimbuf ist nach POSIX-Konventionen im Include-File *<utime.h>* deklariert:

```
struct utimbuf {
   time_t actime;     /* Zeit des letzten File-Zugriffs */
   time_t modtime;    /* Zeit der letzten Modifikation */
}
```

Der erste Parameter ist der Pfadname eines Files. Der zweite Parameter ist ein Pointer auf die Struktur mit den beiden Zeitangaben. Ist es der Nullpointer, so wird die gegenwärtige Zeit eingetragen. Allerdings darf nur der Owner eines Files oder Super-User die Zeitangaben ändern! Das Resultat 0 zeigt den Erfolg von utime, das Resultat -1 zeigt einen Fehler an. Dies kann passieren:

- bei mangelnden Zugriffsrechten [EACCES, EPERM],
- falsch gebildetem Filenamen [ENOTDIR, ENOENT],
- ungültigen Pointern [EFAULT],
- wenn das File auf einem Read-Only-Filesystem liegt [EROFS].

Als Beispiel soll uns das folgende Programm dienen. Es betrachtet alle auf der Kommandozeile angegebenen Strings als Filenamen. Der Reihe nach erfragt es zunächst mit stat die Informationen über den File-Zugriff. Zugriffs- und Modifikationszeit wird danach auf den größeren der beiden Werte gesetzt. Zur Ausgabe der Zeiten in lesbarer Form wird jeweils die Subroutine ctime benutzt.

Programm 5.13: settime.c

```
#include <stdio.h>
#include <sys/types.h>
#include <sys/stat.h>
#include <utime.h>

main(argc, argv)
int argc;
char *argv[];
{
   struct stat status;       /* Dateistatusinformation*/
   struct utimebuf ftime;    /* Neue Zugriffszeiten   */
   int count = 0;

   if (argc == 1) {
      fprintf(stderr, "Aufruf: %s Filename ...\n", argv[0]);
      exit(1);
   }
   while (++count < argc) {
      printf("\nFile: %s\n", argv[count]);
      if (stat(argv[count], &status) == -1)
         perror("Fehler bei stat");
      else {
         printf("File zuletzt gelesen: %s",
         ctime(&(status.st_atime)));
         printf("File zuletzt veraendert: %s",
         ctime(&(status.st_mtime)));
      if (status.st_atime > status.st_mtime)
         ftime.actime = ftime.modtime = status.st_atime;
```

```
        else
            ftime.actime = ftime.modtime = status.st_mtime;
        if (utime(argv[count], &ftime) == -1)
            perror("Fehler bei utime, Zeit nicht veraendert");
        else
            printf("Neue Zeit: %s",
            ctime(&(ftime.actime)));
        }
    }
}
```

Wir beobachten einen exemplarischen Ablauf:

```
$ cc -o settime settime.c
$ settime teil1 savetxt


File: teil1
File zuletzt gelesen: Sun Jul 07 12:07:346 1996
File zuletzt veraendert: Sun Jul 07 12:09:56 1996
Neue Zeit: Sun Jul 07 12:09:56 1996


File: savetxt
File zuletzt gelesen: Mon Jun 15 10:13:38 1996
File zuletzt veraendert: Mon Jun 17 19:58:24 1996
Fehler bei utime, Zeit nicht veraendert: Permission denied.
```

5.6   Directories und File-Systeme

5.6.1   Directories

Unter UNIX bilden Directories und Files eine Baumstruktur, siehe Abb. 5.4. Für die folgenden Abschnitte setzen wir Begriffe wie *Home Directory, Current Working Directory* als bekannt voraus. Bei frühen UNIX-Systemen mußten Systemprogrammierer über die physische Implementation von Directories genau Bescheid wissen, wenn sie Programme schreiben wollten, die diese direkt manipulierten. Seit System V und POSIX hat sich dies geändert. Es bleibt jedoch weiterhin wünschenswert, gute Kenntnisse über die Details und die Funktionsweise zu besitzen. Bei älteren UNIX-Systemen sind UNIX-Directories Files und werden vom System in vielen Fällen auch genau wie gewöhnliche Files behandelt. Sie haben einen *Owner* und eine *Group*, eine *Größe* und *Zugriffsrechte*. Viele der bisher besprochenen System-Calls wie **open, read, lseek, fstat** und **close** sind auf sie anwendbar. Zu den Unterschieden: beispielsweise kann man Directories nicht mit **creat** erzeugen, **open** funktioniert nur im O_RDONLY-Mode, **write** überhaupt nicht. Spezielle Systemaufrufe dienen zum Erzeugen von Directories und zum Wechseln zwischen diesen.

Wir betrachten zunächst die **Zugriffsrechte bei Directories.** Jedes Directory besitzt genau wie ein normales File drei Gruppen von rwx-Zugriffsbits für Owner, Group und andere User. Die Bedeutungen von r, w und x sind bei Directories leicht verschieden gegenüber denen bei Files.

r: Inhalt des Directories darf gelistet werden
w: Erzeugung von Files und Löschen von Files im Directory ist erlaubt
x: Es ist erlaubt, mit cd oder chdir in das Directory zu wechseln

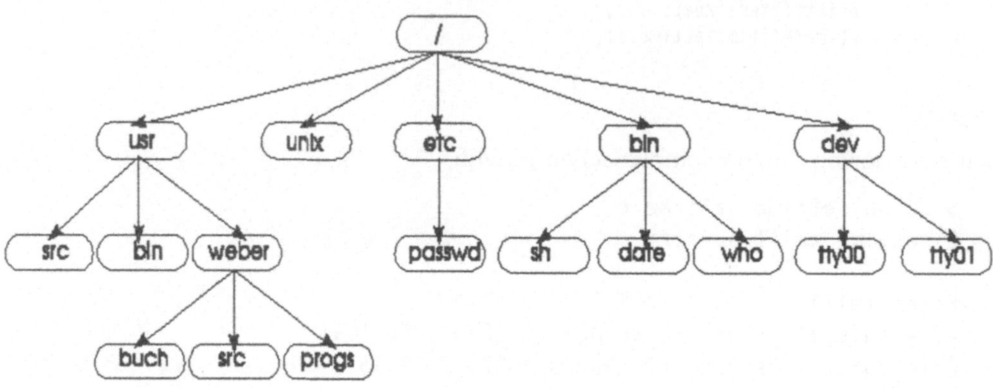

Abb. 5.4: Beispiel für UNIX-Filestruktur

Für das Arbeiten mit Files des jeweiligen Directories sind weitere File-Berechtigungen (Lesen, Schreiben, Ausführen) notwendig.

Nun zur **physischen Struktur** von Directories bei klassischen älteren UNIX-Systemen: ein Directory-File besteht aus einer Reihe von Directory-Einträgen. Die Länge der Einträge ist systemabhängig. Bei vielen UNIX-Systemen besteht ein Eintrag aus *16 Bytes*. Von diesen entfallen 2 Bytes auf eine positive ganze Zahl, die *I-Node-Nummer* des Files. Der Rest von 14 Bytes enthält den Namen des Files.

1149	spion.c\0
1387	spion\0
1130	memorandum\0
1339	buch\0

Abb. 5.5: Directory-Ausschnitt

Die I-Node-Nummer identifiziert das File eindeutig. Sie verweist auf eine Datenbasis auf der Platte, die sogenannte I-Node-Struktur, die alle administrativen Informationen über das File enthält. Dies sind gerade die in der stat-Struktur zusammengefaßten Größen und weitere Informationen über die Position der zum File gehörenden Datenblöcke, vgl. Abb. 5.6.

```
owner  weber
group  sysp
ptype  regular file
perms  rwxr-xr-x
accessed  Oct 17 1990  2:34 P.M.
modified  Oct 16 1990  9:46 A.M.
inode  Oct 17 1990  1:59 P.M.
size  34786 bytes
disk addresses
```

Abb. 5.6 Inhalt eines I-Nodes

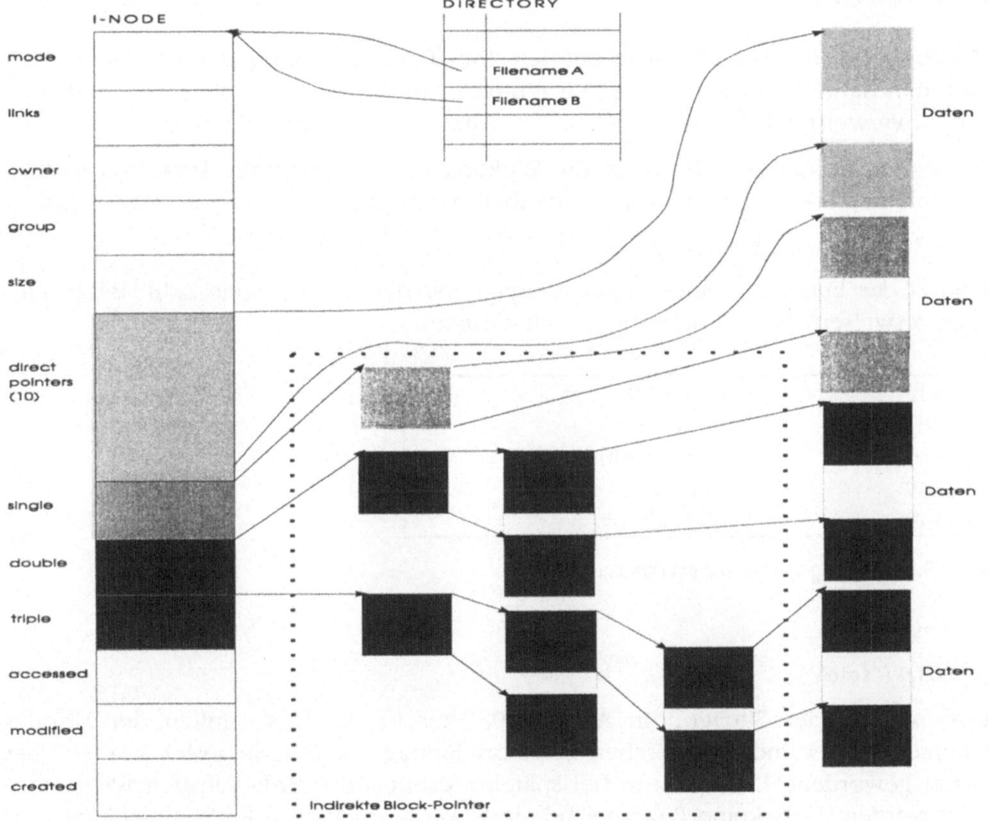

Abb. 5.7: Zusammenhang zwischen I-Node, Directory und Daten

Nicht dazu gehören die Namen der Files, die allein in Directory-Einträgen spezifiziert sind. Abb. 5.6 zeigt den Inhalts eines I-Nodes. Die in Abschnitt 5.5.2 betrachteten Systemaufrufe stat und fstat stellen die wesentlichen Informationen zur Verfügung. Das UNIX-Kommando ls listet Directory-Inhalte und Inhalte der darin referier-

ten I-Nodes auf. Den reinen Inhalt des Directory-Files kann man aber auch mit dem
Kommando

$ od -c .

characterweise dumpen.

```
0000000    f 005    .   \0  \0  \0  \0  \0  \0  \0  \0  \0  \0  \0  \0  \0
0000020    3 001    .   .   \0  \0  \0  \0  \0  \0  \0  \0  \0  \0  \0  \0
0000040    } 004    s   p   i   o   n   .   c   \0  \0  \0  \0  \0  \0  \0
0000060    k 005    s   p   i   o   n   \0  \0  \0  \0  \0  \0  \0  \0  \0
0000080    g 005    b   u   c   h   \0  \0  \0  \0  \0  \0  \0  \0  \0  \0
0000100    j 004    m   e   m   o   r   a   n   d   u   m   \0  \0  \0  \0
```

Abb. 5.8: Directory-Dump

In Abb. 5.8 ist das Directory-File mit dem Inhalt aus Abb. 5.6 gedumpt worden. Wir
erkennen darin zusätzlich die beiden Einträge . und .., die jedes Directory enthalten
muß: .. verweist auf das Parent Directory, . auf das Directory selbst.

Wir wollen an dieser Stelle noch die Wirkung der Systemaufrufe **link** und **unlink**
auf ein Directory untersuchen. Dazu bleiben wir bei unserem Beispiel. Der Aufruf

```
link("spion.c", "spion.alt");
```

bewirkt das Entstehen eines neuen Eintrags mit derselben I-Node-Zahl. Beide Einträge verweisen also auf dieselbe I-Node-Struktur.

1149	spion.c\0
1387	spion\0
1130	memorandum\0
1339	buch\0
1149	spion.alt\0

Abb. 5.9: Auswirkung von link auf ein Directory

Ein etwaiges

```
unlink("spion");
```

führt nun zu der Situation in Abb. 5.10. Hier ist durch Ausnullen der I-Node-
Nummer die Verbindung zwischen Directory-Eintrag und I-Node gelöst worden. Der
so frei gewordene Eintrag kann bei späteren **creat**- oder **link**-Aufrufen wieder benutzt werden. Falls keine Einträge frei sind, werden neue am Ende angehängt. Wir
erkennen daraus, daß Directories immmer nur wachsen!

1149	spion.c\0
0	spion\0
1130	memorandum\0
1339	buch\0
1149	spion.alt\0

Abb. 5.10: Auswirkung von unlink auf ein Directory

Wie können wir **Directories lesen?** Wie schon erwähnt, dient dazu bei klassischen
UNIX-Systemen der Systemaufruf **read**. Die genaue Struktur der Directory-Einträge
ist im Include-File *<sys/dir.h>* niedergelegt. Ein Beispiel dafür ist

```
#define DIRSIZ 14
struct direct {
                ino_t   d_ino;
                char    d_name[DIRSIZ];
            }
```

Die Konstante DIRSIZ ist dabei systemabhängig, auch der Typ ino_t. Die Namen
DIRSIZ, direct, d_ino und d_name kennt jedes UNIX-System. Das folgende Programm list.c, das wir absichtlich nicht in unsere Numerierung aufgenommen haben,
erledigt eine Teilaufgabe dessen, was sonst das **ls**-Programm macht.

```
/* list.c */
#include <sys/dir.h>
#include <stdio.h>
#include <fcntl.h>

int ls(name)
char *name;
{
   struct direct dbuf;
   int count = 0;
   int fd;

   if ((fd = open(name, O_RDONLY)) < 0)
      return(-1);

   while (read(fd, (char *)&dbuf, sizeof(dbuf)) == sizeof(dbuf))
      /* leere Eintraege ignorieren */
      if (dbuf.d_ino != 0) {
         printf("%.14s\n", d.d_name);
         count++;
      }

   close(fd);
   return(count);
}

main(argc, argv)
int argc;
char *argv[];
{
   int rv, ls();
```

```
    if (argc != 2) {
      fprintf(stderr, "Aufruf: %s name\n", argv[0]);
      exit(1);
    }
    if ((rv = ls(argv[1])) == -1) {
      fprintf(stderr, "Directory %s nicht gefunden\n", argv[1]);
      exit(1);
    } else {
      printf("Insgesamt %d Eintraege in Directory %s\n", rv, argv[1]);
      exit(0);
    }
}
```

Wir compilieren list.c und rufen list auf durch die Kommandozeilen

$ cc -o list list.c;
$ list dirname

Dabei muß dirname der Name eines Directories sein! Wenn man den Namen eines gewöhnlichen Files eingibt, so interpretiert list den Inhalt dieses Files als Folge von Directory-Einträgen und gibt kompletten Unfug aus. Wie können wir diese Fehlfunktion verbessern? In Abb. 5.2 sind die verschiedenen Bits zur Kombination des File-Modes aufgeführt. Wenn wir also mit stat oder fstat einen stat-Puffer füllen und das Feld st_mode darin mit dem Bitmuster 040000 geeignet vergleichen, können wir sicher sein, ein Directory oder ein File vor uns zu haben. Mnemonische Namen für diesen Zweck sind in *<sys/stat.h>* definiert. Es soll noch einmal darauf hingewiesen sein, daß die oben geschilderte Funktion des Lesens von Verzeichnissen veraltet ist. Das Programm list läuft auch nur auf ganz speziellen Systemen, z.B. unter dem UNIX-Clone MINIX.

5.6.2   Systemroutinen zur Directory-Manipulation

Hierfür gibt es eine ganze Reihe von Systemaufrufen und Subroutines. Wir beginnen mit

chroot	Root Directory ändern
chdir	Working Directory wechseln

Die Wurzel der UNIX-Filestruktur wird beim Booten festgelegt. Normalerweise halten sich dann alle Prozesse an diese Konvention. Es ist aber auch möglich, mit Hilfe des Systemaufrufs **chroot** die Sichtweise eines Prozesses bezüglich der Root zu ändern.

```
Der chroot Systemaufruf   (POSIX, SVID, BSD)

int chroot(pathname)
    char *pathname;
```

Das einzige Argument ist der Pfadname der neuen Root. Das Resultat ist 0, wenn **chroot** erfolgreich ist, -1 im Fehlerfall. Dies kann u.a. vorkommen,

- wenn der Stringpointer ungültig ist [EFAULT],
- wenn der Pfadname falsch gebildet ist [ENOTDIR],
- wenn die Berechtigungen nicht ausreichen [EPERM].

Wenn ein Prozeß **chroot** erfolgreich ausführt, so ist für ihn und alle seine Nachkommen das genannte Directory die Root. So kann der System-Call **chroot** etwa dazu dienen, einen Teil der UNIX-File-Struktur für bestimmte Benutzer mit eingeschränkten Rechten unsichtbar zu machen. So etwas macht man z.B. bei ftpd, dem ftp-Daemon oder bei restricted Shells. Nur der Super-User darf diesen - selten benutzten - Systemaufruf verwenden. Es könnte andernfalls zu Sicherheitslücken kommen. Das folgende Programm verwendet vor und nach dem **chroot**-Aufruf ein "ls -lia" zur Verifikation des Sachverhalts. Anschließend hat der Benutzer des Programms noch Gelegenheit, interaktiv in der neuen Umgebung zu arbeiten: ausprobieren! Mit *exit* kommt er zurück in newroot, das danach terminiert.

Programm 5.14: newroot.c

```c
#include <stdio.h>
#define ERROR (-1)
main(argc, argv)
int argc;
char *argv[];
{
    int rv;

    if (argc != 2) {
        fprintf(stderr, "Aufruf: %s Directory\n",
                argv[0]);
        exit(1);
    }
    if (chroot(argv[1]) == ERROR) {
        perror(argv[0]);
        exit(1);
    }
    printf("\n");
    printf("Neue Root: %s\n", argv[1]);
    rv = fork();
    if (rv == 0) {
        printf("Interaktives Arbeiten:\n");
        execl("./sh", "sh" , (char *) NULL);
    } else
        wait(NULL);
    printf("fertig!\n");
    return(0);
}
```

Das Programm newroot kann nur vom Super-User erfolgreich ausgeführt werden. Leider ist dieses Programm an dieser Stelle noch nicht ganz verständlich, weil es **fork** und **exec** benutzt. Diese werden erst später eingeführt. Es mag vielleicht die Bemerkung reichen, daß durch diese Kombination von **fork** und **exec** ein Sohn-Prozeß gestartet wird, der durch das sh-Programm (die Bourne-Shell) erzeugt wird. Dieser Shell-Prozeß hat dann ebenfalls die neue Sichtweise der Root. Wenn wir ihn verlassen, wird alles wieder gut! Probieren wir newroot nun endlich aus. Dafür müssen wir uns (legal!) eine Root-Berechtigung besorgen.

```
$ pwd
/home/weber
$ cp /bin/sh .
$ cp /bin/ls .
$ cc -o newroot newroot.c
$ su
Password: ....
$ newroot /home/weber
Neue Root: /home/weber
Interaktives Arbeiten
# ls
ls
sh
...
# pwd
/
<CTRL-D>
fertig!
$
```

Wie Sie leicht feststellen werden, kann man nicht viel anfangen. Die einzigen Kommandos, die wir benutzen können, sind *ls* und *sh*, zufällig im neuen Root-Verzeichnis liegende ausführbare Files und eingebaute Shell-Kommandos. Verzeichnisse wie /bin und /usr/bin sind für uns nicht mehr sichtbar. Aber das ist ja der Sinn der Sache. Es gibt auch UNIX-Versionen, bei denen noch mehr Vorbereitung notwendig ist. Häufig muß man ein Subdirectory lib der neuen Root schaffen, in dem noch gesharete Libraries liegen wie ld.

Viel einfacher ist der folgende Systemaufruf. Zum Wechseln des Current Working Directories verwenden wir **chdir**:

```
Der chdir Systemaufruf      (POSIX, SVID, BSD)

int chdir(pathname)
    char *pathname;

Zugehöriges Shell-Kommando: cd
```

Das neue Working Directory wird als Pfadname übergeben. Geht der Wechsel gut, so gibt die Funktion 0 zurück und der aufrufende Prozeß hat ein neues Working Directory. Im Fehlerfall ist das Resultat wie üblich -1. Das kann dann passiern,

- wenn der Pfadname falsch gebildet ist [ENOTDIR, ENOENT],
- wenn das Directory mangels Zugriffsrechten nicht zugänglich ist [EACCES],
- oder wenn ein ungültiger Pointer übergeben wird [EFAULT].

Wir wollen **chdir** ausprobieren:

Programm 5.15: mycd.c

```c
#include <stdio.h>
#define ERROR (-1)
main(argc, argv)
int argc;
char *argv[];
{
    int rv;

    if (arg != 2) {
        fprintf(stderr, "Aufruf: %s Directory\n", argv[0]);
        exit(1);
    }
    rv = chdir(argv[0]);

    if (rv == ERROR) {
        fprintf(stderr, "Fehler bei chdir nach %s\n", argv[1]);
        exit(1);
    } else
        printf("chdir zu Directory %s erfolgreich.\n", argv[1]);
    exit(0);
}
```

Wir compilieren und testen das Programm.

```
$ cc -o mycd mycd.c
$ pwd
/home/weber/buch
$ mycd /tmp
chdir zu Directory /tmp erfolgreich.
$ pwd
/home/weber/buch
```

Was ist passiert? Die Änderung des Current Working Directory bezieht sich ausschließlich auf den laufenden Prozeß und seine Nachkommen. Wenn er endet, ist die Änderung hinfällig. Wir können also mit **chdir** kein cd-Kommando schreiben! Dieser scheinbare Widerspruch erklärt sich dadurch, daß cd *kein* Programm ist, sondern ein eingebautes Kommando der Shell. Da der Kern das Current Working Directory kennt, müssen wir in der Lage sein, es über ihn zu ermitteln. Leider speichert der UNIX-Kern für einen Prozeß nur die I-Node-Nummer und die Geräte-Kennung des Current Working Directory, also nicht den vollständigen Pfadnamen. Zur Bestimmung des Current Working Directory wird eine Funktion benötigt, die sich Stufe für Stufe in der Directory-Hierarchie nach oben vorarbeitet durch **chdir("..")**. Sie muß dann die Directory-Einträge lesen und jeweils den herausfinden, der dem I-Node des zuletzt besuchten Directory entspricht. Man wiederholt das solange, bis die Root erreicht ist. Das folgende Programm empfindet diesen Vorgang nach.

Programm 5.16: mypwd.c

```c
#include <sys/types.h>
#include <sys/stat.h>
```

```c
#include <stdlib.h>
#include <stdio.h>
#include <string.h>
#include <unistd.h>
#include <dirent.h>
#define ERROR (-1)
#define MAXNAME 100
ino_t myino;

ino_t getino(name)
char *name;
{
   struct stat buf;

   if (stat(name, &buf) < 0) {
      fprintf(stderr, "Fehler bei stat %s\n", name);
      exit(1);
   }
   return (buf.st_ino);
}

char *getdirname()
{
   ino_t ino;
   struct dirent *dentry;
   DIR *dh;
   char *dirname;

   dh = opendir(".");
   if (dh == (DIR *) 0) {
      perror("Fehler bei opendir");
      exit(1);
   }
   while ((dentry = readdir(dh)) != (struct dirent *) 0) {
      printf("%s\n", dentry->d_name);
      ino = getino(dentry->d_name);
      if (ino == myino) {
         dirname = (char *) malloc(MAXNAME);
         strcpy(dirname, dentry->d_name);
         closedir(dh);
         return dirname;
      }
   }
   closedir(dh);
   return NULL;
}

main()
{
   int first = 1, fertig = 0, retval;
   char *name1, *name;
   char zpath[255], oldname[MAXNAME] = "...";
   char path[255] = "";

   while (fertig == 0) {
      myino = getino(".");
      printf("Inode: %lu\n", myino);
```

```
        retval = chdir("..");
        name = getdirname();

        if (first == 1) {
           first = 0;
        } else {
           strcpy(zpath, "/");
           strcat(zpath, path);
           strcpy(path, zpath);
        }

        strcpy(zpath, name);
        name1 = strcat(zpath, path);
        strcpy(path, name1);
        printf("---> %s\n", path);
        if (strcmp(name, oldname) == 0) fertig = 1;
        strcpy(oldname, name);
        free(name);
     }

     printf("%s\n\n", &path[3]);
     exit(0);
}
```

Im obigen Programm kommen schon einige Vorwegnamen der im Text bald folgenden Systemroutinen **opendir**, **closedir** und **readdir** vor. Nun zum Test von mypwd. Wir können an den Ausgaben den Weg zur Root nachvollziehen.

```
$ gcc -o mypwd mypwd
$ pwd
/home/fbi-wap03/weber/buch
$ mypwd
Inode: 15667
mail
gnu
...
buch
---> buch
Inode: 5369
oswald
turau
...
weber
---> weber/buch
Inode: 1852
fbi-srv01
...
fbi-wap03
---> fbi-wap03/weber/buch
Inode: 1783
usr
```

```
cdrom
var
...
home
---> home/fbi-wap03/weber/buch
Inode: 2
.
---> ./home/fbi-wap03/weber/buch
Inode: 2
.
---> ././home/fbi-wap03/weber/buch
home/fbi-wap03/weber/buch
$
```

Wir haben schon angedeutet, daß das Lesen von Directories mit **read** nicht mehr bei
neueren UNIX-Systemen funktioniert. Es wurden deshalb durch POSIX und SVID
neue Subroutines definiert, die auf einem höheren Abstraktionsniveau stehen. Dies
sind die Routinen

opendir	Directory-Stream öffnen
closedir	Directory-Stream schließen
readdir	Directory-Eintrag lesen
rewinddir	Directory-Stream zurücksetzen
telldir	Lesezeiger ermitteln
seekdir	Lesezeiger setzen

Sie isolieren den Programmierer von der physischen Implementation des Directories.
Wir betrachten hier zunächst die Funktionen, die denen der Streams der Standard-
I/O-Library ähneln.

Die **opendir** Subroutine   (POSIX, SVID, BSD)

```
#include <sys/types.h>
#include <sys/dirent.h>
DIR *opendir(pathname)
    char *pathname;
```

Es wird für das durch den Pfadnamen bezeichnete Directory ein Directory-Stream
geöffnet und ein Zeiger auf eine Struktur vom Typ DIR zurückgegeben. Kann das
Directory nicht geöffnet werden, so wird NULL zurückgegeben. Die Funktion zeigt
eine Analogie zu **fopen**.

```
Die closedir Subroutine   (POSIX, SVID, BSD)

#include <sys/types.h>
#include <sys/dirent.h>
int closedir(dirptr)
    DIR *dirptr;
```

Es wird ein vorher durch **opendir** geöffneter Directory-Stream, auf den das Argument dirptr zeigt, geschlossen. Analogie: **fclose**.

```
Die readdir Subroutine      (POSIX, SVID, BSD)

#include <sys/types.h>
#include <sys/dirent.h>
struct dirent *readdir(dirptr)
    DIR *dirptr;
```

Das Argument dirptr zeige auf einen durch **opendir** geöffneten Directory-Stream. **readdir** liefert einen Zeiger auf den nächsten nicht leeren Directory-Eintrag zurück. Falls das Ende des Directories erreicht ist, ist das Resultat NULL. Die Struktur dirent hat die Gestalt:

```
struct dirent {
    off_t d_ino;      /* I-Node-Nr */
    char *d_name;     /* Filename */
}
```

Die Funktion **readdir** kann mit **fread** verglichen werden.

```
Die rewinddir Subroutine  (POSIX, SVID, BSD)

#include <sys/types.h>
#include <sys/dirent.h>
void rewinddir(dirptr)
    DIR *dirptr;
```

Die Funktion **rewinddir** setzt den Lesezeiger des mit **opendir** geöffneten und durch dirptr bezeichneten Directory-Streams zurück auf den Anfang.

```
Die telldir Subroutine                (SVID, BSD)

#include <sys/types.h>
#include <sys/dirent.h>
off_t telldir(dirptr)
    DIR *dirptr;
```

Zu gegebenem Zeiger dirptr auf einen mit **opendir** geöffneten Directory-Stream liefert die Funktion **telldir** die Position des Lesezeigers zurück. Diese sollte nur mit

seekdir weiter verwendet werden. Eine Analogie dazu ist **tell**.

```
Die seekdir Subroutine      (SVID, BSD)

#include <sys/types.h>
#include <sys/dirent.h>
void seekdir(dirptr, position)
    DIR *dirptr;
    off_t position;
```

Ist dirptr ein durch **opendir** erzeugter Zeiger auf einen Directory-Stream und position eine mit **telldir** erlangte Position des Lesezeigers in diesem Stream, so setzt **seekdir** den Lesezeiger auf diese Position. Statt off_t kann normalerweise auch der Typ long verwendet werden. Das folgende Programm verwendet die wichtigsten Routinen, nämlich **opendir**, **closedir** und **readdir**.

Programm 5.17: testdir.c

```c
#include <sys/types.h>
#include <stdio.h>
#include <dirent.h>

main(argc, argv)
int argc;
char *argv[];
{
   DIR *dh;
   struct dirent *dentry;

   if (argc != 2) {
      fprintf(stderr, "Aufruf: %s Directory\n", argv[0]);
      exit(1);
   }

   printf("Test fuer opendir:\n");
   dh = opendir(argv[1]);
   if (dh == (DIR *) 0) {
      perror("Fehler bei opendir");
      exit(1);
   } else printf("Test erfolgreich\n");

   printf("\nTest fuer readdir:\n\n");
   while ((dentry = readdir(dh)) != (struct dirent *) 0) {
      printf("%s\n", dentry->d_name);
   }

   printf("\nTest fuer closedir:\n");
   if (closedir(dh) < 0) {
      perror("Fehler bei closedir");
      exit(1);
   } else printf("Test erfolgreich\n");
}
```

Übersetzen und Ausführen des Programms ergab:

```
$ cc -o testdir testdir.c
$ testdir .
Test fuer opendir:
Test erfolgreich

Tests fuer readdir:

 1  16  .
 2  32  ..
 3  48  dirent.h
 4  64  seekdir.c
 5  80  man
 6  96  testdir.c
 7 112  telldir.c
 8 128  test.c
 9 144  x
10 176  test
11 208  testdir

Test fuer closedir:
Test erfolgreich
```

Die nächste Gruppe von Directory-Systemaufrufen und -Subroutines wird gebildet von

mkdir	Directory erzeugen
rmdir	Directory löschen
getcwd	Working Directory feststellen
ftw	Rekursiver Baumdurchlauf

Zum Erzeugen und Löschen von Directories gibt es ab UNIX System V.3 die Systemaufrufe **mkdir** und **rmdir**.

Der **mkdir** Systemaufruf   (POSIX, SVID, BSD)

```
#include <sys/types.h>
#include <sys/stat.h>
int mkdir(pathname, mode)
    char *pathname;
    int mode;
```

Zugehöriges Kommando: mkdir

Der Parameter pathname gibt das zu erzeugende Directory an. Der Parameter mode bestimmt den File-Mode des zu erzeugenden Directories. Dieser wird wie bei creat mit der durch umask gesetzen aktuellen File Creation Mask verknüpft. Der Rückgabewert ist 0 im Erfolgsfall und -1 im Fehlerfall. Ein Fehler kann entstehen z.B.,

- wenn der Stringpointer ungültig ist [EFAULT],
- wenn der Pfadname falsch gebildet ist [ENOTDIR, ENOENT],
- wenn das zu erzeugende Directory schon existiert [EEXIST],
- wenn die Berechtigung fehlt [EACCES],
- wenn das Directory auf einem Read-Only-Filesystem angelegt werden sollte [EROFS],
- wenn ein I/O-Fehler beim Schreiben auftritt [EIO]..

mkdir legt ein neues Directory inklusive der beiden Links . und .. an, das ansonsten leer ist. Ein Beispiel für den Aufruf:

```
if (mkdir("neu", S_IFDIR | 0755) == -1) perror("neu");
```

Die zu **mkdir** inverse Wirkung geht von **rmdir** aus.

Der **rmdir** Systemaufruf   (POSIX, SVID, BSD)
int rmdir(pathname)   char *pathname;
Zugehöriges Kommando: rmdir

Der Parameter pathname bezeichnet das zu löschende Directory, das leer sein muß (bis auf . und ..). Der Rückgabewert ist 0 im Erfolgsfall und -1 im Fehlerfall. Ein Fehler kann entstehen z.B.,

- wenn der Stringpointer ungültig ist [EFAULT],
- wenn der Pfadname falsch gebildet ist [ENOENT, ENOTDIR],
- wenn Berechtigungen fehlen [EACCES]
- wenn das Directory nicht leer ist [systemabhängig, z.B. ENOTEMPTY].

Auf UNIX-System, bei denen mkdir und rmdir nicht vorhanden sind, hilft man sich am einfachsten durch den Aufruf der gleichnamigen UNIX-Kommandos mittels der schon bekannten Subroutine **system**:

```
system(strcat("mkdir ", pathname));
system(strcat("rmdir ", pathname));
```

Ein andere, inzwischen obsolete, Möglichkeit zum Erzeugen von Directories ist der **mknod** Systemaufruf, den wir später behandeln. Allerdings kann damit nur der Super-User arbeiten und auch er muß noch mittels **link** die Links . und .. setzen.

Zur Bestimmung des Current Working Directory dient ab System V **getcwd**:

<table>
<tr><td>Die getcwd Subroutine   (SVID)</td></tr>
<tr><td><pre>char *getcwd(buf, size)
    char *buf;
    int size;</pre></td></tr>
<tr><td>Zugehöriges Shell-Kommando: pwd</td></tr>
</table>

Diese Funktion liefert einen Pointer auf den Pfadnamen des Working Directories. Die Größe size des Puffers buf muß dabei zwei Character größer sein, als die maximale Länge des Pfadnamens. Ist buf gleich dem Nullpointer, so wird der Pfadname in einem dynamisch erzeugten Puffer abgelegt und der zurückgegeben Pointer zeigt darauf. Im Fehlerfall ist das Resultat der Nullpointer NULL. Dies kann u.a. auftreten bei

- ungenügendem Speicherplatz für den Puffer,
- ungültigem Pointer,
- falscher Größe size.

Das folgende kleine Beispielprogramm bildet das UNIX-Kommando pwd mit Hilfe von **getcwd** nach. Dies ist natürlich viel besser als unser selbstgestricktes mypwd.c weiter vorn.

Programm 5.18: pwd.c

```
#include <stdio.h>
#define BUF_LEN 100
extern char *getcwd();

main()
{
    char buffer[BUF_LEN];

    if (NULL == getcwd(buffer, BUF_LEN)) {
        fprintf(stderr, "Fehler bei getcwd\n");
        exit(1);
    } else
        printf("%s\n", buffer);
    return(0);
}
```

Bei der Programmierung mit Directories ist ein Durchlauf durch den Directory-Baum (Tree Walk) eine gängige Aufgabe. System V bietet uns zur leichteren Bewältigung der genannten Aufgabe die Funktion **ftw** an.

```
Die ftw Subroutine              (SVID)

#include <ftw.h>
int ftw(pathname, function, depth)
    char *pathname;
    int (*function)();
    int depth;
```

Das erste Argument pathname bestimmt das Directory, bei welchem der rekursive
Durchlauf beginnen soll, also die Wurzel des Teilbaums. Das zweite Argument
function ist ein Zeiger auf eine vom Aufrufer zu übergebende benutzerspezifische C-
Funktion. Das Argument depth bestimmt die Anzahl der von **ftw** verwendeten File-
Deskriptoren. Der sicherste Wert ist 1, was jedoch auf Kosten der Geschwindigkeit
geht. Die durch den Pointer function übergebene Funktion muß folgendes Aussehen
haben

```
int userfunc(name, statpointer, typ)
char *name;
struct stat *statpointer;
int typ;
{
  ...
}
```

Sie wird von **ftw** mit den drei Argumenten:

- Name des Objektes (File, Directory, ...)
- Zeiger auf stat-Struktur des Objektes
- Typ des Objektes

aufgerufen. Der Typ des Objekts ist durch Konstanten im Include-File *<ftw.h>* festgelegt:

FTW_F	normales File
FTW_D	Directory
FTW_DNR	Directory, das nicht durchsucht werden konnte
FTW_NS	stat auf das Objekt war nicht erfolgreich

Wenn der Typ eines Objektes FTW_DNR war, werden die Nachfolger dieses Kno-
tens nicht mehr durchlaufen. Im Fall FTW_NS ist die der Benutzerfunktion übergebene stat-Struktur nicht brauchbar. Mehrere Möglichkeiten beenden den Tree Walk:

- wenn alles durchlaufen ist,
- wenn ein Fehler in **ftw** auftritt,
- wenn die Benutzerfunktion ein Resultat ungleich 0 liefert.

Kommen wir schließlich zum Resultat von **ftw**: es ist 0, wenn alles glatt geht, -1 im
Fehlerfall und gleich dem von der Benutzerfunktion gelieferten Wert ungleich 0,
wenn es von dieser beendet wurde. Die nützliche Funktion **ftw** hat allerdings eine
Schwäche. Sie behandelt symbolische Links wie normale Directoryeinträge und
verfolgt sie damit u.U. doppelt. Bei System V Release 4 gibt deshalb zusätzlich eine
Routine **nftw**, die nicht dieses Problem hat. **Nftw** verwendet **lstat** anstelle von **stat**

und kann damit symbolische Links von der weiteren Behandlung ausnehmen. Als Anwendung von **ftw** betrachten wir das Programm testftw.c. Es listet die Einträge des angegebenen Startverzeichnisses und aller untergeordneten Verzeichnisse und gibt am Ende eine Statistik über die gefundenen Einträge aus. Es wird die Zahl von Files, Directories, Special Files (siehe nächsten Abschnitt), etc. ausgegeben. Neben **ftw** wird **stat** verwendet. Das Beispielprogramm benutzt alternativ sowohl **ftw** als auch **nftw**.

Programm 5.19: testftw.c

```c
#include <stdio.h>
#include <string.h>
#include <sys/types.h>
#include <sys/stat.h>
#include <dirent.h>
#include <limits.h>
#include <ftw.h>

static long nreg, ndir, nblk, nchr, nfifo, nslink, nsock, ntot;
static int myfunc();

main(argc, argv)
int argc;
char *argv[];
{
    int ret;

    if (argc <= 1 || argc >= 4) {
        fprintf(stderr, "Usage: %s <pathname> [S] \n", argv[0]);
        exit(1);
    }
    if (argc == 3 && strcmp(argv[2], "S") != 0) {
        fprintf(stderr, "%s: wrong argument\n");
        exit(1);
    }

    if (argc == 2)
        ret = ftw(argv[1], myfunc);
    if (argc == 3)
        ret = nftw(argv[1], myfunc);

    if ((ntot = nreg+ndir+nblk+nchr+nfifo+nslink+nsock) == 0)
        ntot = 1;                 /* Divisionde durch 0 vermeiden */
    printf("Regulaere Files = %7ld, %5.2f %%\n",
                   nreg,nreg*100.0/ntot);
    printf("Directories     = %7ld, %5.2f %%\n", ndir, ndir*100.0/ntot);
    printf("Block Special   = %7ld, %5.2f %%\n", nblk, nblk*100.0/ntot);
    printf("Char Special    = %7ld, %5.2f %%\n", nchr, nchr*100.0/ntot);
    printf("FIFOs           = %7ld, %5.2f %%\n", nfifo, nfifo*100.0/ntot);
    printf("Symbol. Links   = %7ld, %5.2f %%\n",  nslink,nslink*100.0/ntot);
    printf("Sockets         = %7ld, %5.2f %%\n", nsock, nsock*100.0/ntot);
    exit(ret);
}


static int myfunc(pathname, statptr, type)
const char *pathname;
```

```
const struct stat *statptr;
int type;
{
   switch (type) {
      case FTW_F:
         switch (statptr->st_mode & S_IFMT) {
            case S_IFREG:  nreg++;    break;
            case S_IFBLK:  nblk++;    break;
            case S_IFCHR:  nchr++;    break;
            case S_IFIFO:  nfifo++;   break;
            case S_IFLNK:  nslink++;  break;
            case S_IFSOCK: nsock++;   break;
            case S_IFDIR:
                              fprintf(stderr, "for S_IFDIR for %s\n", pathname);
                              /* directories should have type = FTW_D */
         };
         break;

      case FTW_D:
         ndir++;
         break;

      case FTW_DNR:
         fprintf(stderr, "ftw: can't read directory %s\n", pathname);
         break;

      case FTW_NS:
         fprintf(stderr, "ftw: stat error for %s\n", pathname);
         break;

      default:
         fprintf(stderr,"ftw: unknown type %d for pathname %s\n",
                     type, pathname);
   }
   return(0);
}
```

Wir probieren das Programm an einem Abschnitt der Filestruktur aus, in dem symbolische Links vorhanden sind.

```
$ gcc -o testftw testftw.c
$ testftw ..
Regulaere Files =    1092, 92.94 %
Directories     =      82,  6.98 %
Block Special   =       0,  0.00 %
Char Special    =       0,  0.00 %
FIFOs           =       1,  0.09 %
Symbol. Links   =       0,  0.00 %
Sockets         =       0,  0.00 %

$ testftw .. S
Regulaere Files =     531, 89.70 %
Directories     =      58,  9.80 %
Block Special   =       0,  0.00 %
```

```
Char Special    =        0,  0.00 %
FIFOs           =        1,  0.17 %
Symbol. Links   =        2,  0.34 %
Sockets         =        0,  0.00 %
```

5.6.3   File-Systeme

Der Begriff des File-Systems unter UNIX beinhaltet eine vollständige Teilstruktur des Baumes der UNIX Filestruktur. Physisch ist ein File-System einer *Diskette*, einem *Magnetplattenlaufwerk* oder einer *Plattenpartition* gleichzusetzen. Die Filestruktur in ihrer Gesamtheit setzt sich normalerweise aus mehreren File-Systemen zusammen, d.h. aus mehreren Teilbäumen zusammen. Jedes File-System ist ein Baum mit Wurzel, Kanten und Knoten. File-Systeme werden miteinander verbunden durch Montieren der Wurzel des einen File-Systems an einen Directory-Knoten des anderen File-Systems. Diese Verbindung kann natürlich wieder rückgängig gemacht werden. Für diese beiden und verwandte Aufgaben gibt es die System-Calls

```
mount      Montieren eines File-Systems
umount     Abmontieren eines File-Systems
sync       Alle Puffer auf Platte schreiben
```

Ein File-System besteht aus einzelnen *Blöcken,* die normalerweise je 512 oder 1024 Bytes umfassen. Jedes UNIX-File-System ist nach einem festgelegten Schema aufgebaut, das vier Anteile umfaßt:

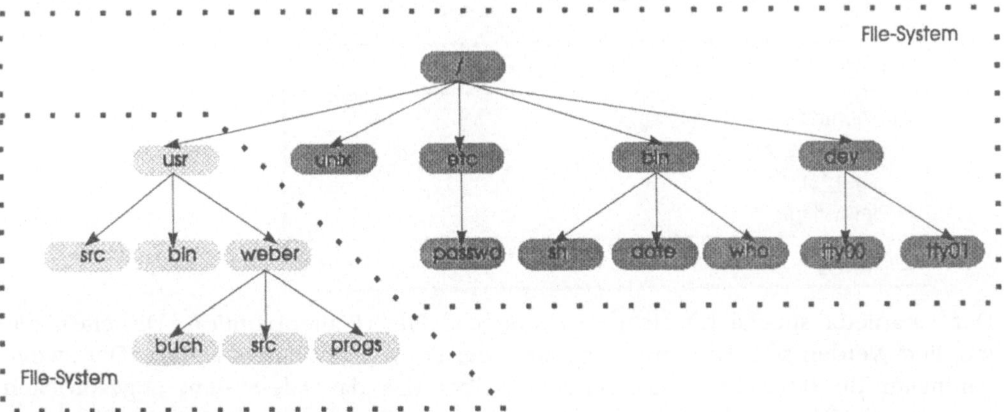

Abb. 5.11: UNIX-Filestruktur und File-Systeme

- Bootstrap-Block (Block 0):
er kann ein hardwarespezifisches Programm enthalten, das ein File in den Speicher einliest und ausführt, d.h. er kann zum Booten von UNIX dienen.

- Super-Block (Block 1):

er enthält alle wichtigen Informationen über das File-System wie Größe m des File-Systems, Größe (n-1) des Anteils I-Node-Blöcke, Anzahl der unbelegten Blöcke im Daten-Block-Anteil, die Blocknummern einiger freier Daten-Blöcken, etc.

- I-Node-Blöcke (Blöcke 2 bis n):
dies ist ein Array von I-Nodes mit je 64 Byte Größe. Die I-Nodes dienen zur Beschreibung und Verwaltung der Files des File-Systems.

- Daten-Blöcke (Blöcke n+1 bis m):
sie enthalten die Daten aller Files im File-System und alle bisher nicht belegten Blöcke.

File-Systeme werden mit dem mkfs-Dienstprogramm erzeugt. Wichtig ist in diesem Zusammenhang die Angabe der Größen n und m, die nicht dynamisch variieren können. Für die Performance des Systems ist es wichtig, das Verhältnis zwischen I-Node-Anteil und Datenblock-Anteil des Filesystems richtig zu wählen. Special Files sind Elemente der UNIX-Filestruktur, die Geräte (devices) repräsentieren. Solche Geräte können Schnittstellen, Drucker oder Disketten bzw. Platten(partitionen), d.h. File-Systeme, sein. Die Special Files können mit denselben Systemaufrufen (open, close, read, write), die wir für gewöhnliche Files benutzen, manipuliert werden. Solche Aufrufe aktivieren im UNIX-Kern sogenannte Gerätetreiber (device driver) zur Steuerung der Geräte. Das Anwenderprogramm muß davon jedoch nichts wissen. Dies fördert die Einheitlichkeit und Portabilität des Systems sehr. Die Special Files sind traditionell im Directory */dev* untergebracht. Zur Erzeugung dient das Kommando **mknod** bzw. der gleichnamige Systemaufruf. Nach diesen Begriffsklärungen kommen wir zu **mount** und **umount**:

```
Der mount Systemaufruf   (SVID, BSD)

int mount(special, dir, rwflag)
     char *special;
     char *dir;
     int rwflag;

Zugehöriges Kommando: mount
```

Der Parameter special bezeichnet das Special File (Plattenpartition, Diskette), das montiert werden soll. Hier muß ein Name der Form "/dev/name" stehen. Der zweite Parameter dir bezeichnet das Directory, über das das File-System angesprochen werden soll. Dies ist der Knoten, an den wir das File-System anhängen. Der letzte Parameter rwflag schließlich gibt an, ob es sich um ein Read-Only-File-System handelt. Dies ist dann der Fall, wenn ein lower-order-Bit von rwflag den Wert 1 hat. Das Resultat von **mount** ist 0, wenn alles gut gegangen ist, und -1, wenn das Montieren nicht erfolgreich war. Dies kann beispielsweise dann passieren,

- wenn der aufrufende Prozeß keine Super-User-Berechtigung hat [EPERM],
- wenn das Special File special nicht existiert [ENODEV],
- wenn kein Geräte-Treiber vorhanden ist [ENXIO],
- wenn das Special File special kein Block-Device ist [ENOTBLK],

- wenn der String dir falsch gebildet ist [ENOTDIR, ENOENT],
- wenn das Gerät technische Probleme aufweist [EBUSY].

Ein Beispiel für **mount**:

```
if (mount("/dev/hd3", "/mnt", 0) < 0) {
  ..perror("Fehler bei mount");
};
```

Das Gegenteil von **mount** bewirkt **umount**:

<table>
<tr><td>Der umount Systemaufruf (SVID, BSD)</td></tr>
<tr><td>int umount(special)
   char *special;</td></tr>
<tr><td>Zugehöriges Kommando: umount</td></tr>
</table>

Der Parameter special bezeichnet das abzumontiernde Device (File-System). Das Resultat entspricht dem Standard (0, -1). Probleme bei **umount** können durch ähnliche Ursachen wie bei **mount** auftreten, ferner,

- wenn man sein Working Directory auf dem zu entfernenden Teilbaum hat [EBUSY],
- wenn das Gerät noch "busy" ist, d.h. wenn noch Datenpuffer vom Hauptspeicher auf die Platte zu schreiben sind, [EBUSY].

Ein Beispiel für **umount** darf nicht fehlen:

```
if (umount("/dev/fd0") < 0) perror("Fehler bei umount");
```

Die Systemaufrufe **mount** und **umount** dürfen nur vom Super-User benutzt werden. In der Praxis werden sie normalerweise nur innerhalb der UNIX-Kommandos mount und umount verwendet, die der Super-User zum Montieren von Files-Systemen braucht. Aus Effizienzgründen werden Super-Blöcke von File-Systemen im Hauptspeicher gehalten, ferner auch Daten-Blöcke im *Cache* aufbewahrt, statt direkt zur Platte transferiert. Der System-Call **sync** ermöglicht uns, dies zu kontrollieren, d.h. auf unser Verlangen hin veranlaßt er den Kern, alle Puffer auf die Platte zu schreiben. Damit sind alle Files up-to-date und **umount** kann deswegen nicht scheitern.

<table>
<tr><td>Der sync Systemaufruf</td></tr>
<tr><td>void sync();</td></tr>
<tr><td>Zugehöriges Kommando: sync</td></tr>
</table>

5.6.4   Special Files

An ein UNIX-System angeschlossene Peripheriegeräte und Plattenpartitionen werden durch sogenannte Special Files in der UNIX-Filestruktur repräsentiert. Wir können sie uns als Pointer auf Device Driver im UNIX-Kern vorstellen. Innerhalb der

Filestruktur sind sie normalerweise im Directory /dev oder in einem Unterverzeichnis von /dev angesiedelt. Beispiele für Special Files und ihre Namensgebung sind:

/dev/mem	Hauptspeicher
/dev/fd0	Floppy-Disk-Laufwerk
/dev/rmt0	Magnetband-laufwerk
/dev/lp	Drucker
/dev/tty5	Terminal-Anschluß
/dev/hd3	Hard-Disk-Partition

Bei der Vergabe von *Zugriffsrechten* auf den Hauptspeicher und Plattenpartitionen ist Vorsicht geboten, damit man nicht Zugriffsbeschränkungen auf diese Weise durch direktes Lesen und Schreiben umgehen kann. Special Files unterteilen sich je nach ihrem physischen Medium und der Übertragungsart in

Block Special Files:
Platte, Band, Speicher
Blockgröße z.B. 1024 Byte
Zugriffsart: random, sequentiell

und

Character Special Files:
Terminal-Ports, Modem-Anschlüsse, Drucker
Zugriffsart: sequentiell

File-Systeme können nur auf Devices angelegt werden, die Block Special Files entsprechen. Zur Identifikation von Special Files dienen ferner die

Major Device Number: sie identifiziert den Gerätetreiber (device driver)

und die

Minor Device Number: sie identifiziert das Gerät (device) selbst.

Auf Shell- bzw. Programm-Ebene werden Special Files genau wie andere Files behandelt, d.h. letzlich wird mit **read** von ihnen gelesen und mit **write** auf sie geschrieben. Der Datentransport findet allerdings im Gegensatz zu Plattenfiles nicht gepuffert, sondern direkt statt. Wir betrachten Beispiele für die Manipulation von Special Files auf Shell-Ebene:

```
$ cp prog.c >/dev/lp
$ cat file1 file2 >/dev/tty00
# mknod /dev/tty5 c 2 5
```

Das folgende kleine Programm verwendet **open**, **write** und **close**, um die Standardeingabe auf ein beliebiges Special File zu schreiben:

Programm 5.20: writedev.c

```
#include <stdio.h>
#include <sys/types.h>
#include <fcntl.h>
```

```
#define ERROR      (-1)
#define B_LEN       512

main(argc, argv)
int argc;
char *argv[];
{
   int fd;
   int nread;
   char buf[B_LEN];

   if (argc != 2) {
      fprintf(stderr, "Aufruf: %s Geraet\n", argv[0]);
      exit(1);
   }
   if ((fd = open(argv[1], O_WRONLY)) == ERROR) {
      perror(argv[1]);
      exit(1);
   }

   while ((nread = read(0, buf, B_LEN)) > 0)
      write(fd, buf, nread);
   close(fd);
   exit(0);
}
```

Wir benutzen das Programm z.B. auf folgende Weise:

```
$ cc -o writedev writedev.c;
$ writedev /dev/lp
$ Dies ist ein Test!
$ ...
$ <Ctrl-D>
```

Es ist empfehlenswert, das Programm auf dem eigenen System mit verschiedenen Special Files zu erproben! Vielleicht nicht von allzu großer Bedeutung für den normalen UNIX-Programmierer ist der **mknod**-Systemaufruf:

```
Der mknod Systemaufruf  (SVID, BSD)

#include <sys/types.h>
#include <sys/stat.h>
int mknod(pathname, mode, dev)
    char *pathname;
    int mode;
    int dev;

Zugehöriges Kommando: mknod
```

Er legt ein Directory bzw. ein Special File mit dem angegebenen Namen pathname an. Das Argument mode bestimmt den File-Mode, der noch mit einer der folgenden Größen aus Abb. 5.3 verknüpft werden kann:

```
S_IFIFO    (für FIFO-File)
S_IFCHR    (für Character Special File)
S_IFDIR    (für Directory)
S_IFBLK    (für Block Special File)
```

Der Parameter dev gibt dazu im Fall von Character und Block Special Files bestimmte Konfigurationsdaten an. Die höheren 8 Bits von dev sind dann die Major Device Number und die niedrigen 8 Bits die Minor Device Number. Außer zur Erzeugung von FIFO-Files darf nur der Super-User **mknod** ausführen! Das Resultat von **mknod** entspricht den Konventionen (0, -1). Im Einzelnen können folgende Fehlersituationen auftreten:

- fehlerhafter Pfadname [ENOENT, ENOTDIR],
- Eintrag existiert schon [EEXIST],
- Pointer auf Namen zeigt nicht in den Adreßraum des Prozesses [EFAULT],
- der Eintrag sollte auf einem Read-Only-Filesystem angelegt werden [EROFS],
- die effektive UID des Prozesses ist nicht die des Super-Users [EPERM].

5.7   Prozesse

Ein zentrales Thema bei der UNIX-Programmierung sind Prozesse, ihre Erzeugung und die Kommunikation unter Prozessen. Zur Wiederholung des Begriffs: *ein Prozeß ist ein Programm in seiner Ausführung.* Wie entstehen Prozesse? Eine Möglichkeit ist die Erzeugung durch die gerade laufende Shell. Diese kreiert einen neuen Prozeß, wenn sie auf Verlangen des Benutzers ein Programm ausführt, z.B. in der Form

```
$ cp f1 f2
```

Beim Kommando

```
$ who | grep noell
```

dagegen werden von der Shell zwei Prozesse gestartet, die *konkurrent* ablaufen. Die Standardausgabe von who dient dabei unmittelbar als Standardeingabe von grep. Man nennt diese Art von Datentransport *Pipe.* Diese etwas oberflächliche Sichtweise ordnet sich ein in eine generelle Betrachtung der **Prozeß-Hierarchie** in UNIX. Es zeigt sich nämlich, daß alle Prozesse Abkömmlinge eines einzigen Prozesses sind. Damit haben wir auf der Prozeßebene ein Analogon zur hierarchischen Filestruktur.

Abb. 5.12 zeigt den prinzipiellen Ablauf. Beim Booten von UNIX wird der Kern des Betriebssystems von einem File namens */unix* in den Hauptspeicher des Rechners geladen und zur Ausführung gebracht. Der *Kern*-Prozeß, initialisiert zunächst verschiedene Datenstrukturen, darunter auch die *Prozeß-Tabelle,* die jedes ablaufende Programm, d.h. jeden Prozeß, beschreibt. Wenn ein Prozeß kreiert wird, legt der Kern einen Eintrag für ihn in der Prozeß-Tabelle an. Wenn ein Prozeß terminiert, so gibt der Kern den zugehörigen Eintrag wieder frei. Die Größe der Prozeß-Tabelle beschränkt die maximale Anzahl gleichzeitig existierender Prozesse. Zur eindeutigen Identifikation von Prozessen dient die Prozeß-Id. Der Kern-Prozeß erhält die Prozeß-Id 0.

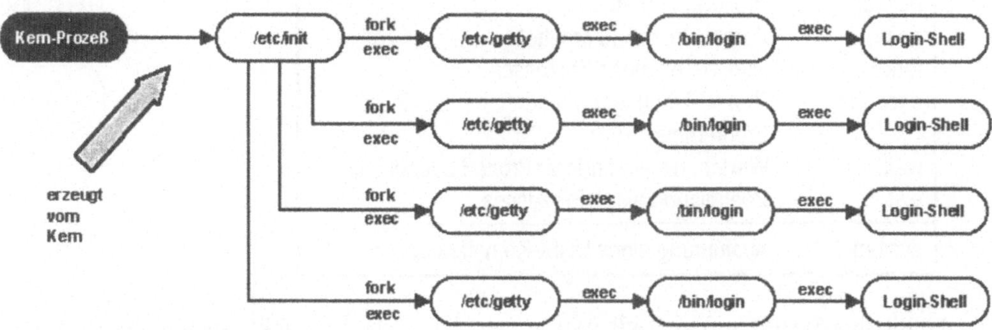

Abb. 5.12: UNIX-Prozeß-Hierarchie

Damit Benutzer sich einloggen können, erzeugt der Kern zunächst einen Prozeß, der die Erzeugung aller anderen Prozesse beim Login-Vorgang überwacht. Dies ist der *init*-Prozeß mit der Prozeß-Id 1, zu dem das Programm */etc/init* gehört. Gegenüber dem mit besonderen Privilegien im *Kern-Modus* ablaufenden Kern-Prozeß ist init ein normaler Prozeß, der auch leicht zu modifizieren ist. Für jedes am System angeschlossene Terminal erzeugt init mittels der im nächsten Abschnitt erklärten Systemaufrufe **fork** und **exec** einen Prozeß. Dabei startet er jeweils das Programm */etc/getty*, was zu einer Reihe von *getty*-Prozessen führt. Ein getty-Prozeß sorgt zuerst für die Herstellung der Verbindung zwischen Computer und Terminal und dann für die Ausgabe der Meldung **login:**

Wenn ein Benutzer der Aufforderung login: nachkommt, so ersetzt das *login*-Programm durch ein **exec** den getty-Prozeß. Ein neuer Prozeß entsteht dabei nicht. Der login-Prozeß wickelt danach ein Login ab, das bei korrekter Paßwort-Eingabe in den Start der im passwd-File für den jeweiligen Benutzer eingetragenen *login-Shell* mündet. Dies geschieht wieder mittels **exec** ohne Erzeugung eines neuen Prozesses. Am Ende einer Terminalsitzung terminiert die login-Shell des Users. Daraufhin muß init auf dieselbe Weise wie vorher einen neuen getty-Prozeß ins Leben bringen, der auf einen Login-Versuch wartet. Die Prozeß-Hierarchie ist jedoch keineswegs damit beendet, daß jeder User eine Login-Shell besitzt. Jedes Kommando, daß der User startet, kreiert einen neuen Prozeß mit neuer Prozeß-Id. Sein Leben ist allerdings normalerweise kürzer als das der Login-Shell. Zudem kann jedes geeignete Programm während seines Prozeß-Daseins mit Hilfe von **fork** und **exec** neue Prozesse starten.

5.7.1 Erzeugung von Prozessen

Wir beginnen mit einem Überblick über die wesentlichen Systemaufrufe für die Prozeß-Manipulation. Wichtig ist auch die Subroutine **system**.

getpid	Prozeß-Id ermitteln
getppid	Parent-Prozeß-Id ermitteln
fork	Duplizieren eines Prozesses
exec-Familie	Prozeß-Überlagerung durch Laden eines Programms
wait	Warten, bis ein anderer Prozeß beendet ist
exit	Beendigung eines Prozesses
system	Ausführung eines UNIX-Kommandos

Die Logik des Systemaufruf **fork** wurde bei der UNIX-Entwicklung vom Betriebssystem UC Berkeley Genie (XCS-940) übernommen.

Der **fork** Systemaufruf	(POSIX, SVID, BSD)
int fork();	

Der die Funktion **fork** aufrufende Prozeß heißt *Parent-Prozeß*. Der vom Kern bei diesem Befehl neu kreierte Prozeß heißt *Child-Prozeß*. Ein **fork** bewirkt ein Duplizieren des aufrufenden Prozesses, so daß die beiden resultierenden Prozesse auf User-Level identisch sind mit Ausnahme der Prozeß-Id. Diese bedeutet nicht, daß sich der Speicher für die verschiedenen Segmente verdoppelt. So kann das Read-Only-Text-Segment von beiden Prozessen geteilt werden.

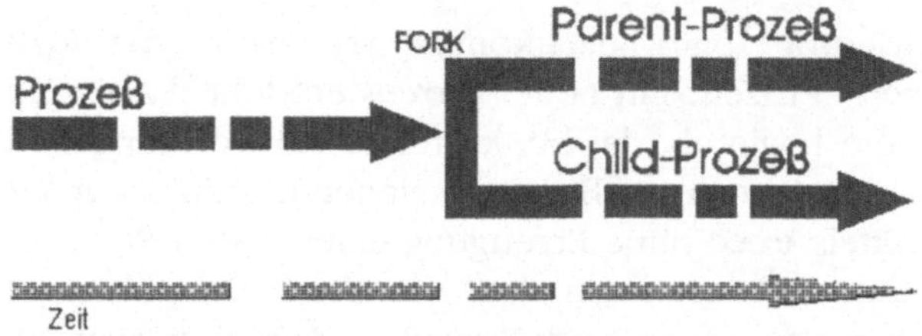

Abb. 5.13: Wirkung von fork

Der Parent-Prozeß setzt seine Ausführung beim Return von fork fort und der neue Child-Prozeß beginnt seine Ausführung an dieser Stelle. Obwohl wir **fork** nur einmal aufrufen, gibt es *zwei* Resultate zurück, nämlich 0 an den Child-Prozeß und die Prozeß-Id des Childs an den Parent-Prozeß. Dies alles gilt nur, wenn **fork** erfolgreich ist. Wenn nicht, gibt **fork** natürlich nur ein Resultat an den aufrufenden Prozeß zurück, den Standardwert -1. Fehlerursachen sind

- Überschreitung der maximalen Prozeßanzahl [EAGAIN],
- Überschreitung der maximalen Prozeßanzahl pro User [EAGAIN],
- Platzmangel im Swapbereich auf der Platte [EAGAIN],
- mangelnder Speicherplatz [ENOMEM].

Der Child-Prozeß erbt von seinem Parent-Prozeß eine Reihe von Eigenschaften. Wir nennen hier einstweilen nur

- Filedeskriptoren
- Environment
- Set-UID- und Set-GID-Status
- Current Working Directory
- Root Directory
- File Creation Mask

Weitere vererbte Prozeß-Attribute werden in folgenden Abschnitten behandelt. Nun ist es höchste Zeit, ein elementares Beispiel für **fork** zu verfolgen.

Programm 5.21: forkdemo.c

```
#include <stdio.h>
main()
{
    int status, pid;
    int fork();
    int getpid();
    void arbeit();

    pid = getpid();
    printf("Nur ein Prozess bis jetzt, PID = %d\n", pid);
    printf("Aufruf von fork ...\n");

    status = fork();        /* Neuen Prozess erzeugen */
    if (status == 0) {
        pid = getpid();
        printf("Ich bin der Child-Prozess, PID = %d\n", pid);
        arbeit(pid);
    }
    else if (status > 0) arbeit(pid);
    else perror("Fehler bei fork, kein Child erzeugt!\n");
}

void arbeit(id)
{
    int i;

    for (i=0; i<30; i++) printf("PID = %d\n", id);
    return;
}
```

Was passiert beim Start von forkdemo? Verfolgen wir einen exemplarischen Ablauf.

```
$ cc forkdemo.c -o forkdemo; forkdemo
Nur ein Prozess bis jetzt, PID = 46
Aufruf von fork ...
PID = 46
Ich bin der Child-Prozess, PID = 47
PID = 46
PID = 47
PID = 46
PID = 47
PID = 46
```

```
PID = 47
PID = 46
...
```

Nach dem **fork** laufen die beiden Prozesse 46 und 47 parallel zueinander und natürlich parallel zu allen anderen im UNIX-System befindlichen Prozessen ab. Die
Reihenfolge der Abarbeitung der einzelnen Statements wird nur durch das Prozeß-
Scheduling des Kerns festgelegt. In späteren Abschnitten werden wir Methoden zur
Synchronisierung kennenlernen. Ferner fällt die **getpid**-Funktion auf. Dieser Systemaufruf liefert die Prozeß-Id des laufenden Prozesses zurück. Im gleichen Atemzug
sei auch **getppid** erwähnt, welches die Prozeß-Id des Parent-Prozesses zurückgibt.

```
Der getpid Systemaufruf   (POSIX, SVID, BSD)

int getpid();
```

```
Der getppid Systemaufruf  (POSIX, SVID, BSD)

int getppid();
```

Neben **fork** gibt es bei BSD-UNIX-Systemen den **vfork**-Systemaufruf, der eine ähnliche Wirkung wie **fork** hat, aber für Systeme mit virtueller Speicherverwaltung viel
effizienter ist.

```
Der vfork Systemaufruf    (BSD)

#include <unistd.h>
int vfork();
```

Vfork erzeugt einen neuen Prozeß, ohne den Adreßraum des Parent-Prozesses voll
zu kopieren. Stattdessen wird der Parent-Prozeß suspendiert, so daß der Child-
Prozeß dessen Memory und Code benutzen kann, bis ein **exec** oder **_exit** des
Childs erfolgt, siehe unten. Im Kontext des Childs gibt **vfork** 0 zurück, später im
Kontext des Parent-Prozesses die Prozeß-Id des Childs. Die Fehlermöglichkeiten ent-
sprechen denen von **fork**.

5.7.2   Prozeßüberlagerung

Mit **fork** allein kann man als Systemprogrammierer nicht viel bewirken. Es fehlt eine
Möglichkeit, ein anderes Programm auszuführen. Wir untersuchen zunächst, welche
Vorgänge bei der Transformation eines ausführbaren Files in einen Prozeß gesche-
hen. Hilfestellung soll uns dazu Abb. 5.14 leisten.

Das ausführbare File besteht aus den Teilen (Segmenten) TEXT, dem eigentlichen
Code, DATA, dem Datensegment mit allen initialisierten Daten, ferner aus einer
SYMBOL TABLE für Debugging-Zwecke und einem RELOCATION-Info mit Informa-
tion über die Verschiebbarkeit für den Binder. Hinzu kommt ein HEADER mit Grö-

ßeninformationen über die einzelnen Anteile und zur Identifikation des *Entry Points* für die Ausführung. Er enthält außerdem einige "Magic Numbers", die beim Laden überprüft werden. Damit soll sichergestellt werden, daß es sich wirklich um ein *echtes* Binärprogramm handelt. Bei der Tranformation in einen Prozeß werden TEXT und DATA geladen, wobei TEXT u.U. ein Read-Only-Segment wird. Nicht initialisierte Daten werden im BSS-Segment angelegt und ausgenullt. Das System legt den STACK an, in dem zum einen Argumente und Environment-Daten stehen, und in dem während des Ablaufs *Activation Records* der aktivierten Prozeduren abgelegt werden. Im USER BLOCK legt UNIX einen Teil der Informationen ab, die das System über den Prozeß benötigt.

Wir beschreiben nun eine ganze Klasse von ähnlichen Systemaufrufen, die **exec**-Familie. Sie dienen dazu, ein auf einem File stehendes Programm zu laden und auszuführen. Das aufrufende Programm beendet seinen Ablauf mit dem **exec**. Dabei entsteht *kein neuer* Prozeß. Vielmehr wird der einen **exec**-Call ausführende Prozeß durch den durch die Ausführung des angegebenen Programmes entstehenden Prozeß überlagert. Die Prozeß-Id bleibt dieselbe. Nun zur Beschreibung der **exec**-Familie:

Der **execl** Systemaufruf   (POSIX, SVID, BSD)

```
int execl(pathname, arg0, ..., argn, NULL)
    char *pathname;
    char *arg0, ..., *argn;
```

Der **execlp** Systemaufruf   (POSIX, SVID, BSD)

```
int execlp(filename, arg0, ..., argn, NULL)
    char *filename;
    char *arg0, ..., *argn;
```

Der **execle** Systemaufruf   (POSIX, SVID, BSD)

```
int execle(pathname, arg0, ..., argn, NULL, envp)
    char *pathname;
    char *arg0, ..., *argn;
    char *envp[];
```

Der **execv** Systemaufruf   (POSIX, SVID, BSD)

```
int execv(pathname, argv)
    char *pathname;
    char *argv[];
```

```
Der execvp Systemaufruf  (POSIX, SVID, BSD)

int execvp(filename, argv[])
    char *filename;
    char *argv[];
```

```
Der execve Systemaufruf  (POSIX, SVID, BSD)

int execve(pathname, argv, envp)
    char *pathname;
    char *argv[];
    char *envp[];
```

Alle **exec**-Aufrufe führen ein Programm aus. Der Name dieses Programmes wird als
erstes Argument übergeben. Bei **execl**, **execle**, **execv** und **execve** wird der Name
als absoluter oder relativer Pfadname spezifiziert. Bei **execlp** und **execvp** ist nur ein
einfacher Filename erlaubt und das ausführbare File wird mit Hilfe der in der Environment-Variablen PATH festgelegten Suchregeln bestimmt.

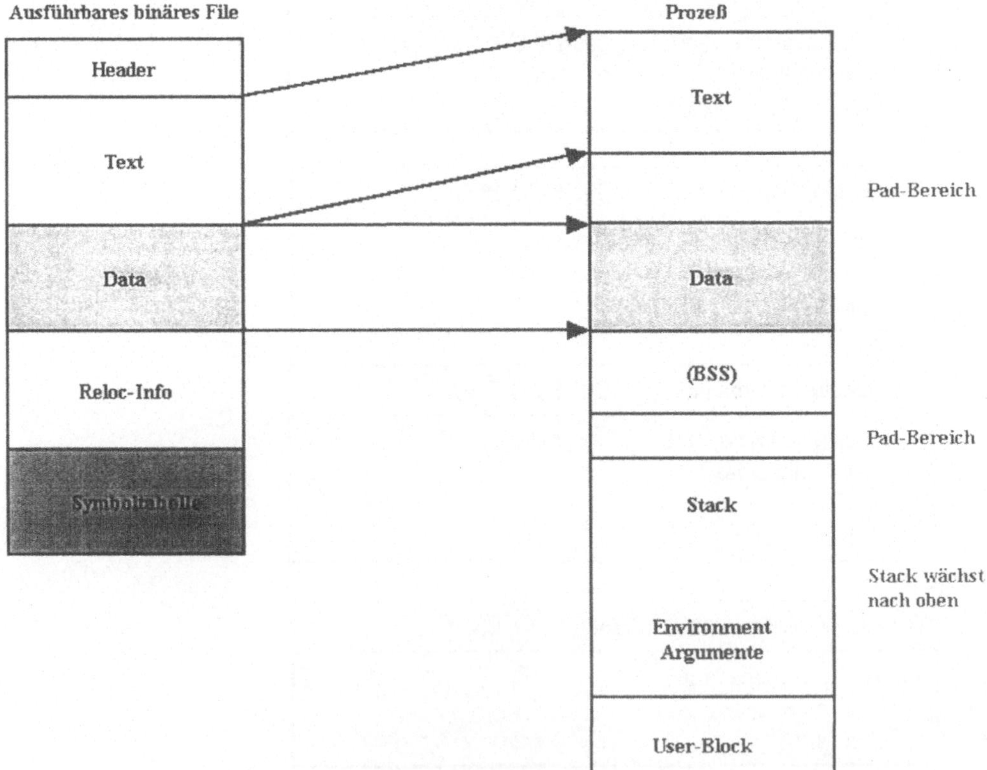

Abb. 5.14: Vorgänge beim Laden eines Programms

Nun zu den weiteren Parametern: bei **execl**, **execlp** und **execle** schließen sich n+1 Character-Strings arg0, arg1, ..., argn an, wobei n ≥ 0 ist. Die Parameter arg1 bis argn sind einem C-Programm bei Ausführung zustehenden Argumente argv[i], falls man solche spezifizieren will. Nach der Konvention ist arg0 der Names des Programms selbst. Die Reihe der Programm-Argumente wir durch einen Null-Pointer abgeschlossen. Bei **execv**, **execve** und **execvp** ist die Parameterübergabe durch ein Array vereinfacht. Das Array von String-Pointern namens argv[] enthält die gleichen Inhalte wie bei der ersten Variante, d.h. Programmname, n (≥ 0) Parameter und NULL (definiert als (char *) 0) als Abschluß.

Bei den Versionen **execle** und **exexve** hat man die Möglichkeit, neben den Argumenten eine Reihe von Environment-Variablen durch das zusätzliche Pointer-Array envp[] zu übergeben. Auch diese müssen mit NULL abgeschlossen werden. Welches Resultat liefert **exec**? Ein solches existiert normalerweise nicht, da **exec** die Kontrolle nicht zum Aufrufer zurückgibt. Nur im Fehlerfall erscheint als Resultat eine -1. Ein **exec**-Aufruf kann auf vielfältige Weise scheitern. Wir erwähnen nur die wichtigsten Fälle:

- einer der Pointer zeigt auf eine ungültige Adresse [EFAULT],
- der Filename oder Pfadname ist falsch gebildet [ENOENT, ENOTDIR],
- das ausführbare File hat keine x-Permission [EACCES],
- das ausführbare File ist kein gewöhnliches File [EACCES],
- das auszuführende File existiert nicht [ENOENT],
- es fehlt an Zugriffsrechten [EACCES],
- der HEADER des Files zeigt ungültige Magic Numbers,
- das auszuführende File ist in ungültigem Format [ENOEXEC],
- es fehlt an Speicherplatz für das neue Programm [ENOMEM].

In folgendem Beispiel wird das UNIX-Kommando sort zur Ausführung gebracht.

Programm 5.22: exsort.c

```c
#include <stdio.h>
main()
{
    int rv;
    printf("Ausfuehrung von sort\n");

    rv = execlp("sort", "sort", NULL);
    /* Fehlerfall */
    perror("Fehler bei execlp");
    exit(1);
}
```

Bei der Ausführung von exsort sehen wir folgendes Verhalten:

```
$ cc -o exsort exsort.c
$ exsort
d
b
a
```

```
c
<Ctrl-D>
a
b
c
d
$
```

Anstelle des **execlp**-Aufrufs hätten wir z.B. auch

```
execl("/usr/bin/sort, "sort", NULL);
```

oder

```
char *arg[2];
  ...
arg[0] = "sort"; arg[1] = NULL;
execv("/usr/bin/sort, arg);
```

verwenden können. Aus Sicherheitsgründen ist die Angabe eines absoluten Pfadnames besser. Man kann dadurch nicht so leicht ein falsches Programm eingeschmuggelt bekommen. Wir empfehlen dem Leser, weitere Möglichkeiten auszuprobieren. Beim einem **exec**-Call bleiben gewisse Attribute des Prozesses erhalten, u.a.

- Prozeß-Id, Parent-Prozeß-Id
- Environment, wenn nicht anders spezifiziert
- Current Working Directory
- Root Directory
- File Creation Mask
- alle offenen Files

In unseren Beispielen haben wir schon des öfteren den Systemaufruf **exit** benutzt. Seine Wirkung soll nun genauer erklärt werden.

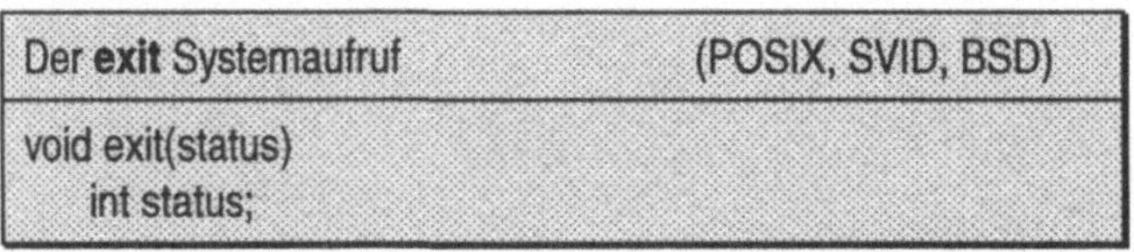

Ein Aufruf von **exit** schließt alle Files, führt verschiedene Aufräumungsarbeiten (Clean-Up) durch und beendet den Prozeß. Falls der Parent-Prozeß des betrachteten Prozesses auf ihn wartet (vgl. **wait**), so werden diesem die 8 lower Bits des Arguments status übergeben. Danach fährt der Parent-Prozeß in seiner Ausführung fort. Die Konvention bestimmt, daß status = 0 eine erfolgreiche Ausführung und status ungleich 0 eine fehlerhafte Ausführung des Prozesses anzeigt. Ein Resultat existiert bei **exit** selbstverständlich nicht. Ein naher Verwandter dieses Systemaufrufs ist **_exit**, das im Gegensatz dazu eine Reihe der genannten Aufräumungsarbeiten *nicht* ausführt, aber sonst dieselbe Wirkung hat.

```
Der _exit Systemaufruf      (POSIX, SVID, BSD)

void _exit(status)
    int status;
```

Der **wait** System-Call ermöglicht es einem Parent-Prozeß, auf die Beendigung eines seiner Child-Prozesse zu warten.

```
Der wait Systemaufruf       (POSIX. SVID, BSD)

int wait(status)
    int *status;
```

Es sind zwei Formen des Aufrufs möglich:

```
1.  rv = wait(&status);
2.  rv = wait((int *) 0);
```

Im Fall 1. wird der mittels **exit** übergebene Status des Child-Prozesses in den high-order Bits von status gespeichert. Damit dieser Wert von Bedeutung ist, müssen die low-order Bits Null sein. Falls nicht, wurde der Child-Prozeß in seinem Ablauf durch ein *Signal* unterbrochen, siehe Abschnitt 5.7.5. Im Fall 2. wird kein Status erbeten. In beiden Fällen ist das Resultat die Prozeß-Id des Child-Prozesses oder -1 als Anzeichen eines Fehlers. Ein Fehler passiert jedenfalls dann, wenn gar kein Child existiert: errno hat dann den Wert ECHILD.

Die Systemaufrufe **fork** und **exit** sind jeder für sich recht interessant, jedoch ihre volle Wirkung zeigen sie in der Praxis erst zusammen, wobei auch **wait** und **exit** mit ins Spiel kommen. Folgendes Beispiel demonstriert das Prinzip. Hier könnte auch **vfork** benutzt werden.

Programm 5.23: foexsort.c

```c
/* Beispiel fuer fork, exec und wait */
#include <stdio.h>
#define INULL (int *) 0

main()
{
    int pid;

    printf("Ausfuehrung von sort\n");
    pid = fork();
    /* Parent-Prozeß */
    if (pid > 0) {
        wait(INULL); /* wartet, bis Child fertig */
        printf("sort fertig\n");
        exit(0);
    }
    /* Child-Prozess */
    if (pid == 0) {
        execlp("sort", "sort", NULL);
```

```
    /* Fehlerfall */
      perror("Fehler bei execlp");
      exit(1);
   }
}
```

Wir verfolgen einen möglichen Ablauf:
```
$ cc -o foexsort foexsort.c
$ foexsort
Ausfuehrung von sortd
d
a
c
b
<Ctrl-D>
a
b
c
d
sort fertig
$
```

Der laufende Prozeß teilt sich durch **fork** auf in Parent und Child, Parent bleibt unverändert. Child lädt durch **exec** ein anderes Programm und verwandelt sich in dieses. Von da an laufen beide Prozesse konkurrent zueinander ab und verrichten verschiedene Aufgaben. Durch **wait** kann Parent sich mit dem Child synchronisieren in dem Sinne, daß er wartet, bis dieser fertig ist. Durch **exit** kann das Child zusätzlich eine Erfolgsmeldung an den Parent-Prozeß geben. Falls man mit **exec** eine Shell starten will, läßt sich statt der Kombination von **fork** und **exec** die Subroutine **system** einsetzen, was zu gewissen Vereinfachungen führt.

```
Die system Subroutine      (POSIX, SVID, BSD)

int system(comstring)
   char *comstring;
```

Das Argument comstring ist ein Pointer auf einen String mit dem von der Shell auszuführenden Kommando oder eine Kommandofolge inklusive Metazeichen, Pipelining und I/O-Umlenkung. Das Resultat ist der **exit**-Status der Shell und -1 im Fehlerfall. Wir versuchen, unsere eigene **system**-Funktion zu entwickeln und nennen diese system0. Das zugehörige Testprogramm ist systest.c. Ferner gehört das Programm ex.c dazu. Es wird von systest mittels system0 ausgeführt.

Programm 5.24: systest.c und ex.c

```
/* systest.c */
#include <stdio.h>
int system0(comstr)
```

```
    char *comstr;
{
    int status, pid1, pid2;

    /* Fehler bei fork */
    if ((pid1 = fork()) < 0)
        return(127 << 8);

    /* Child-Prozess startet Shell aus */
    if (pid1 == 0) {
        execl("/bin/sh", "sh", "-c", comstr, NULL);
        /* fehler bei exec */
        exit(127);
    }

    /* Parent-Prozess wartet mit wait,
       bis Child-Prozess beendet */
    while ((pid2 = wait(&status)) != pid1 && pid2 != -1);
    if (pid2 == -1) status = -1;

    return(status);
}

main()
{
    int status;
    int system0();

    status = system0("ex 3");
    printf("\nStatus = %d\n", status);

    return;
}


/* ex.c */
#include <stdio.h>

main(argc, argv)
int argc; char *argv[];
{
    if (argc != 2)
        exit(0);
    else {
        printf("ex: %d\n", atoi(argv[1]));
        sleep(5);
        exit(atoi(argv[1]));
    }
}
```

Wir übersetzen alles durch die Kommandos

$ cc -o systest systest.c
$ cc -o ex ex.c

Bei der Ausführung sehen wir normalerweise den Ablauf

```
$ systest
ex: 3

Status = 768
$
```

Unterbrechen wir die Ausführung des Programmes ex während seines Schlafes mit der DEL-Taste, so sehen wir folgendes Bild:

```
$ systest
ex: 3
<DEL>
$
```

Das Unterbrechungs-"Signal" bewirkt also auch einen Abbruch des Parent-Prozesses. Ändert man systest.c so ab, daß statt system0 die echte Subroutine **system** aufgerufen wird, so wird der Parent-Prozeß nicht mehr unterbrochen. Im Abschnitt über *Signale* werden wir die Gründe dafür erfahren.

Zombies

Wenn in einem Prozeß-System zu jedem **exit** ein **wait** gehört, gibt es keine Probleme mit terminierenden Prozessen. Es sind jedoch auch andere Fälle denkbar, z.B.:

 - ein Child-Prozeß ruft **exit** auf, wenn sein Parent-Prozeß noch kein **wait** aufgerufen hat.

 - ein Parent-Prozeß terminiert mit **exit**, während ein oder mehrere seiner Child-prozesse noch laufen.

Im ersten Fall wird aus dem Child ein *Zombie*, der außer einem Eintrag in der Prozeß-Tabelle der Kerns keine weiteren Betriebsmittel mehr an sich bindet. Der Zombie wird endgültig zur Ruhe gelegt, wenn sein Parent später noch ein **wait** aufruft. Im zweiten Fall endet der Parent-Prozeß ganz normal. Die Child-Prozesse einschließlich etwaiger *Zombies* werden dann vom Init-Prozeß des Systems adoptiert und zu Ende geführt.

5.7.3   Vererbung von Filedeskriptoren

Wie schon erwähnt, ist ein Child-Prozeß fast eine Kopie seines Parent-Prozesses. Dies betrifft vor allem Variable (mit Ausnahme des Return-Wertes von **fork**) und Filedeskriptoren. Der Child-Prozeß erhält für jedes vom Parent geöffnete File eine eigene Kopie des zugeordneten Filedeskriptors. Er kann also z.B. das File schließen, ohne seinen Parent-Prozeß zu beunruhigen. Auch Änderungen an Variablen wirken sich nicht auf den jeweils anderen Prozeß aus. Sie sind physisch in verschiedenen Speicherbereichen angesiedelt. Bei geöffneten Files ist die Situation jedoch komplizierter: der File-Pointer für jedes File wird zwischen Parent- und Child-Prozeß *geteilt*. Bewegungen des File-Pointers im File wirken sich demzufolge auch auf den anderen Prozeß mit aus.

Im folgenden Programm teilen.c teilen Parent und Child zwei Files mit den Filedeskriptoren fdread und fdwrite. Parent und Child lesen und schreiben in der Funktion beide unabhängig voneinander in einer Schleife jeweils ein Byte. Das Resultat dieses "Kopierprogramms" hängt jedoch von der Reihenfolge des Schedulings der beiden Prozesse durch den Kern ab.

Programm 5.25: teilen.c

```
#include <sys/types.h>
#include <stdio.h>
#include <fcntl.h>

int fdread, fdwrite;
char ch;

main(argc, argv)
int argc;
char *argv[];
{
    void beide();

    if (argc != 3) {
        fprintf(stderr, "Aufruf: %s file1 file2\n", argv[0]);
        exit(1);
    }
    if ((fdread = open(argv[1], O_RDONLY)) == -1) {
        fprintf(stderr, "%s: Fehler bei Oeffnen von %s\n",
                argv[0], argv[1]);
        exit(1);
    }
    if ((fdwrite = creat(argv[2], 0666)) == -1) {
        fprintf(stderr, "%s: Fehler beim Erzeugen von %s\n",
                argv[0], argv[2]);
        exit(1);
    }

    fork();
    /* Beide Prozesse fuehren denselben Code aus */

    beide();
    exit(0);
}

void beide()
{
    for (;;) {
        if (read(fdread, &ch, 1) != 1)
            return;
        write(fdwrite, &ch, 1);
    }
}
```

Das Resultat dieses Programms, wenn wir es auf den eigenen Quelltext anwenden, ist in hohem Maße vom System und von der Systemsituation abhängig. Ein Testlauf ergab:

```
$ cc -o teilen teilen.c
$ teilen teilen.c resultat
$ diff teilen.c resultat
12c12
< int argc;
---
> inta rgc;
```

Es ist also möglich, daß Zeichenpaare verdreht werden! Bei den **exec**-Systemaufrufen werden geöffnete Files auch innerhalb des Prozesses vererbt, der ein neues Programm zur Ausführung bringt. Dieser Mechanismus ist besonders interessant deswegen, weil ihn die Shell zur Umleitung von Standard-I/O benutzt. Zusätzlich wird der Systemaufruf **dup** gebraucht.

Der **dup** Systemaufruf   (POSIX, SVID, BSD)

```
int dup(filedescriptor)
    int filedescriptor;
```

Diese Funktion dupliziert einen übergebenen, offenen Filedeskriptor und gibt den neuen Deskriptor zurück. Dieser bezieht sich auf dasselbe offene File wie das Original, teilt mit diesem den File-Pointer. Ferner unterstützt er denselben Zugriffs-Modus. Der neue Filedeskriptor hat den kleinstmöglichen Integer-Wert! Im Fehlerfall ist das Resultat -1. Dies kann passieren,

- wenn der eingegebene Filedeskriptor ungültig ist [EBADF],
- wenn schon zuviele Files geöffnet wurden [EMFILE].

In Klammern sei vermerkt, daß äquivalent zu

```
f2 = dup(f1)
```

die Anweisung

```
f2 = fcntl(f1, F_DUPFD, 0);
```

ist. Der hier benutzte Systemaufruf **fcntl** wird noch näher in Abschnitt 5.8.4 besprochen. Bei der I/O-Umleitung wird im Prinzip folgende Phrase verwandt:

```
open(fd, ....);   /* Filedeskriptor fd für File erzeugen */
close(std);       /* Standard-File (0,1,2) schließen */
std = dup(fd);    /* Mit dup zu fd Duplikat im Bereich 0,...,2 erhalten */
close(fd);        /* fd schließen */
exec..( );        /* neues Programm mit umgeleiteter Standard-I/O
                                                     starten */
```

Unser folgende Beispielprogramm benutzt **dup** zur optionalen Umleitung der Files standard input, standard output bzw. standard error.

Programm 5.26: umleit.c

```
#include <sys/types.h>
#include <stdio.h>
#include <string.h>
```

```c
#include <fcntl.h>

#define  ERROR      (-1)
#define  PROGRAMM   4
#define  BEHALTEN   "="
#define  PMODE      0666

main(argc, argv)
int argc;
char *argv[];
{
   int fd, i;

   if (argc < 5) {
      fprintf(stderr,
         "Aufruf: %s Input Output Error Programm Argumente\n", argv[0]);
      exit(1);
   }
   for (i = 0; i < 3; i++) {
      if (!strcmp(argv[i+1], BEHALTEN)) {
         continue;
      } else
      if (i == 0 && (fd = open(argv[i+1], O_RDONLY)) == ERROR) {
         perror(argv[i+1]);
         exit(1);
      }
      if (i != 0 && (fd = creat(argv[i+1], PMODE)) == ERROR) {
         perror(argv[i+1]);
         exit(1);
      }
      if (close(i) == ERROR || dup(fd) == ERROR ||
          close(fd) == ERROR) {
         perror(argv[0]);
         exit(1);
      }
   }
   if (execvp(argv[PROGRAMM], &argv[PROGRAMM]) == ERROR) {
      perror(argv[PROGRAMM]);
      exit(1);
   }
   exit(0);
}
```

Die ersten drei Argumente auf der Kommandozeile sind die Namen der Files, auf die standard input, standard output und standard error umgeleitet werden. Soll keine Umleitung stattfinden, wird der entsprechende Parameter durch ein Gleichheitszeichen (=) besetzt. Der vierte Parameter ist der Name des auszuführenden Programms, darauf folgen eventuell weitere Parameter, die dem Programm übergeben werden. Ein Beispiel für die Ausführung unter UNIX:

```
$ cc -o umleit umleit.c
$ umleit = res1 = date
$ umleit res1 res2 = cat
```

In File res2 steht nun die Zeitangabe. Eng verwandt mit **dup** ist der System-Call **dup2**:

```
Der dup2 Systemaufruf     (POSIX, BSD)

int dup2(filedescriptor1, filedescriptor2)
    int filedescriptor1, filedescriptor2;
```

Dieser Aufruf erwartet zwei gültige Filedeskriptoren als Eingabe. Der zweite wird so gesetzt, daß er auf dieselbe Datei, wie der erste zeigt. Das zum zweiten Deskriptor gehörende File wird vorher geschlossen. Bei fehlerfreier Ausführung ist das Ergebnis von **dup2** gleich Null, andernfalls gleich -1. Äquivalent zu

```
dup2(fd1, fd2);
```

ist die Anweisungsfolge:

```
close(fd2); fcntl(fd1, F_DUPFD, fd2);
```

Die Anwendungsgebiete von **dup** und **dup2** sind eng verwandt. Jedoch ist **dup2** nicht so portabel wie **dup**.

5.7.4   Prozeß-Attribute

Jedem Prozeß sind Attribute zugeordnet, die für verschiedene Aufgaben des Systems wie Scheduling, Sicherung und Betriebsmittel-management gebraucht werden. Zunächst ein kurzer Überblick über die hier besprochenen Begriffe:

- Prozeß-Id
- Group-Id
- Environment
- Current Working Directory
- UID und GID
- Prozeß-Priorität

Wir beginnen mit der

Prozeß-Id (PID):

Diese jedem Prozeß eindeutig zugeordnete nicht-negative ganze Zahl ist uns schon früher begegnet. Die PID's 0 und 1 sind reserviert für den Scheduler und den Init-Prozeß. Zur Information über die PID eines Prozesses und der seines Parent-Prozesses haben wir schon die Systemaufrufe **getpid** und **getppid** kennengelernt.

Prozeß-Groups und Group-Id (GID):

Jeder Prozeß ist eine Prozeß-Gruppe (group) zugeordnet, die durch die **Prozeß-Gruppen-Nummer (process group id, PGID)** identifiziert wird. Anfänglich erbt ein Prozeß die PGID über ein **fork** von seinem Vorfahren. Zur Manipulation dieser Größen stehen die Systemaufrufe **setpgrp** und **getpgrp** zur Verfügung.

> **Der getpgrp** Systemaufruf   (POSIX, SVID, BSD)
>
> int getpgrp();

Das Resultat von **getpgrp** ist die gegenwärtige PGID.

> **Der setpgrp** Systemaufruf   (SVID)
>
> int setpgrp();

Bei **setpgrg** ergibt sich als Funktionswert die neue PGID. Sie ist mit der PID des Prozesses identisch. Der Prozeß wird auf diese Weise zum **Prozeß-Gruppen-Führer (process group leader)** der neuen Gruppe. Jeder seiner Nachkommen erbt diese PGID von ihm. Bei Prozessen, die ihre PGID nicht ändern, verbleibt sie bei dem vom Shell-Prozeß geerbten Wert. Dies ist der Regelfall. Bei BSD-Systemen ist der Systemaufruf **setpgrp** in seiner Parametrisierung etwas verschieden vom hier geschilderten. Dies wird im Beispielprogramm *grpkill.c* später deutlich.

Eine Anwendung der Prozeß-Gruppen entsteht, wenn man Prozesse weiter ablaufen lassen will, nachdem sich der Benutzer ausgeloggt hat. Normalerweise werden solche Prozesse, die ja die PGID ihrer Shell besitzen, durch bestimmte "Signale" bei der Termination der Shell beendet. Durch Änderung der Gruppe kann dies vermieden werden. Im Programm hat dies folgendes Aussehen:

```
main()
{
    int pgidneu;

    pgidneu = setpgrp();
    /* Weitere Verarbeitung */
    ...
}
```

Environment

Das Environment eines Prozesses ist eine Menge von NULL-terminierten Strings. Jeder Environment-String hat nach der Konvention die Form

name=irgendwas

Typische Beispiele für UNIX-Environment-Angaben sind:

```
PATH=/bin:/usr/bin:/usr/weber/bin
SHELL=/bin/sh
HOME=/usr/weber
TERM=vt100
```

Das Default-Environment eines Prozesses ist das seines Parent-Prozesses. Prozesse vererben also ihr Environment genauso wie etwa offene Files oder die Prozeß-Gruppe.

Im Programm wird das Environment repräsentiert durch ein NULL-terminiertes Array von String-Pointern, die auf die jeweiligen Environment-Strings zeigen. Der Programmierer kann direkten Gebrauch vom Environment eines Prozesses machen, in dem er in der Argumentliste von main zusätzlich zu *argc* und *argv* das Argument *envp* spezifiziert. Soll mit **exec..** ein Prozeß überlagert werden, so kann man die Mitglieder **execle** und **execve** der **exec**-Familie verwenden, um dem neuen Programm ein neues Environment zu verleihen, vgl. Abschnitt 5.7.1. Es gibt zusätzlich weitere Zugriffsmöglichkeiten auf das Environment:

```
Die getenv Subroutine   (POSIX, SVID, BSD)

char *getenv(name)
   char *name;
```

Mit **getenv** können wir durch Eingabe des Strings name den Wert auf der rechten Seite des Environment-Strings name=irgendwas als Resultat erhalten. Falls ein mit name beginnender String im Environment nicht existiert, so wird NULL zurückgegeben.

```
Die putenv Subroutine   (SVID, BSD)

int putenv(string)
   char *string;
```

Diese Subroutine ermöglicht das Ändern oder Hinzufügen von Strings im Environment. Im Erfolgsfall ist das Resultat 0, im Fehlerfall -1. Ein Beispiel für den Aufruf von **putenv** ist

```
putenv("HILFE=/usr/weber/hilfe");
```

Current Working Directory (CWD)

Auch diese Angabe gehört zu den Attributen eines Prozesses. Wir machen bei Shell-Prozessen andauernd Gebrauch davon, wenn wir es mit *cd* ändern und mit *pwd* abfragen. Ein Prozeß erbt das CWD von seinem Parent-Prozeß. Es kann sein CWD mittels **chdir** verändern. Der Parent-Prozeß bleibt davon unberührt. Auf ähnliche Weise kann man als Super-User die Ansicht eines Prozesses über die Root der File-Struktur mit **chroot** ändern. Auch hier bleibt der Parent-Prozeß davon unbeeindruckt.

UID und GID:

Jeder Prozeß besitzt eine *reale* UID und eine *reale* GID. Diese Größen werden vom Parent-Prozeß geerbt. Für die Bestimmung von Zugriffsrechten ebenso wichtig sind die *effektive* UID und die *effektive* GID. Meistens haben beide Begriffe denselben Wert. Ausnahmen ergeben sich bei Programmen, deren Set-UID-Bit oder Set-GID-Bit gesetzt sind. Falls also das Set-UID-Bit des ausführbaren Files eines Programmes ge-

setzt ist, so wird beim Überlagern durch **exec** die effektive UID des Prozesses gleich
der des File-Owners und damit i.a. ungleich der des Users, der das Programm starte-
te. Die dabei entstehende effektive UID wird gesichert. Zur Bestimmung von UID
und GIG gibt es die folgenden System-Calls:

Der getuid Systemaufruf   (POSIX, SVID, BSD)

int getuid();

Der geteuid Systemaufruf (POSIX, SVID, BSD)

int geteuid();

Der getgid Systemaufruf   (POSIX, SVID, BSD)

int getgid();

Der getegid Systemaufruf (POSIX, SVID, BSD)

int getegid();

Das Resultat ist jeweils die gefragte Größe. Die Namen sprechen für sich selbst; das
e im Namen zeigt jeweils an, daß es sich um die *effektive* Angabe handelt. Zum Setzen von UID und GID stehen die System-Calls **setuid** und **setgid** zur Verfügung.

Der setuid Systemaufruf   (POSIX, SVID, BSD)

int setuid(uid)
   int uid;

Zugehöriges Kommando: su

Der setgid Systemaufruf   (POSIX, SVID, BSD)

int setgid(gid)
   int gid;

Zugehöriges Kommando: newgrp

Das einzige Argument ist die gewünschte UID bzw. GID. Der Funktionswert 0 zeigt
Erfolg, -1 Mißerfolg an [EPERM]. Das Ergebnis des **setuid**-Aufrufs hängt von der ef-
fektiven UID des aufrufenden Prozesses ab. Ist sie gleich Super-User, so ändert der
Kern die reale und die effektive UID u.a. in der Prozeß-Tabelle auf den angebenen
Wert uid. Ist sie ungleich Super-User, so setzt der Kern die effektive UID gleich der
realen UID des Prozesses, wenn uid mit dieser übereinstimmt oder wenn uid gleich

der beim **exec** gesicherten effektiven UID ist. Andernfalls ergibt sich ein Fehler. Das folgende Programm probiert die genannten Systemaufrufe aus.

Programm 5.27: uidtest.c

```c
#include <sys/types.h>
#include <fcntl.h>
#include <stdio.h>

main()
{
    int uid, euid, pid, fd1, fd2;
    int getuid(); int geteuid();
    int setuid(); int getpid();

    pid = getpid();
    uid = getuid();        /* reale   UID ermitteln */
    euid = geteuid();     /* effekt. UID ermitteln */
    printf("Prozess %d hat UID %d und EUID %d\n", pid, uid, euid);

    fd1 = open("weber", O_RDONLY);
    fd2 = open("guest", O_RDONLY);
    printf("Open-Resultat fuer weber: %d,  fuer guest: %d\n", fd1, fd2);

    setuid(uid);
    printf("Nach setuid(%d) ist UID %d und EUID %d\n", uid, getuid(), geteuid());

    fd1 = open("weber", O_RDONLY);
    fd2 = open("guest", O_RDONLY);
    printf("Open-Resultat fuer weber: %d,  fuer guest: %d\n", fd1, fd2);

    setuid(euid);
    printf("Nach setuid(%d) ist UID %d und EUID %d\n", euid, getuid(), geteuid());
    exit(0);
}
```

Das Programm wird unter dem Namen uidtest vom User weber compiliert und mit dem Set-UID-Bit ausgestattet. Die beiden Files weber und guest gehören den gleichnamigen Usern. Sie haben nur read-Permission für ihre Owner. Die Zugriffsrechte der drei Files listen wir zur Kontrolle auf:

```
$ ls -l uidtest weber guest
-rwsr-xr-x  1 weber     3176 Jun  1 13:45 uidtest
-r--------  1 guest        9 Jun  1 13:25 guest
-r--------  1 weber        4 Jun  1 13:14 weber
```

Nun startet der User weber (UID = 9) das Programm uidtest:

```
$ uidtest
Prozess 157 hat UID 9 und EUID 9
Open-Resultat fuer weber: 3,  fuer guest: -1
Nach setuid(9) ist UID 9 und EUID 9
Open-Resultat fuer weber: 4,  fuer guest: -1
Nach setuid(9) ist UID 9 und EUID 9
```

Beim Start durch den User noell (UID = 8) entsteht folgende Ausgabe:

```
$ uidtest
Prozess 160 hat UID 8 und EUID 9
Open-Resultat fuer weber: 3,  fuer guest: -1
Nach setuid(8) ist UID 8 und EUID 8
Open-Resultat fuer weber: -1,  fuer guest: 4
Nach setuid(9) ist UID 8 und EUID 9
```

Der Leser mache sich bitte die einzelnen Schritte klar. Wichtig ist es, zu erkennen, daß man zwischen effektiver und realer UID mit Hilfe von setuid leicht umschalten kann.

Prozeß-Priorität

Das System bestimmt die Zuteilung von CPU-Zeit an die verschiedenen Prozesse dynamisch nach einem Round-Robin-Prioritäts-Algorithmus. Wichtig ist dabei als Grundlage der sog. nice-Wert eines Prozesses. Die möglichen nice-Werte variieren zwischen 0 und einem systemabhängigen Maximum, z.B. 39. Je größer der Wert, desto geringer ist die Priorität des Prozesses.

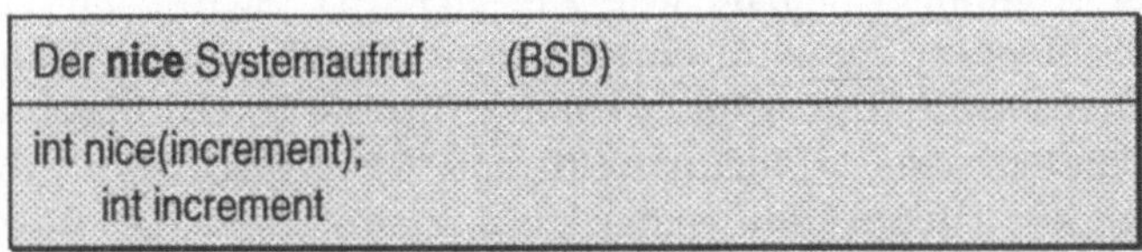

Mit **nice** ändert man die Priorität eines Prozesses, d.h. den nice-Wert. Der Wert des Arguments increment wird zum gegenwärtigen nice-Wert addiert. Das Resultat von **nice** ist der neue nice-Wert oder -1 im Fehlerfall,

- wenn entweder increment negativ (Super-User) oder größer oder gleich dem Maximalwert ist (User ungleich Super-User) [EPERM].

Man kann also seine Priorität durch Eingabe positiver Inkremente nur verschlechtern, denn ausschließlich der Super-User darf negative Inkremente eingeben. Der System-Call **nice** gilt nicht als sehr portabel unter verschiedenen UNIX-Dialekten.

5.7.5   Signale

5.7.5.1   Unterbrechungen des Prozeß-Ablaufs

Zu den häufig benutzten Eigenschaften der Benutzer-Schnittstelle von Betriebssystemen gehört das Unterbrechen von Programmabläufen, d.h. von Prozessen. Bei UNIX dient dazu die Interrupt-Taste, meistens *<DEL>* oder *<Ctrl-C>* :

```
$ prog1    (dauert und dauert ...)
<DEL>
$
```

Was passiert hier intern? Im Fall von UNIX bemerkt der für die Tastatureingabe zuständige Teil des Kerns den Interrupt-Character. Daraufhin sendet er an alle Prozesse, die von dem betreffenden Terminal kontrolliert werden, ein *Signal* namens SI-GINT. Wenn der in Frage stehende Prozeß dieses Signal empfängt, führt er in den meisten Fällen die *Default-Aktion* für das Signal SIGINT aus. Diese besteht in der Termination, so als würde augenblicklich ein **exit** ausgeführt.

Manche Prozesse wollen jedoch nicht terminieren. Der Grund liegt in einer besonderen Interrupt-Handling-Routine, die der Programmierer vorgesehen hat. Das Signal wird *gefangen!* Der Shell-Prozeß, der das Programm prog1 mittels **fork** und **exec** gestartet hatte, empfängt ebenfalls das Signal SIGINT. Da er jedoch noch weitere Aufgaben zu erledigen hat, *fängt* es das Signal und terminiert nicht. Der UNIX-Kern verwendet Signale auch in anderen Situationen, z.B. das Signal SIGILL, wenn eine illegale Instruktion in einem Programm-File auftritt:

```
$ prog2
...
Illegal instruction - core dumped
```

Bei den meisten Signalen terminiert der empfangende Prozeß *normal,* wie durch ein **exit**. Der Exit-Status übermittelt dem Parent-Prozeß die genaueren Umstände der Termination. Die lower Bits enthalten die Signal-Nummer und die higher Bits sind Null gesetzt. Der Empfang bestimmter Signale, wie z.B. SIGQUIT, SIGILL, SIGTRAP, ... führt zu *abnormaler* Termination. Es wird ein sog. *Core Dump* erzeugt. Darunter versteht man ein File namens *core* im Current Working Directory, das einen Speicherabzug des Prozesses enthält. Im Exit-Status wird dabei zusätzlich das 7. lower Bit, Bit 0200 gesetzt. Der Core Dump kann danach mit einem Debugger wie dbx oder gdb inspiziert werden, um Aufschluß über die Fehlersituation zu erhalten. Sie zeigen dabei sogar die Quellcodezeile an, die für den Abbruch verantwortlich war. Zum Abbruch von im Hintergrund laufenden Prozessen ist die Interrupt-Taste <DEL> nicht brauchbar. Zum Beenden solcher Prozesse können wir auf das UNIX-Kommando **kill** zurückgreifen:

```
$ prog3 &
783
...
$ kill 783
783 terminated
```

Das Kommando **kill** ohne weitere Angabe bezüglich des Signales bewirkt, daß der Kern ein SIGTERM-Signal an den spezifizierten Prozeß sendet. Mit

```
$ kill -9 783
```

können wir z.B. das SIGKILL-Signal an denselben Prozeß senden. Wir erkennen, daß Signale einfaches Mittel zur Übermittlung von Software-Interrupts darstellen. Bevor wir die Signalbehandlung unter UNIX eingehender behandeln, soll auf die Normung von Signalen unter ANSI C eingegangen werden, die naturgemäß einen wesentlich geringeren Umfang hat und als erste Approximation an das Gebiet recht nützlich ist.

5.7.5.2 Signale unter ANSI C

ANSI C allein definiert schon sogenannte Signale zur Unterbrechung eines Prozesses. ANSI C fordert nur die Signale SIGINT, SIGABRT, SIGFPE, SIGILL. SIGSEGV und SIGTERM. Sie haben folgende Bedeutungen.

SIGABRT	*Abort.* Dieses Signal wird durch den Aufruf der Funktion **abort** erzeugt.
SIGFPE	*Floating-point-Exception* (Fehler bei Gleitkomma-Rechnung). Dieses Signal wird geschickt, wenn die Hardware z.B. eine Division durch Null entdeckt
SIGILL	*Illegal Instruction* (Illegale Instruktion). Die Hardware sendet dieses Signal, wenn sie eine illegale Maschineninstruktion findet
SIGINT	*Interrupt* (Unterbrechung vom Terminal). Dieses Signal wird an jeden von einem Terminal kontrollierten Prozeß gesandt, wenn dort die Interrupt-Taste (z.B. <Ctrl-C> oder <DEL>) gedrückt wird. Dies ist der normale Weg, ein Programm anzuhalten.
SIGSEGV	*Segment-Violation* (Segment-Verletzung). Dieses Signal wird gesandt, wenn der Prozeß Daten außerhalb seines Adreßbereichs angesprochen hat.
SIGTERM	*Termination* (Abbruch durch Software). Dies ist das Standard-Signal zur Programmbeendigung, gesendet vom Bediener oder einem Programm.

Portabel sind diese Signale dort nur im Zusammenhang mit den Funktionen **raise** und **abort**. Die von ANSI-C zur Verfügung gestellten Funktion sind:

abort	Abbruch des aufrufenden Prozesses
signal	Installieren eines Interrupt-Handlers
raise	Senden eines Signals an den eigenen Prozeß

Wir beginnen mit der einfachsten Funktion, **abort**, die ein spezielles Signal, z.B. SIGILL, an den aufrufenden Prozeß sendet, so daß er abnormal terminiert. Dabei wird ein Core Dump erzeugt. Damit ist gezeigt, wie ein Prozeß ein Signal an sich selbst senden kann.

Die **abort** Subroutine	(ANSI, POSIX, SVID, BSD)
void abort()	

Dieser Aufruf ist häufig nützlich für Zwecke des Debuggings. Wir probieren ihn mit einem Miniprogramm aus:

Programm 5.28: myabort.c

```
#include <stdio.h>
main()
{
    void abort();

    printf("Aufruf von abort\n");
    abort();
    return(0);  /* Wird nie erreicht */
}
```

Beim Aufruf ergibt sich in etwa folgendes Bild:

```
$ cc -o myabort myabort.c; myabort
Aufruf von Abort
Abort - core dumped
```

Mit dem nächsten Programm, foexab.c, erhalten wir den Exit-Status eines Child-Prozesses, der durch **abort** terminiert.

Programm 5.29: foexab.c

```
#include <stdio.h>

main()
{
    int cpid, pid, status;
    int wait();

    printf("Ausfuehrung von myabort\n");
    pid = fork();
    if (pid > 0) {
        cpid = wait(&status);
        if (cpid == pid)
        printf("mybort fertig\n");
        printf("Exit-Status: %d\n", status);
        exit(0);
    }

    if (pid == 0) {
        execlp("myabort", "myabort", NULL);
        /* Fehlerfall */
        perror("Fehler bei execl");
        exit(1);
    }
}
```

Bei der Ausführung sehen wir

```
$ cc -o foexb foexab.c; foexab
Ausfuehrung von myabort
Aufruf von abort
mybort fertig
Exit-Status: 134
```

Warum erscheint hier 134? Der Leser versuche den Wert zu deuten! ANSI-C bietet zusätzlich die Funktion **raise** an, mit der man als Prozeß ein Signal an sich selbst senden kann.

Bei fehlerfreier Ausführung ist der Rückgabewert 0, bei undefiniertem Wert von signalname ist er ungleich Null. Das Senden von Signalen an andere Prozesse ist unter ANSI-C nicht definiert. Unter UNIX lernen wir dafür später **kill** kennen. Wie schon angedeutet, kann ein Prozeß verschieden auf Signale reagieren:

- Er kann die *Default-Aktion* ausführen. Diese besteht i. a. in der Termination. Er kann unter UNIX *normal* oder *abnormal* mit einem Core-Dump terminieren.

- Er kann das Signal *ignorieren.* d.h. das Programm merkt nichts vom Auftreten eines Signals. Eine Ausnahme ist das SIGKILL-Signal unter UNIX, das man nicht ignorieren kann.

- Er kann ein Signal *fangen* (catch a signal). Wenn das Signal anfällt, geht nach Sicherung des Status die Kontrolle auf ein vorher definierte Funktion über, in der man geeignete Aktionen treffen kann. Nach Beendigung dieser Funktion geht die Kontrolle nach Restaurierung des Status an den Unterbrechungspunkt zurück. Nach dem Fangen eines Signals wird es bei den meisten Signalen in den Default-Zustand zurückgesetzt!

Zur Spezifikation der Behandlung eines Signals definiert ANSI C die Funktion **signal**:

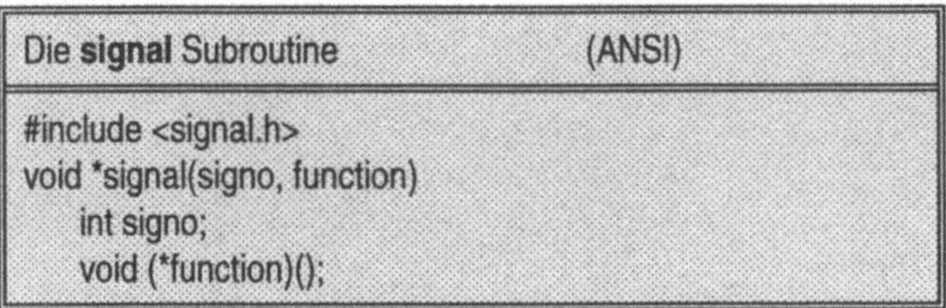

Das Argument signo gibt das betroffene Signal an. Man verwendet hier normalerweise keine Zahlenwerte, sondern die in *<signal.h>* definierten manifesten Konstanten. Das zweite Argument function übergibt einen Pointer auf die zu installierende Interrupt-Handling-Funktion oder

a) SIG_IGN: von nun ist das Signal zu ignorieren!
b) SIG_DFL: von nun gilt wieder die Default-Aktion!

Die Interrupt-Handling-Funktion darf ein Argument vom Typ int besitzen. Beim Aufruf wird diesem Argument, falls es vorhanden ist, die Signal-Nummer übergeben. Das Resultat von **signal** ist der bisherige Wert von function oder SIG_ERR, wenn ein Fehler aufgetreten ist. Dies ist dann möglich,

- wenn ein ungültiges Signal oder SIGKILL spezifiziert wurde [EINVAL],
- wenn function ein ungültiger Pointer ist [EFAULT].

Die drei genannten neuen Größen SIG_DFL, SIG_IGN und SIG_ERR sind ebenfalls im Include-File *<signal.h>* definiert:

```
#define SIG_DFL (void (*)())0
#define SIG_IGN (void (*)())1
#define SIG_ERR (void (*)())-1
```

Bei manchen UNIX-Systemen bzw. C-Compilern auf anderen Systemen steht der Datentyp *int* anstelle von *void*, also z.B. int *signal(). Ebenfalls findet man manchmal das Include-File *<sys/signal.h>*. Die folgenden Beispielprogramme demonstriert die Verwendung von **signal.** Das erste Programm zeigt das Ignorieren des SIGINT-Signals.

Programm 5.30: sigigno.c

```
#include <stdio.h>
#include <signal.h>
int main()
{
    int i;

    if (SIG_ERR == signal(SIGINT, SIG_IGN)) {
        fprintf(stderr, "Fehler beim Installieren des Handlers\n");
        exit(1);
    }
    printf("Signal SIGINIT wird nun ignoriert.\n");
    for (i=1;i<10;i++) {
        puts("Arbeiten");
        sleep(1);
    }
    return 0;
}
```

Wir testen es:

```
$ cc -o sigigno sigigno.c
$ sigigno
Signal SIGINIT wird nun ignoriert.
Arbeiten

....
<DEL>   (keine Wirkung!!)
Arbeiten

...
$
```

Das zweite Programm soll das Default-Verhalten beim Auftreten des SIGINT-Signals zeigen. Dafür ist eigentlich gar kein Aufruf von **signal** nötig.

Programm 5.31: sigdef.c

```
#include <stdio.h>
#include <signal.h>
int main()
```

```
{
    if (SIG_ERR == signal(SIGINT, SIG_DFL)) {
        fprintf(stderr, "Fehler beim Installieren des Handlers\n");
        exit(1);
    }
    printf("Default-Handler fuer Signal SIGINT installiert.\n");
    for (;;) {
        puts("Arbeiten");
        sleep(1);
    }
    return 0;
}
```

Zum Test:

```
$ cc -o sigdef sigdef.c
$ sigdef
Default-Handler fuer Signal SIGINIT installiert.
Arbeiten
Arbeiten

....
<DEL>    (Abbruch!!)
$
```

Das dritte und letzte Programm soll den interessantesten Fall, nämlich den der Installation eines Interrupt-Handlers für das Signal SIGINT demonstrieren. Der Handler gibt nur die Nummer des gefangenen Signals aus.

Programm 5.32: sighand.c

```
#include <stdio.h>
#include <signal.h>

void handler(int sig)
{
    printf("Signal %d gefangen\n", sig);
    return;
}

int main()
{
    if (SIG_ERR == signal(SIGINT, handler)) {
        fprintf(stderr, "Fehler beim Installieren des Handlers\n");
        exit(1);
    }
    printf("Interrupt-Handler fuer Signal SIGINT installiert.\n");
    for (;;) {
        puts("Arbeiten");
        sleep(1);
    }
}
```

Wir probieren es aus auf einem Solaris-System (System V Release 4):

```
$ cc -o sighand sighand.c
$ sighand
```

```
Interrupt-Handler fuer Signal SIGINIT installiert.
Arbeiten
Arbeiten

...
<DEL>
Signal 2 gefangen
Arbeiten

...
<DEL>   (Abbruch!!)
$
```

In diesem Fall zeigt sich folgendes Verhalten: der Interrupt-Handler war aktiviert
und hat einwandfrei funktioniert. Jedoch nur einmal! Beim zweiten Interrupt terminiert das Programm. ANSI C garantiert nämlich nur die Gültigkeit des Handlers für
ein *einmaliges* Fangen des Signales. Der Interrupt-Handler muß danach für das
nächste Eintreffen des Signales (hier SIGINT) erneut "scharf" gemacht werden muß,
nämlich durch erneutes Aufrufen von **signal**. Dies muß möglichst schnell nach Be-
treten des Interrupt-Handlers geschehen, da der Prozeß in den Millisekunden bis
zum neuerlichen Aktivieren des Handlers schutzlos gegen das bewußte Signal ist.

Wir testen das Programm sighand.c zur Sicherheit auch auf einem anderen UNIX.-
System, z.B. auf SunOS 4.1.2 (4.3BSD):

```
$ cc -o sighand sighand.c
$ sighand
Interrupt-Handler fuer Signal SIGINIT installiert.
Arbeiten
Arbeiten

...
<DEL>
Signal 2 gefangen
Arbeiten
<DEL>
Signal 2 gefangen
Arbeiten

...
$
```

Hier bricht das Programm nicht ab. Der Interrupt-Handler bleibt scharf. Anscheinend
liegt hier der Funktion **signal** eine andere Semantik zu Grunde. Dies ist tatsächlich
der Fall, wie wir in Abschnitt 5.7.5.4 sehen werden.

5.7.5.3   Signale unter UNIX

Die oben gezeigte Liste von Signalen ist stark systemabhängig, was zusätzliche
Nicht-ANSI Signale angeht: C-Compilern unter verschiedenen Betriebssystemen wie
UNIX, OS/2, VMS, etc weisen starke Abweichungen voneinander auf.

Auch bei Beschränkung auf UNIX wird man zunächst nicht recht glücklich. Die Signalbehandlung unter UNIX ist wesentlich komplizierter als die unter ANSI C. Wir fassen zunächst bei BSD und System V gängige Signale zusammen. Von ihnen werden auch viele schon seit System III bzw. Version 7 verwandt. Die Signale sind als manifeste Konstanten im Include-File *<signal.h>* definiert. Unsere Übersicht enthält ferner die Standardprozedur des Signals, entweder **i** für ignorieren, **c** für terminieren mit Core Dump oder **t** für terminieren ohne Core Dump. Daneben gibt es noch die Möglichkeit des Anhaltens eines Prozesses bei Jobkontrollsignalen: **a**.

SIGABRT	**c**	*Abort.* Diese Signal wird durch den Aufruf der Funktion **abort** erzeugt.
SIGALRM	**t**	*Alarm Clock* (Wecker). Diese Signal wird an einen Prozeß gesandt, dessen Wecker abgelaufen ist. Der Wecker wird mit **alarm** gestellt.
SIGBUS	**c**	*Bus-Error* (Bus-Fehler). Dieses Signal tritt bei implementierungsabhängigen Hardware-Interrupts auf. Dies tritt in der Praxis etwa beim Referieren ungerader Datenadressen auf, die auf eine Wortgrenze ausgerichtet sein sollten.
SIGCHLD	**i**	*Death of Child* (Beendigung eines Child-Prozesses). Dieses Signal erhält der Parent-Prozeß beim Tod eines Child-Prozesses. Es wird nach Vorgabe ignoriert. Abfangen des Signals durch **wait** oder **waitpid**.
SIGCONT	**i/t**	*Continue.* Dieses Jobkontrollsignal setzt einen angehaltenen Prozeß fort.
SIGEMT	**c**	*Emulator-Trap-Instruction (EMT).* Dieses Signal wird bei implementationsabhängigen Hardware-Interrupts ausgelöst. Es tritt in der Praxis selten auf.
SIGFPE	**c**	*Floating-point-Exception* (Fehler bei Gleitkomma-Rechnung). Dieses Signal wird geschickt, wenn die Hardware z.B. eine Division durch Null entdeckt
SIGHUP	**a**	*Hangup* (Leitungsunterbrechung). Schaltet man ein Terminal ab oder unterbricht man eine Modem-Verbindung, so wird SIGHUP an jeden Prozeß gesendet, der von diesem Terminal kontrolliert wird. Das Signal wird auch an alle Prozesse eine Prozeß-Gruppe geschickt, wenn der Prozeß-Gruppen-Führer terminiert.
SIGILL	**c**	*Illegal Instruction* (Illegale Instruktion). Die Hardware sendet dieses Signal, wenn sie eine illegale Maschineninstruktion findet

SIGINT	t	*Interrupt* (Unterbrechung vom Terminal). Dieses Signal wird an jeden von einem Terminal kontrollierten Prozeß gesandt, wenn dort die Interrupt-Taste (z.B. <DEL>) gedrückt wird. Dies ist der normale Weg, einen Prozeß anzuhalten.
SIGIOT	c	*I/O-Trap-Instruction (IOT)*. Dieses Signal kann von Hardware-Fehlern ausgelöst werden und ist maschinenabhängig. In der Realität wird es von **abort** erzeugt, das ein Prozeß aufruft, um mit einem Core-Dump zu terminieren.
SIGKILL	t	*Kill* (Abbruch). Dieses Signal ist der einzige sichere Weg zum Abbruch eines Prozesses, da es nicht ignoriert bzw. behandelt werden kann.
SIGPIPE	t	*Write on a pipe with no-one to read it*. Dieses Signal wird an einen Prozeß geschickt, der auf eine Pipe schreibt, die keiner liest.
SIGPWR	i	*Power* (Neustart bei Spannungsausfall). Dieses implementierungsabhängige Signal kann dazu benutzt werden, einen bevorstehenden Ausfall der Stromversorgung anzukündigen, so daß Prozesse ordentlich terminieren können.
SIGQUIT	c	*Quit* (Abbruch vom Terminal). Das Signal wird bei Drücken der Quit-Taste (normalerweise <Ctrl-\>) gesendet.
SIGSEGV	c	*Segment-Violation* (Segment-Verletzung). Dieses Signal wird gesandt, wenn der Prozeß Daten außerhalb seines Adreßbereichs angesprochen hat.
SIGSTOP	a	*Stop*. Dieses Jobkontroll-Signal hält einen Prozeß an. Es kann weder abgefangen noch ignoriert werden.
SIGSYS	c	*Bad argument to a system Call* (Ungültiges Argument beim Systemaufruf).
SIGTERM	t	*Software Termination* (Abbruch durch Software). Dies ist das Standard-Signal zur Programmbeendigung. Es wird von **kill** standardmäßig gesendet.
SIGTRAP	c	*Trace Trap.*, Dieses Signal wird nach jeder Anweisung geschickt, falls ein Prozeß mit eingeschaltetem Tracing mittels **ptrace** ausgeführt wird.
SIGTSTP	a	*Interactive Stop*. Dieses interaktive Jobkontroll-Signal wird vom Terminaltreiber erzeugt, wenn er ein <Ctrl-Z> sieht.

SIGUSR1	t	Signal Nr.1 für User. Frei für eigenen Gebrauch.
SIGUSR2	t	Signal Nr.2 für User. Frei für eigenen Gebrauch.

Abb. 5.15: Signale unter UNIX

Bei UNIX-Systemen gibt es zunächst die oben betrachteten, von ANSI-C her bekannten Funktionen **signal**, **abort** und **raise** zur Signalbehandlung. Von diesen sind **abort** und **raise** unproblematisch, aber auch relativ unwichtig. Die Funktion **signal**, unter UNIX ein Systemaufruf, ist jedoch problematisch. Sie hat in ihrer ursprünglichen Form die Semantik der **signal**-Funktion aus ANSI C, die ja davon abgeleitet ist. Dieser alte Systemaufruf war jedoch *unzuverlässig* in verschiedener Beziehung. Inzwischen ist er durch eine ganze Familie neuer POSIX-kompatibler Systemaufrufe (z.B. **sigaction, ...**) ersetzt worden, die unter dem Stichwort "zuverlässige Signale" gehandelt werden. Die Funktion **signal** existiert bei manchen UNIX-Systemen noch mit der alten Semantik (Zwang zur wiederholten Installation des Handlers), bei anderen als Emulation auf der Basis der neuen System-Calls mit neuer Semantik (ohne Notwendigkeit zum wiederholten Aufruf).

Ein Problem besteht darin, daß bestimmte Systemaufrufe durch Signale unterbrochen werden könnnen, z.B. **open**, **read** oder **write**. Wenn in solchen Fällen ein Interrupt-Handler installiert ist, wird er ausgeführt und anschließend kehrt der Systemaufruf mit einem Fehler zurück. Die Fehlervariable errno hat dann den Wert EINTR. Man muß dann bei älteren UNIX Systemen und System V den Systemaufruf wiederholen. BSD-UNIX hingegen verfolgt eine andere Strategie. Anstelle des Fehlerausgangs wird der Systemaufruf vom System aus wiederholt. Bei einer möglichen Unterbrechung von **write** könnte man wie folgt vorgehen:

```
if (write(fd, buffer, SIZE) == ERROR) {
    if (errno == EINTR) {
        perror("write unterbrochen.");
        write(fd, buffer, SIZE);   /* nochmal! */
    }
    else if ...
}
```

Generell ist jedoch anzuraten, bestimmte "kritische Aktionen" eines Programms gegen eine Reihe eintreffender Signale zu schützen, indem man diese ignoriert. Dies gilt etwa für Operationen wie das Updaten einer Datenbasis. Ein Muster für solche Anwendungen ist

```
void (*int_old)(), (*quit_old)(),
    (*hup_old)(), (*term_old)();
    ...
int_old = signal(SIGINT, SIG_IGN);
quit_old = signal(SIGQUIT, SIG_IGN);
hup_old = signal(SIQHUP, SIG_IGN);
term_old = signal(SIGTERM, SIG_IGN);
    ...
/* kritische Aktion */
    ...
signal(SIGINT, int_old);
signal(SIGQUIT, quit_old);
```

```
signal(SIGHUP, hup_old);
signal(SIGTERM, term_old);
```

Ein weiteres Problem besteht darin, daß der UNIX-Kern Signale *nicht* durch einen Stack verwaltet. Es kann also zu jedem beliebigen Zeitpunkt immer nur *ein* Signal eines bestimmten Typs für einen Prozeß ausstehen, vgl. [Bach]. Dies macht sie in gewissem Sinne unzuverlässig für Aufgaben der Prozeß-Kommunikation, da ein Prozeß nie wissen kann, ob nicht ein Signal verloren gegangen ist.

Wir wollen noch ein wenig über Eigenschaften von Signalen reden. Der Status aller Signale bleibt über ein **fork** hinaus bestehen. Hingegen werden alle gefangenen Signale über ein **exec** hinaus auf den Default-Wert SIG_DFL zurückgesetzt. In Programm 5.24 wurde eine erste Approximation an die **system**-Subroutine vorgestellt. Ihr fehlen gerade die Eigenschaften zur Signalbehandlung. Wir erweitern sie deshalb hier um die Behandlung der Signale SIGINT und SIGQUIT:

Programm 5.33: systest1.c und ex.c

```
/* systest1.c */
#include <signal.h>
#include <stdio.h>

int system1(comstr)
char *comstr;
{
    int status, pid1, pid2;
    void (*int_old)(), (*quit_old)();

    /* Fehler bei fork */
    if ((pid1 = fork()) < 0)
        return(127 << 8);

    /* Child-Prozess startet Shell aus */
    if (pid1 == 0) {
        execl("/bin/sh", "sh", "-c", comstr, NULL);
        /* fehler bei exec */
        exit(127);
    }

    /* Signale SIGINT und SIGQUIT im
       Parent-Prozess ignorieren */
    int_old = signal(SIGINT, SIG_IGN);
    quit_old = signal(SIGQUIT, SIG_IGN);

    /* Parent-Prozess wartet mit wait, bis Child-Prozess beendet */
    while ((pid2 = wait(&status)) != pid1 && pid2 != -1);
    if (pid2 == -1) status = -1;

    /* Signale SIGINT und SIGQUIT im Parent-
       Prozess restaurieren */
    signal(SIGINT, int_old);
    signal(SIGQUIT, quit_old);

    return(status);
}
```

```
main()
{
   int status;
   int system1();

   status = system1("ex 3");
   printf("\nStatus = %d\n", status);
   return;
}

/* ex.c */
#include <stdio.h>
main(argc, argv)
int argc; char *argv[];
{
   if (argc != 2)
      exit(0);
   else {
      printf("ex: %d\n", atoi(argv[1]));
      sleep(5);
      exit(atoi(argv[1]));
   }
}
```

Es empfiehlt sich, die Wirkung dieser neuen Funktion mit der der alten zu vergleichen. Es folgt ein Überblick über die anderen UNIX-spezifischen, im Zusammenhang mit Signalen stehenden Systemaufrufe und Subroutines:

kill	Senden eines Signals
alarm	Stellen der Prozeß-Alarm-Uhr
pause	Suspendierung eines Prozesses, bis ein Signal empfangen wird
sleep	Suspendierung eines Prozesses, bis ein Signal empfangen wird, oder eine bestimmte Zeit vergangen ist

Signale können vom Kern an Prozesse gesendet werden, ferner mit **abort** an den eigenen Prozeß geschickt werden und mit dem UNIX-Kommando kill generiert werden. Daneben gibt es auch den Systemaufruf gleichen Namens.

Der **kill** Systemaufruf	(POSIX, SVID, BSD)

`int kill(pid, signalname)`
    `int pid;`
    `int signalname;`	

Zugehöriges Kommando: kill	

Das Argument pid gibt im Fall pid > 0 die Prozeß-Id des Prozesses an, an den das im zweiten Argument spezifizierte Signal signalname gesendet wird. Im Fall pid ≤ 0 ist der Adressat dabei folgendermaßen verschlüsselt:

pid = 0:   das Signal geht an alle Prozesse in der Prozeß-Gruppe des Senders, diesen einbegriffen.

pid = -1:   falls die effektive UID ungleich der des Super-User ist, dann geht das Signal an alle Prozesse, deren reale UID gleich der eff. UID des Senders ist, den Sender eingeschlossen;

falls die *effektive UID* gleich der des *Super-Users* ist, so geht das Signal an alle Prozesse mit Ausnahme bestimmter Systemprozesse.

pid < -1:   das Signal geht an alle Prozesse mit PGID gleich dem Absolutbetrag von pid.

Das Resultat von **kill** ist 0 im Erfolgsfall und -1 im Fehlerfall. Ein Fehler kann auftreten,

- es existiert kein Prozeß der angegebenen pid [ESRCH],
- wenn ein ungültiges Signal angegeben wurde [EINVAL],
- wenn ein Signal an einen Prozeß eines anderen Users gesendet werden soll [EPERM]

Im Zusammenhang mit **kill** steht der System-Call **pause**. Er suspendiert den aufrufenden Prozeß solange, bis ein Signal eintrifft.

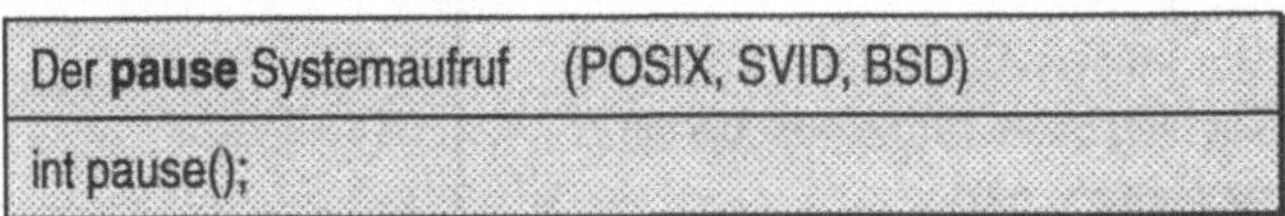

Für die Wirkung von **pause** gibt es drei Möglichkeiten:

1. Der Prozeß ignoriert das Signal. Dann ignoriert **pause** es ebenfalls.
2. Der Prozeß wird durch das Signal beendet. Der Aufruf **pause** liefert also kein Resultat.
3. Der Prozeß hat eine Signalbehandlungsroutine installiert. Nach ihrer Ausführung liefert **pause** das Resultat -1 und **errno** erhält den Wert EINTR. Es handelt sich ja um einen Unterbrechungs eines System-Calls.

Wir haben weiter oben schon die Subroutine **sleep** benutzt, die mit **pause** eng verwandt ist. Man kann damit einen Prozeß für eine bestimmte Zeit, gemessen in Sekunden, suspendieren. **Sleep** hat daneben auch die Funktionalität von **pause**.

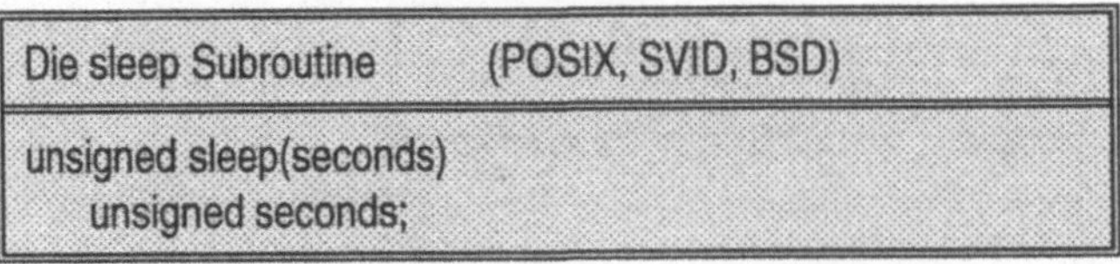

Wenn die Zeit regulär abgelaufen ist, ist das Resultat Null, Wenn **sleep** vorzeitig zurückkehrt, gibt das Resultat die bis zum Ablauf noch verbliebene restliche Zeitspanne an. Das Programm grpkill.c demonstriert **kill**, **pause**, **setpgrp** und **fork** im Zusammenspiel.

Programm 5.34: grpkill.c

```c
#include <signal.h>
#ifdef BSD
#define SETPGRP setpgrp(0, 0)
#else
#define SETPGRP setpgrp()
#endif
#define ANZAHL 6

main()
{ int i;

   SETPGRP;
   for (i=0; i<ANZAHL; i++) {
      if (fork() == 0) {
         /* Child-Prozess */
         if (i & 1) SETPGRP;
         printf("PID= %d  PGRP= %d\n", getpid(), getpgrp());
         pause();  /* suspendieren */
      }
   }
   sleep(2);
   kill(0, SIGINT);
}
```

Wir sehen dann folgenden Dialog:

```
$ cc -o grpkill grpkill.c
$ grpkill
PID= 514   PGRP= 21
PID= 515   PGRP= 515
PID= 516   PGRP= 21
PID= 517   PGRP= 517
PID= 518   PGRP= 21
PID= 519   PGRP= 519
```

Ein anschließendes *ps* überzeugt uns davon, daß nur noch die Prozesse mit den ungeraden PIDs das **kill** überlebt haben! Wie ist dieser Effekt zu erklären? Insgesamt werden ANZAHL Prozesse durch **fork** erzeugt. Die Child-Prozesse mit ungerader Nummer ändern durch **setpgrp** ihre Prozeß-Gruppe. Diese stimmt danach mit der PID überein. Alle Child-Prozesse suspendieren sich daraufhin durch den Aufruf **pause**. Der Parent-Prozeß sendet mittels **kill** das Signal SIGINT an alle Prozesse seiner Prozeß-Gruppe. Das sind diejenigen Child-Prozesse, die nicht die Gruppe geändert haben.

In der Praxis wird der Systemaufruf **kill** fast ausschließlich dazu verwendet, andere Prozesse zu beenden (normalerweise mit den Signalen SIGTERM oder SIGQUIT) oder die Fehlerbehandlung eines neuen Programmes zu testen, wobei man Signale wie SIGFPE simuliert. Für Zwecke der Kommunikation und Synchronisation von Prozessen gibt es unter UNIX wesentlich bessere und mächtigere Hilfsmitte. Wir betrachten diese in Abschnitt 5.8 und 5.9. Häufig will ein Prozeß, der **pause** aufgerufen hat, nach einer vorgegebenen Zeitspanne wieder aufgeweckt werden. Mit Hilfe des Systemaufrufs **alarm** kann ein Prozeß dazu einen Wecker stellen.

```
Der alarm Systemaufruf    (POSIX, SVID, BSD)

unsigned alarm(seconds)
    unsigned seconds;
```

Das Argument seconds gibt die Zeit in Sekunden, nach der der Prozeß ein Signal vom Typ SIGALRM empfangen will. Er wird aber dabei nicht suspendiert, sondern kann zunächst bis zum Signal normal weiterlaufen. UNIX verwaltet für jeden Prozeß nur eine Alarm-Zeit. Bei weiteren Aufrufen von **alarm** wird der ursprüngliche Wert gelöscht. Der Funktionswert von **alarm** ist die vom letzten **alarm**-Aufruf noch verbliebene Zeit. Mit dem Argument 0 kann ein laufender Alarm abgestellt werden. Ein gestellter Wecker wird über ein **exec** innerhalb eines Prozesses vererbt, jedoch nicht über ein **fork** an den Child-Prozeß. Zur Behandlung des SIGALRM-Signals wird ja normalerweise ein Interrupt-Handler installiert. Das folgende Programm zeigt die Benutzung von **alarm** in diesem Zusammenhang.

Programm 5.35: kpause.c

```c
#include <stdio.h>
#include <signal.h>
void handler()
{
    printf("\n\n");
    printf("***************\n");
    printf("* KAFFEEPAUSE *\n");
    printf("***************\n\n");
    return;
}

main(argc, argv)
int argc;
char *argv[];
{
    int time;

    if (argc == 2) {
        if ((time = atoi(argv[1])) <= 0) time = 10;
    }

    printf("Meldung in %d Minuten\n", time);
    signal(SIGALRM, handler);
    alarm(time * 60);
    pause();
    return;
}
```

Wir bringen kpause zur Ausführung und beobachten das Ergebnis:

```
$ cc -o kpause pause.c
$ kpause 5 &

Meldung in 5 Minuten
$...

...
**************
* KAFFEEPAUSE *
**************
$
```

5.7.5.4 Zuverlässige Signale

Die schon angesprochenen Probleme mit der Unzuverlässigkeit von Signalen unter UNIX führte zur Entwicklung einer neuen Terminologie und einer neuen Semantik der Signale, auch zu neuen Systemaufrufen. Wir betrachten zunächst einige z.T. neue Begriffe:

Installation des Signal-Handlers

An die Stelle der von älteren UNIX-Versionen gewohnten Funktion **signal** tritt hier die neue Funktion **sigaction.**

Blockierung von Signalen

Ein Prozeß hat die Möglichkeit, ein Signal zu blockieren, dh. die Weitergabe des anliegenden Signals an den Signal-Handler zu verhindern. Wenn für einen Prozeß ein Signal erzeugt wurde, das blockiert wurde, so liegt das Signal solange an, bis der Prozeß es entweder *freigibt* oder den Signal-Handler auf *Ignorieren* setzt. Dies gestattet dem Prozeß vor der Weitergabe den Signal-Handler abzuändern. Ein Prozeß kann mit Hilfe der Funktion **sigpending** herausfinden, welche anliegenden Signale blockiert sind.

Signal-Maske

Jeder Prozeß besitzt eine Signal-Maske, manchmal auch Signal-Filter genannt, die festlegt, welche Signale im Moment blockiert sind. Diese Maske kann man sich als Bitmaske vorstellen, in der für jedes mögliche Signal ein Bit vorgesehen ist. Wenn dieses Bit für ein bestimmtes Signal gesetzt ist, wird dessen Weitergabe momentan blockiert. Der Prozeß kann diese Maske mittels der Funktion **sigprocmask** manipulieren. Im Zusammenhang mit der Signal-Maske brauchen wir einen Signal-Satz (auch Signal-Menge genannt). Zur Manipulation dieses Signal-Satzes gibt es eine Reihe von POSIX-Funktionen:

```
sigemptyset     alle Signale aus dem Satz löschen
sigfillset      alle Signale zum Satz hinzufügen
sigaddset       ein Signal zum Satz hinzufügen
sigdelset       ein Signal aus dem Satz löschen
sigismember     Abfrage, ob ein Signal im Satz enthalten ist
```

Wir betrachten nun die einzelnen Funktionen. Sie verwenden alle den Datentyp sig-set_t, der eine Signal-Satz aufnehmen kann. Er ist in *<signal.h>* definiert.

```
Die sigemptyset Subroutine      (POSIX, SVID, BSD)

#include <signal.h>
int sigemptyset(set)
    sigset_t *set;
```

Diese Funktion initialisiert den Signalsatz set, indem sie alle Signale ausschließt. **Sigfillset** initialisiert ihn durch den Einschluß aller Signale.

```
Die sigfillset Subroutine    (POSIX, SVID, BSD)

#include <signal.h>
int sigfillset(set)
    sigset_t *set;
```

Alle Programme, die Signal-Sätze verwenden, müssen diese mit einer der beiden genannten Routinen initialisieren. Nach der Initialisierung kann man nun mit **sigaddset** einzelne Signale zum Satz hinzufügen bzw. mit **sigdelset** daraus entfernen

```
Die sigaddset Subroutine  (POSIX, SVID, BSD)

#include <signal.h>
int sigaddset(set, signno)
    sigset_t *set;
    int signo;
```

```
Die sigdelset Subroutine   (POSIX, SVD, BSD)

#include <signal.h>
int sigdelset(set, signno)
    sigset_t *set;
    int signo;
```

Mit Hilfe der Funktion **sigismember** kann man sich vergewissern, ob ein bestimmtes Signal im Satz vorhanden ist.

```
Die sigismember Subroutine            (POSIX, SVID, BSD)

#include <signal.h>
int sigismember(set, signno)
    sigset_t *set;
    int signo;
```

Die Resultate aller Funktionen außer **sigismember** sind Null im Erfolgsfall und -1 im Fehlerfall. Das Resultat von **sigismember** ist 1, wenn das Signal signo in der Maske enthalten ist. Die Implementierung der genannten Funktionen kann z.B. als Makro in der Headerdatei *<signal.h>* erfolgen. Als Kern der "zuverlässigen" Signalbehandlungsroutinen im Sinne von POSIX betrachten wir nun die folgenden Funktionen.

```
sigprocmask    Signalmaske manipulieren
sigpending     Abfrage auf anliegende blockierte Signale
sigaction      Signal-Handler abfragen bzw, installieren
sigsuspend     Suspendierung eines Prozesses, bis ein
               Signal empfangen wird
```

Von diesen sind **sigprocmask** und **sigpending** von der Funktionalität her neu, während **sigaction** die Funktion **signal** ersetzt und **sigsuspend** die neue Fassung von **pause** ist, jeweils unter Einbeziehung von Signal-Masken. Ein Prozeß kann seine Signal-Maske untersuchen und/oder ändern, indem er die folgende Funktion aufruft.

```
Die sigprocmask Subroutine            (POSIX, SVID, BSD)

#include <signal.h>
int sigprocmask(cmd, set, oset)
    int cmd;
    sigset_t *set, *oset;
```

Dies geschieht nach folgenden Regeln: ist der dritte Parameter oset ein von NULL verschiedener Pointer, so wird die aktuelle Signal-Maske in oset zurückgegeben. Ist der zweite Parameter set ein von NULL verschiedener Pointer, so gibt cmd an, wie die aktuelle Maske geändert werden soll. Mögliche Werte von cmd sind:

SIG_BLOCK   Die neue Maske wird durch Vereinigung der aktuellen *Maske*
                 mit der durch *set angegebenen gebildet.

SIG_UNBLOCK   Die neue Maske wird durch Schnittbildung der aktuellen Maske
              mit dem Komplement der durch *set angegebenen gebildet.

SIG_SETMASK   Die neue Maske wird durch den mit *set angegebenen Satz
              gebildet.

Werden anliegende, bisher blockierte Signale durch **sigprocmask** freigegeben, so
werden die Signale sofort abgearbeitet, wobei die Reihenfolge undefiniert ist. Ist der
Parameter set gleich NULL, so wird die Signal-Maske nicht geändert und cmd ist ohne Belang. Das Resultat von **sigprocmask** ist im Erfolgsfall 0, im Fehlerfall -1. Ein
Fehler tritt auf,

- wenn ein ungültiger Wert für cmd angegeben wurde [EINVAL],
- wenn set oder oset ein ungültiger Pointer ist [EFAULT].

Die folgende Funktion liefert durch ihren Parameter set einen Signal-Satz mit den
blockierten, im Moment anliegenden Signalen für den aufrufenden Prozeß.

```
Der sigpending Systemaufruf              (POSIX, SVID, BSD)

#include <signal.h>
int sigpending(set)
    sigset_t *set;
```

Das Resultat von **sigpending** ist im Erfolgsfall 0, sonst -1. Der Grund für den Mißerfolg besteht darin

- daß act oder oact ein ungültiger Pointer ist [EFAULT].

Als Beispiel für **sigpending**, **sigprocmask**, **sigemptyset** und **sigaddset** betrachten
wir das folgende Programm. Es zeigt eine Reihe der behandelten Möglichkeiten. Der
Prozeß sichert zunächst die Signal-Maske, die er später wiederherstellen wird.   Er
blockiert das Signal SIGQUIT und suspendiert sich mit **sleep** für 5 Sekunden. Falls
während dieser Zeit ein SIGQUIT-Signal erzeugt wird, wird es zurückgehalten und
erst dann an den Prozeß weitergegeben, wenn es wieder freigegeben ist. Nach Ablauf von 5 Sekunden prüft dazu der Prozeß, ob das Signal anliegt (mit **sigpending**)
und gibt es durch Restaurieren der alten Maske wieder frei. Danach suspendiert sich
der Prozeß nochmals für 5 Sekunden. Falls während dieser Zeit ein neues SIGQUIT-
Signal auftaucht, sollte der Prozeß mit einem Coredump beendet werden, da im Signal-Handler sig_quit der Default-Handler reaktiviert wurde.

Programm 5.36: relsig1.c

```
#include <signal.h>
#include <stdio.h>
void sigquit();

main()
{
    sigset_t newmask, oldmask, pendmask;

    if (signal(SIGQUIT, sigquit) == SIG_ERR)
```

```
            fprintf(stderr, "SIGQUIT kann nicht gefangen werden");

        sigemptyset(&newmask);
        sigaddset(&newmask, SIGQUIT);
            /* SIGQUIT blockieren und gegenwaertige Signal-Maske sichern */
        if (sigprocmask(SIG_BLOCK, &newmask, &oldmask) < 0)
                fprintf(stderr, "Fehler bei SIG_BLOCK");

        sleep(5);/* SIGQUIT wird zurueckgehalten */

        if (sigpending(&pendmask) < 0)
                fprintf(stderr, "Fehler bei sigpending");
        if (sigismember(&pendmask, SIGQUIT))
                printf("\nSIGQUIT wird zurueckgehalten\n");

            /* Signal-Mask restaurieren, der SIGQUIT freigibt */
        if (sigprocmask(SIG_SETMASK, &oldmask, NULL) < 0)
                fprintf(stderr, "Fehler bei SIG_SETMASK");
        printf("SIGQUIT nicht mehr blockiert\n");

        sleep(5);       /* SIGQUIT beendet das Programm mit core-Dump */
        return;
    }

void sigquit(signo)
int signo;
{
    printf("SIGQUIT gefangen\n");

    if (signal(SIGQUIT, SIG_DFL) == SIG_ERR)
        fprintf(stderr, "Kann SIGQUIT nicht zuruecksetzen");
    return;
}
```

Wir compileren das Programm und führen es aus. Dabei erzeugen wird das SIGQUIT-Signal einmal während der ersten 5 Sekunden Wartezeit und später nocheinmal.

```
$ cc -o relsig1 relsig1.c
$ relsig1
^\
SIGQUIT wird zurückgehalten
SIGQUIT gefangen
SIGQUIT nicht mehr blockiert
^\Quit (core dumped)
$
```

Was passiert, wenn mehrere SIGQUIT-Signale anliegen? Wir erzeugen während der ersten 5 Sekunden SIGQUIT-Signale.

```
$ relsig1
^\^\^\^\^\
SIGQUIT wird zurückgehalten
SIGQUIT gefangen
```

```
SIGQUIT nicht mehr blockiert
^\Quit (coredump)
$
```

Das Signal wurde in diesem nur einmal an den Prozeß weitergegeben. Es wird keine Warteschlange für Signale verwaltet. Die folgende Funktion **sigaction** erlaubt es uns, einen Interrupt-Handler zu installieren, wobei die Signal-Maske ebenfalls geändert werden kann. Sie ersetzt die alte Funktion **signal**.

Der sigaction Systemaufruf   (POSIX, SVID, BSD)

```
#include <signal.h>
int sigaction(signo, act, oact)
    int signo;
    struct sigaction *act, *oact;
```

Der erste Parameter signo spezifiziert das Signal, das wir untersuchen bzw. dessen Einfluß auf den Prozeß wir beeinflussen wollen. Ist der Zeiger act ungleich NULL, so ändern wir die Interrupt-Routine. Ist der Zeiger oact ungleich NULL, so liefert uns **sigaction** die alte Interrupt-Routine. Wir verwenden folgende Struktur beim zweiten und dritten Parameter:

```
struct sigaction {
                void      (*sa_handler)();
                sigset_t  sa_mask;
                int       sa_flags;
}
```

Mögliche Werte für sa_handler sind auch hier die Konstanten SIG_IGN bzw. SIG_DFL, die wir von **signal** her kennen. Wenn der Signal-Handler geändert wird, d.h. sa_handler nicht den Wert SIG_IGN bzw. SIG_DFL hat, sondern auf einen Signal-Handler, so enthält sa_mask einen Signal-Satz, der zur Signal-Maske des Prozesses hinzugefügt wird, bevor der Signal-Handler aufgerufen wird. Wenn der Handler zurückkehrt, so wird damit die vorherige Signal-Maske des Prozesses wiederhergestellt. Damit ist es möglich, bestimmte Signal immer zu blockieren, wenn ein Interrupt-Handler aufgerufen wird.

Die neue Signal-Maske, die beim Aufruf eines Interrupt-Handlers vom System erzeugt wird, enthält automatisch das weitergegebene Signal. Damit wird ein zweites Auftreten des Signals solange zurückgehalten, bis die Verarbeitung des ersten Signals abgeschlossen ist. Im Gegensatz zur Semantik der Funktion **signal** bei ANSI C bleibt ein einmal durch **sigaction** installierte Interrupt-Handler solange aktiv, bis er explizit wieder durch einen erneuten Aufruf von **sigaction** abberufen wird. Das Feld sa_flags der obigen Struktur kann verschiedene weitere Optionen für Steuerung der Signalverarbeitung enthalten, ist jedoch systemabhängig. Die einzelnen Optionen können durch ein logisches OR verknüpft werden. Die folgende, nicht ganz vollständige Tabelle gibt nähere Auskunft.

Option	POSIX .1	SV R4	4.4 BSD	Bedeutung
SA_NOCLDSTOP	+	+	+	Falls signo = SIGCHLD, das Signal nicht erzeugen, wenn der Child-Prozeß angehalten wird.
SA_RESTART		+	+	Systemaufrufe, die durch das Signal unterbrochen werden, werden automatisch wiederholt.
SA_ONSTACK		+	+	Falls mit sigaltstack ein alternativer Stack deklariert wurde, wird dieses Signal auf dem alternativen Stack weitergeben.
SA_NOCLDWAIT		+		Falls signo=SIGCHLD, soll das System keine Zombies erzeugen, wenn Kinder des aufrufenden Prozesses exit aufrufen.
SA_NODEFER		+		Wenn das Signal signo gefangen wurde, werden weitere auftretenden Signale während der Ausführung des Interrupt-Handlers nicht blockiert. Dies entspricht dem Verhalten der alten, unzuverlässigen Signale.
SA_RESETHAND		+		Beim Eintritt in den Interrupt-Handler wird die Signalverarbeitungsfunktion auf SIG_DFL zurückgesetzt. Dieses Verhalten stimmt mit der Semantik der alten, unzuverlässigen Signale überein.

Abb. 5.16: Optionen für sigaction

Das Resultat von **sigaction** ist im Erfolgsfall 0, im Fehlerfall -1. Dies passiert,

- wenn ein ungültiges Signal oder SIGKILL bzw. SIGSTOP spezifiziert wurde [EINVAL],
- wenn act oder oact ein ungültiger Pointer ist [EFAULT].

Zum Test von **sigaction** ändern wir unser bekanntes Programm sighand.c (s.o.) ein wenig ab. Der Aufruf wird etwas komplizierter und es kommt **sigemptysig** hinzu.

Programm 5.37: relsig2.c

```c
#include <stdio.h>
#include <signal.h>
#include <unistd.h>

void handler(int sig)
{
    printf("Signal %d gefangen\n", sig);
```

```
        return;
}

main()
{
    struct sigaction act, oact;

    act.sa_flags = 0;
    act.sa_handler = handler;
    sigemptyset(&act.sa_mask);

    if (sigaction(SIGINT, &act, &oact) < 0) {
        fprintf(stderr, "Fehler beim Installieren des Handlers\n");
        exit(1);
    }
    printf("Interrupt-Handler fuer Signal SIGINT installiert.\n");
    for (;;) {
        puts("Arbeiten");
        sleep(1);
    }
    return 0;
}
```

Die Ausführung des Programms interessiert uns auch im Hinblick auf zwiespältige
Erfahrungen mit **signal**. Tests auf verschiedenen UNIX-System ergeben hier immer:

```
$ cc -o relsig2 relsig2.c
$ relsig2
Interrupt-Handler fuer Signal SIGINIT installiert.
Arbeiten
Arbeiten
...
<DEL>
Signal 2 gefangen
Arbeiten
<DEL>
Signal 2 gefangen
Arbeiten
...
$
```

Der Interrupt-Handler bleibt selbstverständlich scharf! Dasselbe Verhalten zeigte
auch schon **signal** beim SunOS-System. Dies ist kein Zufall. Neben der neuen PO-
SIX-Routine **sigaction**, die man bevorzugen sollte, gibt es auch bei neueren UNIX-
Systemen die alten Funktion **signal**, schon aus Gründen der Kompatibilität. Wie ist
diese definiert? Leider nicht einheitlich! Neuere BSD-Systeme halten sich an die
neue, zuverlässige Semantik und implementieren **signal** durch **sigaction**. Dagegen
implementiert System V Release 4 eine **signal**-Funktion, die auf der alten, unzuver-
lässigen Semantik beruht. Man kann in diesem Fall jedoch leicht Abhilfe schaffen.

Unter Einbeziehung von Signal-Masken gibt es auch hier eine neue Funktion, die **pause** entspricht und Prozesse suspendiert. Für die Zeit der Suspendierung wird hier die durch den Parameter set spezifizierte Signal-Maske gesetzt.

```
Die sigsuspend Subroutine            (POSIX, SVID, BSD)

#include <signal.h>
int sigsuspend(set)
    sigset_t *set;
```

Für die Wirkung von **sigsuspend** gibt es drei Möglichkeiten:

- Der Prozeß ignoriert das Signal. Dann ignoriert **sigsuspend** es ebenfalls.
- Der Prozeß wird durch das Signal beendet. Der Aufruf von **sigsuspend** liefert also kein Resultat.
- Der Prozeß hat eine Signalbehandlungsroutine installiert. Nach ihrer Ausführung liefert **sigsuspend** das Resultat -1 und **errno** erhält den Wert EINTR. Es handelt sich ja um einen Unterbrechungs eines System-Calls

5.7.5.5   Große Sprünge

Im Zusammenhang mit der Behandlung von asynchronen Signalen ist es häufig notwendig, das Programm nach dem Eintreffen eines Unterbrechungssignals an einer vorher festgelegten, definierten Position wieder weiterzuführen. ANSI C verlangt ja, daß ein Interrupt-Handler entweder mit return enden soll oder **abort**, **exit** bzw. **longjmp** aufrufen soll. Wir betrachten deswegen hier die Funktionen:

```
setjmp        Sprungziel für longjump festlegen
longjmp       Duchführen eines nichtlokalen Sprunges
```

Es soll also vom Interrupthandler aus eine Art von nichtlokalem Sprung über Funktionsgrenzen hinaus ausgeführt werden, wie man ihn vielleicht von ALGOL 60 und Standard-Pascal her kennt. C bietet hierfür guten Ersatz, die beiden ANSI-C Funktionen **setjmp** und **longjmp**.

```
Die setjmp Subroutine     (POSIX, SVID, BSD, ANSI)

#include <setjmp.h>
int setjmp(env)
    jmp_buf env;
```

Die Funktion **setjmp** rettet die Stackumgebung des Prozesses im Puffer env für einen etwaigen späteren Rücksprung mit **longjmp**. Das Resultat von **setjmp** ist 0 beim setzen der Sprungmarke, beim Rücksprung wird der an **longjmp** übergebene Wert zurückgegeben.

Die longjmp Subroutine   (POSIX, SVID, BSD, ANSI)

```
#include <setjmp.h>
void longjmp(env, value)
    jmp_buf env;
    int value;
```

Die Argumente bei **longjmp** sind der Puffer env, der mit setjmp zuvor gefüllt werden muß, und ein Wert value (normalerweise ungleich 0), der das Resultat von
setjmp beim Rücksprung darstellt. Wir zeigen diese Technik an einem Beispiel.

Programm 5.38: ljmptest.c

```
#include <signal.h>
#include <setjmp.h>
#include <stdio.h>
#define forever for(;;)

jmp_buf position;
int count = 0;

void zurueck()
{
    signal(SIGINT, SIG_IGN);
    fprintf(stderr, "\nUnterbrochen\n");
    count++;

    /* Sprung zur gesicherten Stelle */
    longjmp(position, 1);
}

void warten()
{
    char s[10];
    forever {
        printf("Eingabe: ");
        gets(s);
    }
}

main()
{
    void goback();
    int rv;

    /* Ruecksprungposition sichern */
    rv = setjmp(position);
    printf("Resultat rv = %d\n", rv);
    if (count == 10)
        exit(0);

    signal(SIGINT, zurueck);
    if (count == 10)
        exit(0);
```

```
        warten();
}
```

Wie verhält sich das Programm bei der Ausführung?

```
$ cc -o ljmptest ljmptest.c
$ lmjptest
Resultat rv = 0
Eingabe: text
Eingabe: text
Eingabe: text
Eingabe: <DEL>
Unterbrochen
Resultat rv = 1
Eingabe: text
Eingabe: <DEL>
Unterbrochen
Resultat rv = 2
Eingabe: <DEL>
Unterbrochen
Resultat rv = 3
   ...
   ...
Eingabe: <DEL>
Unterbrochen
Resultat rv = 9
Eingabe: <DEL>
Unterbrochen
Resultat rv = 10
<DEL>
Unterbrochen
$
```

Es sind insgesamt 10 Sprünge möglich. Bei der Verwendung von **setjmp** und **longjmp** gibt es u.U. Probleme mit Signal-Masken. Wenn ein Signal gefangen wird, so wird beim Eintritt in den Interrupt-Handler das aktuelle Signal automatisch in die Signal-Maske aufgenommen. Was passiert mit der Signal-Maske, wenn wir den Handler mit **longjmp** verlassen? Man könnte sie vorher sichern und später restaurieren, oder auch nicht. POSIX spezifiziert die Wirkung von **longjmp** und **setjmp** nicht, sondern führt zwei neu Funktionen dazu ein:

sigsetjmp	Sprungziel für siglongjump festlegen (mit Maske)
siglongjmp	Duchführen eines nichtlokalen Sprunges (mit Maske)

Die beiden Routinen ähneln den alten ANSI C- Funktionen sehr.

Die **sigsetjmp** Subroutine (POSIX, SVID, BSD)

```
#include <setjmp.h>
int sigsetjmp(env, savemask)
    sigjmp_buf env;
    int savemask;
```

Die **siglongjmp** Subroutine   (POSIX, SVID, BSD)

```
#include <setjmp.h>
void siglongjmp(env, value)
    sigjmp_buf env;
    int value;
```

Der Hauptunterschied zum vorher betrachteten Paar **longjmp** und **setjmp** ist der zusätzliche Parameter savemask von **sigsetjmp**. Ferner ist der Datentyp des Buffers env ein anderer. Ist der Parameter savemask ungleich Null, so speichert **sigsetjmp** auch den aktuellen Wert der Signal-Maske in env. Die Funktion **siglongjmp** stellt dann gegebenenfalls den alten Wert der Signal-Maske wieder her.

Im folgenden Programm werden **sigsetjmp** und **siglongjmp** benutzt. Dabei zeigen wir eine Technik, die im Zusammenhang mit dem Einsatz von **siglongjmp** aus Interrupt-Handlern heraus nützlich ist. Man setzt die Variable canjump erst dann auf einen Wert ungleich Null, nachdem man sigsetjmp ausgeführt hat. Dies ist eine Sicherheitsmaßname für den Fall, daß der Interrupt-Handler aktiviert wird, bevor das Sprungziel festgelegt ist. In unserem Programm werden zwei Interrupt-Handler mittels **sigaction** installiert, für die Signale SIGUSR1 und SIGALRM. Das Signal SIGUSR1 ist benutzerdefiniert, d.h. es wird vom Benutzer auf Shellebene mit dem Befehl kill erzeugt oder aus einem Programm heraus mit dem Systemaufruf **kill**. Das Programm zeigt außerdem, daß die Signal-Maske, die das System beim Aufruf des Interrupt-Handlers anlegt, automatisch das abgefangene Signal enthält. Wir lenken ferner das Augenmerk auf die Funktion printmask(), die zum Ausgeben der gegenwärtigen Signal-Maske an verschiedenen Stellen des Ablaufs verwendet wird: im Hauptprogramm main am Anfang und am Ende und in den beiden Interrupt-Handlern.

Programm 5.39: relsig3.c

```
#include <stdio.h>
#include <signal.h>
#include <setjmp.h>
#include <time.h>
#include <errno.h>
#include <unistd.h>

void printmask();
void sig_usr1();
void sig_alrm();
```

```c
sigjmp_buf jmpbuf;
volatile sig_atomic_t canjump;

main()
{
   struct sigaction act, oact;

   act.sa_flags = 0;
   act.sa_handler = sig_usr1;
   sigemptyset(&act.sa_mask);
   if (sigaction(SIGUSR1, &act, &oact) < 0)
      fprintf(stderr, "Fehler bei sigaction(SIGUSR1)");

   act.sa_flags = 0;
   act.sa_handler = sig_alrm;
   sigemptyset(&act.sa_mask);
   if (sigaction(SIGALRM, &act, &oact) < 0)
      fprintf(stderr, "Fehler bei sigaction(SIGALRM)");
   printmask("main beginnt: ");

   if (sigsetjmp(jmpbuf, 1)) {
      printmask("main endet: ");
      exit(0);
   }
   canjump = 1;   /* Nun kann sigsetjmp() springen */

   for (;;) pause();
}

void sig_usr1(int signo)
{
   time_t starttime;

   if (canjump == 0)
      return;                           /* unerwartetes Signal ignorieren */
   printmask("sig_usr1 beginnt: ");
   alarm(3);                            /* SIGALRM in 3 Sekunden */
   starttime = time(NULL);
   for (;;)                             /* Warten fuer 5 Sekunden */
      if (time(NULL) > starttime + 5)
         break;
   printmask("sig_usr1 endet: ");
   canjump = 0;
   siglongjmp(jmpbuf, 1);               /* zurueckspringen zu main */
}

void sig_alrm(int signo)
{
   printmask("sig_alrm: ");
   return;
}

void printmask(char *str)
{
   sigset_t sigset;
   int errno_save;
```

```
    errno_save = errno;
    if (sigprocmask(0, NULL, &sigset) < 0)
       fprintf(stderr, "Fehler bei sigprocmask ");
    printf("%s", str);
    if (sigismember(&sigset, SIGINT))  printf("SIGINT ");
    if (sigismember(&sigset, SIGQUIT)) printf("SIGQUIT ");
    if (sigismember(&sigset, SIGUSR1)) printf("SIGUSR1 ");
    if (sigismember(&sigset, SIGALRM)) printf("SIGALRM ");
          /* u.U. weitere Signale ... */
    printf("\n");
    errno = errno_save;
    return;
}
```

Wir compilieren relsig3.c und bringen relsig3 im *Hintergrund* zur Ausführung:

```
$ cc -o relsig3 relsig3.c
$ relsig3 &
[1]   2491
$ kill -USR1 2491
sig_usr1 beginnt: SIGUSR1
sig_alrm: SIGUSR1 SIGALRM
sig_usr1 endet: SIGUSR1
main endet:
[1] + Done relsig3 &
$
```

Was ist passiert?

5.7.6   Speicherverwaltung

Zur Kontrolle des Programmierers über seinen Prozeß gehört neben den bisher betrachteten Themen auch die Allokation von Speicher. Wir erinnern uns an Abb. 5.14, wo die Vorgänge beim Laden eines Programmes dargestellt sind. U. a. wird dabei das Datensegment angelegt. Es hat die Möglichkeit, nach *unten*, in Richtung auf den Stack hin, zu wachsen. Natürlich kann es auch schrumpfen, d.h. sich nach *oben* zurückziehen. Der System-Calls **brk** und **sbrk** (manchmal auch eine Subroutine!) manipulieren das Datensegment in diesem Sinne.

brk	Datensegmentgröße definieren
sbrk	Vergrößern/Verkleinern des Datensegments

Die Adresse unmittelbar nach dem Ende des verfügbaren Datenbereichs heißt *Break*-Wert. Mit Hilfe von **brk** verändert ein Prozeß seinen Break-Wert und damit die Größe seines Datensegments.

```
Der brk Systemaufruf        (SVID, BSD)

int brk(endds)
    char *endds;
```

Der Pointer endds zeigt auf das neu zu definierende Ende des Datensegments, d.h. auf den neuen Break-Wert. Neu allokierter Speicher wird dabei ausgenullt. Das Resultat von **brk** ist 0 bei Erfolg und -1 bei Mißerfolg. Letzteres ist der Fall

- wenn nicht genügend Speicherplatz zur Verfügung steht [ENOMEM].

Etwas handlicher als **brk** ist **sbrk**:

```
Der sbrk Systemaufruf      (SVID, BSD)

char *sbrk(increment)
    int increment;
```

Das Argument increment gibt die Anzahl der Bytes an, um die das Datensegment zu vergrößern oder zu verkleinern ist (increment < 0). Das Resultat von **sbrk** ist der alte Break-Wert im Erfolgsfall und (char *) -1 im Fehlerfall, wobei die Fehlerursache dieselbe wie bei **brk** ist. Man kann also durch das Statement

```
breakvalue = sbrk(0);
```

den gegenwärtigen Break-Wert ermitteln. Als Beispiel für **sbrk** betrachten wir das folgende Programm, das solange das Datensegment vergrößert, bis es nicht mehr geht.

Programm 5.40: sbrktest.c

```
#include <stdio.h>
int main()
{
    char *p, *oldp; char *sbrk();
    for (;;) {
        oldp = p;
                p = sbrk(1024);
                        printf("%ld\n", p);
        if (p == (char *) -1) break;
    }
    printf("%lx\n", oldp);
}
```

Übersetzen und Ausführen liefert zum Beispiel das nichtrepräsentative Resultat

```
$ cc -o sbrktest sbrktest.c
$ sbrktest
....
-1
bffffda9
```

Auf **brk** bauen die jedem C-Programmierer geläufigen ANSI-C-Speicherverwaltungs-routinen **malloc**, **calloc**, **realloc** und **free** auf. Ihnen sollte auf jeden Fall wegen der einfacheren Handhabung und größeren Effizienz der Vorzug gegenüber **brk** oder **sbrk** gegeben werden!

5.8   Prozeß-Kommunikation I

Bei Multitasking- (syn. Multi-Prozeß-) Betriebssystemen spielt die Kommunikation bzw. Synchronisation zwischen konkurrent ablaufenden Prozessen eine herausragende Rolle. Die Gründe dafür sind vielfältig. Zum einen werden größere Software-systeme häufig als Systeme mit mehreren *kooperierenden* Prozessen gestaltet. Diese müssen normalerweise in ihren Abläufen synchronisiert werden. Ferner müssen häufig Daten von einem Prozeß zum anderen transferiert werden. Ein anderer Grund liegt im Problem der *kritischen Abschnitte* von Prozessen beim Zugriff auf nicht gemeinsam benutzbare Betriebsmittel. Auch hier sind Synchronisati-onsmethoden erforderlich, die den *gegenseitigen Ausschluß*, s.u., gewährleisten.

In Abschnitt 5.7.1 haben wir eine recht primitive Vorgehensweise zur Synchronisie-rung zwischen Parent- und Child-Prozeß kennengelernt. Dabei wartet der Parent-Prozeß mit **wait** solange, bis sein Child-Prozeß (oder einer seiner Nachkommen) mit **exit** sein Ende und eventuell seinen Erfolg anzeigt. In vielen Fällen ist diese Tech-nik, die ja in der Subroutine **system** implementiert ist, durchaus ausreichend. UNIX-Systeme bieten jedoch darüber hinaus eine Vielfalt von Möglichkeiten zur Synchro-nisation und Kommunikation an. Dies gilt insbesondere seit dem Aufkommen der IPC-Facility von System V. IPC steht für Inter Process Communication. Zu den wich-tigsten Fähigkeiten moderner UNIX-Systeme auf dem genannten Gebiet zählen:

> Pipes und FIFOS
> File- und Record-Locking
> *Messages*
> *Semaphore*
> *Shared Memory*

Die letzten drei Punkte dieser Liste gehören der IPC-Facility an.

Wichtige Begriffe

Probleme beim Zugriff auf gemeinsame Daten und Betriebsmittel bei parallel ablau-fenden Prozessen legen folgende Begriffsbildung nahe. Wir teilen Prozesse auf in:

1. **unkritische Abschnitte**, in denen *nicht* auf von mehreren Prozessen gemeinsam benutzte Daten *zugegriffen* wird,

2. **kritische Abschnitte**, in denen auf von mehreren Prozessen benutzte Daten *lesend* und mindestens von einem Prozeß *schreibend zugegriffen* wird.

Eine eindeutige Abgrenzung zwischen kritischen und unkritischen Abschnitten ist notwendig: kritische Abschnitte müssen ohne Störung durch andere konkurrente Prozesse in einer Sequenz durchgeführt werden. Die Lösung des Problems der kriti-schen Abschnitte ist der sogenannte **gegenseitige Ausschluß** (mutual exclusion):

kritische Abschnitte müssen exklusiv ausgeführt werden, d.h. ein kritischer Abschnitt zu einer Zeit. Im einfachsten Fall betrachtet man *zwei* parallel ablaufende **zyklische** Prozesse, die hinsichtlich ihrer kritischen Abschnitte synchronisiert werden müssen. Jeder Prozeß besteht im wesentlichen aus den Anteilen

```
for (;;) {
  Protokoll vor kritischem Abschnitt
  Kritischer Abschnitt
  Protokoll nach krititschem Abschnitt
  Unkritischer Abschnitt
}
```

Ein allgemein bekannter Lösungsansatz für diese Problemstellung, der sogenannte **Semaphor** (Zeichenträger) stammt von Dijkstra, vgl. z.B. [Deitel]. Ein **Semaphor** ist eine geschützte Integer-Variable, die nur die Operationen *Initialisierung* und *P* und *V* gestattet. Die klassische Beschreibung der Operationen *P* und *V* ist in C-Schreibweise:

```
void P(s)
semaphor s;
{
   while (s <= 0); /* Warten */
   s--;
}

void V(s)
semaphor s;
{
   s++;
}
```

Die Modifikation des Semaphors s bei V muß dabei eine *unteilbare* Operation sein, ebenso müssen Testen des Wertes von s (s <= 0) und die mögliche Modifikation s:= s-1 als *unteilbare* Operation ausgeführt werden. Zur Erklärung der Bezeichnungen P und V findet man in der Literatur (nicht ganz konsequent) die holländischen Begriffe *Passeeren, Probeeren für P, Vrygeven, Verlaat, Verhagen für V.* Andere Schreibweisen sind *Wait* für *P* und *Signal* für *V.* Semaphore können durch Busy Waiting implementiert werden, wie oben gezeigt. Zur Sicherung der Unteilbarkeit der Modifikation des Semaphors müssen gegebenenfalls besondere Maßnahmen getroffen werden, z.B. bei Einprozessor-Rechnern *Abschaltung von Interrupts* für den Zeitraum der Operation.

Eine andere, praktisch viel wichtigere Implementationsmöglichkeit bedient sich des Prozeß-Managements im Betriebssystemkern, um Prozesse zu blockieren bzw. zu aktivieren. Das Problem des gegenseitigen Ausschlusses bei n Prozessen, die um ein kritisches Betriebsmittel wetteifern, hat damit folgende sehr einfache und durchsichtige Lösung: jedes der zyklischen Programme muß folgende einfache Struktur haben, in der P und V das Protokoll vor und nach dem kritischen Abschnitt bilden:

```
main()
{
   semaphor s;
   for (;;) {
```

```
    P(s);
    /* kritischer Abschnitt */;
    V(s);
    /* unkritischer Abschnitt */
    }
  }
```

Zuvor muß von einer anderen Instanz, z.B. vom Vater-Prozeß der zyklischen Prozesse, der Semaphor s mit 1 initialisiert werden.

Die in den folgenden Abschnitten betrachteten Techniken müssen in Bezug auf ihre Anwendbarkeit hin beurteilt werden. Dabei muß man zwischen *Kommunikation* und *Synchronisation* abgrenzen. Zur Kommunikation zwischen Prozessen dienen Pipes, Named Pipes (auch FiFOs genannt), IPC Message Queues und IPC Shared Memory. Pipes, Named Pipes und IPC Message Queues ist eine Synchronisation nach Art des Erzeuger-Verbraucher-Problems zwischen schreibenden und lesenden Prozessen eigen. Normale Pipes sind nur zwischen verwandten Prozessen verwendbar. IPC Shared Memory bedarf einer zusätzlichen Synchronisation, in der Regel durch IPC Semaphore. Lock-Files und IPC Semaphore dienen vordringlich der Synchronisation von Prozessen bei Zugriff auf kritische Resourcen, Lock-Files normalerweise nur für relativ langsame Vorgänge. Record-Locking dient für Synchronisationsaufgaben speziell nur beim Zugriff auf Files. Jedoch sind auch Pipes, FIFO's und IPC Message Queues zur reinen Prozeß-Synchronisation verwendbar. Wir beginnen mit einer alten, recht einfachen Technik der Synchronisation.

5.8.1   Lock-Files

Wir betrachten in diesem Abschnitt eine einfache und altbewährte Methode zur Erreichung des gegenseitigen Ausschlusses bei kritischen Abschnitten. Mit Hilfe der Eigenschaften des Systemaufrufs **open** werden mit Hilfe von *Lock-Files* eine Art von Semaphoren implementiert.

Als Simulation der P-Operation wird wiederholt versucht, ein File, das bewußte Lock-File mit **open** (manchmal auch mit **creat**, vgl. [Rochkind2]) zu kreieren. Die P-Operation wird auf das Löschen des Lock-Files mit **unlink** zurückgeführt. Die beiden Operationen P und V heißen in unserem Zusammenhang lock und unlock. Die wesentliche Idee bei dieser Vorgehensweise ist die gemeinsame Verwendung der Zugriffs-Flags O_CREAT und O_EXCL bei **open**, die wir schon früher kennengelernt haben. Wenn das File schon existiert, kann ein Prozeß nicht erfolgreich damit sein. Unter der Voraussetzung, daß der Systemaufruf **open** *atomar* ist, also nicht unterbrochen werden kann, ist damit die Semaphor-Eigenschaft sichergestellt.

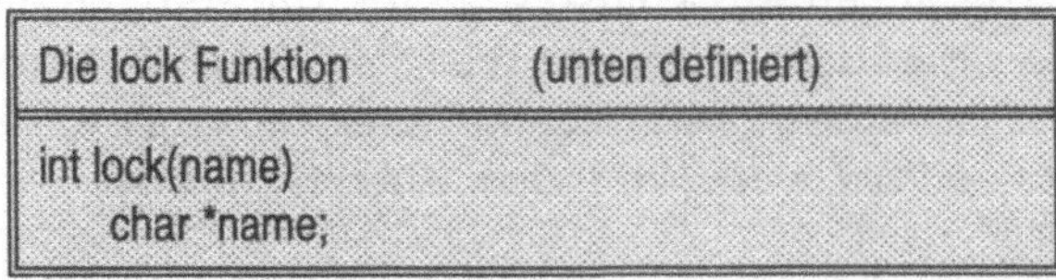

<table>
<tr><td>Die unlock Funktion   (unten definiert)</td></tr>
<tr><td>void unlock(name)
   char *name;</td></tr>
</table>

Die Funktionen haben beide das Argument name, einen String-Pointer, der den Namen des Lock-Files im Directory /tmp angibt. Das Resultat von **lock** ist im Erfolgsfalls die Anzahl der Versuche, die zur Inbesitznahme des Lock-Files nötig waren, minimal 1. Im Fehlerfall ist das Resultat negativ, absolut gleich der Anzahl der Fehlversuche.

Programm 5.41: lock.c

```
#include <sys/types.h>
#include <errno.h>
#include <string.h>
#include <stdio.h>
#include <fcntl.h>

#define LOCKDIR "/tmp/"     /* oder z.B. /usr/tmp/ */
#define MAXVERS 10
#define SLPTIME (unsigned int) 1

int lock(name)                          /* Lock-File in Besitz bringen */
char *name;
{
    int fd, versuche;
    char *path;
    char *lockpath();

    versuche = 0;
    path = lockpath(name);
    while ((fd = open(path, O_WRONLY | O_CREAT | O_EXCL,
            0666)) == -1 && errno == EEXIST) {
        if (++versuche >= MAXVERS) return(-versuche);
        sleep(SLPTIME);
    }

    if (fd == -1 || close(fd) == -1) {
        fprintf(stderr, "Fehler bei lock.\n");
        exit(1);
    }
    return(++versuche);
}

void unlock(name)               /* Lock-File freigeben */
char *name;
{
    char *lockpath();

    if (unlink(lockpath(name)) == -1) {
        fprintf(stderr, "Fehler bei unlock.\n");
```

```
        exit(1);
    }
}

static char *lockpath(name) /* Lock-File Pfadnamen generieren */
char *name;
{
  static char path[20];

  strcpy(path, LOCKDIR);
  return(strcat(path, name));
}
```

Die lokale Funktion **lockpath** erzeugt einen Filenamen im Directory /tmp, für das
alle Benutzer Schreibrecht haben. Das folgende Beispiel macht Gebrauch von **lock**
und **unlock**:

Programm 5.42: locktest.c

```
#include <stdio.h>
#include <string.h>

main(argc, argv)
int argc;
char *argv[];
{
   char lockname[14];
   int  pid, i, l, loops;
   int  atoi();
   int  lock();
   void unlock();

   if (argc != 3) {
      fprintf(stderr, "Aufruf: %s lockname loops\n", argv[0]);
      exit(1);
   }
   strcpy(lockname, argv[1]);
   loops = atoi(argv[2]);
   pid = getpid();
   printf("Prozess: %d, Lock-File: %s\n\n", pid, lockname);

   for (i=0; i<loops; i++)
   {
      if ((l = lock(lockname)) > 0) {
        printf("%d, krit. Abschnitt %2d, %2d Versuche \n", pid, i, l);
      } else {
         fprintf(stderr,"%2d Versuche, Fehler bei Lock-File-Erzeugung\n", -1);
         exit(1);
      }
      unlock(lockname);
      printf("%d, unkrit. Abschnitt %2d\n", pid, i);
      sleep(2);
   }
   return;
}
```

Wir compilieren locktest.c und starten zwei Versionen zum konkurrenten Ablauf. Dies sieht dann so aus:

```
$ cc locktest.c lock.c -o locktest
$ locktest x 5 1 1 & locktest x 5 0 3 &
[1] 427
[2] 428
Prozess 427, Lock-File: x
427, krit. Abschnitt  0,  1 Versuche
Prozess 428, Lockfile: x
427, unkrit. Abschnitt  0
428, krit. Abschnitt 0,  2 Versuche
428, unkrit. Abschnitt
427, krit. Abschnitt 1,  1 Versuche
427, unkrit. Abschnitt  1
427, krit. Abschnitt 2,  1 Versuche
427, unkrit. Abschnitt  2
428, krit. Abschnitt 1,  2 Versuche
428, unkrit. Abschnitt  1
427, krit. Abschnitt 3,  1 Versuche
427, unkrit. Abschnitt  3
427, krit. Abschnitt 4,  1 Versuche
427, unkrit. Abschnitt  4
428, krit. Abschnitt 2,  2 Versuche
428, unkrit. Abschnitt  2
428, krit. Abschnitt 3,  1 Versuche
428, unkrit. Abschnitt  3
428, krit. Abschnitt 4,  1 Versuche
428, unkrit. Abschnitt  4
```

Die hier gezeigte Verwendung eines Lock-Files als Semaphor-Ersatz ist langsam und aufwendig, bringt aber den Vorteil, bei jeder UNIX-Version zu funktionieren, im Gegensatz zu den später betrachteten Methoden innerhalb des IPC-Pakets, wo ja "echte" Semaphore angeboten werden. Auch bei anderen Betriebssystemen wird die Idee der Lock-Files häufig eingesetzt. Typische Beispiele der Anwendung von Lockfiles innerhalb UNIX sind zu finden bei relativen langsamen Vorgängen, wie der Synchronisierung von Druckjobs beim Druckerdaemon **lpd** oder der Synchronisierung des Zugriffs auf eine Modemschnittstelle durch ein Terminalprogramm wie **kermit**.

5.8.2 Pipes

Zur Übertragung von größeren Datenmengen zwischen konkurrenten Prozessen dienen unter UNIX u. a. die schon mehrfach erwähnten **Pipes**. Eine Pipe ist normalerweise ein nur in einer Richtung wirkender Kommunikationskanal auf der Basis von FIFO (First-In-First-Out). Auf der Ebene der Shell lassen sich Programme mit der *Filter*-Eigenschaft leicht durch Pipes verbinden. Wir erinnern uns: Filter sind Programme, die von der Standardeingabe lesen und auf die Standardausgabe schreiben. Das sieht dann etwa so aus:

```
$ pr text | lp
```

Die Shell startet dadurch die pr und lp zum konkurrenten Ablauf und verbindet die Standardausgabe von pr mit der Standardeingabe von lp durch eine Pipe. Die beiden Prozesse wissen jedoch dabei überhaupt nichts von der Existenz der Pipe. Die Daten, die pr zuerst in die Pipe geschrieben hat, werden von lp auch zuerst daraus gelesen. Die Kontrolle des Datenflusses zwischen pr und lp erfolgt automatisch durch den Kern und ist transparent für die Prozesse. Wenn z.B. das Programm pr zu schnell Daten produziert und die Pipe voll ist, wird pr beim Schreiben zeitweise suspendiert und dann wieder aktiviert, wenn lp mit der Verarbeitung aufgeholt hat. Wenn lp die Pipe geleert hat, so wird lp beim Lesen blockiert, solange bis pr die Pipe wieder ein wenig gefüllt hat. Wir haben es also mit einer für den Benutzer transparenten Implementation des klassischen Erzeuger-Verbraucher-Problems zu tun. Der Effekt der obigen Kommandozeile ist nach außen hin derselbe wie bei der Kommandofolge

```
$ pr test >tempfile
$ lp <tempfile
$ rm tempfile
```

Unter MS-DOS wird übrigens bei der Verarbeitung einer "Pseudo"-Pipe genau so verfahren. Wir interessieren uns hier selbstverständlich weniger für die Shell-Programmierung als für die Systemaufrufe, die dahinter stehen. In diesem Abschnitt behandeln wir die Systemaufrufe und Subroutines

pipe	Pipe erzeugen
popen	Shell mit Pipe erzeugen
pclose	Shell mit Pipe beenden

Zur Erzeugung von Pipes dient der System-Call **pipe**.

```
Der pipe Systemaufruf      (POSIX, SVID, BSD)

int pipe(filedesc)
    int filedesc[2];
```

Das Argument ist ein Array, bestehend aus zwei Filedeskriptoren, die die erzeugte Pipe identifizieren. Der erste davon, filedesc[0], ist offen zum Lesen, der andere, fildesc[1], stellt das Schreibende der Pipe dar. Das Resultat von **pipe** ist wie üblich 0 im Erfolgsfall und -1 im Fehlerfall, etwa,

- wenn keine Filedeskriptoren mehr übrig sind [EMFILE].

Eine so mit **pipe** erzeugte Pipe kann danach mit den bekannten Systemaufrufen **read**, **write** und **close** bearbeitet werden. Die Wirkung dieser Aufrufe ist im Spezialfall der Pipes noch genauer zu definieren:

write: Die Daten werden sequentiell in die Pipe geschrieben. Wen die Pipe voll ist, blockiert **write** normalerweise so lange, bis durch **read** Daten aus der Pipe entfernt worden sind. Es gibt dabei keine teilweisen Schreiboperationen. Die Kapazität einer Pipe ist systemabhängig, jedoch mindestens 4096 Bytes. Falls wir mit dem Systemaufruf **fcntl** das O_NDELAY-Flag setzen, blockiert **write** nicht, sondern kehrt mit dem Resultat 0 zurück. Ein *End-of-File* können wir mit write nicht in die Pipe schreiben. Dazu muß vielmehr der Filedeskriptor für den schreibenden Zugriff mit **close** geschlossen werden.

read: Die Daten werden in der Reihenfolge gelesen, wie sie geschrieben wurden (FIFO-Prinzip!). Sie können nicht zurückgegeben und auch nicht nocheinmal gelesen werden. Wenn die Pipe leer ist, blockiert **read** normalerweise solange bis neue Daten in der Pipe vorliegen. Falls die Pipe auf der Schreibseite geschlossen wurde, liefert **read** stattdessen das Resulat 0. Das die Anzahl der zu lesenden Bytes angebende Argument von **read** wird nicht immer befriedigt, nur wenn genügend Daten vorliegen. Sonst werden gerade so viel Bytes gelesen, wie in der Pipe zur Verfügung stehen.

close: Wenn die Schreibseite der Pipe mit **close** geschlossen wird, so ist für die Leseseite die *End-of-File*-Bedingung gegeben. Wenn die Leseseite geschlossen wird, so verursacht ein **write** auf der Schreibseite einen Fehler, der das Signal SIGPIPE erzeugt.

Die sonst im Zusammenhang mit Files gebrauchten System-Calls wie **open**, **creat**, **lseek** finden bei Pipes keine Verwendung. Nützlich ist dagegen vor allem **dup** zum Duplizieren von Filedeskriptoren. Ferner kann man **fstat** zur Bestimmung der gegenwärtigen Größe einer Pipe verwenden und **fcntl**, um das O_NDELAY-Flag zu setzen. Es ist nun höchste Zeit, die Wirkung von Pipes an Beispielen zu beobachten. Im ersten Programm wird von einem Prozeß in eine Pipe geschrieben und daraus gelesen.

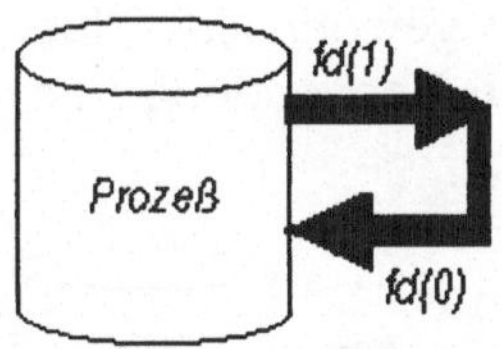

Abb. 5.17: Ein Prozeß und eine Pipe

Programm 5.43: pipe1.c

```c
/* Test fuer pipe */
#include <stdio.h>
#define MSGSIZE 18  /* inklusive Null-Character */
char *mes1 = "Hallo, Welt Nr. 1";
char *mes2 = "Hallo, Welt Nr. 2";
```

```
    char *mes3 = "Hallo, Welt Nr. 3";

    main()
    {
        char buf[80];
        int fd[2], anz;

        /* Pipe oeffnen */
        if (pipe(fd) < 0) {
            perror("Fehler bei pipe"); exit(1);
        }

        /* Auf Pipe schreiben */
        write(fd[1], mes1, MSGSIZE);
        write(fd[1], mes2, MSGSIZE);
        write(fd[1], mes3, MSGSIZE);

        /* Von Pipe lesen */
        anz = read(fd[0], buf, 3*MSGSIZE);
        printf("%d\n", anz);
        write(1, buf, anz);
        printf("\n");
    }
```

Bei der Ausführung sehen wir folgendes:

```
$ cc -o pipe1 pipe1.c
$ pipe1
54
Hallo, Welt Nr. 1_Hallo, Welt Nr. 2_Hallo, Welt Nr. 3_
```

Beim Schreiben haben wir drei Portionen von je 18 Bytes in die Pipe geschickt, beim Lesen haben wir alles auf einmal entgenommen. Die Verwendung einer Pipe in einem Prozeß ist normalerweise nicht sehr sinnvoll, es sei denn, man will damit die Datenstruktur der FIFO-Queue implementieren. In der Praxis werden Pipes zur Datenübermittlung zwischen verwandten Prozessen, z.B. zwischen Parent-Prozeß und Child-Prozeß herangezogen. Der Grund: die Vererbung der Filedeskriptoren macht es erst möglich, die Pipe durch zwei Prozesse gleichzeitig zu benutzen. Nicht miteinander verwandte Prozesse können nicht durch gewöhnliche Pipes kommunizieren. Das folgenden Diagramm zeigt einen für die Verwendung von Pipes typischen Fall.

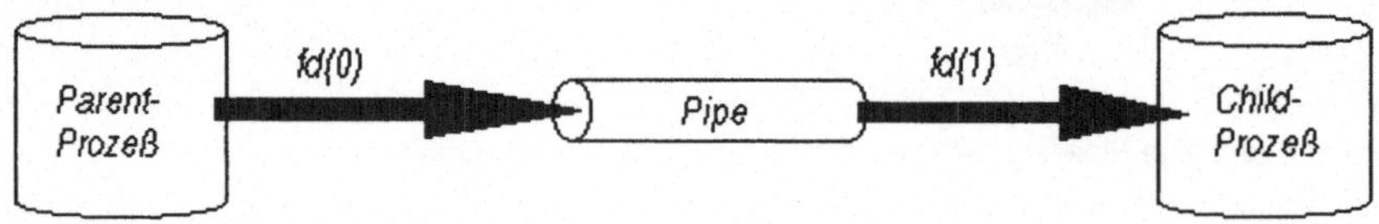

Abb. 5.18: Zwei verwandte Prozesse und eine Pipe

Normalerweise erzeugt der Parent-Prozeß die Pipe und führt dann ein **fork** aus. Der Child-Prozeß besitzt anschließend durch Vererbung Kopien der Filedeskriptoren der Pipe. D.h. beide Prozesse haben gemeinsamen Zugriff auf die Pipe. Allerdings können *beide* dann auch Lesen *und* Schreiben, was garantiert Verwirrung stiftet. Aus diesem Grunde gehört es zum guten Stil, daß jeder Prozeß nun - nach dem **fork** - den Filedeskriptor schließt, den er nicht braucht. Dies ist auch wegen der begrenzten Anzahl zur Verfügung stehender Deskriptoren anzuraten. Im nächsten Beispiel wird genau so vorgegangen.

Programm 5.44: pipe2.c

```
/* Test fuer pipe */
#include <stdio.h>
#define MSGSIZE 18   /* inklusive Null-Character */
#define INULL    (int *)0
char *mes1 = "Hallo, Welt Nr.1";
char *mes2 = "Hallo, Welt Nr.2";
char *mes3 = "Hallo, Welt Nr.3";

main()
{
    char buf[MSGSIZE];
    int fd[2], k, pid;

    /* Pipe oeffnen */
    if (pipe(fd) < 0) {
        perror("Fehler bei pipe"); exit(1);
    }

    /* Child-Prozess erzeugen */
    if ((pid = fork()) < 0) {
        perror("Fehler bei fork"); exit(1);
    }

    /* Parent-Prozess: Leseseite der Pipe
       schliessen und in die Pipe schreiben */
    if (pid > 0) {
        close(fd[0]);
        write(fd[1], mes1, MSGSIZE);
        write(fd[1], mes2, MSGSIZE);
        write(fd[1], mes3, MSGSIZE);
        wait(INULL);
    }

    /* Child-Prozess: Schreibseite der Pipe
       schliessen und von der Pipe lesen */
    if (pid == 0) {
        close(fd[1]);
        for (k = 0; k < 3; k++) {
            read(fd[0], buf, MSGSIZE);
            printf("%s\n", buf);
        }
    }
}
```

Wir compilieren und starten pipe1:

```
$ cc -o pipe1 pipe1.c
$ pipe1
```

```
Hallo, Welt Nr. 1
Hallo, Welt Nr. 2
Hallo, Welt Nr. 3
```

Bei praktischen Aufgabenstellungen wird der Child-Prozeß normalerweise durch ein **exec** überlagert. Dadurch entsteht für das neue durch **exec** gestartete Programm die Aufgabe, an den notwendigen Filedeskriptor der Pipe zu kommen. Wenn beide Programme von diesem Problem wissen, kann dieses im Prinzip durch eine einfache Argumentübergabe gelöst werden, bei der eine Binär→ASCII- und eine ASCII→ Binär-Umwandlung anfallen. Das folgende Beispiel demonstriert es.

Programm 5.45: pipe3p.c und pipe3c.c

```c
/* pipe3p.c */
/* Test fuer pipe, Parent */
#include <stdio.h>
#define MSGSIZE 18   /* inklusive Null-Character */
#define INULL (int *)0
char *mes1 = "Hallo, Welt Nr.1";
char *mes2 = "Hallo, Welt Nr.2";
char *mes3 = "Hallo, Welt Nr.3";

main()
{
    char buf[MSGSIZE];
    int fd[2], k, pid;
    char argument1[4], argument2[4];

    /* Pipe erzeugen */
    if (pipe(fd) < 0) {
        perror("Fehler bei pipe"); exit(1);
    }
    printf("Filedeskriptoren der Pipe: %d %d\n",
            fd[0], fd[1]);

    /* Child-Prozess erzeugen */
    if ((pid = fork()) < 0) {
        perror("Fehler bei fork"); exit(1);
    }

    /* Parent-Prozess: Leseseite der Pipe schliessen und in die Pipe schreiben */
    if (pid > 0) {
        close(fd[0]);
        write(fd[1], mes1, MSGSIZE);
        write(fd[1], mes2, MSGSIZE);
        write(fd[1], mes3, MSGSIZE);
        wait(INULL);
    }

    /* Child-Prozess: Schreibseite der Pipe schliessen und Prozess ueberlagern,
       Pipe-Lese-Filedeskriptor fd[0] sowie Anzahl der Datensaetze als Argument
       uebergeben */
    if (pid == 0) {
        close(fd[1]);
        sprintf(argument1, "%d", fd[0]);
        sprintf(argument2, "%d", 3);
```

```
            execlp("pipe3c", "pipe3c", argument1, argument2, NULL);
            perror("Fehler bei execlp");
        }
    }


    /* pipe3c.c */
    /* Child */
    #include <stdio.h>
    #define MSGSIZE 18  /* inklusive Null-Character */
    #define INULL   (int *)0

    main(argc, argv)
    int argc;
    char *argv[];
    {
        char buf[MSGSIZE];
        int fd, k, anzahl;

        /* Argument ueberpruefen und umwandlen */
        if (argc != 3) {
            fprintf(stderr, "Aufruf: %s Filedeskriptor Anzahl\n", argv[0]);
            exit(1);
        }
        if ((fd = atoi(argv[1])) <= 0) {
            fprintf("Falscher Filesdeskriptor"); exit(1);
        }
        if ((anzahl = atoi(argv[2])) <= 0) {
            fprintf("Falsche Anzahl"); exit(1);
        }
        printf("Lese-Filedeskriptor: %d\n", fd);

        /* Von der Pipe lesen */
        for (k = 0; k < anzahl; k++) {
            read(fd, buf, MSGSIZE);
            printf("%s\n", buf);
        }
        close(fd);
    }
```

Bei der Compilation und Ausführung erhalten wir das Protokoll:

```
$ cc -o pipe3p pipe3p.c
$ cc -o pipe3c pipe3c.c
$ pipe3p
Filedeskriptoren der Pipe: 3 4
Lese-Filedeskriptor: 3
Hallo, Welt Nr.1
Hallo, Welt Nr.2
Hallo, Welt Nr.3
```

Die hier gezeigte Vorgehensweise ist jedoch nicht immer anwendbar, da häufig Programme, die nicht aus einer Feder stammen, durch Pipes verknüpft werden sollen. Die Lösung hierfür wird im nächsten Beispiel deutlich. Eine weitere gängige Aufgabenstellung im Zusammenhang mit Pipes ist die, daß zwei Prozesse (Parent und

Child) durch zwei Pipes verbunden sind, die in verschiedene Richtungen wirken. Abb. 5.18 zeigt das Prinzip.

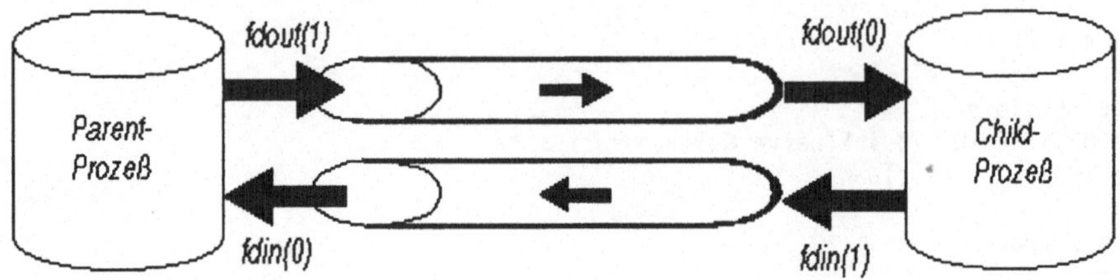

Abb. 5.19: Zwei verwandte Prozesse und zwei Pipes

Exemplarisch soll dies am Lese-Ende der ersten Pipe im Child-Prozeß geschildert werden, vgl. auch Abb. 5.20.

```
close(0);          /* Standardeingabe für Child schließen     */
dup(fdout[0]);     /* Lese-FD der 1. Pipe duplizieren in FD 0 */
close(fdout[1]);   /* Schreib-FD schließen, wir lesen nur!     */
```

Im folgenden Programm wird dieses Prinzip in die Praxis umgesetzt. Zusätzlich wird der Child-Prozeß mit **exec** durch ein neues Programm überlagert. In unserem Spezialfall soll dieses die UNIX-Utility sort sein. Dabei ergibt sich ein für Pipes charakteristisches Problem: sort kennt wie viele andere UNIX-Dienstprogramme nur die standardmäßigen Filedeskriptoren 0, 1 und 2. Die oben gezeigte Methode der Übergabe von Filedeskriptoren als Parameter kann also nicht benutzt werden. Zur Hilfe kommt uns der schon von früher bekannte Systemaufruf **dup**. Wir gehen genau auf dieselbe Weise vor wie etwa in Programm 5.25.

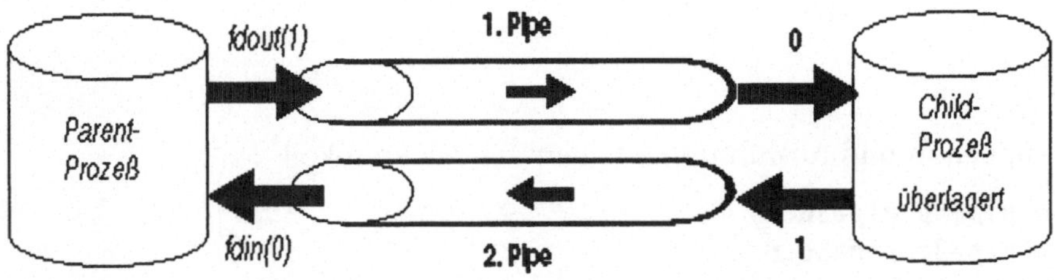

Abb. 5.20: Zwei verwandte Prozesse und zwei Pipes mit bestimmten Filedeskriptoren

Im folgenden Programm kommt dieser Trick öfters vor. Finden Sie heraus, wo! Man muß sich für das Verständnis vor allem die Reihenfolge **fork**, **close**, **dup**, **exec** merken. Für den Anfänger in der UNIX-Systemprogrammierung ist der Grund für die Trennung von **fork** und **exec**, die ja bei anderen Systemen meistens nicht existiert, häufig nicht klar. Bei Themen wie Pipes wird die größere Flexibilität, die mit dieser Trennung verbunden ist, und der gute Geschmack der Entwickler, wie es [Rochkind2] nennt, deutlich.

Programm 5.46: pipesort.c

```c
/* Beispiel fuer pipe, dup, fork, exec   */
#include <stdio.h>
#include <sys/types.h>
#include <fcntl.h>
#define BUFLEN 512

int sortieren(fname)
char *fname;
{
   int fdout[2], fdinp[2];
   int fd, nread;
   char buf[BUFLEN];

   if (pipe(fdinp) < 0 || pipe(fdout) < 0) {
      perror("Fehler bei pipe"); exit(1);
   }

   switch (fork()) {

      case -1: /* Fehler */
               perror("Fehler bei fork"); exit(1);

      case  0: /* Child-Prozess */
               if (close(0) < 0) {
                  perror("Fehler bei close"); exit(1);
               }
               if (dup(fdout[0]) != 0) {
                  perror("Fehler bei dup"); exit(1);
               }
               if (close(1) < 0) {
                  perror("Fehler bei close"); exit(1);
               }
               if (dup(fdinp[1]) != 1) {
                  perror("Fehler bei dup"); exit(1);
               }
               close(fdout[0]);
               close(fdout[1]);
               close(fdinp[0]);
               close(fdinp[1]);
               execlp("sort", "sort", NULL);

      default: /* Parent-Prozess */
               close(fdout[0]);
               close(fdinp[1]);
               if ((fd = open(fname, O_RDONLY)) < 0) {
                  perror("Fehler bei open"); exit(1);
               }
               while ((nread = read(fd, buf, sizeof(buf))) != 0) {
                  if (nread == -1) {
                     perror("Fehler bei read"); exit(1);
                  }
                  if (write(fdout[1], buf, nread) == -1) {
                     perror("Fehler bei write auf Pipe"); exit(1);
                  }
               }
```

```
                close(fd);
                close(fdout[1]);
                while ((nread = read(fdinp[0], buf, sizeof(buf))) != 0) {
                    if (nread == -1) {
                        perror("Fehler bei read von Pipe"); exit(1);
                    }
                    if (write(1, buf, nread) == -1) {
                        perror("Fehler bei write"); exit(1);
                    }
                }
                close(fdinp[0]);
        }
        return(0);
}

main(argc, argv)
int argc;
char *argv[];
{
    if (argc < 2) {
        fprintf(stderr, "Aufruf: %s file\n", argv[0]); exit(1);
    }
    sortieren(argv[1]);
}
```

Das Programm soll nun seine Arbeit tun. Wir lassen es seinen eigenen Quelltext
sortieren.

```
$ cc -o pipesort pipesort.c
$ pipesort pipesort.c
... 12 LEERZEILEN ...
                        exit(1);
                        exit(1);
                        exit(1);
                        exit(1);
                        perror("Fehler bei read von Pipe");
....
....
char *fname;
int argc;
int sortieren(fname)
main(argc, argv)
{
{
}
}
$
```

Nun ist es nicht mehr weit zum Verständnis dessen, was in der UNIX-Shell passiert,
wenn mehrere durch Pipes verknüpfte Prozesse gestartet werden. Diese Prozesse
sind ja alle Kinder der Shell! Sie führen ihre auf die Pipes bezogenen Operationen
alle nur über die Standardeingaben und -ausgaben durch.

Im Vergleich zu **fork** und **exec** ist **system** auf höherere Ebene angesiedelt, damit aber weniger flexibel. Leider erlaubt uns **system** nicht, z.B. auf die Standardausgabe eines damit abgesetzten UNIX-Kommandos zuzugreifen. Jedoch gibt es zusätzlich die beiden Funktionen **popen** und **pclose** der Standard-Bibliothek für solche Zwecke.

```
Die popen Subroutine        (POSIX, SVID, BSD)

#include <stdio.h>
FILE *popen(comstring, mode)
    char *comstring;
    char *mode;
```

```
Die pclose Subroutine        (POSIX, SVID, BSD)

#include <stdio.h>
int pclose(stream)
    FILE *stream;
```

Die Subroutine **popen** führt das im String comstring abgelegte Kommando mit Hilfe von **system** aus. Dabei wird zusätzlich eine Pipe zwischen dem aufrufenden Parent-Prozeß und der Standardeingabe bzw. -ausgabe des Child-Prozesses angelegt. Auf diese kann geschrieben (mode = "w") werden, bzw. von dieser kann gelesen (mode = "r") bzw. mit Hilfe des Streams, den **popen** als Ergebnis liefert. Im Fehlerfall ist NULL das Resultat von **popen**. Die Subroutine **pclose** schließt den als Argument anzugebenden Stream wieder und liefert den Status der Shell als Resultat. Falls sich der Stream nicht schließen läßt, ist das Resultat gleich EOF. Zum Lesen bzw. Schreiben des Streams dienen die alltäglichen Standard-I/O-Funktionen wie **fgets** oder **fputs**. Als Beispiel für die Verwendung von **popen** und **pclose** wollen wir die Subroutine **getcwd** mit einer Art Holzhammermethode nachempfinden.

Programm 5.47: gcwdtst.c

```c
#include <stdio.h>
#define LEN 40

FILE *popen();
int pclose();

char *mygetcwd()
{
    FILE *pstream;
    char *ptr;

    pstream = popen("pwd", "r");
    ptr = (char *) malloc(LEN);
    if (fgets(ptr, LEN, pstream) == NULL) {
        pclose(pstream); return(NULL);
    } else {
```

```
        pclose(pstream); return(ptr);
    }
}


main()
{
    char *mygetcwd();
    char *name;

    name = mygetcwd();
    if (name != NULL)
        printf("%s\n", name);
    else
        printf("Fehler bei gcwdtst\n");
}
```

Wir testen das Programm.

```
$ cc -o gcwdtst gcwdtst.c
$ gcwdtst
/usr/weber/unix/buch
$ pwd
/usr/weber/unix/buch
```

Unsere Funktion mygetcwd hat sich damit bewährt.

5.8.3   Named Pipes (FIFO-Files)

Neben vielen Vorzügen haben Pipes auch Nachteile:

- sie können nur zur Kommunikation zwischen *verwandten* Prozessen dienen,
- sie sind nicht permanent.

Ein FIFO-File - auch Named Pipe genannt - vereinigt die Eigenschaften von Pipe und File in sich. Schreiben und Lesen geschieht wie bei Pipes auf FIFO-Basis. Ein FIFO-File wird wird durch **open** geöffnet, durch **close** geschlossen und kann mittels **read** und **write** wie eine Pipe manipuliert werden. Außerdem hat es einen UNIX-Filenamen. Auch die Stream-I/O-Funktionen **fopen**, ... sind selbstverständlich anwendbar. Beim **open**-System-Call müssen einige Besonderheiten beachtet werden. Wird ein FIFO-File zum Lesen geöffnet, so blockiert **open** den Prozeß normalerweise solange, bis sie auch zum Schreiben geöffnet wird, was i.a. durch einen anderen Prozeß geschieht. Ähnlich ist es beim Öffnen zum Schreiben, was ebenfalls zur Blockierung führt, bis ein Öffnen zum Lesen erfolgt.

Auch bei FIFO's gibt es nichtblockierende Aufrufe. Wird beim **open** das O_NDELAY-Flag gesetzt, so kehrt beim Öffnen zum Lesen **open** sofort zurück, ohne auf ein Öffnen zum Schreiben durch einen anderen Prozeß zu warten. Auf der anderen Seite erzeugt ein Öffnen zum Schreiben einen Fehler, falls kein Prozeß die FIFO zum Lesen geöffnet hat. Der Sinn dieser Diskriminierung liegt darin, daß man einen Prozeß daran hindern will, Daten in eine Named Pipe zu schreiben, die nicht unmittelbar danach gelesen werden. Trotz des permamenten Vorhandenseins von FIFO's in der UNIX-Filestruktur ist es nämlich nicht möglich, darin Daten aufzubewahren. Das O_NDELAY-Flag beeinflußt ebenfalls **read** und **write**. Ist es gesetzt, so blockiert keiner dieser Aufrufe, sondern kehrt sofort zurück und liefert einen Fehler. Ein FIFO-File wird vom früher behandelten Vielzweck-Systemaufruf **mknod** auf die folgenden Weise (mit dev = 0) erzeugt:

```
if (mknod(pathname, S_IFIFO|0666, 0) == -1) {
    perror("Fehler beim Erzeugen eines FIFO-Files");
    exit(1);
}
```

Fehlermöglichkeiten ergeben sich in Form von mangelnden Zugriffsrechten für das Directory oder schon vorhandenem Pfadnamen. Bei manchen UNIX-Systemen ist zusätzlich ein POSIX-kompatibler Systemaufruf namens **mkfifo** für diese Aufgabe vorhanden.

Der **mkfifo** Systemaufruf   (POSIX)

```
int mkfifo(pathname, mode)
    char *pathname;
    int mode;
```

Zugehörige Kommandos: mkfifo, mknod

Die Argumente bei diesem System-Call sind der Pfadname der Named Pipe und die Zugriffrechte auf sie, in obigem **mknod**-Beispiel war das 0666. Das Resultat von **mkfifo** entspricht den Standard-Konventionen: 0 für Erfolg, -1 für Fehler. Die Fehlercodes entsprechen denen von **mknod** beim Anlegen von FIFO's.

Prinzipiell können FIFO's überall da eingesetzt werden, wo man Pipes verwendet. Dabei kommt jedoch die eigentliche Stärke von FIFO's nicht zum tragen, die darin liegt, daß sie permanent und vor allem zwischen nicht in Parent-Child oder Child-Child-Beziehung stehenden Prozessen einsetzbar sind. Als Programmbeispiel betrachten wir ein System von zwei Programmen empfang.c und sender.c, für die die Existenz einer Named Pipe namens MYFIFO vorausgesetzt sei.

Programm 5.48: empfang.c

```
/* Meldung ueber FIFO-File empfangen */
#include <sys/types.h>
#include <fcntl.h>
#include <stdio.h>
#define SIZE    64
#define forever for (;;)
char *name = "MYFIFO";

main()
{
    int nr = 0, fd;
    char buffer[SIZE];

    /* FIFO-File oeffnen */
    if ((fd = open(name, O_RDWR)) < 0) {
```

```
        fprintf(stderr, "Fehler bei Oeffnen des FIFO-Files"); exit(1);
    }
    /* Meldungen empfangen */
    forever {
        if ((read(fd, buffer, SIZE)) < 0) {
            perror("Fehler bei Lesen einer Meldung"); exit(1);
        }
        /* Meldung ausgeben */
        printf("Meldung Nr. %d erhalten: %s\n", ++nr, buffer);
    }
}
```

Programm 5.49: sender.c

```
/* Meldung ueber FIFO-File senden */
#include <sys/types.h>
#include <fcntl.h>
#include <stdio.h>
#include <string.h>
#define SIZE 64
extern int errno;
char *name = "MYFIFO";

main(argc, argv)
int argc;
char *argv[];
{
    int fd;
    char buffer[SIZE];

    if (argc < 2) {
        fprintf(stderr, "Aufruf: %s Meldung\n", argv[0]); exit(1);
    }

    /* FIFO-File oeffnen */
    if ((fd = open(name, O_WRONLY)) < 0) {
        perror("Fehler beim Oeffnen des FIFO-Files"); exit(1);
    }
    /* Meldung senden */
    if (strlen(argv[1]) > SIZE-1)
        fprintf(stderr, "Meldung %s zu lang\n", argv[1]);

    strcpy(buffer, argv[1]);
    printf("%s: Meldung %s wird gesendet\n", argv[0], buffer);
    if (write(fd, buffer, SIZE) < 0) {
        perror("Fehler bei Senden der Meldung"); exit(1);
    }
}
```

Das Programm empfang liest in einer Endlosschleife Meldungen der Länge 64 Bytes
aus dem FIFO-File MYFIFO und gibt diese als Bestätigung auf der Standardausgabe
aus. Wir lassen empfang im Hintergrund laufen. Das Programm sender nimmt einen
Text auf der Kommandozeile und schreibt ihn in das FIFO-File MYFIFO. Im Zusammenhang sieht der Ablauf dann folgendermaßen aus.

```
$ mkfifo MYPIPE    (oder mknod MYPIPE p)
$ ls MYPIPE
```

```
total 0
prw-r--r--   1 weber            0 Jul  3 09:31 MYFIFO
$ cc -o sender sender.c
$ cc -o empfang empfang.c
$ empfang &
37
$ sender Dies ist die erste Message
sender: Meldung Dies ist die erste Message wird gesendet
empfang: Meldung Nr. 1 erhalten: Dies ist die erste Message
$ sender Dies ist die zweite Message
sender: Meldung Dies ist die zweite Message wird gesendet
empfang: Meldung Nr. 2 erhalten: Dies ist die zweite Message
$ sender Dies ist die dritte Message
sender: Meldung Dies ist die dritte Message wird gesendet
empfang: Meldung Nr. 3 erhalten: Dies ist die dritte Message
$ ps
PID TTY  TIME CMD
14  co   0:00 -
37  co   0:00 empfang
39  co   0:00 ps
$ kill 37
```

Zu den Anwendungsgebieten von FIFO-Files zählen unter anderem Server-Client-Systeme wie Print-Spooler oder auch Datenbank-Management-Systeme. Dabei sind mehrere nichtverwandte Prozesse beteiligt, zum einen der Server, der bestimmte Aufträge (Messages, Meldungen) aus dem FIFO-File liest, zum anderen ein oder mehrere Client-Prozesse, die ihre Aufträge, etc. in das FIFO-File eingeben.

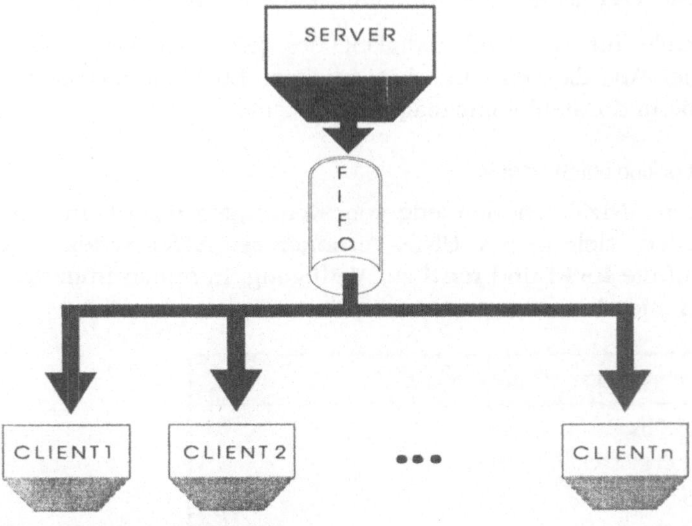

Abb 5.21: Server-Client-System mit FIFO-File

Unser obiges Beispiel kann sofort in diese Richtung erweitert werden, wenn wir das Programm sender mehrfach laufen lassen.

5.8.4   File- und Record-Locking

UNIX erlaubt es, Files in ihrer Gesamtheit vor Zugriffen lesender oder schreibender Art zu schützen. Falls jedoch mehrere Prozesse auf ein File zugreifen dürfen und müssen, entstehen unter UNIX Probleme durch die Möglichkeit des simultanen, un-koordinierten Zugriffs dieser konkurrent ablaufenden Prozesse. Es ist also wieder ein Grundproblem der Prozeß-Synchronisierung zum Vorschein gekommen, diesmal bezogen auf ein ganz speziell Betriebsmittel..

Bei neueren UNIX-Versionen ist es möglich, im Multi-User-Betrieb Teile von Files durch **Locks** (Sperren) vor mehrfachem Zugriff zu schützen. Damit wird der *gegen-seitige Ausschluß* beim speziellen Betriebsmittel File gewährleistet. Beim Record-Locking unterscheidet man zunächst prinzipiell zwischen zwei Vorgehensweisen.

Advisory Locking (Freiwilliges Sperrverfahren)

    Hierbei versucht jeder Prozeß vor dem Zugriff auf einen Bereich eines Files, diesen zu sperren. Wenn für diesen Bereich schon eine Sperre existiert, so scheitert der Versuch, eine weitere Sperre zu setzen. Der Prozeß weiß dann, daß er mit seinen Zugriffen auf das File noch warten sollte. Dieses Verfahren ist in hohem Maße von der Disziplin der Prozesse oder besser gesagt, der Programmierer, abhängig.

Mandatory Locking (Verbindliches Sperrverfahren)

    Im Unterschied zum freiwilligen Verfahren führt hier nach dem Setzen einer verbindlichen Sperre durch einen Prozeß ein Zugriff durch einen anderen Prozeß mittels **open**, **creat**, **read** oder **write** zu einem Fehler. Mandatory Locking ist sicherer als Advisory Locking, aber auch aufwendiger.

Prominente Beispiele für die Notwendigkeit des Record-Locking sind Platzbu-chungssysteme aller Art, die dezentralisiert arbeiten, Buchhaltungssysteme, Lager-verwaltungssysteme und Datenbankmanagementsysteme.

5.8.4.1   Advisory Locking bei System V

Während bei älteren UNIX-Versionen jede vom Kern unterstützte Form des Record-Locking fehlte, stellen viele neuere UNIX-Versionen seit AT&T System V Release 2 dafür die Systemaufrufe **lockf** und **fcntl** zur Verfügung. In seinen frühesten Ausprä-gungen hieß **lockf** auch **locking**.

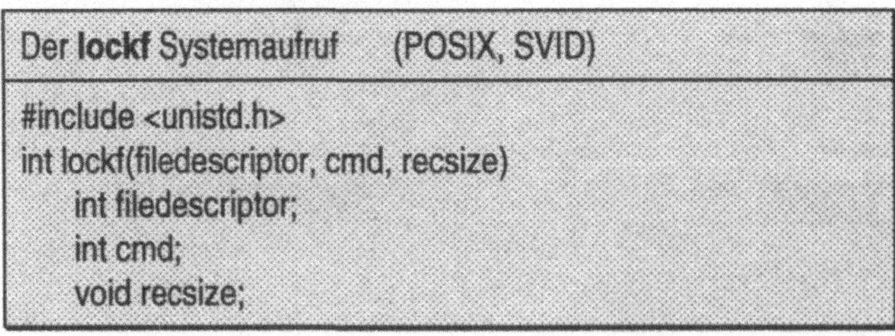

Das erste Argument ist der Deskriptor des zu bearbeitenden Files, der mit O_RDONLY oder O_RDWR geöffnet sein muß. Das zweite Argument cmd zeigt an, welche Operation ausgeführt werden soll. Die dafür stehenden manifesten Konstanten sind im Header-File *<unistd.h>* definiert:

F_ULOCK Ein gesperrter Record ist zu entsperren.
F_LOCK   Ein Record ist für den exklusiven Gebrauch zu sperren.
F_TEST   Test für eine bestehende Sperre
F_TLOCK Test für eine bestehende Sperre; wenn keine existiert, ist eine Record
            zu sperren.

Das dritte Argument von **lockf** legt die Länge des zu sperrenden, zu entsperrenden oder zu testenden Bereichs fest. Der Bereich oder Record beginnt bei der *gegenwärtigen Position* des File-Pointers. Die Resultate des Systemaufrufs entnimmt man folgender Aufstellung:

Kommando cmd	**Resultat**	
	Erfolg	**Mißerfolg**
F_ULOCK	0 (Lock entfernt)	-1
F_LOCK	0 (Lock angelegt)	-1
F_TEST	0 (kein Lock ex.)	-1 (Lock exist.)
F_TLOCKL	0 (Lock angelegt)	-1 (Lock exist.)

Fehlermöglichkeiten ergeben sich durch:

- durch Angaben eines falschen Filedeskriptors [EBADF],
- ein ungültiges Kommando [EINVAL],
- eine vollen Lock-Tabelle des Systems [ENOLK].

Wie verhält sich **lockf** nun in der Praxis? Die typische Befehlsfolge ist etwa:

```
fd = open("test", O_RDWR);
/* Lock setzen */
lseek(fd, offset, 0);
lockf(fd, F_LOCK, sizeof(rec));      /* Hier wird der Prozeß solange
                                        suspendiert, bis alle Locks im
                                        angegeb. Bereich gelöscht sind */

/* Bearbeiten, z.B. */
lseek(fd, offset, 0);
read(fd, rec, sizeof(rec));
   ...
lseek(fd, offset, 0);
write(fd, rec, sizeof(rec));
   ...
/* Lock löschen */
lseek(fd, offset, 0);
lockf(fd, F_ULOCK, sizeof(rec));
close(fd);
```

Ist die Länge recsize negativ, so erstreckt sich der Record von der gegenwärtigen Filepositions aus in Richtung Anfang des Files. Ein spezielle Bedeutung hat der Wert Null bei recsize. Hier erstreckt sich die Sperre bis zum maximalen möglichen File-Offset. D.h., mit den Statements

```
lseek(fd, OL, 0);
lockf(fd, F_LOCK, 0);
```

wird das gesamte File gesperrt! Eine andere Möglichkeit zum Record-Locking bietet der Vielzweck-Systemaufruf **fcntl**. Dabei werden noch zwei neue Begriffe gebraucht.

Read-Locks: Ein Read-Lock (Lesesperre) hindert andere Prozesse daran, einen Write-Lock an einem File anzubringen. Read-Locks können also ein Updating eines Files in bestimmten Bereichen verhindern. Lesen ist jedoch möglich.

Write-Locks: Ein Write-Lock (Schreibsperre, exklusive Sperre) hindert andere Prozesse daran, einen Read- oder Write-Lock an einem File anzubringen. Damit können andere Prozesse im spezifizierten Bereich weder Lesen noch Schreiben.

Der Systemaufruf **fcntl** wurde bisher schon mehrmals in verschiedenen Zusammenhängen erwähnt. Nun ist ist es an der Zeit, alle seine Funktionen zusammenzustellen.

```
Der fcntl Systemaufruf      (POSIX, SVID)

#include <fcntl.h>
int fcntl(filedescriptor, cmd, arg)
    int filedescriptor;
    int cmd;
    void arg;
```

Der System-Call **fcntl** ändert die Eigenschaften eines *aktiven*, also mit **open** bzw. **creat** erzeugten Filedeskriptors, der als erstes Argument auftritt. Das zweite Argument cmd ist ein Befehl, der im Header-File *<fcntl.h>* durch eine manifeste Konstante definiert ist. Zur Verfügung stehen dabei:

F_DUPFD   Lieferung eines neuen Filedeskriptors als Duplikat des Arguments filedescriptor, vgl. auch den Systemaufruf **dup**.

F_GETFD   Liefern der sog. *close-on-exec-flag*, die angibt, ob der angebene Fildeskriptor bei **exec** geschlossen wird.

F_SETFD   Setzen der *close-on-exec-flag*.

F_GETFL   Es werden die Flags geliefert, die den Status des Filedeskriptors angeben, so wie er mit **open** oder mit **fcntl** (s.u.) gesetzt wurde. Man kann jedoch nur die Flags O_RDONLY, O_WRONLY, O_NDELAY und O_APPEND ermitteln.

F_SETFL   Verändern der Status-Flags auf den Wert des dritten Arguments arg, allerdings nur durch Setzen von O_NDELAY oder O_APPEND.

Für das Record-Locking wird eine Datenstruktur mit Muster *flock* aus dem Header-File *<fcntl.h>* als drittes Argument für **fcntl** benötigt. Sie ist definiert als

```
struct flock {
    short l_type;              /* Typ des Locks */
```

```
        short l_whence;    /* Offset Typ, wie bei lseek */
        long  l_start;     /* Offset in Bytes */
        long  l_len;            /* Länge des Bereichs in Bytes */
        short l_pid;            /* wird von F_GETLK gesetzt */
}
```

Der Typ des Locks kann einen von drei in *<fcntl.h>* definierten Werten haben:

F_RDLCK	Der zu setzende Lock ist ein Read-Lock
F_WRLCK	Der zu setzende Lock ist ein Write-Lock
F_UNLCK	Der betreffende Lock ist zu entfernen

Das Feld l_whence der Struktur kann die Werte 0, 1 oder 2 haben, je nachdem, ob der Offset vom Anfang des Files, von der gegenwärtigen Position des File-Pointers, oder vom Ende zu rechnen ist. Ein Wert von 0 bei l_len bedeutet wie bei lockf, daß der Lock sich beliebig weit erstreckt.

Kommandos speziell zum Record-Locking

F_GETLK Testen, ob ein Lock besteht, der dem in der Struktur vom Typ *flock* spezifizierten Lock entgegensteht. Die Daten dieses Locks werden in der Struktur abgelegt, zusammen mit der PID des schuldigen Prozesses im Feld l_pid.

F_SETLK Setzen des in der Struktur vom Typ *flock* spezifizierten Locks mit unmittelbarer Rückkehr. Auch zum Löschen eines aktiven Locks benutzt, wenn die Struktur vom Typ *flock* dies verlangt.

F_SETLKW Setzen und Löschen des in der Struktur vom Typ *flock* spezifizierten Locks, wobei der Prozeß schläft, wenn der Lock durch den Lock eines anderen Prozesses blockiert wird.

Die möglichen Resultate von **fcntl** sind der Übersichtlichkeit halber in folgender Aufstellung festgehalten:

Kommando	**Resultat**		**Fehlercodes**
cmd	**Erfolg**	**Mißerfolg**	
F_DUPFD	neuer FD	-1	EBADF, EMFILE
F_GETFD	Flag-Wert	-1	EBADF
F_SETFD	ungleich -1	-1	EBADF
F_GETFL	Flag-Wert	-1	EBADF
F_SETFL	ungleich -1	-1	EBADF
F_GETLK	ungleich -1	-1	EBADF
F_SETLK	ungleich -1	-1	EBADF, ENOLCK
F_SETLKW	ungleich -1	-1	EBADF, ENOLCK

Der Systemaufruf **fcntl** bei Berkeley-Systemen ist nicht zu 100% kompatibel mit dem hier besprochenen.

5.8.4.2   Mandatory Locking bei System V

Seit System V Release 3 gibt es beides: Advisory und Mandatory Record-Locking.
Diese letztere Form des Record-Lockings macht von I/O-Subsystem des Kerns Gebrauch und überprüft bei jeder **read-** oder **write-Operation**, ob die gesetzten Locks
auch beachtet werden. Diese zusätzliche Prüfung des Zugriff wird durch das Setzen
bestimmter Berechtigungen im File-System bewirkt. Ein reguläres UNIX-File muß dazu das *Set-Group-ID-Bit* gesetzt haben und darf *nicht* das *Group-Execution-Bit* gesetzt haben. Diese Kombination von Bits im File-Mode ist ja sonst überhaupt nicht
sinnvoll. Man kann solches durch das UNIX-Komando

```
$ chmod +l file
```

erreichen. Das (dafür erweiterte) ls-Kommando von SVR3 zeigt dann bei einem *ls -l
file* folgendes an:

```
-rw---l---   1      user      group     size      mod_time file
```

Advisory Locking bei BSD

Auch BSD-Systemen gibt es Locks, allerdings nur für Files als Ganzes. Dafür benutzt
man den System-Call **flock**.

```
Der flock Systemaufruf     (BSD)

#include <sys/file.h>
int lockf(fd, cmd)
    int fd;
    int cmd;
```

Flock setzt oder entfernt einen Advisory Lock auf dem File, das zum Filedekriptor fd
gehört. Ein Lock wird gesetzt durch das Kommando cmd = LOCK_SH oder
LOCK_EX, wobei LOCK_NB addiert sein kann. Zum Entfernen des Locks verwendet
man cmd = LOCK_UN. Die Konstanten sind folgendermaßen definiert:

```
#define   LOCK_SH   1      /* geshareter Lock             */
#define   LOCK_EX   2      /* exclusiver Lock             */
#define   LOCK_NB   4      /* nicht blockieren beim Locken */
#define   LOCK_UN   8      /* Unlocken                          */
```

Ein Lock auf ein File, das schon gelockt ist, führt normalerweise zur Blockierung des
Aufrufers, bis der Lock erlangt werden kann. Falls LOCK_NB in cmd enthalten ist,
passiert dies nicht, sondern der Aufruf von **flock** führt zu einem Fehler EWOULD-
BLOCK. Das Resultat von **flock** ist im Erfolgsfall 0, im Fehlerfall -1. Dies ist dann
möglich, wenn

- wenn das File schon gelockt ist und LOCK_NB spezifiziert ist [EWOULDBLOCK],
- der Filedeskriptor schlecht ist [EBADF, EINVAL].

Wir betrachten nun ein **Beispiel** zum Record- bzw. File-Locking. Es stammt aus der
Gegend des Line Printer Daemons von UNIX. Ein Prozeß, der einen Druckauftrag in
die Printer-Queue einfügt, muß eine eindeutige Sequence Number für den Auftrag
vergeben. Die Prozeß-ID kann dafür nicht benutzt werden, da ein Druckauftrag

durchaus so lange in der Queue bleiben kann, bis die Prozeß-Id wiederbenutzt wird. UNIX Print- Spooler benutzen hier folgende Technik: für jeden Drucker gibt es ein File, das die nächste Sequence Number enthält, die benutzt werden muß. Das File besteht aus einer einzigen Zeile, die die Nummer im ASCII-Format enthält. Jeder Prozeß, der eine Sequence Number zuteilen muß, hat also drei Schritte auszuführen:

- Lesen der Sequence Number vom File
- Benutzung der Sequence Number
- Inkrementierung der Sequence Number und Zurückschreiben auf das File

In der Zeit, die ein Prozeß für diese Schritte benötigt, kann ein anderer Prozeß sich die gleiche Aufgabe vornehmen. Wir haben es also mit einem kritischen Abschnitt zu tun, wobei eine Synchronisierung notwendig ist. Wir wollen dieses Problem mit einem *Lock* auf das bewußte File lösen. In dem folgenden Programm werden die Funktionen *mylock* und *myunlock* zum Locken des File am Anfang und zum Löschen des Locks am Ende der Verarbeitung verwendet.

Programm 5.50: filelock.c und nolock.c

```
/* filelock.c */
#include <stdio.h>
#include <string.h>
#include <fcntl.h>
#include <stdlib.h>
#define SEQFILE "sequence"
#define MAXBUF   100
#define PRINTS   20


int main()
{
    int fd, i, m, n, pid, segno;
        char buf[MAXBUF+1];

        pid = getpid();
        fd = open(SEQFILE, O_RDWR);
        if (fd < 0) {
                fprintf(stderr, "Cannot open %s\n", SEQFILE); exit(1);
        }

        for (i=0; i<PRINTS; i++) {
                mylock(fd);                                 /* File locken */

                lseek(fd, 0L, 0);
                n = read(fd, buf, MAXBUF);
                if (n <= 0) {
                        fprintf(stderr, "Error reading %s\n", SEQFILE);
                        exit(2);
                }
                buf[n] = '\0';
                n = sscanf(buf, "%d\n", &segno);
                if (n != 1) {
                        fprintf(stderr, "Error in sscanf\n"); exit(3);
                }
                printf("pid= %d, seqno= %d\n", pid, segno);
```

```
                        m = random()&01;
                        sleep(m);
                        segno++;
                        sprintf(buf, "%03d\n", segno);
                        n = strlen(buf);
                        lseek(fd, OL, 0);                    /* rewind vor schreiben */
                        m = write(fd, buf, n);
                        if (m != n) {
                                fprintf(stderr, "Error in write\n");
                                exit(4);
                        }

                        myunlock(fd);                        /* File unlocken */
                }
            return 0;
}

/* nolock.c */
void mylock(fd)
int fd;
{
    return;
}

void myunlock(fd)
int fd;
{
    return;
}
```

Die Funktionen mylock und myunlock müssen getrennt für die Systemfamilien System V (mit **lockf** und mit **fcntl**) und BSD (mit **flock**) formuliert werden. Zusätzlich haben wir noch Dummy-Routinen in nolock.c zu Vergleichszwecken. Alles befindet sich in folgenden Dateien:

Programm 5.51: svlock.c (für System V)

```
/* System V Locking */
#include <unistd.h>

void mylock(fd)
int fd;
{
    lseek(fd,OL,0) ;                                /* rewind vor Locken */
    if (lockf(fd, F_LOCK, OL) == -1)                /* ganzes File locken */
    {
        fprintf(stderr, "Cannot lockf F_LOCK\n"); exit(5);
    }
    return;
}

void myunlock(fd)
int fd;
{
    lseek(fd, OL, 0);
    if (lockf(fd, F_ULOCK, OL) == -1)               /* ganzes File unlocken */
    {
```

```
                    fprintf(stderr, "Cannot lockf F_ULOCK\n"); exit(6);
        }
        return;
    }
```

Programm 5.52: fclock.c (für System V)

```
    /* System V Locking */
    /* mit fcntl()       */
    #include <stdio.h>
    #include <fcntl.h>
    struct flock lck;

    void mylock(fd)
    int fd;
    {
       lck.l_type = F_WRLCK;
       lck.l_whence = 0;
       lck.l_start = 0L;
       lck.l_len = 0L;

       if (fcntl(fd, F_SETLKW, &lck) < 0)              /* ganzes File locken */
       {
           fprintf(stderr, "Cannot fcntl F_WRCLK\n"); exit(5);
       }
       return;
    }

    void myunlock(fd)
    int fd;
    {
       lck.l_type = F_UNLCK;
       lck.l_whence = 0;
       lck.l_start = 0L;
       lck.l_len = 0L;

       if (fcntl(fd, F_SETLK, &lck) < 0)  /* ganzes File unlocken */
       {
           fprintf(stderr, "Cannot fcntl F_UNLCK\n"); exit(6);
       }
       return;
    }
```

Programm 5.53: bsdlock.c (für BSD)

```
    /* 4.3BSD Locking */
    #include <stdio.h>
    #include <sys/file.h>

    void mylock(fd)
    int fd;
    {
       if (flock(fd, LOCK_EX) == -1)
       {
           fprintf(stderr, "Cannot flock LOCK_EX\n"); exit(5);
       }
       return;
    }
```

```
void myunlock(fd)
int fd;
{
    if (flock(fd, LOCK_UN) == -1)
    {
        fprintf(stderr, "Cannot flock LOCK_UN\n"); exit(6);
    }
    return;
}
```

Wir compilieren damit vier verschiedene Programme:

```
$ cc filelock.c nolock.c -o nolock
$ cc filelock.c svlock.c -o svlock
$ cc filelock.c bsdlock.c -o bsdlock
$ cc filelock.c fclock.c -o fclock
```

Wir initialisieren die Sequence Number auf 1 und führen das erste Programm, nofilelock, doppelt aus.

```
$ cat > sequence
001
<CTRL-D>
$ nolock & nolock &
```

Das Ergebnis könnte, zweispaltig formatiert, etwa so aussehen:

```
pid= 254, seqno= 1          pid= 254, seqno= 10
pid= 255, seqno= 1          pid= 254, seqno= 11
pid= 255, seqno= 2          pid= 255, seqno= 6
pid= 255, seqno= 3          pid= 255, seqno= 7
pid= 255, seqno= 4          pid= 255, seqno= 8
pid= 255, seqno= 5          pid= 255, seqno= 9
pid= 255, seqno= 6          pid= 255, seqno= 10
pid= 255, seqno= 7          pid= 254, seqno= 12
pid= 255, seqno= 8          pid= 254, seqno= 13
pid= 255, seqno= 9          pid= 254, seqno= 14
pid= 255, seqno= 10         pid= 254, seqno= 15
pid= 254, seqno= 2          pid= 254, seqno= 16
pid= 254, seqno= 3          pid= 254, seqno= 17
pid= 254, seqno= 4          pid= 254, seqno= 18
pid= 254, seqno= 5          pid= 254, seqno= 19
pid= 255, seqno= 5          pid= 254, seqno= 20
pid= 254, seqno= 6          pid= 255, seqno= 11
pid= 254, seqno= 7          pid= 255, seqno= 12
pid= 254, seqno= 8          pid= 255, seqno= 13
pid= 254, seqno= 9          pid= 255, seqno= 14
```

Die fehlende Synchronisierung hat hier alles kaputt gemacht. Zum Unterschied initialisieren wir die Sequence Number wieder auf 1 und führen das dritte Programm, bsdfilelock, doppelt aus.

```
$ cat > sequence
001
<CTRL-D>
$ bsdlock & bsdlock &
```

Ein typisches Ergebnis ist:

```
pid= 474, seqno= 1          pid= 474, seqno= 21
pid= 475, seqno= 2          pid= 474, seqno= 22
pid= 475, seqno= 3          pid= 475, seqno= 23
pid= 475, seqno= 4          pid= 475, seqno= 24
pid= 475, seqno= 5          pid= 475, seqno= 25
pid= 475, seqno= 6          pid= 475, seqno= 26
pid= 475, seqno= 7          pid= 475, seqno= 27
pid= 475, seqno= 8          pid= 474, seqno= 28
pid= 475, seqno= 9          pid= 474, seqno= 29
pid= 475, seqno= 10         pid= 474, seqno= 30
pid= 475, seqno= 11         pid= 474, seqno= 31
pid= 475, seqno= 12         pid= 474, seqno= 32
pid= 475, seqno= 13         pid= 474, seqno= 33
pid= 475, seqno= 14         pid= 474, seqno= 34
pid= 474, seqno= 15         pid= 475, seqno= 35
pid= 474, seqno= 16         pid= 475, seqno= 36
pid= 474, seqno= 17         pid= 474, seqno= 37
pid= 474, seqno= 18         pid= 474, seqno= 38
pid= 474, seqno= 19         pid= 474, seqno= 39
pid= 474, seqno= 20         pid= 474, seqno= 40
```

Damit ist eine vernünftige Synchronisation erreicht. Bei den Programmen svlock und fclock ergeben sich ähnliche Verhältnisse.

5.9 Prozeß-Kommunikation II

5.9.1 IPC Message-Queues

Wir behandeln hier die IPC-Systemaufrufe für Message-Queues

msgget	Verbindung zur Message-Queue herstellen
msgsnd	Message senden
msgrvc	Message empfangen
msgctl	Manipulationen an der Message Queue

Zum Anlegen einer Message-Queue oder zum Herstellung der Verbindung mit einer bereits bestehenden Message-Queue wird der Systemaufruf **msgget** benutzt.

```
Der msgget Systemaufruf                    (SV IPC)

#include <sys/types.h>
#include <sys/ipc.h>
#include <sys/msg.h>
int msgget(key, flag)
    key_t key;
    int flag;
```

Das Resultat von **msgget** ist der *Message Queue Identifier*, ein interner Name, unter dem die Queue später referiert wird oder -1 im Fehlerfall. Der Parameter key ist die Nummer der Message Queue, der Parameter flag bestimmt die Zugriffsrechte und die Wirkung des Aufrufs. Zwei in *<ipc.h>* definierte Konstanten spielen dabei eine Rolle:

IPC_CREAT   Falls keine Queue mit der Nummer key existiert, wird eine neue erzeugt.

IPC_EXCL   Falls IPC_EXCL und IPC_CREAT beide gesetzt sind, wird keine Queue erzeugt.

Im Erfolgsfall ist das Resultat 0, im Fehlerfall -1. Fehlermöglichkeiten sind gegeben,

- wenn für den übergebenen Schlüssel key keine Queue existiert und (flag & IPC_CREAT) den Wert *false* hat [ENOENT],
- wenn keine Message-Queue mehr angelegt werden kann aufgrund eines systemweiten Limits [ENOSPC],
- wenn eine Queue für den Schlüssel key existiert, aber (flag & IPC_CREAT) den Wert *true* hat [EEXIST].

Zum Senden und Empfangen von Nachrichten verwenden wir die Systemaufrufe **msgsnd** und **msgrcv**, die auch unter dem Namen **msgop** zusammengefaßt werden.

```
Der msgsnd Systemaufruf                    (SV IPC)

#include <sys/types.h>
#include <sys/ipc.h>
#include <sys/msg.h>
int msgsnd(msqid, message, size, flag)
    int msqid;
    struct msgbuf *message;
    int size, flag;
```

```
Der msgrcv Systemaufruf                    (SVID, IPC)

#include <sys/types.h>
#include <sys/ipc.h>
#include <sys/msg.h>
int msgrcv(msqid, message, size, type, flag)
int msqid;
struct msgbuf *message;
int size;
long type;
int flag;
```

Der 1. Parameter msqid ist der mittels **msgget** vorher erhaltene interne Name der
Queue. Der Pointer message zeigt auf die Struktur von Typ msgbuf, die durch einer
benutzerdefinierte Struktur der Form

```
struct my_msg {
   long  type;
        char  buf [SOMEVALUE];
}
```

ersetzt werden kann. Das Feld type gibt den Typ der Message an, buf enthält die
eigentliche Message. Der 3. Parameter size gibt die Länge der Message an. Der Parameter type von **msgrcv** gibt den Typ der Message an, die man empfangen möchte. Einige Werte haben eine besondere Bedeutung:

0:   die erste Nachricht wird abgerufen
>0: die erste Nachricht von gleichen Typ wird abgerufen
<0: die erste Nachricht, deren Wert kleiner oder gleich dem Absolutwert von
     type ist, wird abgerufen.

Flag kann sinnvoll nur 0 oder die Werte IPC_NOWAIT bzw. MSG_NOERROR enthalten. Wenn IPC_NOWAIT gesetzt ist, so kehrt **msgsnd** z.B. bei voller Queue mit dem
Wert -1 zurück. MSG_NOERROR führt zum Abschneiden zu langer Nachrichten. Im
Erfolgsfall liefern die beiden Funktionen das Ergebnis 0, im Fehlerfall -1. Gemeinsame Fehlerquellen sind gegeben,

- falls sie durch ein Signal unterbrochen wurden [EINTR],
- falls die Message-Queue gelöscht wurde [EIDRM],
- falls der Wert von msqid ungültig ist [EINVAL],
- falls der Zeiger message ungültig ist [EFAULT],
- durch mangelnde Berechtigung für die Operation [EACCES].

Andere Fehlerquellen für **msgsnd** spiegeln sich folgendernmaßen in errno wieder:

- mtype ist kleiner 1 [EINVAL],
- size hat einen falschen Wert [EINVAL],
- die Message konnte aus einem der oben genannten Gründen nicht abgesandt
  werden und (flag & IPC_NOWAIT) hat den Wert *true*.

Weitere Fehlerquellen für **msgrcv** zeigen sich wie folgt:

- size hat einen falschen Wert [EINVAL],
- Der Wert mtext ist größer als size und (flag & IPC_NOERROR) ist *false* [E2BIG],
- die Queue enthält keine Message das verlangten Typs und (flag & IPC_NOWAIT)
  ist *true* [ENOMSG],

Zur Ausführung bestimmter Kontrolloperation an der Message-Queue dient **msgctl**.

```
Der msgctl Systemaufruf   (SV IPC)

#include <sys/types.h>
#include <sys/ipc.h>
#include <sys/msg.h>
int msgctl(msqid, cmd, buf)
    int msqid;
    int cmd;
    struct msqid_ds *buf;
```

Der Parameter msqid ist wieder der interne Name der Queue. Der Pointer buf zeigt
auf eine Struktur msqid_ds, die eine Reihe von Verwaltungsdaten umfaßt. Der 2. Parameter cmd hat die möglichen Werte:

IPC_STAT	Die Verwaltungsdaten werden in die Struktur kopiert.
IPC_SET	Die Daten werden zum Teil neu gesetzt. Nur msg_perm.uid, msg_perm.gid, msg_perm.mode und msg_qbytes können geändert werden.
IPC_RMID	Die Queue wird aufgelöst.

Die Struktur msqid_ds hat folgenden Aussehen:

```
struct msqid_ds {
    struct ipc_perm msg_perm;           /* Zugriffsrechte     */
    struct msg *msg_first;    /* Zeiger auf 1. Message      */
    struct msg *msg_last;     /* Zeiger auf letzte Mess.    */
    ushort msg_cbytes;        /* Größe der Queue            */
    ushort msg_qnum;          /* Anzahl der Messages        */
    ushort msg_qbytes;        /* Maximale Größe             */
    ushort mg_lspid;          /* PID des letzten Senders    */
    ushort msg_lrpid;         /* PID des letzten Empf´s     */
    time_t msg_stime;         /* Zeit der letzten Sendung   */
    time_t msg_rtine;         /* Zeit der letzten Abholung  */
    time_t msg_ctime;         /* Zeit der letzten Änderung  */
}
```

Dabei werden weitere Strukturen benutzt:

```
struct ipc_perm {
    ushort uid;               /* UID des Owners             */
    ushort gid;               /* GID des Owners             */
    ushort cuid;              /* UID des Schöpfers          */
    ushort cgid;              /* GID des Schöpfers          */
    ushort mode;              /* Zugriffsrechte             */
    ushort seq;               /* Index in IPC-Tabelle       */
    key_t  key;               /* Schlüssel                  */
```

```
    }
```

und

```
struct msg {
  struct msg *msg_next;      /* Nächste Nachricht          */
  long   msg_type;           /* Nachrichtentyp             */
  short  msg_ts;             /* Datenumfang                */
  short  msg_spot;           /* Zeiger auf Daten           */
}
```

Das Resultat 0 zeigt den Erfolg, -1 einen Fehler an. Möglich sind dabei u.a.

- eine ungültige Message-Queue Identifikation msqid [EINIVAL],
- ein ungültiges Kommando cmd [EINVAL],
- mangelnde Leserechte für die Queue beim Kommando IPC_STAT [EACCES],
- mangelnde Zugriffsrechte des Prozesses bei den Kommandos IPC_SET und
  IPC_RMID [EPERM].

5.9.2 Ein Beispiel für Messages-Queues

Wir betrachten nun ein größeres Beispiel für die Verwendung von Message-Queues.
Es besteht aus vier C-Hauptprogrammen, die Message-Queues erzeugen, Messages
senden, empfangen und manipulieren und verschiedenen Funktionen in einem
Quellfile, die von den Hauptprogrammen benutzt werden. Wir beginnen gleich
damit.

Programm 5.54: message.h und message.c

```
/*    message.h   */
#ifndef   MSG_DEF
#define   MSG_DEF

#include <stdio.h>
#include <sys/types.h>
#include <sys/ipc.h>
#include <sys/msg.h>
struct msgdata
{
    long typ;
    char buf[BUFSIZ];
};
#endif


/*    message.c   */
#include <ctype.h>
#include "message.h"
/*    msg_creat   -    Anlegen einer Nachrichten-     */
/*                     warteschlange                  */
/*    RETURN: Fehler: -1  sonst: >= 0(msgq_id)        */
int msg_creat(key, mode)
key_t key;                 /* Schluesselzahl    */
int mode;                  /* Zugriffsrechte    */
{
          return(msgget(key, mode | IPC_CREAT | IPC_EXCL));
    }
```

```c
/*    msg_attach   -  Verbindung zu bestehender      */
/*                   Nachrichtenwarteschlange her-   */
/*                   stellen                         */
/*    RETURN: Fehler: -1 sonst: >= 0 (msgq_id)       */
int msg_attach(key, mode)
key_t key;              /* Schluesselzahl    */
int mode;              /* Zugriffsrechte    */
{
/*         msg_send   -   Nachricht absenden              */
int msg_send(id, typ, buffer, size)
int id;                /* ipc descriptor    */
long typ;              /* Nachrichtentyp    */
char *buffer;          /* Datenpuffer       */
int size;              /* Nachrichtengroesse*/
{
    struct msgdata message;      /* msgq-Struktur     */

    message.typ = typ;
    memcpy(message.buf, buffer, size);
    return(msgsnd (id, &message, size, 0));
}


/*    msg_receive   -   Nachrichten empfangen       */
/*                      Prozess wartet auf Nachricht */
/*    RETURN: Fehler: -1 sonst: 0                    */
int msg_receive(id, typ, buffer)
int id;                /* ipc descriptor    */
long typ;              /* Nachrichtentyp    */
char *buffer;          /* Datenpuffer       */
{
    struct msgdata message;
    int x_read;

    if ((x_read = msgrcv(id, &message, BUFSIZ, typ, 0)) < 0)
            return (-1);
    else {
            memcpy (buffer, message.buf, x_read);
            return (0);
    }
}


/*    msg_stat -  Verwaltungsdaten abfragen           */
/*    RETURN: Fehler: -1 sonst: 0                     */
int msg_stat(id, info)
int id;
struct msqid_ds *info;
{
    return(msgctl (id, IPC_STAT, info));
}


/*    msg_change   -   Verwaltungsdaten aendern       */
/*    RETURN: Fehler: -1 sonst: 0                     */
int msg_change(id, info)
int id;
struct msqid_ds *info;
{
    return(msgctl (id, IPC_SET, info));
```

```
    }

    /*   msg_remove   -   Aufloesen der message-queue    */
    /*   RETURN: Fehler: -1 sonst: 0                      */
    int msg_remove (id)
    int id;
    {
       return(msgctl(id, IPC_RMID,(struct msqid_ds *) NULL));
    }

    /*   decode_str   -   String verschluesseln          */
    key_t decode_str(string)
    char *string;
    {
       key_t result = 0L;
       int i = 0;

       while ((i < 6) && (*string != '\0')) {
             result <<= 5;
             result |= (tolower(*string++) - '\x60');
             i++;
       }
       return (result);
    }
```

Zum Erzeugen der Message-Queue dient das folgende Programm.

Programm 5.55: msgcreat.c

```
    /*   msgcreat.c   -   Anlegen einer message queue    */
    /*   compile:   cc -o msgcreat msgcreat.c message.c  */
    #include "message.h"
    main(argc,argv)
    int argc;
    char *argv[];
    {
       key_t msg_key;         /* Schluesselzahl    */
       int msg_id;            /* ipc descriptor    */

       if (argc != 2) {
       printf("msgcreat <Message-Key>\n\n");
       exit(1);
    }

       msg_key = atol(argv[1]);

    /* Nachrichtenwarteschlange anlegen */
       if ((msg_id = msg_creat(msg_key, 0666)) < 0)
             printf("keine ");
       else
             printf("ID: %d ", msg_id);
       printf("Nachrichtenwarteschlange angelegt!\n\n");
    }
```

Zum Manipulieren der Eigenschaften der Message-Queue dient das folgende Programm.

Programm 5.56: msgctrl.c

```c
/*   msgctrl.c  -   Kontrollfunktion fuer         */
/*                    message queues              */
/*   compile:   cc -o msgctrl msgctrl.c message.c  */
#include "message.h"

int status();        /* Vorwaerts-      */
int change();        /* deklarationen   */

/*   Hauptfunktion   -   message queue Kontrolle     */
main(argc, argv)
int argc;
char *argv[];
{
    int ch;
    key_t key;
    int id;
    struct msqid_ds info;

    if (argc != 2){
         printf("msgctrl <Message-Schluessel>\n\n");
         exit(1);
    }
    key = atol(argv[1]);
    if ((id = msg_attach(key, 0)) < 0){
         printf("Message-queue existiert nicht!\n");
         exit(1);
    }

    do {
         printf("\n(s)tatus (c)hange (r)emove  e(x)it> ");
         ch = getchar();
         switch (ch) {
            case 's':
            status(id);
            break;

            case 'c':
            change(id);
            break;

            case 'r':
            if (msg_remove(id) != -1)
               printf("Message-queue geloescht\n");
            break;
         }
         getchar();
    } while (ch != 'x' && ch != 'r');
}

/*   status   -   message queue status anzeigen     */
int status(id)
int id;
{
    struct msqid_ds info;

    if (msg_stat(id, &info) == -1) {
         printf("Keine Status-Informationen\n");
```

```
            return;
    }

    printf("Status-Informationen:\n");
    printf("Schluesselzahl: %d\n", info.msg_perm.key);
    printf("angelegt von UID %d   GID %d\n",
      info.msg_perm.cuid, info.msg_perm.cgid);
    printf("Besitzer: UID %d   GID %d\n",
      info.msg_perm.uid, info.msg_perm.gid);
    printf("Zugriffsrechte %04o\n",info.msg_perm.mode & 0777);
    printf("Groesse: %d\n", info.msg_qbytes);
    printf("Letzter Produzent: UID %d\n",info.msg_lspid);
    printf("Letzter Konsument: UID %d\n",info.msg_lrpid);
}

/*   change   -   Verwaltungsdaten aendern           */
int change(id)
int id;
{
    struct msqid_ds info;
    int value;

    if (msg_stat(id, &info) == -1) {
            printf("Keine Status-Informationen\n");
            return;
    }
    printf("Status-Informationen aendern:\n\n");
    printf("UID (=%d) > ", info.msg_perm.uid);
    scanf("%d", &value);
    info.msg_perm.uid = value;
    printf("GID (=%d) > ", info.msg_perm.gid);
    scanf("%d", &value);
    info.msg_perm.gid = value;
    printf("Zugriff (=%04o) > ",info.msg_perm.mode & 0777);
    scanf("%o", &value);
    info.msg_perm.mode = value & 0777;
    printf("Groesse (=%d) > ", info.msg_qbytes);
    scanf("%d", &value);
    info.msg_qbytes = value;
    if (msg_change(id, &info) == -1)
    printf("Status nicht geaendert\n");
}
```

Die eigentliche Arbeit wird von den beiden folgenden Programmen geleistet.

Programm 5.57: msgsend.c

```
/*   msgsend.c   -   Versenden einer Nachricht       */
/*   compile:   cc -o msgsend msgsend.c message.c    */
#include "message.h"
main(argc, argv)
int argc;
char *argv[];
{
    key_t key;                /* Schluesselzahl    */
    int msg_id;               /* ipc descriptor    */
    long msg_typ;             /* Nachrichtentyp    */
    char inbuf[128];          /* Eingabepuffer     */
```

```c
        if (argc != 3) {
                printf ("msgsend <message-key> <message-typ>\n");
                exit(1);
        }
        key = atol(argv[1]);
        msg_typ = atol(argv[2]);

        /* Verbindung zu message queue herstellen */
        if ((msg_id = msg_attach(key, 0)) < 0) {
                printf("message queue existiert nicht!\n\n");
                exit(1);
        }

        /* Dateneingabe */
        printf("Bitte geben Sie einen Text ein:\n");
        printf("> ");
        gets(inbuf);

        /* Nachricht senden */
        if (msg_send(msg_id, msg_typ, inbuf, strlen (inbuf)) == -1)
                printf("Fehler beim Senden der Nachricht!\n");
        else
                printf("Nachricht abgeschickt\n");
}
```

Programm 5.58: msgrcv.c

```c
/*   msgrcv.c   -   Empfangen einer Nachricht        */
/*   compile:   cc -o msgrcv msgrcv.c message.c      */
#include "message.h"
main (argc, argv)
int argc;
char *argv[];
{
    key_t key;                      /* Schluesselzahl    */
    int msg_id;                     /* ipc descriptor    */
    long msg_typ;                   /* Nachrichtentyp    */
    char outbuf[128];               /* Datenpuffer       */

    if (argc != 3){
            printf ("msgrcv <message-key> <message-typ>\n");
            exit(1);
    }
    key = atol(argv[1]);
    msg_typ = atol(argv[2]);

    /* Verbindung zu message queue herstellen */
    if ((msg_id = msg_attach(key, 0)) < 0) {
            printf("message queue existiert nicht!\n\n");
            exit(1);
    }

    /* Nachricht von message queue abrufen */
    msg_receive(msg_id, msg_typ, outbuf);

    /* Ausgabe des Nachrichtentextes */
    printf("Nachricht erhalten:\n");
```

```
        puts(outbuf);
    }
```

Wir compilieren die Programme und führen drei von ihnen testweise aus:

```
$ cc -c message.c
$ cc msgcreat.c message.o -o msgcreat
$ cc msgctrl.c message.o -o msgctrl
$ cc msgsend.c message.o -o msgsend
$ cc msgrcv.c message.o -o msgrcv
$ msgcreat 10
$ msgrcv 10 1 &
$ msgsend 10 1
Bitte geben Sie einen Text ein:
>Du bist verrückt, mein Kind
Nachricht erhalten:
Du bist verrückt, mein Kind
$
```

Diese Programme waren leider nicht so kurz wie frühere. Das liegt in der Natur der Sache. Allerdings sind nach Meinung vieler Fachleute die IPC-Facilities von System V auch nicht besonders einfach zu benutzen. Wir werden ähnliche Beobachtungen bei den nächsten Abschnitten machen. In der Literatur gibt es gewichtige Stimmen, die vor der Verwendung der IPC Message-Queues warnen. Sie bieten nach Meinung von ernstzunehmenden Fachleuten [Stevens2], [Rochkind2] nicht wesentlich mehr Funktionalität als Named Pipes und sind in keiner Weise portabel.

5.9.3   IPC Semaphore

Es folgen die IPC-Systemaufrufe für Semaphore

semget	Verbindung zum Semaphor herstellen
semop	Semaphor-Operationen wie P und V
semctl	Manipulationen an den Semaphoren

Bei IPC Semaphoren treten diese gleich gehäuft auf, also als Semaphor-Mengen bzw. -Sets. Dies erhöht zweifelsohne die Mächtigkeit dieses Werkzeugs, erhöht aber den Lernaufwand. Zum Anlegen eines Semaphors-Sets bzw. zum Öffnen eines Semaphors-Sets zur Benutzung dient **semget.**

```
Der semget Systemaufruf                     (SV IPC)

#include <sys/types.h>
#include <sys/ipc.h>
#include <sys/sem.h>
int semget(key, number, flag)
      key_t key;
      int number, flag;
```

Der Parameter key ist die externe Schlüssel-Nummer des Semaphor-Sets, number die
Anzahl der Semaphore im Set. Der 3. Parameter flag bestimmt die Zugriffsrechte und
die Art der Erzeugung mittels der Konstanten IPC_CREAT und IPC_EXCL. Das Resultat von **semget** ist der interne Name des Semaphor-Sets, der *Semaphor Identifier*. Im
Fehlerfall ist -1 das Resultat. Dies kann passieren, falls

- für den Schlüssel key kein Semaphor-Set existiert und IPC_CREAT nicht gesetzt
  ist,
- die Systemgrenze für Semaphore erreicht ist [ENOSPC],
- zu dem gegebenen Schlüssel bereits ein Semaphor-Set existiert und IPC_EXCL
  gesetzt ist [EEXIST].

Die Werte der Semaphore werden nicht initialisiert. Zur gemeinsamen und unteilba-
ren Ausführung von mehreren Semaphor-Operationen (P und V) auf die Elemente
des Semaphor-Sets dient der etwas unübersichtliche Systemaufruf **semop**.

```
Der semop Systemaufruf                      (SV IPC)

#include <sys/types.h>
#include <sys/ipc.h>
#include <sys/sem.h>
int semop(semid, operations, number)
      int semid;
      struct sembuf (*operations)[];
      int number;
```

Der erste Parameter semid bezeichnet das Semaphor-Set intern und wird i.a. durch
semget gewonnen. Der dritte Parameter number gibt an, wieviele Operationen
durchzuführen sind. Der Parameter operation ist ein Zeiger auf einen Vektor, dessen
Elemente vom Typ *struct sembuf* sind. Diese Struktur hat folgendes Aussehen:

```
struct sembuf {
     ushort sem_num;        /* Nummer des Semaphors     */
     short  sem_op;         /* Operation                */
     short  sem_flg;        /* Operations-Flag          */
}
```

Für jede der gewünschten Operationrn muß eine solche Struktur angelegt werden.
sem_num bezeichnet den Semaphor im Set, der verändert werden soll, sem_op die

Art der Operation und sem_flg legt fest, wie reagiert werden soll, wenn die Operation nicht ausgeführt werden kann (IPC_NOWAIT), und ob der Undo-Mechanismus benutzt werden soll (SEM_UNDO). Das Feld sem_op bestimmt die Operation auf den eigentlichen Semaphor, der die Gestalt

```
struct sem {
        ushort semval;          /* Wert des Semaphors */
        ushort sempid;          /* PID der letzten Operation */
        ushort semncnt;         /* Anz. Prozesse, die auf Erhöhung von semval warten */
        ushort semzcnt;         /* Anz. Prozesse, die auf semval==0 warten */
}
```

hat. Je nach Inhalt von sem_op wird ausgeführt:

sem_op < 0:   Semaphor erniedrigen um abs(sem_op), falls semval nicht groß genug ist, wird der Prozeß zunächst blockiert,

sem_op = 0:   Semaphor testen, d.h. warten, bis er Null wird,

sem_op > 0:   Semaphor erhöhen um sem_op.

Ist IPC_NOWAIT gesetzt, so wird der Prozeß nicht blockiert, sondern **semop** kehrt sofort mit dem Resultat -1 zurück. Der Systemaufruf liefert wie üblich 0 im Erfolgsfall, -1 im Fehlerfall. Zu den Fehlern gehören die Situationen:

- die Semaphor-Operation kann momentan nicht ausgeführt werden, weil der Prozeß vorher warten müßte, aber IPC_NOWAIT ist gesetzt [EAGAIN],
- das Argument number ist zu groß [E2BIG],
- es fehlen Zugriffsrechte [EACCES],
- ein vom System vorgegebener Grenzwert wird überschritten [ERANGE].

Zur Manipulation der Daten von Semaphor-Sets kann **semctl** benutzt werden.

```
Der semctl Systemaufruf   (SV IPC)

#include <sys/types.h>
#include <sys/ipc.h>
#include <sys/sem.h>
int semctl(semid, number, command, arg)
    int semid;
    int number;
    int command;
    union semun arg;
```

Der Parameter semid identifiziert das Semaphor-Set. Die Bedeutung der übrigen Parameter hängt von command ab, das den jeweiligen Befehl spezifiziert. Wir unterscheiden:

a) Befehle zur Manipulation eines einzelnen Semaphors, der durch number angesprochen wird. Diese benötigen mit Ausnahme von SETVAL den Parameter arg nicht.

GETVAL   **Semctl** liefert als Funktionswert die Semaphor-Komponente semval,

GETVAL   Die Komponente semval dieses Semaphors wird auf den Wert arg.val
           gesetzt,

GETPID   **Semctl** liefert den Inhalt der Semaphor-Komponente sempid.

GETNCNT **Semctl** liefert die Komponente semncnt,

GETZCNT **Semctl** liefert die Komponente semzcnt.

b) Befehle zur Manipulation aller Semaphore des Sets. Als Argument arg wird ein
Zeiger auf einen Vektor vom Typ ushort erwartet.

GETALL   Für jeden Semaphor wird die Komp. semval in das entsprechende Feld
           von arg.array kopiert.

SETALL   Für jeden Semaphor wird der Komponenten semval das entsprechende
           Feld von arg.array zugewiesen.

c) Befehle zur Bearbeitung der Verwaltungsdaten. Hier wird als Argument arg eine
Struktur vom Typ struct semid_ds gebraucht.

IPC_STAT Der Inhalt der Verwaltungsstruktur wird in arg.buf kopiert.

IPC_SET   Die folgenden Werte der Verwaltungsstruktur: sem_perm.uid,
          sem_perm.gid, sem_perm.mode werden durch die in der übergebenen
          Struktur enthaltenen Werte ersetzt.

IPC_RMID Auflösung des Semaphor-Sets.

Obige Operationen brauchen zum Teil die Union semun, die definiert ist als

```
union semun {
    int val;
    struct semid_ds *buf;
    ushort *array;
}
```

Der Rückgabewert von **semctl** ist außer bei den GET...-Befehlen im Erfolgsfall 0
und im Fehlerfall -1. Dies kann u.a. passieren, wenn

- ein ungültiger Semaphor Identifier vorliegt [EINVAL],
- das Argument number < 0 bzw. zu groß ist [EINVAL],
- das Argument command ungültig ist [EINVAL],
- beim Setzen eines Semaphors der verlangte Wert zu groß ist [ERANGE].
- Zugriffrechte fehlen [EACCESS, EPERM].

Auch hier stellen wir fest, daß von der eigentlichen Eleganz der Semaphore in der
System V-Implementation wenig übriggeblieben ist. Die hier beschriebenen Kon-
strukte sind sehr mächtig, aber auch schwer und unangenehm zu benutzen. Wir
verzichten an dieser Stelle auf ein Beispiel, das wir im Anschluß an den nächsten
Abschnitt betrachten wollen.

5.9.4   Shared Memory

Die dritte Möglichkeit, die uns IPC bietet, ist Shared Memory, zu deutsch Gemein-
schaftsspeicher. Dabei können mehrere Prozesse einen gemeinsamen Bereich des

Hauptspeichers in ihren jeweiligen Adreßbereich einblenden und durdurch Daten sehr schnell austauschen. Die IPC-Systemaufrufe für Shared Memory sind:

shmget	Verbindung zum Shared Memory herstellen
shmat	Einblenden eines Shared-Memory-Segmentes in den Adreßraum eines Prozesses
shmdt	Verbindung eines Prozesses zu Shared-Memory-Segment aufheben
semctl	Manipulationen an Shared Memory

Zum Anlegen eines Shared-Memory-Segments bzw. zum Öffnen eines existierenden Bereichs zur Benutzung dient **shmget**.

```
Der shmget Systemaufruf                    (SV IPC)

#include <sys/types.h>
#include <sys/ipc.h>
#include <sys/shm.h>
int shmget(key, size, flag)
    key_t key;
    int size, flag;
```

Der Parameter key ist der externe Schlüssel des Shared Memory, size dessen Größe in Bytes. Der 3. Parameter flag bestimmt die Zugriffsrechte und die Art der Erzeugung mittels der Konstanten IPC_CREAT und IPC_EXCL. Das Resultat von **shmget** ist der interne Name, der *Shared Memory Identifier*.

Im Fehlerfall ist -1 das Resultat. Dies kann passieren, falls

- für den Schlüssel key kein Shared Memory existiert und IPC_CREAT nicht gesetzt ist [ENOENT],
- die Systemgrenze für Shared Memory erreicht ist [ENOSPC],
- zu dem gegebenen Schlüssel key bereits ein Shared-Memory-Segment existiert und IPC_EXCL gesetzt ist [EEXIST],
- size zu groß ist [EINVAL],
- Zugriffsrechte mangeln [EACCES],
- Speichermangel besteht [ENOMEM].

Die Systemaufrufe **shmat** und **shmdt** werden auch unter dem Namen **shmop** zusammengefaßt. **Shmat** dient zur Einbindung eines Shared-Memory-Segments in den Adreßraum eines Prozesses.

```
Der shmat Systemaufruf                        (SV IPC)

#include <sys/types.h>
#include <sys/ipc.h>
#include <sys/shm.h>
int shmat(id, attach, flag)
    int id;
    char *attach;
    int flag;
```

Shmid ist der durch **shmget** erhaltene interne Shared-Memory-Identifier. Der zweite Parameter bestimmt die Adresse, an der das Shared Memory eingeblendet wird:

- falls address = 0 ist, wird das Shared-Memory-Segment an der ersten möglichen Adresse, die das System wählt, eingeblendet,
- falls address ungleich 0 ist und flag & SHM_RND wahr ist, so wird das Segment an der Adresse   address - (address mod SHMLBA) eingeblendet,
- falls address ungleich 0 ist und flag & SHM_RND falsch ist, so wird das Segment an der Stelle address eingeblendet.

Der dritte Parameter flag beschreibt Zugriffsrechte: falls flag & SHM_RDONLY wahr ist, wo wird das Shared-Memory-Segment nur zum Lesen benutzt, andernfalls zum Lesen und Schreiben. Im Erfolgsfall liefert **shmat** die Startaddresse des eingeblendeten Segments zurück, im Fehlerfall -1. Dies kann folgende Ursachen haben:

- ungültiger Shared-Memory-Identifier shmid [EINVAL],
- fehlende Zugriffsrechte [EACCES],
- fehlender Speicher [ENOMEM].
- ungültige Adreßangabe address [EINVAL],
- zu viele Shared-Memory-Segmente pro Prozeß [EMFILE],

Shmdt hebt die Verbindung des Prozesses mit dem Shared-Memory-Segment wieder auf.

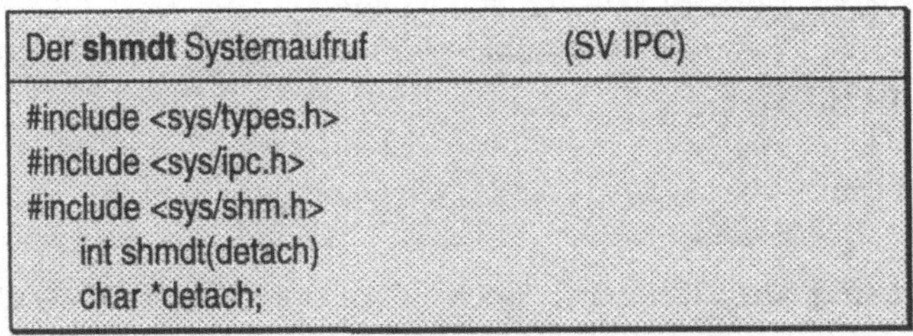

```
Der shmdt Systemaufruf                        (SV IPC)

#include <sys/types.h>
#include <sys/ipc.h>
#include <sys/shm.h>
    int shmdt(detach)
    char *detach;
```

Der einzige Parameter ist die zuvor durch **shmat** gewonnene Startadresse des Segments. Im Erfolgsfall liefert **shmdt** 0, im Fehlerfall -1. Fehlerursache wäre eine ungültige Adresse [EINVAL]. Bestimmte Verwaltungsoperationen an einem Shared-Memory-Segment kann man mit dem Systemaufruf **shmctl** durchführen.

```
Der shmctl Systemaufruf                 (SV IPC)

#include <sys/types.h>
#include <sys/ipc.h>
#include <sys/shm.h>
int shmctl(shmid, command, buffer)
    int shmid, command;
    struct shmid_ds *buffer;
```

Die Parameter ähneln denen von **semctl** und **msgctl**. Buffer ist ein Zeiger aud eine
Verwaltungsstruktur folgender Gestalt

```
struct shmid_ds {
        struct ipc_perm     shm_perm;   /* op. permission struct     */
        int                 shm_segsz;  /* segment size              */
        struct region       *shm_reg    /* ptr. to region struct     */
        char                pad[4];     /* for swap compatibility    */
        pid_t               shm_lpid;   /* pid of last shmop         */
        pid_t               shn_cpid;   /* pid of creator            */
        ushort              shm_nattch; /* used only for shminfo     */
        ushort              shm_cnattch;/* used only for shminfo     */
        time_t              shm_atime;  /* last shmat time           */
        time_t              shm_dtime;  /* last shmdt time           */
        time_t              shm_ctime;  /* last change time          */
};
```

Die Art der Operation richtet sich nach dem Wert vom command. Hier sind folgende
Werte möglich:

IPC_STAT Die Statusinformatioen des durch shmid angesprochenen Shared-
Memory-Segments werden in die Stuktur kopiert, auf die Buffer zeigt.

IPC_SET Einige Werte in der Verwaltungsdatenstruktur des Shared-Memory-
Segments werden auf die Werte geändert, die in der durch buffer
referierten Struktur stehen. Dies sind shm_perm.uid,
shm_perm.gid, shm_perm.mode.

IPC_RMID Entfernung des Shared-Memory-Segments aus dem System.

Ein erfolgreicher Aufruf liefert das Resultat 0, ein fehlerhafter -1. Fehlermöglichkeiten ergeben sich, wenn

- ein ungültiger Shared Memory Identifier vorliegt [EINVAL],
- eine ungültige Anweisung command auftritt [EINVAL],
- Zugriffrechte fehlen [EACCESS, EPERM],
- eine illegale Adresse buffer benutzt wurde [EFAULT].

5.9.5   Ein Beispiel für Semaphore und Shared Memory

Als **Beispiel** für Shared Memory mit Zugriffsynchronisierung durch Semaphore soll
ein Datenbanksystem beschrieben werden, das aus einem Datenbank-Server *dbms*
und zwei Datenbank-Clients *add_data* und *print_data* besteht. Der Server soll über
einen Shared-Memory-Bereich mit beliebig vielen Client-Prozessen der Art *add_data*

und *print_data* kommunizieren. Zur Gewährleistung des gegenseitigen Ausschlusses
der Clients bei der Kommunikation mit dem Server *dbms* soll ein Semaphor *dbsem*
dienen. Zur Gewährleistung des gegenseitigen Ausschlusses von Server und Client
beim Shared-Memory-Zugriff soll ein Semaphor *smsem* dienen.

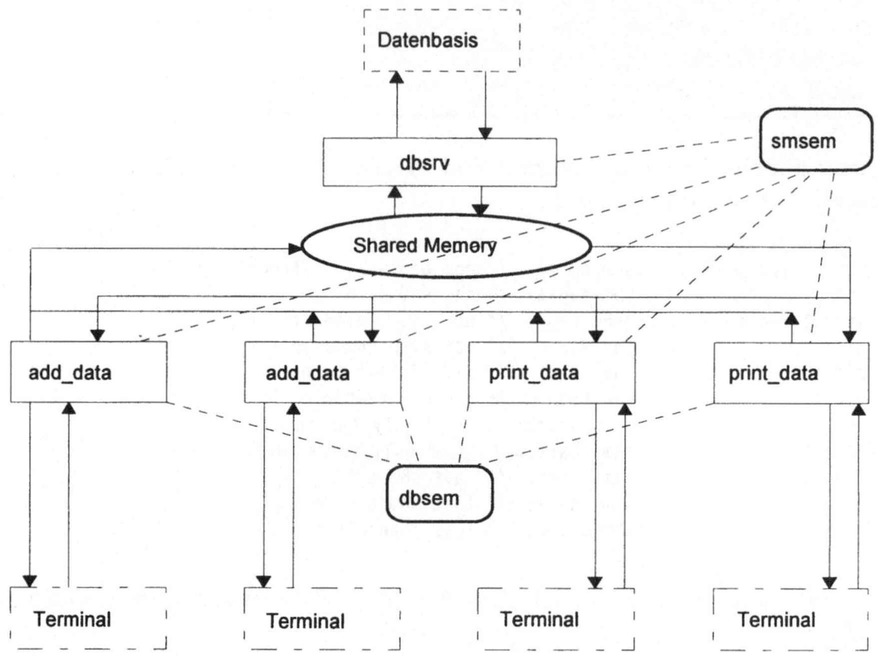

Abbbildung 5.22: Prinzipieller Aufbau des Datenbanksystems

Der "Datenbank"-Server *dbms* hat nur die Aufgabe, primitive Datensätze bestehend
z.B. aus einem Namen und einem Geldbetrag in die "Datenbank" einzufügen
(Auftrag durch *add_data*) bzw. bei gegebenem Namen den Betrag zu ermitteln
(Auftrag durch *print_data*). Unliebsame Unterbrechungen der Programme sollen
durch geeignete Signalbehandlung ausgeschlossen werden. Die Abbildung zeigt die
Relationen zwischen den beteiligten Programmen und Synchronisierungsmechanis-
men.

Das folgende Programmsystem ist ziemlich umfangreich. Die beiden Abfrageclienten
add_data und print_data wurden zusammen mit weiteren Funktionalitäten in einem
Client names dbclnt.c vereinigt. Er benutzt die später behandelte Curses-Schnittstelle
zur Bildschirmsteuerung. Wir beginnen dem Server und einem Include-File für die
benutzten Programme.

Programm 5.59: dbsrv.c und db.h

```
/* db.h                                             */
/* Headerfile fuer Client/Server Datenbasis         */
/* Definitionen fuer Semaphoren und Shared Memory */
```

```c
/* allgemeine Defines */
#define SEMANZ 2
#define NAME_SIZE 30

/* SEMAPHORENDEFINITION */
#define DBSEM1 0
#define DBSEM2 1

/* CMD Defines */
#define NUNIQUE -2
#define ERROR -1
#define NERROR 0
#define READREC 1
#define WRITEREC 2
#define DELREC 3
#define UPDATEREC 4
#define ALIVE 666
#define SHUTDOWN 99
#define QUIT 100

/* Struct fuer Sharedmemory */
typedef struct
{
    char name[NAME_SIZE];
    float betrag;
} Db_Date_Typ;

typedef struct
{
    Db_Date_Typ date;
    int         cmd;
    int changed;
} Shm_Date_Typ;

/* dbsrv.c                              */
/* Server fuer Datenbank                */
/* Autoren  Roland Jung, Christoph Weyer */

#include <sys/types.h>
#include <unistd.h>
#include <sys/ipc.h>
#include <sys/sem.h>
#include <sys/shm.h>
#include <signal.h>
#include <stdio.h>
#include <string.h>
#include <fcntl.h>
#include <stdlib.h>
#include "db.h"

#ifdef SEMUN
union semun {
    int val;
    struct semid_ds *buf;
    ushort *array;
}
#define bcopy memcpy
```

```c
#endif

#define DBNAME "JWDBFILE"
#define WRAE 1
#define NWRAE 2

typedef unsigned char Boolean;
typedef struct
{
   Boolean activ;
   Db_Date_Typ date;
} File_Date_Typ;

Shm_Date_Typ *shm_adr;
int shmid, semid, debug=0;
int dbf;

void die();
int readdate();
int writedate();
int updatedate();
void shm_put();
int db_event();
void aufruf();


int main (argc, argv)
int argc;
char *argv[];
{
   long  semkey, shmkey;
   Db_Date_Typ db_date;
   ushort semarr[SEMANZ];
   union semun arg;
   char dbname[100];
   int l;

   if ((argc<2) | (argc > 3))
      aufruf();
   if ((shmkey=atol(argv[1]))<1)
      aufruf();
   semkey=shmkey;

   if (argc == 3)
   {
      if (strcmp(argv[2],"-debug")==0)
      {
         debug=1;
      }
      else
      {
         aufruf();
      }
   }
   /* Abfangen des termsignales */
   signal(SIGTERM,die);
   signal(SIGINT,die);
```

```c
/* erzeugen und binden des Shared Memory Segmentes */
if ((shmid = shmget(shmkey,sizeof(Shm_Date_Typ), 01600 |O_EXCL
     | O_CREAT)) == ERROR)
{
    perror ("shmget:");
    exit (-1);
}

if ((shm_adr=(Shm_Date_Typ*) shmat(shmid,(char *)0,0 ))== NULL)
{
    perror ("shmat:");
    shmctl(shmid, IPC_RMID, NULL);
    exit (-1);
}
/* initialisieren des Shared Memory Segmentes */
shm_adr->changed = 0; /* wird fuer polling benoetigt */

/* erzeugen und binden des Semaphores */
if ((semid=semget(semkey, SEMANZ, 01600))== ERROR)
{
    perror ("semget:");
    shmdt((char *) shm_adr);
    shmctl(shmid, IPC_RMID, NULL);
    exit (-2);
}

for (l=0; l<SEMANZ; l++)
    semarr[l]=1;
arg.array = semarr;
if (semctl(semid, 0, SETALL, arg)== ERROR)
{
    perror("semctl:");
    semctl(semid,0,IPC_RMID,arg);
    shmdt((char *) shm_adr);
    shmctl(shmid, IPC_RMID, NULL);
    exit(-2);
}

/* oeffnen des Datenbank files */
strcpy (dbname,DBNAME);
strcat (dbname,argv[1]);
if ((dbf = open(dbname,O_RDWR | O_CREAT, 0600)) == ERROR)
{
    perror ("open:");
    semctl(semid,0,IPC_RMID,arg);
    shmdt((char *) shm_adr);
    shmctl(shmid, IPC_RMID, NULL);
    exit (-3);
}

/* initialisierung erfolgreich durchgefuert */

while(1)
{
    switch (db_event(db_date.name))
    {
```

```c
        case SHUTDOWN:
            if (debug)
                fprintf(stderr,"DBSRV: SHUTDOWN cmd received\n");
            die();

        case READREC:
            if (debug)
                fprintf (stderr,"DBSRV: READREC cmd received\n");
            shm_put(db_date.name,WRAE,readdate(db_date.name));
            break;

        case WRITEREC:
            if (debug)
                fprintf(stderr,"DBSRV: WRITEREC cmd received\n");
            shm_put(db_date.name,NWRAE,writedate(db_date.name));
            break;

        case UPDATEREC:
            if (debug)
                fprintf
                (stderr,"DBSRV: UPDATEREC cmd received\n");
          shm_put(db_date.name,NWRAE,updatedate(db_date.name));
            break;

        case DELREC:
            if (debug)
              fprintf (stderr,"DBSRV: DELREC cmd received\n");
            shm_put(db_date.name,NWRAE,deldate(db_date.name));
            break;

        case ALIVE:
            if (debug)
                fprintf
                            (stderr,
            "DBSRV: ALIVE request received from Client\n");
            shm_put(db_date.name, NWRAE, NERROR);
            break;

        default:
            if (debug)
                fprintf (stderr,"DBSRV: error\n");
            shm_put (db_date.name,NWRAE,ERROR);
        }
    }

} /* main() */

void aufruf()
{
    fprintf(stderr,"Aufruf: dbsrv id [-debug]\n");
    fprintf(stderr,
        " id      positive Zahl, welche das Shmsegment\
     repraesentiert\n");
    fprintf(stderr," debug   schaltet Aktivitaetsmeldungen \
                ein\n");
    exit(1);
}
```

```c
void die()
{
  union semun arg;

    signal(SIGTERM,SIG_IGN);
    signal(SIGINT,SIG_IGN);
    if (debug)
       fprintf (stderr,"\nDBSRV: dieing .....");
    close (dbf);
    semctl(semid,0,IPC_RMID,arg);
    shmdt((char *) shm_adr);
    shmctl(shmid, IPC_RMID, NULL);

    if (debug)
       fprintf (stderr,"complete\n");

    exit (0);
} /* die */

int db_event (dates)
Db_Date_Typ *dates;
{
  struct sembuf sops;
    if (debug)
       fprintf (stderr,"DBSRV: waiting for request....");
    while (shm_adr->changed == 0);
    if (debug)
       fprintf (stderr,"complete\n");
    sops.sem_num=DBSEM1;
    sops.sem_op =-1;
    sops.sem_flg=0;
    if (semop(semid,&sops,1)== ERROR)
    {
       perror ("semop(-1):");
       die();
    }
    bcopy (shm_adr->date.name, dates, sizeof(Db_Date_Typ));
    return(shm_adr->cmd);
}

void shm_put(dates, cmd, ok)
Db_Date_Typ *dates;
int cmd, ok;
{
  struct sembuf sops;
    switch(cmd)
    {
       case WRAE:
          bcopy(dates, shm_adr->date.name, sizeof(Db_Date_Typ));
       case NWRAE:
       default:
          shm_adr->changed=0;
          shm_adr->cmd=ok;
    }

    sops.sem_num=DBSEM1;
```

```c
      sops.sem_op =1;
      sops.sem_flg=0;
      if (semop(semid,&sops,1)== ERROR)
      {
         perror ("semop(1):");
         die();
      }

} /* shm_put () */

int writedate (dates)
Db_Date_Typ *dates;
{
  File_Date_Typ fdate;
  Boolean ok=0;
   lseek (dbf,(off_t)0, SEEK_SET);
   while (read(dbf,(char *) &fdate, sizeof (File_Date_Typ)) != 0)
   {
      if ((fdate.activ) &&
          (strcmp(fdate.date.name, (char *)dates)==0))
      {
         ok=1;
         break;
      }
   }
   if (ok)
      return(NUNIQUE);

   lseek(dbf,(off_t)0,SEEK_SET);
   while (read (dbf,(char *) &fdate, sizeof (File_Date_Typ)) != 0)
   {
      if (fdate.activ==0)
      {
         lseek(dbf,(off_t)-1 * sizeof(File_Date_Typ),SEEK_CUR);
         break;
      }
   }
   fdate.activ = 1;
   bcopy(dates, fdate.date.name, sizeof(Db_Date_Typ));
   if (write (dbf, (char *)&fdate, sizeof(File_Date_Typ)) < 1 )
   {
      if (debug)
        fprintf (stderr, "DBSRV: WRITEREC command failed\n");
      return(ERROR);
   }
   if (debug)
       fprintf
       (stderr,"DBSRV: WRITEREC command accessed successfully\n");
   return (NERROR);

} /* writedate() */

int readdate (dates)
Db_Date_Typ *dates;
{
  File_Date_Typ fdate;
```

```c
    lseek (dbf,(off_t) 0, SEEK_SET);
    while (read(dbf,(char *) &fdate, sizeof (File_Date_Typ)) != 0)
    {
       if ((fdate.activ)&&(strcmp(fdate.date.name,dates->name)==0))
       {
           bcopy(fdate.date.name, dates, sizeof(Db_Date_Typ));
           if (debug)
              fprintf(stderr,
              "DBSRV: READREC command accessed successfully\n");
           return (NERROR);
       }
    }
    if (debug)
       fprintf (stderr, "DBSRV: READREC command failed\n");
    return(ERROR);
} /* readdate */

int deldate(dates)
Db_Date_Typ *dates;
{
  File_Date_Typ fdate;

    lseek(dbf,(off_t)0,SEEK_SET);

    while (read(dbf,(char *) &fdate, sizeof (File_Date_Typ)) != 0)
    {
      if ((fdate.activ)&&(strcmp(fdate.date.name,dates->name)==0))
      {
          fdate.activ=0;
          lseek (dbf,(off_t)-1 * sizeof(File_Date_Typ), SEEK_CUR);
          if (write(dbf,(char *)&fdate, sizeof( File_Date_Typ))<1)
          {
             if (debug)
                fprintf(stderr, "DBSRV: DELREC command failed\n");
             return (ERROR);
          }
          if (debug)
             fprintf(stderr,
             "DBSRV: DELREC command accessed successfully\n");
          return(NERROR);
      }

    }
    if (debug)
       fprintf (stderr, "DBSRV: DELREC command failed\n");
    return(ERROR);
} /* deldate */


int updatedate (dates)
Db_Date_Typ *dates;
{
  File_Date_Typ fdate;

    lseek (dbf,(off_t) 0, SEEK_SET);
    while (read(dbf,(char *) &fdate, sizeof (File_Date_Typ)) != 0)
    {
```

```
        if ((fdate.activ)&&(strcmp(fdate.date.name,dates->name)==0))
        {
            bcopy(dates, fdate.date.name, sizeof(Db_Date_Typ));
            lseek(dbf, (off_t)-1 * sizeof(File_Date_Typ),SEEK_CUR);
            if (write(dbf, (char *)&fdate, sizeof(File_Date_Typ))<1)
            {
                if (debug)
                   fprintf(stderr,
                           "DBSRV: UPDATEREC command failed\n");
                return (ERROR);
            }
            if (debug)
               fprintf(stderr,
                 "DBSRV: UPDATEREC command accessed successfully\n");
            return (NERROR);
        }
    }
    if (debug)
       fprintf (stderr, "DBSRV: UPDATEREC command failed\n");
    return(ERROR);
} /* updatedate */
```

Es folgt nun der ebenfalls recht umfangreich Datenbank-Client. Zunächst jedoch zwei Header-Files, die er benutzt.

Programm 5.60: dbclnt.c und client.h

```
/* client .h */
#define CONNECT 999
#define DISCONNECT 1000

/* dbclnt.c                             */
/* Client fuer Datenbank                */
/* Autoren Roland Jung, Christoph Weyer */

#include <sys/types.h>
#include <unistd.h>
#include <sys/ipc.h>
#include <sys/sem.h>
#include <sys/shm.h>
#include <signal.h>
#include <stdio.h>
#include <string.h>
#include <fcntl.h>
#include <stdlib.h>

#include "db.h"
#include "client.h"
#include "input.h"

#ifdef SEMUN
union semun {
    int val;
    struct semid_ds *buf;
    ushort *array;
}
#define bcopy memcpy
```

```c
    #endif

    Shm_Date_Typ *shm_adr;
    int shmid, semid, connect=0;

    void die();
    int readrec();
    int writerec();
    int updaterec();
    int delrec();
    void aufruf();
    int auswahl();
    void message();

    int main (argc, argv)
    int argc;
    char *argv[];
    {
      long key;
      Db_Date_Typ dates;
      int back;

        if (argc != 2)
           aufruf();

        if ((key = atol (argv[1])) < 1)
           aufruf();

        signal (SIGINT,die);
        signal (SIGTERM,die);

/* binden von Shm und Sems */

        if ((shmid = shmget (key, sizeof (Shm_Date_Typ), 0600))
                          == ERROR){
           perror ("shmget:");
           exit (-1);
        }

        if ((shm_adr = (Shm_Date_Typ *) shmat(shmid,(char *) 0,0))
                          == NULL){
           perror ("shmat:");
           exit (-1);
        }

        /* binden des Semaphors */
        if ((semid = semget(key, SEMANZ, 0600)) == ERROR)
        {
           perror("semget:");
           shmdt((char *) shm_adr);
           exit (-2);
        }

        /* alivetest auf Server */
        if (readrec(&dates, ALIVE) == ERROR)
        {
            fprintf (stderr, "Server is not alive.....\n");
```

```c
        die();
    }
    fprintf (stderr, "Server is alive ...\n\n");
    connect=1;
    /* init der Windows */
    if (cinit() == -1)
        die();
    message ("Connect to Server");

    dates.name[0]='\0';
    dates.betrag=(float) 0;
    /* init abgeschlossen */

    while (1)
    {

        switch (auswahl(&dates))
        {
            case QUIT:
                die();
            case READREC:
                if (connect == 0)
                {
                    message ("Kein Kontakt zu Server");
                    break;
                }
                    if (readrec(&dates, READREC) == ERROR)
                    message ("Fehler bei readrec aufgetreten");
                else
                    message ("Der Datensatz wurde gelesen");
                break;
            case ALIVE:
                if (connect == 0)
                {
                    message ("Kein Kontakt zu Server");
                    break;
                }
                if (readrec(&dates, ALIVE) == ERROR)
                {
                    message ("Server is not alive ...");
                    break;
                }
                message ("Server is alive ...");
                break;
            case WRITEREC:
                if (connect == 0)
                {
                    message ("Kein Kontakt zu Server");
                    break;
                }
                switch (writerec(&dates))
                {
                    case ERROR:
                        message
                        ("Fehler bei writerec aufgetreten");
                        break;
                    case NUNIQUE:
```

```c
                    message
                    ("Nicht eindeutiger Name bei writerec");
                    break;
              default:
                    message
                    ("Der Datensatz wurde geschrieben");
                    break;
        }
        break;
    case UPDATEREC:
        if (connect == 0)
        {
            message ("Kein Kontakt zu Server");
            break;
        }
         if (updaterec(&dates) == ERROR)
            message ("Fehler bei updaterec aufgetreten");
         else
            message ("Der Datensatz wurde geupdatet");
         break;
    case DELREC:
        if (connect == 0)
        {
            message ("Kein Kontakt zu Server");
            break;
        }
         if (delrec(&dates) == ERROR)
            message ("Fehler bei delrec aufgetreten");
         else
         {
            message ("Der Datensatz wurde geloescht");
            dates.name[0]='\0';
            dates.betrag=(float) 0;
         }
         break;
    case SHUTDOWN:
        if (connect == 0)
        {
            message ("Kein Kontakt zu Server");
            break;
        }
        shutdown();
        message ("Disconnected");
        connect =0;
        break;
    case DISCONNECT:
        if (connect == 0)
        {
            message ("Kein Kontakt zu Server");
            break;
        }
        shmdt ((char *) shm_adr);
        connect =0;
        message ("Disconnected");
        break;
    case CONNECT:
        if (connect)
```

```
                    {
                        message ("Erst Disconnect aufrufen");
                        break;
                    }
                    if ((key = atol (dates.name)) < 1)
                    {
                        message ("Falsche DB-ID");
                        break;
                    }
                    if ((shmid = shmget(key, sizeof (Shm_Date_Typ),
                                        0600)) == ERROR)
                    {
                        message ("No Connect to Server");
                        break;
                    }

                    if ((shm_adr =(Shm_Date_Typ *)shmat
                        (shmid,(char *)0,0)) == NULL)
                    {
                        message ("No Connect to Server");
                        break;
                    }

                    /* binden des Semaphors */
                    if ((semid = semget(key, SEMANZ, 0600)) == ERROR)
                    {
                        shmdt((char *) shm_adr);
                        message ("No Connect to Server");
                        break;
                    }

                    /* alivetest auf Server */
                    if (readrec(&dates, ALIVE) == ERROR)
                    {
                        shmdt((char *) shm_adr);
                        message ("No Connect to Server");
                        break;
                    }
                    connect=1;
                    message ("Connected to Server");
                    break;
                default:
                    break;
            }

    }
} /* main() */

void aufruf ()
{
    fprintf (stderr, "Aufruf: dbclnt <id>\n    id     Key des Shm des Servers\n");
    exit (1);
}

void die()
{
    union semun arg;
```

```
        signal (SIGINT, SIG_IGN);
        signal (SIGTERM, SIG_IGN);

        cend();
        fprintf (stderr,"\ndieing ..... ");
        if (connect)
            shmdt ((char *) shm_adr);
        fprintf (stderr,"complete\n");
        exit (0);
}

int readrec (dates, how)
Db_Date_Typ *dates;
int how;
{
  struct sembuf sops[SEMANZ];
  int back;
  long count;

    sops[0].sem_num=DBSEM1;
    sops[0].sem_op=-1;
    sops[0].sem_flg=0;
    sops[1].sem_num=DBSEM2;
    sops[1].sem_op=-1;
    sops[1].sem_flg=0;

    if (semop(semid, sops, 2) == ERROR)
    {
        perror("semop(-1)");
        die();
    }
    bcopy (dates, shm_adr->date.name, sizeof (Db_Date_Typ));
    shm_adr->cmd = how;
    shm_adr->changed =1;

    sops[0].sem_op=1;
    if (semop(semid,sops,1) == ERROR)
    {
        perror ("semop(1):");
        die();
    }

    count = 10;
    while ((shm_adr->changed == 1) && (count > 0))
    {
        sleep (1);
        count --;
    }

    if (count > 0)
    {
        sops[0].sem_op = -1;
        if (semop(semid, sops,1) == ERROR)
        {
            perror ("semop(-1).2:");
            die();
```

```c
        }
      back = shm_adr->cmd;
      if (shm_adr->cmd == NERROR)
      {
        bcopy (shm_adr->date.name, dates, sizeof (Db_Date_Typ));
      }
    }
    else
    {
      shmdt((char *) shm_adr);
      connect =0;
      back = ERROR;
    }
    sops[0].sem_op =1;
    sops[1].sem_op =1;
    if (semop(semid, sops, 2) == ERROR)
    {
        perror("semop(1).2:");
        die();
    }
    return (back);
}

int writerec (dates)
Db_Date_Typ *dates;
{
  struct sembuf sops[SEMANZ];
  int back;
  long count;

  sops[0].sem_num = DBSEM1;
  sops[0].sem_op = -1;
  sops[0].sem_flg = 0;
  sops[1].sem_num = DBSEM2;
  sops[1].sem_op = -1;
  sops[1].sem_flg = 0;
  if (semop(semid, sops, 2) == ERROR)
  {
      perror ("semop(-1):");
      die();
  }

  bcopy (dates, shm_adr->date.name, sizeof (Db_Date_Typ));
  shm_adr->cmd = WRITEREC;
  shm_adr->changed =1;

  sops[0].sem_op=1;
  if (semop(semid,sops,1) == ERROR)
  {
      perror ("semop(1):");
      die();
  }

  count = 10;
  while ((shm_adr->changed == 1) && (count > 0))
  {
```

```c
            sleep(1);
            count --;
      }

      if (count > 0)
      {
         sops[0].sem_op = -1;
         if (semop(semid, sops,1) == ERROR)
         {
            perror ("semop(-1).2:");
            die();
         }

         back = shm_adr->cmd;
      }
      else
      {
         shmdt ((char *) shm_adr);
         connect = 0;
         back = ERROR;
      }

      sops[0].sem_op =1;
      sops[1].sem_op =1;
      if (semop(semid, sops, 2) == ERROR)
      {
         perror ("semop(1).2:");
         die();
      }

      return (back);
}

int updaterec (dates)
Db_Date_Typ * dates;
{
   struct sembuf sops[SEMANZ];
   int back;
   long count;

      sops[0].sem_num = DBSEM1;
      sops[0].sem_op = -1;
      sops[0].sem_flg = 0;
      sops[1].sem_num = DBSEM2;
      sops[1].sem_op = -1;
      sops[1].sem_flg = 0;
      if (semop(semid, sops, 2) == ERROR)
      {
         perror ("semop(-1):");
         die();
      }

      bcopy (dates, shm_adr->date.name, sizeof (Db_Date_Typ));
      shm_adr->cmd = UPDATEREC;
      shm_adr->changed =1;

      sops[0].sem_op=1;
```

```c
    if (semop(semid,sops,1) == ERROR)
    {
        perror ("semop(1):");
        die();
    }

    count = 10;
    while ((shm_adr->changed == 1) && (count > 0))
    {
        sleep (1);
        count --;
    }

    if (count > 0)
    {
        sops[0].sem_op = -1;
        if (semop(semid, sops,1) == ERROR)
        {
            perror ("semop(-1).2:");
            die();
        }

        back = shm_adr->cmd;
    }
    else
    {
      back = ERROR;
      connect = 0;
      shmdt ((char *) shm_adr);
    }

    sops[0].sem_op =1;
    sops[1].sem_op =1;
    if (semop(semid, sops, 2) == ERROR)
    {
        perror ("semop(1).2:");
        die();
    }

    return (back);
}

int delrec (dates)
Db_Date_Typ * dates;
{
  struct sembuf sops[SEMANZ];
  int back;
  long count;

    sops[0].sem_num = DBSEM1;
    sops[0].sem_op = -1;
    sops[0].sem_flg = 0;
    sops[1].sem_num = DBSEM2;
    sops[1].sem_op = -1;
    sops[1].sem_flg = 0;
    if (semop(semid, sops, 2) == ERROR)
    {
```

```c
        perror ("semop(-1):");
        die();
    }

    bcopy (dates, shm_adr->date.name, sizeof (Db_Date_Typ));
    shm_adr->cmd = DELREC;
    shm_adr->changed =1;

    sops[0].sem_op=1;
    if (semop(semid,sops,1) == ERROR)
    {
        perror ("semop(1):");
        die();
    }

    count = 10;
    while ((shm_adr->changed == 1) && (count > 0))
    {
        sleep (1);
        count --;
    }

    if (count > 0)
    {
        sops[0].sem_op = -1;
        if (semop(semid, sops,1) == ERROR)
        {
            perror ("semop(-1).2:");
            die();
        }

        back = shm_adr->cmd;
    }
    else
    {
        connect = 0;
        shmdt ((char *) shm_adr);
        back = ERROR;
    }
    sops[0].sem_op =1;
    sops[1].sem_op =1;
    if (semop(semid, sops, 2) == ERROR)
    {
        perror ("semop(1).2:");
        die();
    }

    return (back);
}

int shutdown()
{
  struct sembuf sops[SEMANZ];

    sops[0].sem_num = DBSEM1;
    sops[0].sem_op = -1;
    sops[0].sem_flg = 0;
```

```
        sops[1].sem_num = DBSEM2;
        sops[1].sem_op = -1;
        sops[1].sem_flg = 0;
        if (semop(semid, sops, 2) == ERROR)
        {
            perror ("semop(-1):");
            die();
        }

        shm_adr->cmd = SHUTDOWN;
        shm_adr->changed =1;

        sops[0].sem_op=1;
        sops[1].sem_op=1;
        if (semop(semid,sops,2) == ERROR)
        {
            perror ("semop(1):");
            die();
        }
    }
```

Das Quellfile input.c gehört zum Datenbank-Client mit dazu.

Programm 5.61: input.c und input.h

```
/* input.h                                              */
/* Initialisierungs-, Destruction- und Eingaberoutinen */
/* in Curses fuer Datenbasis Client                     */
/* Autoren Roland Jung, Christoph Weyera                */


int cinit();
/*
int cinit (void)
Initialisiert die Windowsscreen.
Returnwert:
-1     Fehler aufgetreten (z.B. Zu kleines Fenster etc... )
0      OK
*/

void cend();
/*
void cend (void)
Beendet die Cursesfunktion
*/

int auswahl();
/*
int auswahl (date)
Db_date_Typ *date; (definiert in "db.h")
laesst eine Auswahl zu. Dies beinhaltet die Eingabe von Name und Betrag,
sowie die Auswahl der Aktion.
Returnwert:
READREC
WRITEREC
DELREC
SHUTDOWN
EXIT
*/
```

```c
void message();
/*
void message (msg)
char *msg;
gibt eine Meldung in Form einer Box aus und wartet auf eine Taste
*/

/* input.c                                                  */
/* Initialisierungs-, Destruction- und Eingaberoutinen */
/* in Curses  fuer Datenbank-Client                         */
/* Autoren Roland Jung, Christoph Weyer               */

#include <curses.h>
#include <string.h>
#include <stdlib.h>
#include "db.h"
#include "client.h"
#include "input.h"

static int c_is_init=0;
static int inputx, wahl=0, pos=0;
static int line_in();

int cinit()
{

    c_is_init=1;
    initscr();
    if ((COLS < 50) || (LINES < 17))
    {
        cend();
        fprintf
        (stderr,"DBCLNT:CINIT:wrong windowsize (x<50;y<17)\n");
        return(-1);
    }
    box (stdscr,'|','-');
    inputx= (int) ((COLS - 36) /2);

    wmove (stdscr, 2, (int) ((COLS - 17) / 2));
    wstandout (stdscr);
    waddstr(stdscr,"DATABASE CLIENT");
    wstandend (stdscr);
    wmove (stdscr, 3, (int) ((COLS - 7) / 2));
    waddstr(stdscr,"V 1.0");
    wmove (stdscr, 6,inputx);
    waddstr (stdscr, "Name   :");
    wmove (stdscr, 7,inputx);
    waddstr (stdscr, "Betrag :");
    wmove (stdscr, 9, inputx);
    waddstr (stdscr, "Aktion :");
    wmove (stdscr, 11, 2);
    waddstr (stdscr, "Information");
    refresh();

    inputx += 9;
    return(0);
}
```

```c
void cend()
{
   if (c_is_init)
   {
      clear();
      refresh();
      mvcur (0, COLS - 1, LINES - 1, 0);
      endwin();
      c_is_init=0;
   }
}


int auswahl(date)
Db_Date_Typ *date;
{
int maxact, l;
static char *ausw_text[] = {"READREC   ", "WRITEREC  ",
                            "DELREC    ", "UPDATEREC ",
                            "LIVE TEST ", "CONNECT   ",
                            "DISCONNECT", "SHUTDOWN  ",
                            "EXIT      ", NULL};
static int ausw_wert[] =   {READREC, WRITEREC, DELREC, UPDATEREC, ALIVE, CONNECT,
                            DISCONNECT, SHUTDOWN, QUIT};
static char *infotxt[] =
   {"Sucht und liest einen Datensatz               ",
    "Schreibt einen eindeutigen Datensatz          ",
    "Loescht einen Datensatz                       ",
    "Aendert einen vorhandenen Datensatz           ",
    "Testet, ob der aktuelle Server noch antwortet",
    "Versucht connect zu einem Server              ",
    "Unterbricht den Connect zum aktuellen Server ",
    "Sendet Shutdownkommando zum aktuellen Server ",
    "Beendet den Client                           "};

char zahl[15], ch, nhelp[NAME_SIZE], zhelp[15];

   for (l=0;l<NAME_SIZE;l++)
     nhelp[l] = ' ';
   nhelp[NAME_SIZE-1]='\0';

   for (l=0;l<15;l++)
     zhelp[l]=' ';
   zhelp[14]='\0';

   wmove (stdscr, 6, inputx);
   clrtoeol();
   waddstr (stdscr, date->name);
   wmove (stdscr, 7, inputx);
   sprintf (zahl, "%4.2f", date->betrag);
   clrtoeol();
   waddstr (stdscr, zahl);
   wmove(stdscr, 9, inputx);
   clrtoeol();
   waddstr(stdscr,ausw_text[wahl]);
   refresh();
   crmode();
```

```c
while (1)
{
    switch (pos)
    {
        case 0:
            wmove (stdscr, 12, 2);
            clrtobot();
            waddstr (stdscr, "Hier bitte den Namen eingeben.");
            wmove (stdscr, 13, 2);
            waddstr (stdscr, "cup Aktion | cdown Betrag");
            box (stdscr,'|','-');
            wmove (stdscr, 6, inputx);
            wstandout(stdscr);
            waddstr(stdscr, nhelp);
            wmove (stdscr, 6, inputx);
            waddstr(stdscr, date->name);
            refresh();
            if (line_in(date->name, NAME_SIZE-1))
                pos = 2;
            else
                pos++;

            wmove (stdscr, 6, inputx);
            standend();
            waddstr(stdscr, nhelp);
            wmove (stdscr, 6, inputx);
            waddstr(stdscr, date->name);
            refresh();
            break;

        case 1:
            wmove (stdscr, 12, 2);
            clrtobot();
            waddstr (stdscr, "Hier bitte den Betrag eingeben.");
            wmove (stdscr, 13, 2);
            waddstr (stdscr, "cup Name | cdown Aktion");
            wmove (stdscr, 7,strlen(zahl) + inputx);
            wstandout(stdscr);
            wmove (stdscr, 7, inputx);
            waddstr (stdscr, zhelp);
            wmove (stdscr, 7, inputx);
            waddstr (stdscr, zahl);
            box (stdscr,'|','-');
            refresh();
            if (line_in(zahl, 14))
                pos--;
            else
                pos++;
            wstandend(stdscr);
            wmove (stdscr, 7, inputx);
            waddstr (stdscr, zhelp);
            wmove (stdscr, 7, inputx);
            waddstr (stdscr, zahl);
            refresh();
            break;
```

```c
case 2:
    wmove (stdscr, 12, 2);
    clrtobot();
    waddstr (stdscr,
            "Hier bitte die naechste Aktion waehlen");
    wmove (stdscr, 13, 2);
    waddstr (stdscr,
        "cup Betrag | cdown Name | ENTER aufuehren");
    wmove (stdscr, 14, 2);
    waddstr (stdscr,
        "cright vorheriger- | cleft naechster Befehl");
    wmove (stdscr, 15, 2);
    waddstr (stdscr, infotxt[wahl]);
    wmove(stdscr, 9, inputx);
    wstandout(stdscr);
    clrtoeol();
    waddstr(stdscr,ausw_text[wahl]);
    wstandend(stdscr);
    box (stdscr,'|','-');
    refresh();
    while (pos == 2)
    {
        do
        {
            if ((ch = getch()) == '\n')
            {
                date->betrag = atof (zahl);
                return (ausw_wert[wahl]);
            }
        } while ((ch !=9) && (ch != 27));
        if (ch == 9)
        {
            pos = 0;
            break;
        }
        if (getch() == 91)
            switch (getch())
            {
                case 65:
                    pos--;
                    break;
                case 66:
                    pos=0;
                    break;
                case 67:
                    wahl++;
                    if (ausw_text[wahl] == NULL)
                        wahl--;
                    wmove (stdscr, 15, 2);
                    waddstr (stdscr, infotxt[wahl]);
                    wmove(stdscr, 9, inputx);
                    wstandout(stdscr);
                    waddstr(stdscr,ausw_text[wahl]);
                    wstandend(stdscr);
                    refresh();
                    break;
                case 68:
```

```c
                            wahl--;
                            if (wahl<0)
                               wahl= 0;
                            wmove (stdscr, 15, 2);
                            waddstr (stdscr, infotxt[wahl]);
                            wmove(stdscr, 9, inputx);
                            wstandout(stdscr);
                            waddstr(stdscr,ausw_text[wahl]);
                            wstandend(stdscr);
                            refresh();
                            break;
                       default:
                            break;
                  }

            }
          wmove(stdscr, 9, inputx);
          clrtoeol();
          waddstr(stdscr,ausw_text[wahl]);
          refresh();
          break;
        default:
            pos = 0;
      }

    }
}

void message(txt)
char *txt;
{
WINDOW *m_win;
int x,y;

y=(int) ((LINES - 8)/2);
x=(int) ((COLS - 42)/2);
    if ((m_win = newwin(5,40,y, x)) == NULL)
    {
        die();
    }
    werase (m_win);
    box (m_win, '*', '*');
    wmove (m_win, 2, 2);
    waddstr (m_win, txt);
    wrefresh(m_win);
    crmode();
    noecho();
    getch();
    delwin(m_win);
    touchwin(stdscr);
    refresh();
}

static int line_in (text, length)
char *text;
int length;
{
```

```c
    char ch;
    int x, y, pos;

       pos = strlen (text);
       noecho();
       crmode();
       ch = getch();
       while (1)
       {
          refresh();
          if (ch == 27)
          {
             if (getch() == 91)
             {
                 while ((ch=getch())==91);
                 switch (ch)
                 {
                    case 66:
                       text[pos]='\0';
                       return(0);
                    case 65:
                       text[pos]='\0';
                       return(1);
                    default:
                       while ((ch=getch())==91);
                 }
             }
             else
             {
                 ch = getch();
             }
          }
          else
          {
             if ((ch == 127) || (ch == 8)) /* bs, del*/
             {
                 if (pos > 0)
                 {
                     pos--;
                     getyx (stdscr, y, x);
                     x--;
                     wmove (stdscr, y, x);
                     waddch(stdscr, ' ');
                     getyx (stdscr, y, x);
                     x--;
                     wmove (stdscr, y, x);
                     refresh();
                 }
             }
             else
             {
                 if (ch == 9)
                 {
                     text[pos]='\0';
                     return(0);
                 }
                 if ((ch >= 32) && (ch != '\n') && (pos < length))
```

```
                        {
                            text[pos] = ch;
                            waddch(stdscr, ch);
                            pos++;
                            refresh();
                        }
                    }
                ch = getch();
            }
        }
    }
```

Das Symbol SEMUN dient dazu bei einem System wie Solaris in *<sys/sem.h>* eine fehlende Datenstruktur nachzuliefern und die Berkeley-spezifische Funktion bcopy() durch die System-V-spezifische Funktion memcpy() zu ersetzen. Zur Generierung des Systems können wir unter einem BSD-System wie etwa SunOS das Makefile

```
CC = gcc
DEBUG =
OBJ = input.o
LIB = -lcurses -ltermcap

all:    input.o dbclnt dbsrv
input.o:        input.c   db.h
        ${CC} ${DEBUG} -c -o input.o input.c
dbclnt:         input.o dbclnt.c db.h
        ${CC} ${DEBUG} -o dbclnt dbclnt.c ${OBJ} ${LIB}
dbsrv:          dbsrv.c db.h
        ${CC} ${DEBUG} -o dbsrv dbsrv.c
```

verwenden. Bei einem System wie Solaris können wir es nach der Änderung

    DEBUG = -DSEMUN

compilieren. Die Funktion des Datenbanksystems kann hier auf dem Papier nicht vernünftig wiedergegeben werden. Versuchen Sie es bitte mit dem Quellcode am Rechner!

5.9.6   IPC UNIX-Kommandos

Im Zusammenhang mit den drei Kommunikations-Möglichkeiten, die IPC bietet, sollen die UNIX-Kommandos *ipcs* und *ipcrm* genannt werden. Sie erleichtern wesentlich den Umhang mit den IPC-Konstrukten. Das erste Kommando *ipcs* ist von Nutzen, um sich über den gegenwärtigen Status der IPC Datenstukturen zu informieren. Wir betrachten dies am Beispiel:

```
$ ipcs
IPC status from /dev/kmem as of Tue 17 11.55.29 1994
T       ID   KEY              MODE            OWNER GROUP
Message Queues
Shared Memory
Semaphores:
s 10     0x00000150 --ra------- weber profs
```

Mit ipcrm können IPC Datenstrukturen aus dem System gelöscht werden. Z.B. löscht
der Aufruf

```
$ ipcrm -s 10
```

den Semaphor mit dem internen Namen 10, wogegen der Aufruf

```
$ ipcrm -Q 250
```

die Message Queue mit dem Key 250 löscht.

5.9.7   Memory Mapping

Die Lösung ähnlicher Kommunikationsaufgaben, wie sie durch IPC Shared Memory
möglich sind, erlauben auch die folgenden UNIX-Systemaufrufe.

mmap	Fileinhalt in Prozeß-Memory abbilden
munmap	Memory-Mapping beenden
msync	Memory-Mapping synchronisieren

Memory-Mapping dient ebenfalls zur reinen Prozeß-Kommunikation. In vielen Fällen muß zusätzlich eine Synchronisation kritischer Abschnitte vorgenommen werden. Zur Einblendung des Inhalts eines UNIX Files in den Speicherbereich eines
Prozesses dient der Systemaufruf **mmap**.

```
Der mmap Systemaufruf                              (POSIX, SVID, BSD)

#include <sys/types.h>
#include <sys/mman.h>
caddr_t mmap(addr, len, proto, flags, filedesc, offset)
        caddr_t addr;
        size_t len;
        int prot, flags; filedesc;
        off_t offset;
```

Der erste Parameter addr ist die Adresse, an der der Speicher des Files eingeblendet
wird. Wie bei **shmat** wird hier oft 0 eingesetzt, so daß das System die freie Auswahl
hat. Die Zahl der einzublenden Bytes des Files wird durch len angegeben. Es kann
ein größerer Bereich als aktuell vorhanden eingeblendet werden, jedoch beim Zugriff auf nicht existierende Teile des Files erfolgt ein SIGBUS-Signal. Man kann also
auf diese Weise ein File nicht verlängern. Der Parameter proto beschreibt die Art
des Zugriffs auf das File. Dazu gibt es Konstanten in *<sys/man.h>*: PROT_READ,
PROT_WRITE, PROT_EXEC und PROT_NON für lesenden, schreibenden, ausfüh-
renden und keinen Zugriff. Der vierte Parameter flags beschreibt die Exklusivität des
Zugriffs   durch   die   Konstanten   MAP_SHARED,   MAP_PRIVATE,   MAP_FIXED,
MAP_NORESERVE. Bei MAP_SHARED wird der Zugriff mit anderen Prozessen geteilt, bei MAP_PRIVATE ist er exklusiv. MAP_FIXED zwingt das System, die in addr

festgelegte Adresse zu benutzen und sollte vermieden werden. MAP_NORESERVE erlaubt dem System nicht, Swapspace für die Mapping zu verwenden. Das Argument filedesc ist ein geöffneter Filedeskriptor, der auf das anzusprechende File verweist. Das sechste Argument offset gibt an, wo die Abbildung im File beginnt, normalerweise 0. Das Resultat von **mmap** ist bei Erfolg ein Zeiger auf das abgebildete Speicherobjekt. Im Fehlerfall ergibt sich (caddr_t) -1. Es ergeben sich dabei folgende wichtige Fehlermöglichkeiten:

- Zugriff verweigert: Filedeskriptor nicht geöffnet, etc. [EACCES],
- Falsche Adresse: Werte für offset bzw. offset + len falsch [ENXIO],
- Ungültiger Filedeskriptor [EBADF],
- Zuwenig Adressraum für Mapping [ENOMEM],
- Falsches Gerät: Filedeskriptor verweist nicht auf File [ENODEV],
- Falsches Argument: z.B. len < 1 [EINVAL].

Ein Speicherabbild wird über ein **fork** vererbt, jedoch nicht über ein **exec**, was logisch erscheint, da nach einem **exec** der Adreßraum ganz anders aussieht. Bei Prozeßende wird einen Speicherabbildung aufgehoben. Dies ist jedoch auch von Hand durch **munmap** möglich.

```
Der munmap Systemaufruf              (POSIX, SVID, BSD)

#include <sys/types.h>
#include <sys/mman.h>
int munmap(addr, len)
    caddr_t addr;
    size_t len;
```

Die Parameter entsprechen denen von **mmap**. Das Resultat ist Null im Erfolgsfall, ansonsten -1. Grund dafür kann sein:

- Falsches Argument: z.B. len < 1 [EINVAL].

Zur Synchronisation des Fileinhalts mit dem Speicherabbild dient **msync**.

```
Die msync Subroutine                 (POSIX, SVID, BSD)

#include <sys/types.h>
#include <sys/mman.h>
int msync(addr, len, flags)
    caddr_t addr;
    size_t len;
    int flags;
```

Die ersten beiden Parameter entsprechen denen von weiter oben. Der Parameter flags erlaubt die Werte MS_ASYNC: asynchrones Schreiben, sofortige Rückkehr von **msync**, MS_SYNC: Rückkehr von **msync**, wenn der Schreibvorgang beendet ist,

MS_INVALIDATE: gecachte Kopien werden ungültig, das System lädt den phys. Speicher aus Speicherabbildung.

Als Beispiel betrachten wird eine Modifikation des Kopierprogramms 5.5, das von mmap Gebrauch macht. Das funktioniert ganz ähnlich, wie wir es am Anfang beim PL/I Multics-Kopierprogramm 2.2 gesehen haben. Man beachte, daß durch einen kleinen Trick mit **lseek** und **write** das Ausgabefile zunächst genauso groß gemacht wird, wie das Eingabefile. Ansonsten würde die Arbeit mit **mmap** nicht funktionieren.

Programm 5.62: cpmmap.c

```
/* cpmmap.c */
#include <stdlib.h>
#include <string.h>
#include <stdio.h>
#include <unistd.h>
#include <memory.h>
#include <sys/types.h>
#include <sys/stat.h>
#include <sys/mman.h>
#include <fcntl.h>
#define PERM   0644
#ifndef MAP_FILE
#define MAP_FILE 0
#endif

main(argc, argv)
int argc;
char *argv[];
{
  int  fhandle1, fhandle2;
  char *src, *dst;
  struct stat statbuf;

  if (argc != 3) {
   fprintf(stderr, "Usage: %s filename1 filename2\n", argv[0]);
    exit(1);
  }

  if ((fhandle1 = open(argv[1], O_RDONLY)) == -1) {
    perror("Fehler beim Oeffnen des Eingabefiles");
    exit(1);
  }
  if ((fhandle2 = open(argv[2],O_RDWR|O_CREAT|O_TRUNC, PERM)) == -1) {
    perror("Fehler beim Erzeugen des Ausgabefiles");
    exit(1);
  }

  if (fstat(fhandle1, &statbuf) < 0) {
    perror("Fehler bei stat");
    exit(1);
  }
  if (lseek(fhandle2, statbuf.st_size - 1, SEEK_SET) < 0) {
    perror("Fehler bei lseek");
    exit(1);
```

```
    }
    if (write(fhandle2, "x", 1) != 1) {
      perror("Fehler bei write");
      exit(1);
    }

    src = mmap(0,statbuf.st_size,PROT_READ,MAP_FILE|MAP_SHARED, fhandle1, 0);
    if (src == (caddr_t) -1) {
      perror("Fehler bei mmap fuer Eingabefile");
      exit(1);
    }
    dst = mmap(0,statbuf.st_size,PROT_READ|PROT_WRITE,MAP_FILE|MAP_SHARED, fhandle2, 0);
    if (dst == (caddr_t) -1) {
      perror("Fehler bei mmap fuer Ausgabefile");
      exit(1);
    }

    memcpy(dst, src, statbuf.st_size);
    return(0);
}
```

Messungen haben ergeben, daß dieses Kopierprogramm etwa doppelt so schnell arbeitet wie das altgewohnte. Dafür ist es auch nicht so allgemein wie jenes und tut sich schwer, etwa wenn es auf ein Special File schreiben soll.

5.10   Terminal-Steuerung

5.10.1   Grundlagen

Das Terminal-I/O ist bei jedem Multi-User-Betriebssystem eine komplizierte Angelegenheit, schon wegen des mengenmäßigen Umfangs der verschiedenen Terminals und sonstigen Datenendgeräte und der unterschiedlichen I/O-Modi und Parameter. Es gibt zwei prinzipiell unterschiedliche Modi für das Terminal-/O:

1.   Im **kanonischen** Modus der Eingabeverarbeitung werden die Termainaleingaben als Zeilen betrachtet. Pro Leseanweisung liefert der Terminal-Treiber höchstens eine Zeile.

2.   Im **nichtkanonischen** Modus werden die Eingaben nicht zu Zeilen zusammengesetzt. Sonderzeichen werden nicht verarbeitet

Diese Angaben beziehen sich auf System V. Bei BSD-Systemen hat man die Modi **cooked, raw** und **cbreak.** Dabei entspricht, grob gesprochen, der kanonische Modus dem cooked Modus, der nichtkanonische Modus umfaßt raw und cbreak, wobei der cbreak-Modus einige Sonderzeichen verarbeitet im Gegensatz zum raw-Modus.

Wenn wir nichts besonderes unternehmen, wird im kanonischen Modus gearbeitet, z.B. bei der Eingabe von UNIX-Befehlen über eine Shell. Das Zeilenende wird ja hier durch ein <NL> angegeben. Im Gegensatz dazu steht die Arbeit mit einem Fullscreen-Editor wie vi.

Die Verbindung zwischen dem UNIX-Rechner und dem Terminal besteht im wesentlichen aus vier Komponenten:

Prozeß: Ein- und Ausgabe von Zeichen und Strings letztlich mit Hilfe der Systemaufrufe **read** und **write**.

Terminaltreiber: Diese Softwarekomponente des UNIX-Kerns sorgt für den Datentransport zwischen dem Prozeß und dem Peripheriegerät und umgekehrt. Dabei kann zusätzlich eine Umwaldlung von Daten erfolgen. Zusätzlich kann eine Unterstützung des Benutzers in Form von Eingabezeilen-Edition erfolgen. Die Einzelheiten werden durch bestimmte Statusflags gesteuert, die das System für den Terminalport speichert. Diese werden durch den Systemaufruf **ioctl** manipuliert.

Tastatur und Bildschirm: Diese beiden Komponenten markieren das andere Ende der Leitung. Die Tastatur liefert Daten. Der Bildschirm nimmt Daten entgegen. Beide können jedoch durch einen Terminalnamen und letzlich einen Filedeskriptor angesprochen werden. Möglich wird dies dadurch, daß der Terminaltreiber zwei getrennte Warteschlangen je für Eingabe (Tastaturpuffer) und Ausgabe (Ausgabepuffer) verwaltet.

Welche **Sonderzeichen** (Special Characters) werden nun eventuell beim Terminalhandling beachtet? Dazu gehören u.a. einige Line-Editing-Character:

der *Erase*-Character:	er löscht ein Zeichen	normalerweise <Ctrl-H>
der *Kill*-Character:	er löscht die gesamte Zeile	normalerweise @
der *Intr*-Character:	er erzeugt das SIGINT-Signal	normalerweise <DEL> oder <CTRL-C>
der *Quit*-Character:	er erzeugt das SIGQUIT-Signal	normalerweise <CTRL-\>
der *Eof*-Character:	er zeigt das Ende der Eingabe an	normalerweise<Ctrl-D>
der *Newline*-Character:	Zeilentrenner, er wird u.U. vom Terminaltreiber in <CR> umgesetzt	immer <LF>
der *Stop*-Character:	dient zum Anhalten der Ausgabe	immer <Ctrl-S>
der *Start*-Character:	dient zum Wiederaufnahme der Ausgabe nach *Stop*	immer <Ctrl-Q>

Einige dieser Zeichen können mit dem stty-Kommando eingestellt werden, z.B. kann man mit

```
$ stty intr "^C"
```

den Interrupt-Character in <Ctrl-C> ändern.

Ein UNIX-Terminal wird in der **File-Struktur** symbolisiert durch einen Filenamen im /dev-Verzeichnis. Typische Terminalnamen sind

```
/dev/console
/dev/tty01
/dev/tty02
....
```

Ein Prozeß wird standardmäßig, falls keine I/O-Umlenkung stattfindet, über seine Filedeskriptoren 0, 1 und 2 verbunden mit einem Terminalfile. Damit gehen alle **write**-Aufrufe auf den Filedeskriptor 1 bzw. 2 automatisch zum Bildschirm des Terminals. Tastatureingaben am Terminal werden mit **read**(0,..) gelesen. Wir wollen an einem gegenüber Programm 5.9, io.c erweiterten Programm die Wirkung von **read** beim Lesen vom Terminal untersuchen, wenn die Länge des Puffers klein gegenüber der Länge des Eingabezeile ist. Was wird passieren?

Programm 5.63: kurzio.c

```c
#include <stdio.h>
#define KURZ 10
#define STDIN 0
main()
{
    char buf[KURZ+1];
    int gelesen;

    while ((gelesen = read(STDIN, buf, KURZ){
      buf[gelesen] = '\0';
      printf("gelesen= %d %s", gelesen, buf);
    }
    return 0;
}
```

Wir testen das Programm mit folgender Eingabe:

Hallo
Hallo, Welt
Hallo, du boese Welt

Die Ausgabe ist:

```
  6:  Hallo

 10:  Hallo, Wel
  2:  t

 10:  Hallo, du
 10:  boese Welt
  1:
```

Die lange Eingabezeile ist also mit mehreren Systemaufrufen gelesen worden. Man beachte, daß die Anzahl der mit **read** gelesenen Zeichen auch das abschließende <NL> einer Zeile enthält.

5.10.2 Terminal-Übertragungsparameter

In diesem Abschnitt untersuchen wir folgende Funktionen und Systemaufrufe.

ioctl	Manipulation von Gerätetreibern
ttyname	Bestimmung eines Terminal-Devices
isatty	Abfrage auf Terminal-Device

Wir beginnen mit

```
Die ttyname Subroutine     (SVID, BSD, POSIX)

char *ttyname(fd)
    int fd;
```

Die Funktion **ttyname** liefert den Namen des Terminal-Devices, zu dem der offene
Filedeskriptor fd gehört oder NULL, falls der Filedeskriptor nicht zu einem Terminal
gehört oder ungültig ist.

```
Die isatty Subroutine     (SVID, BSD, POSIX)

int isatty(fd)
    int fd;
```

Diese Funktion gibt den Wert 1 (true) zurück, wenn der Filedeskriptor fd zu einem
Terminal-Device gehört. andernfalls 0 (false). Wir testen beide Funktionen durch ein
kleines Programm:

Programm 5.64: tsttty.c

```c
#include <stdio.h>
#include <fcntl.h>
#define ERROR (-1)
main(argc, argv)
int argc;
char *argv[];
{
    int fd;

    if (argc != 2) {
        fprintf(stderr, "Aufruf: %s filename\n", argv[0]); exit(1);
    }
    if ((fd = open(argv[1], O_RDWR)) == ERROR){
        perror(argv[1]); exit(1);
    }
    if (isatty(fd))
        printf("fd %d gehoert zum Terminal %s\n", fd, ttyname(fd));
    else
        printf("fd %d ist kein Terminal\n", fd);
```

```
    close(fd);
    return 0;
}
```

Zwei Aufrufe lieferten folgende Ergebnisse

```
$ tsttty tsttty.c
fd 5 ist kein Terminal
$ tsttty /dev/tty
fd 5 gehoert zum Terminal /dev/tty
```

Auf Shellebene kann man die Terminalparameter mit dem UNIX-Befehl stty verändern, auf Programmebene dient dazu der Systemaufruf **ioctl**. Man beachte, daß der Begriff *control* hier anders abgekürzt ist als bei **fcntl**. Die hier vorgestellte Funktion ist leider nicht sehr portabel. Sie bezieht sich nur auf System V. Bei Berkeley-System gibt es ebenfalls ein **ioctl**, aber mit abweichenden Parametern.

```
Der ioctl Systemaufruf                    (SVID)

#include <termio.h>
int ioctl(ttyfd, command, arg)
    int ttyfd, command;
    struct *termio arg;
    (oder int arg;)

Verwandtes UNIX-Kommando: stty
```

Es gibt *primäre* und *zusätzliche* Aufrufe von **ioctl**. Wir beschreiben zunächst die primären. Hierbei ist ttyfd ein offener Filedeskriptor für ein Terminal-Device. Der Parameter command gibt die von **ioctl** durchzuführende Aktion an. Der dritte Parameter arg ist ein Zeiger auf eine termio-Struktur, die den Zustand des Terminals beschreibt. Das Ergebnis von **ioctl** ist 0 im Erfolgsfall, -1 im Fehlerfall. Der Grund dafür kann sein:

- ttyfd ist kein gültiger Filedeskriptor [EBADF],
- ttyfd repräsentiert kein Terminal-Device [ENOTTY],
- command oder arg sind nicht erlaubt für das angesprochene Device [EINVAL],
- die Funktion kann nicht ausgeführt werden [ENXIO].

Nun zu den Eingabeparametern. Zuerst betrachten wir command: die möglichen Werte sind

TCGETA	Kopieren des gegenwärtigen Terminal-Zustands in die Struktur arg.
TCSETA	Inverse Operation zu TCGETA. Der Terminal-Zustand wird auf die Werte geändert, die in arg stehen. Die Änderung tritt sofort in Kraft.
TCSETAW	Dieselbe Funktion wie TCSETA, jedoch wird der Zustand des Terminals erst nach Leeren der Output-Queue geändert.
TCSETAF	Dieselbe Funktion wie TCSETA, jedoch wird nach Leeren der

Output-Queue noch die Input-Queue gelöscht, bevor sich der Zustand ändert.

Bei den zusätzlichen Aufrufen von **ioctl** haben die ersten beiden Parameter dieselbe Bedeutung. Der dritte Parameter ist nun ein int-Wert. Für command gibt es hier die Möglichkeiten

TCFLSH   Übertragen der Puffer-Inhalte:
  arg = 0: Tastaturpuffer leeren,
  arg = 1: Ausgabepuffer leeren,
  arg = 2: beide Puffer leeren.

TCXONC Ausgabe anhalten und wieder starten:
  arg = 0: Ausgabe anhalten,
  arg = 1: Ausgabe fortsetzen.

TCSBRK   Break (Null-Bits für eine viertel Sekunde) senden. Dies erfolgt nach Leeren des Ausgabepuffers.

Von zentraler Bedeutung für **ioctl** ist die termio-Struktur mit ihren Unterabteilungen, die in *<termio.h>* definiert ist.

```
#define NCC 8
struct termio {
    unsigned short  c_iflag;                /* input modes       */
    unsigned short  c_oflag;                /* output modes      */
    unsigned short  c_cflag;                /* control modes     */
    unsigned short  c_lflag;                /* line discipline modes */
    char            c_line;                 /* line discipline   */
    unsigned char   c_cc[NCC];              /* control characters */
};
```

Das selten benutzte Feld *c_line* der termio-Struktur wird hier nicht behandelt. Wir nehmen an, daß es seinen Default-Wert 0 behält. Das Feld *c_iflag* enthält Flags, die das Verhalten der Eingabefunktionen des Treibers steuern. Dazu gehören

IGNBRK   Ankommende Breaks werden ignoriert.
BRKINT   Ein ankommendes Break löst ein Interrupt-Signal aus.
IGNPAR   Parity-Fehler bei der Datenübertragung werden ignoriert.
ICRNL   Eingehende *CR*-Zeichen werden in *Newline*-Zeichen umgewandelt.
INLCR   Eingehende *Newline*-Zeichen werden in *CR*-Zeichen umgewandelt.
IGNCR   Eingehende *CR*-Zeichen werden ignoriert.
IXON   *Start-* und *Stop*-Kontrolle (<Ctrl-S> und <Ctrl-Q>) für die Ausgabe sind
          aktiviert.
IXANY   Falls dies zusätzlich zu IXON gesetzt ist, startet ein beliebiges Zeichen
          die Ausgabe wieder.
IXOFF   Start- und Stop-Kontrolle durch das System für die Eingabe, etwa bei
          nahezu vollem Tastaturpuffer.

IUCLC   Ankommende Großbuchstaben werden in Kleinbuchstaben
          umgewandelt.

Das Feld *c_oflag* enthält Flags, die die Verarbeitung der auszugebenden Zeichen durch den Treibers steuern. Dazu gehören u.a.

OPOST   Es erfolgt nur dann eine Verarbeitung der Zeichen, wenn dieses Flag gesetzt ist.

OLCUC   Kleinbuchstaben werden in Großbuchstaben umgewandelt.

ONLCR   Dem Zeichen *Newline* wird bei der Ausgabe ein *CR* vorangestellt.

OCRNL   Das Zeichen *CR* wird bei der Ausgabe in *Newline* umgewandelt.

ONOCR   Ein *CR*-Zeichen in der ersten Spalte wird unterdrückt.

ONLRET   Das Zeichen *Newline* wird zur Ausführung der *CR*-Aktion benutzt.

Die anderen Flags haben fast alle mit dem Einbau von Verzögerungen in die Übertragung bei Aktion wie Newline, Tab, etc. zu tun.

Das Feld *c_cflag* definiert die Hardware-Konfiguration der seriellen Datenübertragung zum Terminal. Am besten läßt ein Prozeß die Parameter der Datenübertragung zu seinem Kontroll-Terminal unverändert, wenn er nicht "abgehängt" werden will. Sinnvoll kann der Einsatz dieser Möglichkeit sein, wenn ein Prozeß eine zusätzliche Terminalleitung, auch etwa zu einem Drucker öffnet. Die Flags sind u.a.

CBAUD   Maske, die es erlaubt, aus c_cflag die für die Übertragungsrate notwendigen Bits herauszufiltern. Die Konstanten für die Baudraten stehen in <termio.h>.

CSIZE   Diese Bits geben die Größe der Übertragungseinheit ohne Paritybit an. Möglich sind die Konstanten CS5, CS6, CS7 und CS8 für 5,6,7 oder 8 Bits.

CSTOPB   Ist dieses Bit gesetzt werden zwei Stopbits verwandt, anderfalls nur eins zur Trennung zweier Zeichen.

CREAD   Aktiviert den Empfang von Daten.

PARENB   Aktivierung des Paritycheck.

PARODD   Paritycheck mit ungeraden (odd) Zahlen, andernfalls gerade (even).

Das Feld *c_lflag* enthält Flags, die das Verhalten der sichtbaren Funktionen des Terminals steuern. Dazu gehören u.a.

ISIG   Eingehende Zeichen werden mit *Intr* und *Quit* verglichen. Falls ein solches Sonderzeichen entdeckt wird, wird ein Signal generiert. Ist ISIG abgeschaltet, kann man seine Prozeß nicht mehr abbrechen.

ICANON   Kanonische Eingabeverarbeitung mit Line-Editing.
XCASE

ECHO   Echo wird eingeschaltet. Jedes eingegebene Zeichen wird sofort auf dem Terminal ausgegeben.

ECHOE   Echo von *Erase* als *Erase-Leerzeichen-Erase*. Nur zusammen mit ICANON.

ECHOK   Echo von *Kill* als *Kill-Newline*.

ECHONL   Echo von *Newline,* auch wenn ECHO nicht gesetzt ist, zusammen mit ICANON.

NOFLSH   Beim Auftreten eines *Intr* oder *Quit* werden normalerweise die beiden Puffer vor der Verarbeitung geleert. Dieses Bit unterbindet dies.

Im Array *c_cc[]* sind die schon öfters erwähnten Sonderzeichen *Intr, ...* gespeichert. Ihre relativen Positionen innerhalb von c_cc ergeben sich aus folgender Tabelle.

Konstante	Index	Bedeutung
VINTR	0	Interrupt-Character
VQUIT	1	Quit-Character
VERASE	2	Erase-Character
VKILL	3	Kill-Character
VEOF	4	End-of-File-Character
VEOL	5	End-of-Line-Marker

Es gibt noch zwei weitere Elemente, die mit Index 6 und 7: cc_c[VMIN] und c_cc[VTIME]. Sie sind wichtig für den nichtkanonischen Modus eines Terminals, und zwar für das Verhalten eines **read**. Ein **read** kehrt erst dann zurück in dieser Situation, wenn mindestens die in cc_c[VMIN] enthaltene Anzahl von Zeichen eingegeben wurden oder wenn eine bestimme Wartezeit verstrichen ist. Sie ist in cc_c[VTIME] gespeichert. Die Einheit ist eine Zehntelsekunde. Wenn dieser Wert gleich 0 ist, wird solange gewartet, bis ein Zeichen eingetippt wurde.

Wir wollen nun einige kurze Beispiele für die Verwendung von **ioctl** und der involvierten Datenstrukturen betrachten. Als erstes sei die Änderung des *Quit*-Characters des Terminals untersucht, das mit Standard Input verknüpft nist.

```
struct termio myterm;
...
ioctl(0, TCGETA, &myterm);
myterm.c_cc[VQUIT] = 031;   /* <Ctrl-Y> */
ioctl(0, TCSETA, &myterm);
```

Die zweite Aufgabe ist die Änderung der Baudrate auf 9600.

```
ioctl(0, TCGETA, &myterm);
myterm.c_cflag &= ~CBAUD;
myterm.c_cflag |= B9600;
ioctl(0, TCSETA, &myterm);
```

Das folgende größere Beispielprogramm liest einzelne Zeichen vom Terminal ein und gibt deren ASCII-Äquivalente dezimal aus. Man beachte die Funktionen nocanon() und restore(), wo die Umschaltung in den nichtkanonischen Modus und zurück geschieht. Falls das Programm durch ein SIGINT- bzw. SIGQUIT-Signal unterbrochen wird, sorgt der Signal-Handler dafür, daß das Terminal wenigstens in ordentlichem Zustand hinterlassen wird.

Programm 5.65: readkey.c

```
#include <signal.h>
#include <termio.h>
#define MAXKEY 5
#define STDIN 0

struct termio old, new;
void handler();
int nocanon();
```

```
    int restore();

    main()
    {
       char buffer[MAXKEY];  /* Puffer fuer gelesene Zeichen  */
       int n;                /* Anzahl der gelesenen Zeichen  */
       int i;                /* Zaehler */

       if (nocanon() == -1) exit(1);
       do {
         n = read(STDIN, buffer, MAXKEY);
         for (i = 0; i < n; i++) printf("(%d) ", buffer[i]);
         printf("\n");
       } while ((buffer[0] != '\r') && (buffer[0] != '\n'));
       restore();
    }

    int nocanon()
    {
       signal(SIGINT, handler);
       signal(SIGQUIT, handler);
       if (ioctl(0, TCGETA, &old) == -1) return(-1);
       new = old;
       new.c_lflag &= ~ICANON;        /* raw-mode        */
       new.c_lflag &= ~ECHO;          /* Echo aus        */
       new.c_cc[VMIN] = 1;            /* einzelne Zeichen */
       new.c_cc[VTIME] = 0;           /* kein Timer      */
       return(ioctl (0, TCSETAF, &new));
    }

    void handler()
    {
       ioctl(0, TCSETAF, &old);
       exit(0);
    }

    int restore()
    {
       return(ioctl(0, TCSETAF, &old));
    }
```

5.10.3   Die termcap- bzw. terminfo-Bibliothek

Bei dialogorientierten Programmen werden in der Regel Funktionen zur Steuerung
des zeichenorientierten Terminalbildschirms gebraucht, die z.B. den Cursor bewegen, einzelne Zeichen an bestimmten Positionen ausgeben oder Bildschirmzeilen
einfügen oder löschen. Auch kommt es vor, daß ganze *Fenster* (rechteckige Be-
reiche des Bildschirms) manipuliert, z.B. gelöscht, beschrieben oder bewegt werden
sollen. Unter UNIX stehen für diese Zwecke normalerweise zwei verwandte Bibliotheken zur Verfügung:

- Die *termcap-* bzw. die *terminfo*-Bibliothek
- Die *curses*-Bibliothek, die auf termcap oder terminfo aufbaut

5.10.3.1   Termcap-Grundlagen

Die **termcap**-Library besteht zum einen aus einer Datenbasis, die die Fähigkeiten
(capabilities) der gängigen Terminals zur Bildschirmsteuerung in einem normalen
Textfile gespeichert enthält, zu anderen aus Funktionen zum Zugriff auf diese Datenbasis und zur eigentlichen Terminalsteuerung mit Hilfe der aus der Datenbasis
entnommenen Escape-Sequenzen. Die Datenbasis besteht aus dem File */etc/termcap*
Dieses enthält für jedes hier bekannte Terminal einen Eintrag. Um ein neues Terminal einzufügen, muß dieses File ediert werden. Wir zeigen ein Beispiel eines solchen Eintrags:

```
# DEC VT-100
#
vt100|vt-100|DEC vt100:\
:am:co#80:li#24:bs:cm=5\E[%i%2;%2H:\
:ce=3\E[K:cd=50\E[J:cl=50\E[;H[2J:\
:if=/lib/vt.tab:pt:\
:so=2\E[7m:se=2\E[A:\
:is=\E>\E?31\E[?41\E[?51\E[?7h\E[?8h:\
:ks=\E[?1h\E=:ke=\E[?11\E>:\
:ku=\EOH:kd=\EOB:kr=\EOC:kl=\EOD:kh=\E[H:\
:k1=\EOP:k2=\EOQ:k3=\EOR:k4=\EOS:k5=\EOT:\
:k6=\EOU:k7=\EOV:k8=\EOW:k9=\EOX:\
:sr=5\EM:
```

Jeder Terminaleintrag besteht aus einer Reihe von Feldern, die durch : getrennt sind.
Für jede Fähigkeit des Terminals ist eine aus zwei Zeichen bestehende Feldbezeichnung definiert, z.B. steht "cm" für Cursor Motion. Es gibt verschiedene Feldarten:

Wahrheitsfelder   Die Existenz des Feldes besagt das Vorhandensein der Fähigkeit.

Numerische Felder Der Feldbezeichnung folgt ein "#" und eine Dezimalzahl. Damit
wird eine Größe beschrieben, z.B. co#80.

Stringfelder Hier folgt der Feldbezeichnung ein "=", danach steht die für diese Fähigkeit an das Terminal zu übertragende Escapesequenz. So finden wir oben
cl=50\E[. Das bedeutet, daß für die Fähigkeit cl (clear screen) die Zeichen
ESC und "[" zu übertragen sind, gefolgt von 50 Millisekunden Pause.

\E steht überall für ESC.

5.10.3.2   Bildschirmsteuerung mit Termcap

Zu diesem Zweck dienen die folgenden Termcap-Funktionen:

tgetent	Termcap-Eintrag lesen
tgetflag	Auswertung eines Wahrheitsfeldes
tgetnum	Auswertung eines numerischen Feldes
tgetstr	Auswertung einer Steuersequenz
tgoto	Auswertung einer Steuersequenz zur Cursor-Positionierung
tputs	Ausgabe einer Terminal-Steuersequenz

Wir beginnen mit der grundlegenden Funktion **tgetent**, die in jedem Termcap-Programm gebraucht wird, um die Terminalbeschreibung zu lesen.

Die **tgetent** Funktion   (BSD)

```
int tgetent(buf, name)
    char *buf;
    char *name;
```

Sie liest die Beschreibung für das durch den String name bezeichnete Terminal in den Puffer buf ein, der mindestens 1024 Bytes umfassen muß. **Tgetent** liefert 0 im Erfolgsfall, -1 im Fehlerfall. Die Funktion **tgetflag** sucht das Feld mit der Bezeichnung id in der vorher mit **tgetent** gelesenen Beschreibung.

Die **tgetflag** Funktion   (BSD)

```
int tgetflag(id)
    char *id;
```

Wenn es vorhanden ist, ist das Resultat 1, sonst 0. Die nächste Funktion wertet ein numerisches Feld aus.

Die **tgetnum** Funktion   (BSD)

```
int tgetnum(id)
    char *id;
```

Existiert in der durch **tgetent** gelesenen Terminalbeschreibung ein Feld id, so liefert **tgetnum** seinen numerischen Wert aus. Fehlt das Feld id, ist das Resultat -1. Zur Auswertung von Steuersequenzen dient die Funktion **tgetstr**.

```
Die tgetstr Funktion                          (BSD)

char *tgetstr(id, buf)
    char *id;
    char **buf;
```

Tgetstr liest die durch id identifizierte Sequenz und schreibt die eventuelle expandierte Sequenz (z.B. \E durch ESC ersetzen) in den durch *buf angesprochenen Puffer. Dabei wird der Zeiger auf den Bereich hinter der neu erzeugten Zeichenkette gesetzt. Das Resultat von **tgetstr** ist ein Zeiger auf diesen String oder NULL im Fehlerfall. Der genannte String muß dann noch mit **tputs** ausgegeben werden. Für Escapesequenzen zur Cursorsteuerung braucht man neben **tgetstr** auch **tgoto** zur Auswertung der Cursorpositionierung.

```
Die tgoto Funktion                            (BSD)

char *tgoto(control, x, y)
    char *control;
    int x;
    int y;
```

Hierbei ist control eine durch **tgetstr** erzeugte Sequenz und x und y sind Spalte und Zeile der anzusteuernden Cursorposition. **Tgoto** liefert als Resultat einen String, der mit **tputs** ausgegeben werden muß. Kann kein gültiger Positionierungs-String erzeugt werden, so liefert die Funktionen einen Pointer auf "OOPS".

```
Die tputs Funktion                            (BSD)

int tputs(control, lines, charoutput)
    char *control;
    int lines
    char (*charoutput) ();
```

Der übergebene String wird durch control referenziert. Der Parameter lines gibt die Zahl der betroffenen Zeilen an. Im Zweifelsfall nimmt man lines = 1. Das dritte Argument von **tputs** zeigt auf eine Funktion, die einzelnen Zeichen ausgibt. Diese kann der Programmierer leicht durch Aufruf von **write** gewinnen.

Nach soviel Theorie wollen wir in der Praxis die Benutzung einiger der oben aufgeführten Funktionen sehen. Im folgenden Beispiel werden einige Funktionen deklariert, die vielleicht etwas an die beim Compiler Borland C zur Verfügung stehenden Conio-Funktionen erinnern: **gotoxy**, **clrscr**, **printstr**, **frame**. Diese werden mit Hilfe der Termcap-Funktionen **tputs**, ... definiert. In der Funktion **readterm** wird zunächst mit **tgetent** die Verbindung zur Terminalbeschreibung hergestellt. Danach werden die Escape-Sequenzen verschiedener Capabilities wie Cursorpositionierung, Bildschirmlöschen und Bildschirmattribute ermittelt.

Programm 5.66: tcaptest.c

```
/* tcaptest.c */
#include <stdio.h>
#define ERROR (-1)

/* Bildschirmattribute */
#define NOR    0     /* normal */
#define INV    1     /* invers */
#define MAXCODE 4

/* Steuersequenzen */
#define TERMCLS termcode[0]   /* Bildschirm loeschen   */
#define TERMCMV termcode[1]   /* Cursor-Positionierung */
#define TERMNOR termcode[2]   /* normale Ausgabe       */
#define TERMINV termcode[3]   /* invertierte Ausgabe   */

extern char *getenv(), *tgetstr();
int outc(char);
int printstr();
int readterm();
int gotoxy();
int clrscr();
int frame();

static char termbuf[1024];    /* Puffer termcap-entry */
static char codebuf[1024];    /* Puffer fuer inter-   */
                              /* pretierte Codes      */
static char *termcode[MAXCODE];  /* Ausgabecodes      */
static int maxlin = 24;       /* Anzahl der Zeilen    */
static int maxcol = 80;       /* Anzahl der Spalten   */
int term_err = 0;             /* Fehlervariable       */
char codename[MAXCODE][4] =   /* Namen der Steuerseq. */
  { "cl", "cm", "se", "so" };

/* Ausgabefunktion */
int outc(ch)
char ch;                      /* auszugebendes Zeichen */
{
    write(1, &ch, 1);
}

/* Ausgabe einer Zeichenkette */
int printstr(text)
char *text;                   /* auszugebende Zeichenkette */
{
    while(*text != '\0') outc(*text++);
}

/* Einlesen und Interpretation  */
/* der Termcap-Beschreibung      */
/* TERM muss definiert sein      */
int readterm()
{
```

```c
    char *tname;
    char *ptr;
    int i;

    /* Terminalname aus Environment holen */
    if ((tname = getenv("TERM")) == (char *) NULL) {
       return ERROR;
    }

    /* Einlesen des Termcap-Eintrags */
    if (tgetent(termbuf, tname) == ERROR) {
       return ERROR;
    }

    /* Bildschirmspalten und -zeilen ermitteln */
    ptr = codebuf;
    if (((maxcol = tgetnum("co")) == ERROR) ||
        ((maxlin = tgetnum("li")) == ERROR)) {
       return ERROR;
    }

    /* Steuerseqenzen lesen und dekodieren */
    for (i = 0; i < MAXCODE; i++) {
        termcode[i] = tgetstr(codename[i], &ptr);
        if (termcode[i] == (char *) NULL) {
            return ERROR;
        }
    }
    return 0;
}

/* Setzen der Cursorposition */
int gotoxy(xpos, ypos)
int xpos;                                     /* neue Spalte      */
int ypos;                  /* neue Zeile         */
{
   tputs(tgoto(TERMCMV, xpos, ypos), 1, outc);
}

/* Bildschirmattribut setzen */
int setattr(attr)
int attr;
{
   if (attr == NOR)
      tputs(TERMNOR, 1, outc);
   else if (attr == INV)
      tputs(TERMINV, 1, outc);
}

/* Loeschen des Bildschirms */
int clrscr()
{
   tputs(TERMCLS, 1, outc);
}

/* Rahmen zeichnen */
int frame(x1, y1, x2, y2)
```

```c
int x1, y1;        /* linke obere Ecke   */
int x2, y2;        /* rechte untere Ecke */
{
   int i;

   gotoxy(x1, y1);
   outc('+');
   for(i = (x1 + 1); i < x2; i++)
      outc('-');
   outc('+');

   for (i = (y1 + 1); i < y2; i++) {
      gotoxy(x1, i);
      outc('|');
      gotoxy(x2, i);
      outc('|');
   }

   gotoxy(x1, y2);
   outc('+');
   for (i = (x1 + 1); i < x2; i++)
      outc('-');
   outc('+');
}

/* Testprogramm fuer Termcap-Funktionen  */
main(argc, argv)
int argc;
char *argv[];
{
   if (readterm() == -1) {
      fprintf(stderr, "%s: Fehler beim Lesen von /etc/termcap\n",
              argv[0]);
      exit(1);
   }

   clrscr();
   frame(1, 0, maxcol - 2, maxlin - 1);
   gotoxy(28, 0);
   printstr(" *** Ueberschrift *** ");
   gotoxy(3, 1);
   printstr("Erste Zeile");
   gotoxy(3, 2);
   setattr(INV);
   printstr("Zweite Zeile (invers)");
   setattr(NOR);
   getchar();
   clrscr();
}
```

Das Programm soll gleich ausprobiert werden. Dazu muß vorher die Environmentvariable TERM besetzt sein. Normalerweise macht man das im .login- oder .cshrc-Shellscript. Wir zeigen es hier explizit.

```
$ setenv TERM vt100
$ cc -o tcaptest tcaptest.c -ltermcap
```

$ tcaptest

Der Bildschirm wird gelöscht und folgendermaßen beschrieben (im Format 80x24 Zeichen):

```
+-------------- *** Ueberschrift *** ------------------+
| Erste Zeile                                          |
| Zweite Zeile (invers)                                |
|                                                      |
|                                                      |
|                                                      |
|                                                      |
|                                                      |
|                                                      |
|                                                      |
|                                                      |
|                                                      |
|                                                      |
+------------------------------------------------------+
```

Ob die inverse Darstellung gelingt, hängt natürlich vom Bildschirmgerät ab.

5.10.3.3   Terminfo-Grundlagen

Die termcap-Library stammt ursprünglich aus der Berkeley-UNIX-Welt und ist bei System V nicht mehr gebräuchlich bzw. vorhanden. Stattdessen steht hier die **terminfo**-Library zur Verfügung, die eine Weiterentwicklung von Termcap darstellt und auch Termcap-kompatible Funktionen besitzt. Sie besteht ebenfalls aus einer Datenbasis, die die Fähigkeiten der einzelnen Terminals gespeichert hat. Zu jedem für Terminfo bekannten Terminal existiert ein File mit einem Namen der Form

/usr/lib/terminfo/<1.Zeichen>/<Terminalname>

Terminalname gibt das Terminal an, z.B. *vt320* und *1.Zeichen* das erste Zeichen dieses Namens, hier ein *v*. Also lautet der Filename des Files mit der Beschreibung dieses Terminals insgesamt

/usr/lib/terminfo/v/vt320

Die Files sind deshalb in Subdirectories innerhalb von */usr/lib* abgelegt, weil es sehr viele Files sind (größenordungsmäßig 200-400 Files) und um die Suche danach zu beschleunigen. Die genannten Files liegen im Binärformat in compilierter Form vor. Neue Terminalbeschreibungen werden ähnlich wie bei termcap in einem Textfile erfaßt, danach mit dem Terminfo-Compiler **tic** übersetzt. Neben dieser Datenbasis besteht Terminfo aus einer Reihe von Funktionen, z.B. **tputs** zur Terminalsteuerung.

5.10.4   Die curses-Window-Bibliothek

5.10.4.1   Ein curses-Überblick

Curses ist ein umfangreiche UNIX-Library, die Funktionen zum Manipulieren des Terminalbildschirms aus einem C-Programm heraus zur Verfügung stellt. Es kann z.B. dazu verwendet werden, einem Anwender eine fenstergesteuerte Benutzeroberfläche zu bieten, da u.a. Funktionen zur Verwendung von mehreren Fenstern gleichzeitig, als auch Attribute zur Darstellung der Zeichen existieren. Der entscheidende Vorteil von *Curses* gegenüber selbst entworfenen Bildschirmroutinen ist die Portabilität bezüglich unterschiedlicher Terminaltypen. Aus einem C-Programm heraus können die *Curses*-Funktionen eingebunden werden durch Includieren des Header-Files <*curses.h*>. Die zugehörige Library befindet sich im */usr/lib*-Verzeichnis.

5.10.4.2   Der Standardbildschirm - *stdscr*

stdscr ist ein Pointer auf eine Structur namens WINDOW, wie sie in Kapitel 1.4 definiert ist. Es handelt sich im Groben um ein char-Array, welches den Bildschirm abbildet. Für jede Bildschirmposition stellt es ein char-Speicherplatz im Array zur Verfügung. Als beste Analogie dient die bitmap-orientierte Darstellungsweise eines Bildschirms, wo jedes Bit der Map einem Pixel auf dem Bildschirm entspricht. **stdscr** wird auch als Screen Image bezeichnet, da es den Inhalt des Gesamtbildschirms beschreibt. Nach dem Initialisieren dieses Images mittels **initscr** ist das Array mit Blanks gefüllt. Möchte man nun Zeichen ausgeben, so füllt man das Array mit diesen, ähnlich wie das An- und Ausschalten eines Bits in einer bitmaporientierten Umgebung. *Curses* stellt nun Funktionen zur Verfügung, die das Einfügen der Zeichen in das Array erlauben. Dazu zählen z.B. die Funktionen:

```
- insch     /* Einfügen eines Characters ohne Overwriting        */
- addch     /* Einfügen eines Characters mit Overwriting         */
- addstr    /* Einfügen eines Strings nach stdscr durch Aufruf von addch    */
- printw    /* Formatiertes Einfügen nach stdscr durch Aufruf von addstr    */
```

Overwriting bedeutet dabei folgendes: wird mittels **insch** ein Zeichen innerhalb einer Zeile eingefügt, so wird der restliche Zeileninhalt um eine Position nach rechts verschoben. Das Zeichen am rechten Fensterrand fällt gegebenenfalls aus der Zeile heraus. Im Falle, daß **addchr** zum Einsatz kommt, wird das Zeichen, welches an der aktuellen Cursorposition steht, überschrieben. Weiterhin unterscheiden sich die beiden Funktionen dadurch, daß **addch** den Cursor um eine Position nach rechts verschiebt, während **insch** ihn ab der Eingabestelle stehen läßt.

Nach dem Einfügen der Zeichen muß ein Refresh durchgeführt werden, um die Veränderungen auf dem Bildschirm auszugeben. Dazu steht in *Curses* die Funktion **refresh** zur Verfügung. Der Vorteil des vom Programmierer gesteuerten Refreshs ist die Tatsache, daß man zunächst im Hintergrund sein Bildschirm aufbauen und abschließend alle Veränderungen auf einmal ausgeben kann. Demnach ergibt sich folgender prinzipieller Ablauf beim Anwenden eines Fensters:

1. Initialisieren des Fensters
2. Einfügen der Zeichen ins Bildschirmarray

3. Refresh des Bildschirms zur Ausgabe der Änderungen
4. Weitere Veränderungen durchführen
5. Erneuten Refresh durchführen

Es ist dabei zu beachten, daß *Curses* nicht den gesamten Bildschirm neu aufbaut, sondern lediglich die Veränderungen schreibt, um möglichst keine Performanceverluste zu erzeugen, welche bei Übertragungsraten etwa von 2400 oder 4800 Bit/sec zum Terminal nicht zu vertreten wären. Um Veränderungen überhaupt erst feststellen zu können, bedient sich *Curses* quasi einem Bildschirmpuffer, der im folgenden Abschnitt beschrieben steht.

5.10.4.3   Der aktuelle Bildschirm - *curscr*

Curscr ist, wie auch **stdscr**, ein Pointer auf eine WINDOW-Struktur und wird beim Initialisieren von *Curses* mittels der Funktion **initscr** automatisch angelegt, Wie auch **stdscr** besitzt dieser als Eigenschaft die Größe des Bildschirms. Wird nun **refresh** aufgerufen, so schreibt *Curses* die Zeichen, die es zum Bildschirm schickt, gleichzeitig auch nach **curscr**, sodaß dort immer das Abbild des Bildschirms vorliegt, der beim zuletzt durchgeführten Refresh vorlag.

Refresh benutzt nun das screen image von **curscr**, um die Anzahl der auszugebenden Zeichen zu minimieren. Soll nun der Inhalt eines Fensters aufgefrischt werden, so vergleicht *Curses* dessen Inhalt mit dem Abbild in **curscr** weiß dadurch, welche Zeichen neu hinzukamen. **curscr** weiß also, wie der Bildschirm aussieht, während **stdscr** die Darstellung ist, die der Programmierer gerne hätte. **stdscr** ist der Bildschirm, mit dem der Programmierer arbeitet, während **curscr** im Hintergrund arbeitet. Man editiert demnach das **stdscr**-Window im Programm. Soll der Terminal-Screen **curscr** so aussehen wie der Standard-Screen **stdscr**, so ist der Refresh notwendig. Um eine einwandfreie Funktion von *Curses* zu gewährleisten, dürfen bei dessen Anwendung folglich nicht die Standard I/O-Funktionen wie printf() oder scanf() verwendet werden, da diese am Konzept von *Curses* vorbeiarbeiten. Dafür stellt *Curses* eigene Routinen zur Verfügung, die ähnlich zu bedienen sind.

5.10.4.4   Curses-*Windows*

Ein Window ist eine Datenrepräsentation eines rechteckigen Bildschirmausschnittes. Dies kann auch den gesamten sichtbaren Bildschirmbereich bezeichnen. Das kleinste darstellbare Fenster kann die Größe von einem Zeichen in der Höhe und in der Breite besitzen. Andererseits sind auch Darstellungen jenseits der Bildschirmgröße möglich, sodaß der Programmierer auf die Einhaltung der Grenzen zu achten hat.

WINDOW selbst wird durch eine Struktur definiert, die beschreibt, welche Eigenschaften der rechteckige Ausschnitt besitzen soll. Füllt man die Struktur mit Daten, geschieht solange nichts auf dem Bildschirm, bis die **wrefresh**-Funktion aufgerufen wird. Damit wird die oben beschriebene aktuelle Version des Backup-Fensters überschrieben. Ein *Curses*-Window ist definiert durch folgende Datenstruktur:

```
struct win_st
{
                short     _cury, _curx;
                short     _maxy, _maxx;
                short     _begy, _begx;
                short     _flags;
                bool      _clear;
                bool      _leave;
                bool      _scroll;
                char      **_y;
                short     *_firstch;
                short     *_lastch;
}
```

Weiterhin gelten folgende Definitionen:

```
typedef struct_win_st  WINDOW;
extern  WINDOW  *stdscr,*curscr;
#define bool     char
#define reg      register
#define ERR      (0)        /* function failed */
#define OK       (1)        /* function succeeded */
#define TRUE     (1)        /* Boolean true */
#define FALSE    (0)        /* Boolean false */
```

Dabei muß jedoch einschränkend gesagt werden, daß die obige Struktur die Minimalkonfiguration der *Curses*-WINDOWS Struktur repräsentiert, die in der Regel auf allen Unix-Systemen zu finden ist. Erweiterungen können durchaus vorhanden sein. Sie werden hier allerdings nicht berücksichtigt, um eine weitestgehende Kompatibilität der Beschreibung zu erreichen. Unter Linux z.B. existieren noch Erweiterungen, die eine direkte Auswertung der Steuertasten erlauben, sodaß u.a. die Abfrage der Cursortasten direkt durch eine *Curses*-Funktion unterstützt wird.

Um sich auf dem Bildschirm zurechtzufinden, benutzt *Curses* im Zusammenhang mit dem WINDOW-struct das in Abb. 5.23 dargestellte Koordinatensystem: Im Beispiel befindet sich auf dem Bildschirm ein User-Fenster namens "new" der Länge 20 und Höhe 10. Es befindet sich relativ zum Ursprung (5,10) und seine aktuelle Cursorposition lautet (8,5).

Curses verwaltet alle Fenster mit dem genannten WINDOW-struct. Die Funktionen der einzelnen struct-Elemente lassen sich am Beispiel relativ gut verdeutlichen:

- **_cury, _curx** beinhaltet die aktuellen y,x-Koordinaten des Cursors im Fenster. An dieser Stelle würde das nächste Zeichen eingefügt werden. Man beachte die y,x-Reihenfolge der Koordinaten.

- **_maxy, _maxx** beinhaltet die Zeilen- und Spaltenanzahl des Fensters

- **_begy, _begx** beinhaltet die Anfangskoordinaten des Fensters. Dabei wird der linke obere Punkt (Ursprung) als Koordinate (0/0) interpretiert. Im obigen Beispiel wird auch deutlich, wie *Curses* ein neues Fenster adressiert: im zugehörigen struct werden die _begy, _begx-Koordinaten immer relativ zum Ursprung adressiert.

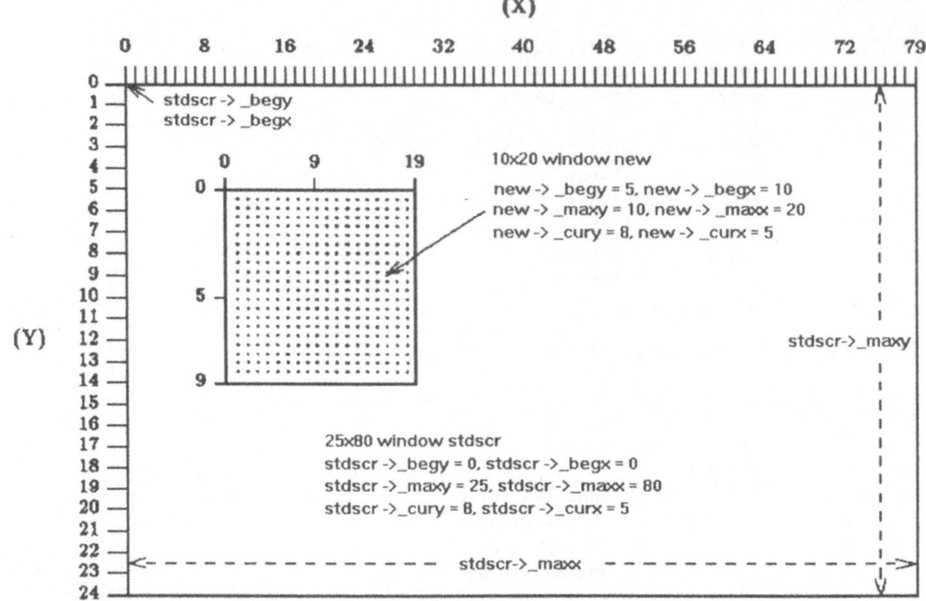

Abbildung 5.23: Curses-Bildschirm

- **_flags** beinhaltet eine Bitmaske, deren Bits von internen *Curses*-Funktionen gesetzt und gelöscht werden. Von direkter Manipulation der Bits aus einem Programm heraus wird aus Portabilitätsgründen abgeraten. Zugriffe auf die Bits sind über von *Curses* bereitgestellten Funktionen zu realisieren.

Die Bits besitzen folgende Funktionen:

_SUBWIN	es handelt sich um ein Sub-Window
_ENDLINE	der rechte Fensterrand ist gleichzeitig der Bildschirmrand
_FULLWIN	das Fenster nimmt die Größe des Bildschirms ein
_SCOLLWIN	das Terminal scrollt, wenn im rechten unteren Bildschirmrand ein Zeichen eingefügt wird
_FLUSH	dieses Bit ist bislang unbenutzt
_ISPAD	das Fenster kann größer als der Terminalbildschirm sein
_STANDOUT	Zeichen werden im standout-Modus und nicht highlighted ausgegeben
_WINCHANGED	der Fensterinhalt hat sich seit dem letzten Update verändert
_WINMOVED	der Cursor im Fenster wurde bewegt
_FULLINE	wenn jede Fensterzeile die Breite des Bildschirms einnimmt
_INSL	wenn in einem Fenster eine Zeile eingefügt wurde
_DELL	wenn in einem Fenster eine Zeile gelöscht wurde

- **_clear**   steuert, ob bei einem Refresh zuerst der Bildschirm gelöscht wird

- **_leave**   steuert die Cursorposition bei einem Refresh

- **_scroll**   erlaubt das Scrollen innerhalb eines Fensters

- ****_y**   ist der Pointer auf das char-Array, welches das Screen-Image beinhaltet. Er zeigt auf ein Array aus Pointern, die wiederum auf die einzelnen Zeilen des Fensters zeigen.

- **_firstch** ist ein Array, bestehend aus Nummern, die jeweils die Position des ersten in der Zeile auftretenden Zeichens bestimmen

- **_lastch** ist dieselbe Struktur wie **_firstch**, nur daß die Nummern die Position des letzten Zeichens einer Zeile bestimmen

5.10.4.5   Programmieren mit Curses

Um Zugriff auf die von *Curses* bereitgestellten Möglichkeiten zu erlangen, ist das Includieren des Headerfiles *<curses.h>* notwendig. Dieses includiert bereits die Standardbibliothek stdio.h, so daß deren Einbindung ins eigene Programme überflüssig wird. Beim Compilieren ist die *Curses*-Library dann mit anzugeben. Folgendes Kommando dient zum Compilieren:

```
gcc -o file file.c -lcurses -ltermcap
```

Wie oben beschrieben, wertet *Curses* beim Start die Environmentvariable TERM mittels **termcap** bzw. **terminfo** aus. Anhand der gewonnen Informationen aus diesen Files initialisiert es anschließend eigene globale Variablen, wie z.B. LINES (nimmt die Anzahl der Bildschirmzeilen des Terminals auf) und COLS (nimmt die Spaltenanzahl des Terminals auf). Alle Initialisierungsmaßnahmen führt die im eigenen Programm immer zuerst aufzurufende Funktion **initscr** aus. Zur Namensgebung der *Curses*-Funktionen stellen wir folgendes fest: Funktionen, die zum Bedienen von Fenstern gedacht sind, beginnen stets mit ' w' . So z.B. erlaubt **wgetch**(win) die Eingabe in einem eigenen Fenster. Diese Funktionen erhalten als Parameter einen Pointer auf den WINDOW-struct des zugehörigen Fensters. Fehlt das vorangestellte ' w' , so handelt es sich um Pseudo-Funktionen, die sich direkt auf den globalen Pointer **stdscr** beziehen. In diesem Falle entfällt der Übergangsparameter, da solche Pseudo-Funktionen per #define-Statement auf **stdscr** gebogen sind, wie dem folgenden Beispiel für getch zu entnehmen ist:

```
#define getch() wgetch(stdscr)
```

Daneben existieren noch die sogenannten "Move and Act Functions", die an dem vorangestellten ' mv' erkennbar sind. Diese Funktionen bewegen immer zuerst den Cursor an die Stelle, die man ihnen als Parameter in der *Curses*-typischen Reihenfolge (y,x) übergibt. Anschließend führen sie die Funktion aus. Diese Funktionen unterteilen sich nochmals in die Gruppe, die sich auf **stdscr**, und in die Gruppe, die sich auf ein bestimmtes Fenster beziehen, auf. Im Falle der erstgenannten Gruppe entfällt wieder der Pointer auf die WINDOW-Structur, im zweitgenannten Fall übergibt man diese immer als erstes Argument. Folgendes Beispiel demonstriert die

delch-Funktion zuerst als "Move and Act"-Funktion für **stdscr**, und dann als fensterspezifische Funktion:

```
mvdelch(y, x);
mvwdelch(win, y, x);
```

5.10.4.6   Bewegen des Cursors

Um den Cursor innerhalb eines Fensters zu bewegen, bedient man sich der Funktion **wmove(win,y,x)**. Die Parameter y und x sind die Offsetvariablen von Zeile und Spalte des aktuellen Fensters. Will man z.B. einen String an der Fensterposition y=10, x=5 einfügen, würde der Code folgendermaßen lauten:

```
wmove(win, 10, 5);
waddstr(win, "Hello world");
wrefresh(win);
```

Man beachte den Aufruf der fensterspezifischen Funktion **wrefresh**. Würde dieser fehlen, wäre nichts auf dem Bildschirm zu sehen. Dieselbe Funktionalität hätte auch durch eine "Move and Act"-Funktion realisiert werden können. Sie würde lauten:

```
wvwaddstr(win, 10, 5, "Hello world");
wrefresh(win);
```

5.10.4.7   Programmende und Returnvalues

Curses löscht prinzipiell beim Start durch Aufruf der Funktion **initscr** den Bildschirm und positioniert den Cursor in der linken oberen Bildschirmecke, so daß man von einem definierten Programmstart-Zustand ausgehen kann. Beim Verlassen des Programms ist der Bildschirm dann wieder in einem definierten Zustand zu versetzen. Weiterhin sollte der Cursor wieder in der linken oberen Ecke positioniert sein. Dies kann durch Einsatz der *Curses*-Funktion **clear** zum Löschen des Bildschirmes und Positionieren des Cursors realisiert werden. Zudem wird ein korrektes Beenden des Programms durch Aufruf von **endwin** vorausgesetzt, um alle speicherinternen Veränderungen, z.B. das Freigeben des für **stdscr** und **curscr** allokierten Puffers, rückgängig zu machen. Fehlt der Aufruf, so wird das Terminal in einen nicht definierten Zustand versetzt. Wurde z.B. innerhalb der Anwendung das lokale Echo über **noecho** abgeschaltet, so verbleibt das Terminal nach Programmende in diesem Modus. Ein korrektes Programmende im Fehlerfall demonstriert das folgende Beispiel. Es fängt den Fehler ab, daß das Erzeugen eines Fensters fehlschlug.

```
WINDOW *new;
initscr();
win = new(0,0,0,0);
if (win == (WINDOW *) NULL){
   clear();
        refresh();
        endwin();
        fprintf(stderr,
             "Es konnte kein neues Fenster angelegt werden\n");
   exit(EXIT_FAILURE);
}
```

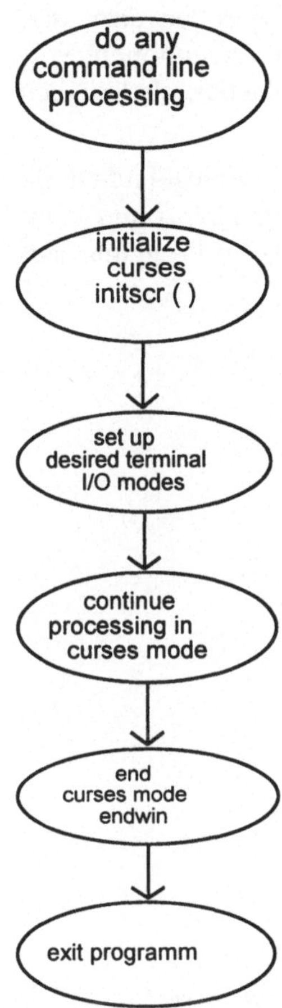

Vor dem Zugriff auf *Curses* sollten alle Kommandozeile bezogenen Aufgaben abgeschlossen sein. Wurden z.B. ungültige Parameter übergeben, so würde man auf stderr mittels fprintf() eine Meldung ausgeben und das Programm beenden. *Curses* sollte erst dann gestartet werden, wenn der weitere Programmablauf sichergestellt ist.

Vor dem Benutzen von *Curses* müssen die internen Variablen und Strukturen initialisiert werden. Dies übernimmt die Funktion **initscr**, die u.a. **stdscr** und **curscr** initialisiert und das Programm in einem '*in-curses*' -Modus versetzt.

Möchte man spezielle terminalspezifische Parameter setzen, so geschieht dies an dieser Stelle. Diese Parameter werden i.a. einmal gesetzt und bleiben während des Programmablaufes unverändert.

Nun arbeitet das Programm im *Curses*-Mode und kann dessen Möglichkeiten nutzen, z.B. Öffnen oder Schließen eines Fensters oder Ausgabe eines Zeichens im Fenster.

Nach dem Programmablauf muß das Programm wieder zur Shell oder zum aufrufenden Prozeß zurückkehren. Das Terminal muß dazu in den Zustand zurückgesetzt werden, in dem es war, bevor das Programm begonnen wurde. Dies übernimmt die Funktion **endwin.**

Zuletzt wird das Programm verlassen.

Abbildung 5.24: Prinzipieller Aufbau von Curses-Programmen

Der Aufruf von **endwin** versetzt den Terminaltreiber wieder in den *out-of-curses-*Mode. *Curses* gibt im Falle, daß es sich um eine bool-Funktion handelt, ein OK zurück, wenn der Vorgang erfolgreich durchgeführt werden konnte. Trat ein Fehler aus, so wird ERR zurückgeliefert. Gibt die Funktion einen Pointer zurück, so ist dieser im Normalfall eine Adresse. Im Fehlerfall liefert sie einen NULL-Zeiger, der wie im zuvor genannten Beispiel zu behandeln ist.

5.10.4.8   Allgemeiner Programmaufbau

Abbildung 5.24 verdeutlicht die allgemeingültige Form eines Programmablaufes unter Verwendung von *Curses*. Jeder Punkt der Grafik stellt einen bestimmten Zustand innerhalb des Programmablaufes dar.

5.10.4.9   Konkrete Programmbeispiele

Nun folgen einige Beispiele, die den konkreten Umgang mit *Curses* demonstrieren. Es handelt sich um kleine Programme und diverse Funktionen, die verschiedene

Aufgaben unter Verwendung der *Curses*-Bibliothek erledigen. Sie sollen dazu dienen, einige *Curses*-Funktionen und ihre Bedienung, d.h. Aufrufkonventionen, vorzustellen. Ein konkretes Beispiel verdeutlicht die Funktionen einfacher, als lediglich eine Aufzählung.

Das nun folgende Programm soll die Umsetzung der obigen Programmablauf-Grafik in einem *Curses*-Programm verdeutlichen. Da das Programm eigentlich ohne Parameter auskommt, wurde ein Dummy-Parameter eingeführt, der beim Programmstart zu übergeben ist.

Programm 5.67: testcurs.c

```
/* testcurs.c */
#include <curses.h>
#include <ctype.h>
/* diverse #define-Statements */
#define  EXIT_FAILURE               1
#define  EXIT_SUCCESS               0
#define  PROG_ENDE                 'q'

int main(argc, argv)
int argc; char *argv[];
{
        int c;

        /* Zuerst Kommandozeile auswerten */
        if ( ( argc != 2 ) || strcmp( argv[1], "dummy" ) ) {
                fprintf(stderr, "\nusuage: %s dummy\n ", argv[0]);
                exit( EXIT_FAILURE );
        }
        /* Danach Curses initialisieren */
        initscr();
        /* Einstellen der Terminal-I/O-Modes */
        noecho();                                   /* Eingabeecho ausschalten */
        scrollok(stdscr, TRUE);                     /* enable Scrolling */
        /* Weitere Programmfortfuehrung */
        while((c=getch()) != PROG_ENDE )        {
        /* Hier stehen die Anwenderfunktionen */
        }
        /* Bildschirm löschen und Cursor links oben positionieren */
        clear();
        refresh();
        /* Curses beenden */
        endwin();
        exit(EXIT_SUCCESS);
}
```

Dieses Beispiel demonstriert die Ausgabe eines Textes mittels **addstr** und anschließend eine formatierte Ausgabe mittels **printw**. Hierbei werden die von **initscr** initialisierten globalen *Curses*-Variablen LINES und COLS ausgegeben, die die Größe des Terminalbildschirms repräsentieren. Die Funktion **move** setzt den Ausgabecursor an die Position, an die der Text geschrieben werden soll. Es ist zu beachten, daß die Koordinaten in der *Curses*-üblichen Form (y, x,) zu übergeben sind.

Programm 5.68: simple.c

```
/* simple.c */
#include <curses.h>
main()
{
        initscr();
        clear();
        move((LINES - 1)/2, (COLS - 1)/2);
        addstr( "simple curses program ");
        move((LINES - 1)/2 + 1, (COLS - 1)/2);
        printw("\nlines: %d, COLS: %d\n", LINES, COLS);
        refresh();
        endwin();
        exit(0);
}
```

Curses bietet zwei verschiedene Arten an, Windows zu kreieren. Zum einen bietet es die Funktion **newwin**, um ein neues Fenster, welches von allen anderen unabhängig ist, anzulegen. Zum Anderen erlaubt es auch Sub-Windows von existierenden Fenstern mittels **subwin** anzulegen. Das Aufteilen eines Fensters in Sub-Fenster erlaubt es, dieses Teilfenster unabhängig vom Parent-Fenster zu behandeln. Man kann z.B. innerhalb des Sub-Windows scrollen, Eingaben tätigen und den Bereich des Sub-Windows eigenständig refreshen. Bei neuen Fenstern kann man z.B. mehrere Fenster anlegen, die den gesamten Bildschirmbereich einnehmen. So besteht die Möglichkeit, zu einem Zeitpunkt entweder die eine Oberfläche oder die andere dem Benutzer zur Verfügung zu stellen. Sub-Windows unterscheiden sich in einem Punkt fundamental von den neu angelegten Fenstern: zunächst handelt es sich bei beiden Fenstertypen um Zeiger auf die WINDOW-Structur. Der Unterschied liegt darin, daß im Falle des Sub-Windows kein neues Character-Array angelegt wird. Es benutzt vielmehr den Teil des Arrays des Parent-Windows, der für den zugehörigen Bildschirmausschnitt verantwortlich ist. Das hat zur Folge, daß Veränderungen im Sub-Fenster auch Veränderungen im Parent-Fenster nach sich ziehen und umgekehrt.

Das folgende Beispiel demonstriert den Aufbau einer Funktion zur Ausgabe einer Statusmeldung innerhalb einer eigenen Oberfläche. Die Funktion soll ein Fenster mit einem Text ausgeben, der der Funktion übergeben wird. Die Meldung soll solange auf dem Bildschirm stehen, bis eine Taste gedrückt wird. Da in der Regel auf Unix-Systemen die Zeichen gepuffert werden, muß die Pufferung abgeschaltet werden. Dies übernimmt die Funktion **crmode**. Ein eingegebenes Zeichen steht damit *Curses* sofort nach der Eingabe zur Verfügung. Zudem erlaubt diese Funktion das Interpretieren von Control-Characters, z.B. Ctrl-C, zum vorzeitigen Programmabbruch. Neu ist auch die Funktion **touchwin**. Sie ist sehr hilfreich, wenn man mit Fenstern arbeitet, die mehrere Sub-Windows besitzen. Würden Änderungen innerhalb der Sub-Windows durchgeführt werden, so wäre für jedes dieser Sub-Windows ein Refresh durchzuführen. **Touchwin** vereinfacht diesen Vorgang, da es, wenn man es mit einem Zeiger auf das Parent-Window aufruft, automatisch dessen Nachkommen refresht. Im folgenden Beispiel existiert zwar nur ein Fenster, aber dessen Parent-Window ist **stdscr**, so daß **touchwin** zur Demonstration dieser Funktion eingesetzt werden kann. Anstelle von **touchwin** hätte in diesem Beispiel auch **refresh** benutzt werden können. Der Funktion wird der auszugebende Text übergeben. Für das Statusfenster wird zunächst ein neues Fenster angelegt. Anschließend wird der Fensterinhalt durch **werase** gelöscht, d.h. mit Blanks überschrieben und danach mittels **box** ein Rahmen um das Fenster gezeichnet. Nach dem Aufruf von **crmode** wird auf die Eingabe gewartet. **Noecho** schaltet die Ausgabe des eingegebenen Zeichens ab. Nach der Eingabe wird der Bildschirm wieder in die Ausgangssituation zurückversetzt.

Programm 5.69: mesgwin.c

```c
/* mesgwin.c      */
#include <curses.h>
void mesgwin(txt)
char *txt;
{
        WINDOW *mywin; int x,y;

        /* Berechnen der Ausgabe-Position */
        y = (LINES - 8)/2; x = (COLS - 42)/2;
        /* Anlegen eines neuen Windows */
        if ((mywin = newwin(5,40,y,x)) == (WINDOW *) NULL) {
                clear();
                mvcur(0, COLS-1, LINES-1, 0);
                refresh();
                endwin();
                fprintf(stderr, "couldn't allocate new window\n" );
                exit(1);
        }
        /* Loeschen des Window-Inhaltes */
        werase(mywin);
        /* Zeichnen eines Rahmen um das Fenster */
        box(mywin, '*','-');
        /* Textausgabe positionieren und Text ausgeben */
        wmove(mywin, 2, 2); waddstr(mywin, txt);
        wrefresh(mywin);
        /* Control-Character-Mode aktivieren und auf Eingabe warten */
        crmode(); noecho(); getch(); nocrmode();
        /* Window loeschen */
        delwin(mywin);
        /* Refresh ueber Parent-Window ausfuehren */
        touchwin(stdscr); echo();
}

main()
{
        initscr();
        mesgwin("Dies ist ein Message-Window");
        endwin();
        return;
}
```

6 Portabilität

In diesem Kapitel beschäftigen wir uns mit der Frage, inwiefern die in Kapitel 5 entwickelten Techniken und C-Programme auch jenseits von UNIX bedeutsam sind. Viele UNIX-kompatible (POSIX-kompatible) Systemaufrufe werden in Form von Runtime-Library-Funktionen auch von C-Compilern unter anderen Betriebssystemen wie MS-DOS, IBM OS/2, MS Windows NT, IBM MVS oder DEC VMS unterstützt, sofern dies von der Funktionalität her möglich ist. Dies eröffnet die Möglichkeit, im Ansatz universell verwendbare Systemsoftware zu entwickeln. In der Praxis bleiben natürlich noch genügend Punkte, wo Systemabhängigkeiten bestehen bleiben. Vorteilhaft isoliert man diese mit Hilfe des Modulkonzepts.

Die in Kap. 5 betrachteten Beispielprogramme in C sind zum großen Teil sowohl unter UNIX System V, als auch unter SunOS, einem BSD-UNIX lauffähig. Wir haben sie ferner mit LINUX und FreeBSD (4.4BSD) getestet. Bei Verwendung von guten C-Compilern sind viele davon auch unter MS-DOS (u. U. zusammmen mit Windows), unter IBM OS/2 und unter Windows NT lauffähig. Wo das nicht der Fall ist, werden wir die Gründe angeben bzw. mögliche Auswege nennen. Die Portabilität hängt natürlich in starkem Maße von den verwendeten C-Compilern ab. Neben den UNIX-Compilern (gcc) haben wir

unter MS-DOS 6.2:	gcc (DJGPP) 2.5.7 (und manchmal Borland C++ 3.1)
unter OS/2 3.0 (Warp):	gcc (EMX) 2.5.7
unter Windows NT 3.51:	Watcom C 10.5
unter Windows 95:	Watcom C 10.5

benutzt und beziehen unsere Aussagen nur auf diese Kombinationen. Alle Aussagen bezüglich Windows NT gelten auch für Windows 95, brauchen also nicht wiederholt zu werden.

6.1 Entwicklungstools

Wir gehen rasch die einzelnen Kategorien durch.

Editoren:

Dieser Bereich ist recht unkritisch. Auf Nicht-UNIX-Systemen stehen z.B. *edlin, m* oder die integrierte Entwicklungsumgebung von Borland C (MS-DOS, Windows, OS/2) oder MS Visual C (MS-DOS, Windows NT), oder *e* (OS/2) zur Verfügung, aber für Puristen auch Nachbauten von UNIX-Editoren wie *vi* (z.B. elvis) und *emacs*.

Compiler:

Auf Nicht-UNIX-Systemen stehen eine Vielzahl von kommerziell oder in der Public Domain erhältlichen Compilern zur Verfügung. Wegen der Fülle des Materials ist es nicht möglich, einen Überblick über die Eigenschaften der einzelnen Compiler zu geben. In den gängigen Fachzeitschriften werden häufig Testberichte über mehrere C-Compiler für ein Betriebssystem veröffentlicht, wobei auch Fragen wie Portabilität betrachtet werden. In diesem Buch beschäftigen wir uns nur mit den GNU-Compilern für MS-DOS (DJGPP) und OS/2 (EMX) als bewährten Vertretern. Informationen über den Aufruf und die Optionen sollte man den Dokumentationen dieser frei erhältlichen Produkte entnehmen.

Binder:

Selbstverständlich stellen Nicht-UNIX-Systeme Binder (Linker) mit ähnlichen Charakteristiken wie ld zur Verfügung. Bei MS-DOS gibt es *link* von Microsoft, *tlink* von Borland und viele andere mehr. Bei OS/2 wird link386 mitgeliefert. Für GNU-Compiler gibt es eigene Tools.

Debugger:

Für jedes kommerzielle Betriebssystem ist ein Debugger als Testhilfe erhältlich. Die Bedienung der einzelnen Debugger und der gebotene Komfort sind jedoch recht unterschiedlich. Normalerweise sind die auf Mikrorechnern angebotenen Debugger leichter zu bedienen und moderner, wenn man sie mit denen von Großrechnern vergleicht. Unter MS-DOS haben wir gute Erfahrungen mit dem Turbo Debugger von Borland und mit CodeView von Microsoft gemacht. Letzteren gibt es auch für OS/2. Für GNU-Compiler gibt es den GNU-Debugger gdb.

Bibliotheksverwalter:

Utilities von vergleichbarem Leistungsvermögen wie ar gehören zum Standard vieler Betriebssysteme. Unter MS-DOS, OS/2 und Windows NT heißen solche Programme normalerweise *lib, tlib* oder *wlib*.

Lint-Utilities:

Da man mit lint unter UNIX gute Erfahrungen gemacht hat, wurde das Programm in viele Richtungen portiert bzw. für diese Systeme neu implementiert. Es steht damit unter vielen Nicht-UNIX-Systemen ebenfalls zur Verfügung, so auch unter MS-DOS und OS/2 etwa als *PC lint*.

make-Utilities:

Ganz ähnlich wie bei lint ist die Situation bei make. Ähnliche Utilities, sogar solche mit fast identischer Funktionalität finden wir bei vielen Systemen auch in der Public Domain, natürlich auch bei MS-DOS und OS/2. Es ist jedoch immer empfehlenswert, die Handbücher genau zu studieren, um etwaigen Differenzen in Bedienung und Leistungsumfang auf die Schliche zu kommen. Unter MS-DOS und OS/2 gehören einfache make-Utilities normalerweise auch zum Lieferumfang des jeweiligen Compilers, so bei Borland C und MS Visual C. Für GNU C gibt es gmake.

Compilerbautools lex und yacc

Die GNU-Adaptionen *flex* und *bison* stehen allgemein zur Verfügung und sind keineswegs schlechter als die Originale. Es gibt auch kommerzielle Versionen, etwa von MKS.

6.2 Fehlerbehandlung

Innerhalb von UNIX sind die Fehlercodes weitgehend genormt. Nicht-UNIX-C-Compiler bieten im allgemeinen die Fehlervariablen **errno** und **sys_errlist** sowie die Funktion **perror** ebenfalls an. Die Fehlercodes sind naturgemäß oft unterschiedlich, da sie sehr vom verwendeten Betriebssystem abhängen. Die mnemonischen Namen wesentlicher Fehlercodes wie

E2BIG, EACCESS, EBADF, EMFILE, ENOENT, ENOEXEC, ENOMEM, ERANGE

sind jedoch allgemein üblich und verbreitet. Compiliert man auf einem OS/2-System mit dem GNU C-Compiler das Programm meldung.c, so erhält man bei der Ausführung folgende Liste, in der leere Einträge weggelassen sind:

```
0    : Error 0
1    : Operation not permitted
2    : No such file or directory
3    : No such process
4    : Interrupted system call  5 : I/O error
7    : Arguments or environment too big  8 : Invalid executable file format
9    : Bad file number
10   : No children
11   : No more processes
12   : Not enough memory
13   : Permission denied
17   : File exists
18   : Cross-device link
20   : Not a directory
21   : Is a directory
22   : Invalid argument
24   : Too many open files
28   : Disk full
29   : Illegal seek
30   : Read-only file system
32   : Broken pipe
33   : Domain error
34   : Result too large
37   : Not supported under MS-DOS
38   : File name too long
```

Man überzeugt sich leicht, daß alle für OS/2 sinnvollen Fehlercode übriggeblieben sind. Bei der Arbeit mit anderen Compilern ergibt sich allerdings ein abweichendes Bild. Insoweit man Programme bei Fehlern von Systemaufrufen abbricht, stellt sich bei dieser Problematik hier jedoch kein großes Portabilitätsproblem.

6.3   Arbeit mit Files und Directories

Zu Abschnitt 5.3: Funktionen zum File-Handling

Die hier eingeführten Systemaufrufe **creat**, **open**, **close, read**, **write** und **lseek** gehören zwar nicht zu ANSI-C, aber dennoch zu POSIX, also zum eisernen Bestand fast aller C-Compiler und sind in der Regel innerhalb von UNIX kompatibel. Für Portierungen auf Systeme, die auf Version 7 basieren, sollte man die Form von **open** mit drei Argumenten vermeiden.

Auch unter MS-DOS OS/2 und Windows NT sind die genannten Funktionen als Emulationen bei den hier betrachteten Compilern vorhanden und kompatibel. Wir wollen hier exemplarisch die *eigentlichen* MS-DOS bzw. OS/2-Systemaufrufe den UNIX-Aufrufen bzw. gleichnamigen Emulationen gegenüberstellen.

UNIX	*MS DOS*	*OS/2*
creat	3CH, Create Handle	DosOpen
open	3DH, Open Handle	DosOpen
close	3EH, Close Handle	DosClose
read	3FH, Read Handle	DosRead
write	40H, WriteHandle	DosWrite
lseek	42H, Move File Pointer	DosChgFilePtr

Die Argumente bei Aufruf und die Konventionen des Aufrufs sind natürlich ebenfalls in der Regel verschieden von denen bei UNIX. Wir verweisen auf die Speziallitaratur der Hersteller.

Der Systemaufruf **link** existiert nur bei UNIX-Compilern. Bei MS-DOS, OS/2 und Windows NT ergibt er keinen Sinn. Bei **unlink** ist die Situation etwas komplizierter. Die Funktion existiert bei fast allen C-Compilern, so auch auf den hier untersuchten unter MS-DOS und OS/2, jedoch z.B. nicht auf der VAX. Unter MS-DOS, OS/2 und Windows NT löscht **unlink** Files, während bei UNIX-Systemen **unlink** Files erst dann löscht, wenn nur noch ein Link existiert. Insgesamt ist dies aber wohl kein bedeutendes Hindernis bei der Portierung.

Das Programm move.c läuft in der ursprünglichen Fassung aus diesen Gründen nur mit gcc unter MS-DOS und überhaupt nicht unter OS/2, auch nicht unter Windows NT. Zum Umbenennen von Files über Directory-Grenzen läßt sich jedoch die POSIX- bzw. ANSI-C-Funktion **rename** verwenden, deren Semantik intuitiv klar ist. Das Resultat ist 0 im Erfolgsfall, -1 im Fehlerfall.

<table>
<tr><td>Die rename Subroutine</td><td>(POSIX, ANSI)</td></tr>
<tr><td colspan="2">int rename(oldpath, newpath)
    char *oldpath, *newpath;</td></tr>
<tr><td colspan="2">Zugehöriges Kommando: mv</td></tr>
</table>

So erhalten wir Kompatibilität auf dieser höheren Ebene.

Symlink und **readlink** sind auf den meisten UNIX-Systemen vorhanden, aber nicht als portabel zu bezeichnen. Bei den Programmen 5.5 und 5.6, cp.c und reverse.c, sehen wir noch einen kleinen Unterschied zwischen UNIX auf der einen und MS-DOS, OS/2 und Windows NT auf der anderen Seite: Textfiles weichen im Format leicht von einander ab. Das Zeilenende besteht bei UNIX nur aus einem LF-Character, bei den anderen Systemen aus der Kombination CR/LF. Demzufolge sind wir unter MS-DOS und OS/2 zu ziemlich überflüssigen Klimmzügen bezüglich der zusätzlichen Filemodes O_BINARY und O_TEXT gezwungen. Dies kann folgendermaßen aussehen. Man öffnet Files beim Programm cp.c etwa in der Form

```
fhandle1 = open(argv[1], O_RDONLY|O_BINARY);
fhandle2 = open(argv[2], O_CREAT|O_WRONLY|O_TRUNC|O_BINARY, PERM);
```

Alles dies existiert unter UNIX Gott sei Dank nicht.

Zu Abschnitt 5.4: Standard-Files

Die Standard-Files sind portabel, zumindestens für die genannten Systeme.

Zu Abschnitt 5.5: Files in einer Multiuser-Umgebung

Die Portabilität von Programmen zwischen Multi-User- und Single-User-Systemen ist selbstverständlich etwas problematisch. Bei Single-User-Systemen fehlen viele Begriffe und Attribute von Files einfach. Betrachten wir jedoch genauer die Details. Die Systemaufrufe **access**, **chmod** und **umask** sind unter MS-DOS, OS/2 und Windows NT bei den betrachteten Compilern als Emulationen vorhanden. Bei der Funktionalität muß man jedoch gegenüber UNIX gewisse Abstriche hinnehmen. Dies ist wegen der fehlenden User und Groups nicht besonders tragisch.

Ein zu **chown** äquivalenter Systemaufruf ist aus denselben Gründen bei MS-DOS und OS/2 nicht vorhanden und kann auch nicht simuliert werden.

Im Programm 5.11, prinmask.c muß die Subroutine **system** nach dem Erzeugen des Files unter MS-DOS, OS/2 oder Windows NT das **attrib**-Kommando aufrufen, um die Zugriffsrechte des Files aufzulisten. Wir ersetzen also die Zeile

```
#define LIST  "ls -l"   /* UNIX */
```

durch

```
#ifdef MSDOS
#define LIST  "attrib"  /* DOS oder OS/2 */
#else
#define LIST  "ls -l"   /* UNIX */
#endif
```

Die Resultate ähneln denen von UNIX:

```
> cl -DMSDOS prinmask.c
> prinmask
A          D:\SYSP\BUCH\BSP\UMASKY
A  R       D:\SYSP\BUCH\BSP\UMASKY
```

Das Programm funktioniert also auch MS-DOS, OS/2 und Windows NT, wobei gewisse Unterschiede im Ablauf festzustellen sind. Dem Leser wird empfohlen, diese selbst herauszufinden. Die Systemaufrufe **stat** und **fstat** werden als Emulationen unter MS-DOS, OS/2 und Windows NT unterstützt, wobei natürlich gewisse Attribute nicht voll unterstützt werden. Läßt sich das Programm spion.c auch unter MS-DOS, OS/2 und Windows NT verwenden? Ja, bei allen Systemen. Jedoch gestattet MS-DOS bekanntermaßen keine Hintergrundprozesse im UNIX-Sinne. Allerdings sind heute DOS-Erweiterungen wie *Microsoft Windows* Standard, die einen kooperativen Multi-tasking-Betrieb unter MS-DOS bei entsprechender Hardwareausstattung ermöglichen. Wir versuchen es damit und stellen fest, daß es funktioniert.

OS/2 ist als Multitasking-Betriebssystem natürlich viel besser geeignet, dem Programm spion.c hilfreich zur Seite zu stehen. Das ausführbare Programm spion.exe wird dann im Presentation Manager in einem Fenster installiert und ausgeführt. In einem anderen OS/2-Window werden die Files manipuliert. Insgesamt ergibt sich ein ähnlicher optischer Eindruck wie für Windows. Dasselbe gilt für Windows NT.

Das Programm settime.c funktioniert ebenfalls. Allerdings bestehen unter MS-DOS nicht die Unterschiede zwischen den verschiedenen Zeitangaben! Wir fassen zusammen (wobei nur GNU-Compiler berücksichtigt sind):

Programm.5.1:	fehler.c	portabel zu MS-DOS, OS/2 und Windows NT
Programm 5.2:	meldung.c	portabel zu MS-DOS, OS/2 und Windows NT
Programm 5.3:	cr.c	portabel zu MS-DOS, OS/2 und Windows NT
Programm 5.4:	openread.c	portabel zu MS-DOS, OS/2 und Windows NT
Programm 5.5:	cp.c	portabel zu MS-DOS, OS/2 und Windows NT (Filemode beachten)
Programm 5.6:	reverse.c	portabel zu MS-DOS, OS/2 und Windows NT (Filemode beachten)
Programm 5.7:	move.c	portabel zu MS-DOS, OS/2 und Windows NT (mit Einschränkungen)
Programm 5.8:	slnktest.c	nur für spezielle UNIX-Versionen wie BSD
Programm 5.9:	io.c	portabel zu MS-DOS, OS/2 und Windows NT
Programm 5.10:	delete.c	portabel zu MS-DOS, OS/2 und Windows NT
Programm 5.11:	prinmask.c	portabel zu MS-DOS, OS/2 und Windows NT
Programm 5.12:	spion.c	portabel zu MS-DOS, OS/2 und Windows NT
Programm 5.13:	settime.c	portabel zu MS-DOS, OS/2 und Windows NT

Zu Abschnitt 5.6: Directories und File-Systeme

Unter MS-DOS, OS/2 und Windows NT hat die Filestruktur ebenfalls Baumgestalt, jedoch leider nur innerhalb eines *Laufwerks*. Dies bildet eine Quelle der Inkompatibilität gegenüber UNIX, da man unter Umständen Laufwerke wechseln muß oder das gegenwärtige Laufwerk bestimmen muß. Zum anderen bieten MS-DOS und OS/2 das Kommando *join*, mit dessen Hilfe man andere Laufwerke in die Filestruktur eines Laufwerks einklinken kann, etwa im Sinne von **mount** unter UNIX. Special Files gibt es in rudimentärer Form auch unter MS-DOS, MS OS/2 und Windows NT: denken sie an *prn, lpt1, lpt2, con, aux*. Nur sind sie leider nicht in die Filestruktur mit einbezogen, sondern fristen ein zu wenig beachtetes Dasein irgendwo im Ungefähr der Systeme.

Kommen wir zu den oben betrachteten Systemaufrufen. Davon sind **rmdir** und **getcwd** unter den betrachteten Compilern als Emulationen in identischer Form vorhanden. Die Funktion **chdir** ist ebenfalls vorhanden und hat unter OS/2 dieselbe Wirkung wie unter UNIX, d.h. die Auswirkung ist auf den Prozeß beschränkt. Bei MS-DOS hat **chdir** wegen des mangelhaften Prozeß-Konzepts eine stärkere Wirkung. Hier kann man tatsächlich ein *Programm* schreiben, das das Working Directory wechselt! Die Funktion **chroot** kann nicht emuliert werden. Sie ist jedoch wohl entbehrlich. Bei der Emulation von **mkdir** gibt es einen Unterschied. Unter MS-DOS und OS/2 fehlt bei manchen Compilern das zweite Argument, das die Zugriffsrecht auf das neu zu kreierende Directory festlegt. Dies Abweichung kann durch bedingte Compilierung oder durch eine beiden Möglichkeiten übergeordnete Funktion der Gestalt

```c
int makedir(pathname, mode)
char *pathname;
int mode;
{
#ifdef UNIX
    return(mkdir(pathname, mode));
#else
    return(mkdir(pathname));
#endif
}
```

bewältigt werden.

Die komfortable Funktionen **ftw** und **nftw** sind unter MS-DOS, OS/2 und Windows NT nicht als Emulation vorhanden. Wir nehmen dies zum Anlaß, hier beide in auch für diese Systeme angepaßter Form im Quellcode zu präsentieren. Die Quellen sind von der in [Stevens2] abgedruckten Fassung abgeleitet.

Programm 6.1: xftw.c und ftw.h

```c
/* ftw.h */
/* The FLAG argument to the user function passed to ftw.  */
#define FTW_F   0               /* Regular file.  */
#define FTW_D   1               /* Directory.  */
#define FTW_DNR 2               /* Unreadable directory.  */
#define FTW_NS  3               /* Unstatable file.  */

typedef int ftwfunc(char *, struct stat *, int);
extern int  ftw(char *, ftwfunc *);
extern int nftw(char *, ftwfunc *);
/* end ftw.h */


/* xftw.c                    */
/* gcc 2.6.3, Linux          */
/* gcc 2.5.8, FreeBSD 2.0.5  */
/* gcc 2.5.7 (EMX), OS/2 3.0  */
/* gcc 2.5.7 (DJGPP), DOS 6.2 */
/* Watcom C 10.5, WinNT 3.51 */
#include <stdio.h>
```

```c
#include <sys/types.h>
#include <sys/stat.h>
#ifdef __NT__
#include <direct.h>
#else
#include <dirent.h>
#endif
#include <limits.h>
#include "ftw.h"
#define SIMPLE 0
#define SLINKS 1

#ifndef PATH_MAX
#define PATH_MAX 255
#endif


char *fullpath;   /* enhaelt den vollen Pfadnamen fuer jedes File */

int ftw(pathname, func) /* wir geben zurueck, was func() liefert */
char * pathname;
ftwfunc *func;
{
    fullpath = (char *) malloc(PATH_MAX+1);
    strcpy(fullpath, pathname);                  /* fullpath initialisieren*/
    return(dopath(func, SIMPLE));
}

int nftw(pathname, func)
char * pathname;
ftwfunc *func;
{
    fullpath = (char *) malloc(PATH_MAX+1);
    strcpy(fullpath, pathname);                  /* fullpath initialisieren*/
    return(dopath(func, SLINKS));
}

/* Directory Hierarchy durchlaufen, startend bei "fullpath".
 * Wenn "fullpath" etwa anderes als ein Directory ist, wird ein
 * lstat() auf es gemacht, func() aufgerufen, und dann return.
 * Fuer ein Directory rufen wir uns selbst rekursiv auf fuer
 * jeden Namen im Directory. */

int dopath(func, slinks)                /* wir geben zurueck, was func() liefert */
ftwfunc *func;
int slinks;
{
    struct stat statbuf;
    struct dirent *dirp;
    DIR *dp;
    int rv, ret;
    char *ptr;

#ifdef UNIX
    if (slinks == SIMPLE)
        rv = stat(fullpath, &statbuf);
    else
        rv = lstat(fullpath, &statbuf);
```

```c
#else
   rv = stat(fullpath, &statbuf);
#endif

   if (rv < 0)
      return(func(fullpath, &statbuf, FTW_NS)); /* lstat-Fehler */
   if (S_ISDIR(statbuf.st_mode) == 0)
      return(func(fullpath, &statbuf, FTW_F));  /* Kein Directory */
   if ((ret = func(fullpath, &statbuf, FTW_D)) != 0)
      return(ret);

   ptr = fullpath + strlen(fullpath); /* Zeiger auf Ende von fullpath */
   *ptr++ = '/';
   *ptr = 0;

   if ((dp = opendir(fullpath)) == NULL)
      return(func(fullpath, &statbuf, FTW_DNR));
                                              /* Kann Directory nicht lesen */
   while ( (dirp = readdir(dp)) != NULL) {
      if (strcmp(dirp->d_name, ".") == 0  ||
          strcmp(dirp->d_name, "..") == 0)
               continue;                      /* Ignoriere dot und dot-dot */
      strcpy(ptr, dirp->d_name);              /* Namen nach Slash anhaengen */
      if ( (ret = dopath(func, slinks)) != 0) /* rekursiv*/
         break;
   }
   ptr[-1] = 0;                               /* alles loeschen von Slash an */
   if (closedir(dp) < 0)
      fprintf(stderr, "ftw: can't close directory %s", fullpath);
   return(ret);
}
```

Unter UNIX compilieren wir unser Programm testftw.c dann mit

$ gcc -DUNIX testftw.c xftw.c -o testftw

unter OS/2 etwa mit

> gcc testftw.c xftw.c -o testftw
> emxbind testftw

Schwerer wiegt die physisch total unterschiedliche Implementation von Directories unter manchen UNIX-Versionen, MS-DOS, OS/2 und Windows NT. Wir müssen hierfür aus Platzgründen auf die Spezialliteratur verweisen. Wichtig zu wissen ist vor allem, daß hier ein direktes Öffnen, Lesen und Schließen mit den Standardaufrufen **open**, **read** und **close** nicht mehr möglich ist. Aus diesen Gründen empfehlen wir die Verwendung der neuen Routinen **opendir**, **readdir**, ..., **closedir**, die alle GNU C-Versionen kennen. Auch Watcom C kennt **opendir**, **readdir** und **closedir**.

Das Programm mycd.c funktioniert bei OS/2 und Windows NT ebenso *nicht* wie unter UNIX. Nur unter MS-DOS kann man damit sein aktuelles Verzeichnis wechseln, was eben nicht UNIX-like ist. Die System-Calls **mount**, **umount**, **sync** und **mknod** sind als Emulationen im bekannten Zusammenhang nicht greifbar und auch nicht sinnvoll. Sie kommen in normalen Systemprogrammen allerdings auch höchst selten vor. Als Ersatz für **mount** und **umount** mag unter ganz bestimmten Umstän-

den das schon weiter oben erwähnte DOS-Kommando *join* dienen. Unter MS-DOS,
unter OS/2 und unter Windows NT funktioniert das Programm writedev.c ebenfalls:

```
> gcc -o writedev writedev.c
> writedev prn
> Dies ist ein Test!
> ...
> <Ctrl-Z>
```

Falls ein Drucker angeschlossen ist, sollte er drucken! Wir fassen zusammen (wobei
wieder fast nur GNU-Compiler berücksichtigt sind):

Programm 5.14:   newroot.c   nur für UNIX-Systeme
Programm 5.15:   mycd.c   portabel zu MS-DOS, OS/2 und Windows NT
Programm 5.16:   mypwd.c   nur für UNIX-Systeme
Programm 5.17:   testdir.c   portabel zu MS-DOS, OS/2 und Windows NT
Programm 5.18:   pwd.c   portabel zu MS-DOS, OS/2 und Windows NT
Programm 5.19:   testftw.c   nur für UNIX-Systeme, mit Programm 6.1
                                       allgemein verwendbar
Programm 5.20:   writedev.c   portabel zu MS-DOS, OS/2 und Windows NT

6.4   Prozeßbezogene Aufgaben

Zu Abschnitt 5.7: Prozesse

MS-DOS ist ein Single-Tasking-System und deswegen benachteiligt. OS/2 und Windows NT besitzen eine ähnliche Prozeß-Struktur wie UNIX, zumindest aus Anwen-
dungssicht. Kommen wir zu den Systemaufrufen: **exec...** kann emuliert werden bei
MS-DOS, OS/2 und Windows NT. **Fork** kann nur bei OS/2 emuliert werden und
wird dies auch nur beim GNU-Compiler. Die anderen Funktionen **exit, wait, getpid**
und **getppid** werden emuliert. **System** gibt es überall.

Bei den Prozeß-Attributen sieht es unterschiedlich aus. Prozeßgruppen etwa sind
UNIX-Angelegenheiten, die dort auch nicht einheitlich geregelt sind. Auch mit **setuid, seteuid** etc. ist kein Portabilitätspreis zu gewinnen. So funktioniert auch uid-
test.c nur unter UNIX. **Nice** ist UNIX-spezifisch. Signale, insgesamt ja eine etwas unsichere Angelegenheit, gibt es auch in ANSI-C und bei POSIX, zumindest in Form
der Funktionen **signal, raise, abort**. Die Funktionen **alarm** und **pause** kennt zumindest POSIX. Sie können u. U. bei OS/2, Windows NT und auch anderswo benutzt werden. Kritisch sind jedoch Details wie Anzahl und Definition der Signale.
Die Funktion **signal** ist gefährlich, da sie zu unterschiedlichen Resultaten führen
kann wegen unterschiedlicher Definitionen! Portabel erscheint hier nur das ignorieren von Signalen. Die zuverlässigen Signal-Routinen **sigaction**, etc. sind rein UNIX-
spezifisch und nicht portabel. Der Systemaufruf **kill** ist UNIX-spezifisch, funktioniert
jedoch auch bei OS/2 (gcc).

Die Library-Funktionen **setjmp** und **longjmp** sind als ANSI-C Funktionen portabel.
Die alten Systemaufrufe **brk** und **sbrk** sollten eigentlich nicht mehr benutzt werden,

funktionieren aber überall recht gut, wo wir sie getestet haben. Wir fassen zusammen (wobei wieder fast nur GNU-Compiler berücksichtigt sind):

Programm 5.21:	forkdemo.c	portabel zu OS/2
Programm 5.22:	exsort.c	portabel zu MS-DOS, OS/2 und Windows NT
Programm 5.23:	foexsort.c	portabel zu OS/2
Programm 5.24:	systest.c	portabel zu OS/2
Programm 5.25:	teilen.c	portabel zu OS/2
Programm 5.26:	umleit.c	portabel zu MS-DOS, OS/2 und Windows NT
Programm 5.27:	uidtest.c	nur für UNIX
Programm 5.28:	myabort.c	portabel zu MS-DOS, OS/2 und Windows NT
Programm 5.29:	foexab.c	portabel zu OS/2
Programm 5.30:	sigigno.c	portabel zu MS-DOS, OS/2 mit Einschränkungen
Programm 5.31:	sigdef.c	portabel zu MS-DOS, OS/2 mit Einschränkungen
Programm 5.32:	sighand.c	portabel zu MS-DOS, OS/2 mit Einschränkungen
Programm 5.33:	systest1.c	portabel zu OS/2
Programm 5.34:	grpkill.c	nur für UNIX
Programm 5.35:	kpause.c	portabel zu OS/2
Programm 5.36:	relsig1.c	nur für UNIX
Programm 5.37:	relsig2.c	nur für UNIX
Programm 5.38:	ljmptest.c	portabel zu MS-DOS und OS/2
Programm 5.39:	relsig3.c	nur für UNIX
Programm 5.40:	sbrktest.c	portabel zu MS-DOS, OS/2 und Windows NT

6.5   Synchronisation

Zu Abschnitt 5.8: Prozeß-Kommunikation I

Lock-Files können mit ein wenig Vorsicht, siehe Programm lock.c, überall verwandt werden. MS-DOS kennt keine Pipes im UNIX-Sinne, also funktionieren **pipe** und das Paar **popen**, **pclose** nicht. Bei OS/2 funktionieren Pipes unter dem GNU C-Compiler, während Named Pipes inkompatibel sind. Bei Windows NT ist es ähnlich, nur etwas schlimmer.

Das Record-Locking ist nicht ohne weiteres kompatibel, zum Teil werden bei anderen Betriebssystem ähnliche Funktionen wie etwa **locking** eingesetzt.

Wir fassen zusammen (wobei wieder fast nur GNU-Compiler berücksichtigt sind):

Programm 5.41:	lock.c	portabel zu MS-DOS, OS/2 und Windows NT
Programm 5.42:	locktest.c	portabel zu MS-DOS, OS/2 und Windows NT
Programm 5.43:	pipe1.c	portabel zu OS/2
Programm 5.44:	pipe2.c	portabel zu OS/2
Programm 5.45:	pipe3p.c und pipe3c.c	portabel zu OS/2

Programm 5.46:	pipesort.c	portabel zu OS/2
Programm 5.47:	gcwdtst.c	portabel zu OS/2
Programm 5.48:	empfang.c	nur für UNIX
Programm 5.49:	sender.c	nur für UNIX
Programm 5.50:	filelock.c und	
	nolock.c	portabel zu DOS, OS/2 (es tut ja nichts!)
Programm 5.51:	svlock.c	nur für UNIX
Programm 5.52:	fclock.c	nur für UNIX
Programm 5.53:	bsdlock.c	nur für UNIX

Zu Abschnitt 5.9: Prozeß-Kommunikation II

Die IPC-Konstrukte von System V sind auf UNIX-Systeme beschränkt. Es gibt sie inzwischen auch z.B. auf BSD-basierten Systemen wie z.B. SunOS, jedoch ist die Frage der Portabilität insgesamt negativ zu beantworten. Wir geben eine Zusammenfassung:

Programm 5.54:	message.h und message.c	Nur spezielle UNIX-Systeme
Programm 5.55:	msgcreat.c	Nur spezielle UNIX-Systeme
Programm 5.56:	msgcrtl.c	Nur spezielle UNIX-Systeme
Programm 5.57:	msgsend.c	Nur spezielle UNIX-Systeme
Programm 5.58:	msgrcv.c	Nur spezielle UNIX-Systeme
Programm 5.59:	dbsrv.c und db.h	Nur spezielle UNIX-Systeme
Programm 5.60:	dbclnt.c und client.h	Nur spezielle UNIX-Systeme
Programm 5.61:	input.c und input.h	Nur spezielle UNIX-Systeme
Programm 5.62:	cpmmap.c	Nur spezielle UNIX-Systeme

6.6 Terminalsteuerung

Zu Abschnitt 5.10: Terminal-Steuerung

Die Steuerung der Terminaleigenschaften mit **ioctrl** ist unter Nicht-UNIX-Systemen nicht sehr verbreitet, eine Ausnahme ist höchsten OS/2 mit dem GUN C-Compiler. Die Frage der Portabilität ist insgesamt negativ zu beurteilen.

Die termcap- bzw. terminfo-Bibliothek ist in vielen Fällen mangels ihrer Existenz bei Nicht-UNIX-Systemen nicht anwendbar. Die prinzipielle Vorgehensweise des Übertragens von Escape-Sequenzen ist natürlich allgemein benutzbar und bei vielen Großrechnern in Gebrauch. Auch bei Personalcomputer-Betriebssystemen wie MS-DOS und Windows NT stehen ja ANSI-Treiber für genormte Escape-Sequenzen zur Verfügung. Unter OS/2 stellt der GNU C-Compiler eine Termcap-Library zur verfügung. Insgesamt erscheint es jedoch sinnvoller, gleich auf logisch höherer Ebene zu arbeiten. Auch für Nicht-UNIX-Betriebsysteme sind nämlich Curses-Bibliotheken erhältlich bzw. gehören zum Lieferumfang von C-Compilern. Letzteres gilt etwa für VAX C. Für MS-DOS sind verschiedene curses-Versionen erhältlich. Bei GNU-Compilern für Nicht-UNIX-Systeme gehört häufig ein Port der BSD-Curses-Library zum Lieferumfang, so unter MS-DOS und OS/2. Es folgt die Zusammenfassung:

Programm 5.63:	kurzio.c	portabel zu MS-DOS und OS/2
Programm 5.64:	tsttty.c	portabel zu OS/2
Programm 5.65:	readkey.c	nur für UNIX System V
Programm 5.66:	tcaptest.c	für spezielle UNIX-Systeme, portabel zu OS/2
Programm 5.67:	testcurs.c	portabel zu MS-DOS und OS/2
Programm 5.68:	simple.c	portabel zu MS-DOS und OS/2
Programm 5.69:	mesgwin.c	portabel zu MS-DOS und OS/2

Wir haben zusätzlich folgende Pakete:

- *pccurses* von Bjorn Larsson, ein Public-Domain-Paket für Turbo C und Microsoft C,

- *curses* von G. Holub aus dessen Compiler-Buch [Holub], eine Berkeley-Curses-kompatible Implementation einer curses-Teilmenge für Microsoft C,

getestet und für durchaus brauchbar befunden.

7 Fallstudien

In diesem Kapitel stellen wir einige Probleme und deren Lösungen in Form von C-Programmen als Fallstudien der Systemprogrammierung für UNIX und verwandte Systeme zusammen. Die Probleme sind recht verschieden in Herkunft und Schwierigkeitsgrad. Auch das Verhalten der Programme bezüglich der *Portabilität* nach MS-DOS, OS/2 oder auch Windows NT bzw. Windows 95 ist sehr unterschiedlich. Das Spektrum reicht hier von trivialer Portierbarkeit bis zum Gegenteil, der Inkompatibilität. Die Gründe dafür wird der Leser hoffentlich nach dem Studium der vorangegangenen Kapitel leicht herausfinden.

7.1 Ein Wordcount-Programm

Unter UNIX gehört normalerweise ein Programm namens **wc** (Abk. für Word count) zu den Standard-Utilities. Es soll die Anzahl der Zeichen, Worte und Zeilen eines oder mehrerer Textfiles bestimmen, mehr noch, es kann dieselben Dienste auch für für die Standardeingabe leisten, auch selektiv nur Resultate bezüglich der Zeichen etc. liefern. Es gibt auch die Summe aller gezählten Größen aus. Ein nach dem Vorbild der UNIX-Utility wc neu entwickeltes, aber leicht vereinfachtes C-Programm hat das folgende Aussehen.

Programm 7.1: wc.c

```
/*------------------------------------------------ */
/*      Utility WC                                 */
/*      Author:   H. Weber                         */
/*      gcc 2.5.7 (DJGPP), MS-DOS 6.2              */
/*      gcc 2.5.7 (EMX), OS/2 3.0                  */
/*      gcc 2.5.8, LINUX                           */
/*      gcc 2.6.3, FreeBSD 2.0.5                   */
/*      gcc 2.6.3, SunOS 4.1.2                     */
/*      gcc 2.5.8, Solaris 2.4                     */
/*      Watcom C 10.5, Windows NT 3.51             */
/*      Usage:    wc [-options] {file}             */
/*      Options:  l    count lines                 */
/*                w    count words                 */
/*                c    count characters            */
/*                Default: all of these            */
/*------------------------------------------------ */
#include <stdlib.h>
#include <stdio.h>
#include <string.h>
#include <ctype.h>
#define FALSE 0
#define TRUE  1

char   *arg1;
char   *progname;
long   tlines = 0L;
long   twords = 0;
long   tchars = 0;
int    lines = FALSE;
```

```c
int   chars = FALSE;
int   words = FALSE;

main(argc, argv)
int argc;
char *argv[];
{
   int  i, vac, n, m;
   int  startfiles = 1;
   char *arg;
   FILE *fpin;
   int  help();
   int  getargs();

#ifdef EMXGCC
   _wildcard(&argc, &argv);
#endif

   progname = argv[0];
   arg1 = argv[1];

   /* No arguments present */
   if (argc == 1) {
      lines = TRUE; words = TRUE; chars = TRUE;
   } else {
      /* First argument: options */
      arg = argv[1];
      if (strpbrk(arg, "-") == arg) {
         if (getargs(++arg, &lines, &words, &chars))
            if (getargs(++arg, &lines, &words, &chars))
               getargs(++arg, &lines, &words, &chars);
         startfiles = 2;
      } else {
         lines = TRUE; words = TRUE; chars = TRUE;
      }
   }

   /* Read only from stdin */
   if (argc == 1 || (argc == 2 && startfiles == 2))
      wcount(stdin, "");

   /* Read from files specified on command line */
   if (argc > startfiles) {
      for (i = startfiles; i < argc; i++) {
         if ((fpin = fopen(argv[i], "rt")) == NULL) help(2, argv[i]);
         wcount(fpin, argv[i]);
         fclose(fpin);
      }
   }

   /* Print total results */
   if (lines) printf(" %6ld", tlines);
   if (words) printf(" %6ld", twords);
   if (chars) printf(" %6ld", tchars);
   printf(" total\n");

   exit(0);
```

```c
}

int getargs(arg, l, w, c)
char *arg;
int *l, *w, *c;
{
    switch (*arg) {
        case 'l' : *l = TRUE; break;
        case 'w' : *w = TRUE; break;
        case 'c' : *c = TRUE; break;
        case '\0': return(0);
        default  : help(1, arg1);
    }
    return(1);
}

int wcount(fp, name)
FILE *fp;
char *name;
{
    int  c;
    int  word = 0;
    long nlines = 0L;
    long nwords = 0L;
    long nchars = 0L;

    while ((c = getc(fp)) != EOF) {
        nchars++;
        if (isspace(c)) {
            if (word) nwords++;
            word = 0;
        } else
            word = 1;
        if (c == '\n' || c == '\f') nlines++;
    }
    tlines += nlines;
    twords += nwords;
    tchars += nchars;
    if (lines) printf(" %6ld", nlines);
    if (words) printf(" %6ld", nwords);
    if (chars) printf(" %6ld", nchars);
    printf(" %s\n", name);

    return(0);
}

int help(n, msg)
int n;
char *msg;
{
    switch (n) {
        case 1 :
            fprintf(stderr, "%s: Wrong option %s\n", progname, msg);
            exit(1);
        case 2 :
            fprintf(stderr, "%s: Cannot open file %s\n", progname, msg);
            exit(1);
```

```
        }
    }
```

Compilation und Anwendung von wc auf seinen eigenen Quellcode liefert das Protokoll

```
$ cc -o wc wc.c
$ wc wc.c
 160    506    3921 wc.c
 160    506    3921 total
```

Das Programm läuft ohne nennenswerte Portabilitätsprobleme unter allen drei Systemen. Die einzigen Diskrepanzen sind:

1. Die Shells von UNIX sind mächtige Werkzeuge. Sie expandieren Wildcards auf der Kommandozeile ohne Zutun des Benutzers oder des Programms. Das wiederum tun die Kommandointerpreter von MS-DOS bzw. OS/2 *nicht.* Sie überlassen diese Aufgabe dem Programm, d.h. der Programmierer muß dafür sorgen. Es ist hier trotzdem mit demselben C-Quellcode getan, da die Compilerbauer des Borland C-Compilers ein Einsehen hatten und optional das Expandieren der Wildcards vom Startup-Code des C-Programms vorsahen. Man muß dazu einen Objektmodul zusätzlich beim Linken angeben: **wildargs.obj** bei Borland C. Beim GNU C-Compiler (EMX) kommt stattdessen eine bedingte Compilation hinzu:

```
#ifdef EMXGCC
    _wildcard(&argc, &argv);
#endif
```

Man muß dann mittels

```
gcc -o wc -DEMXGCC wc.c
```

compilieren.

2. Die unterschiedliche Behandlung des Zeilenendes bei MS-DOS oder OS/2 verglichen mit UNIX kann zu etwas überraschenden Resultaten führen. Wir haben uns im Programm dem UNIX-Brauch angeschlossen. Unser Programm liefert unter MS-DOS und OS/2 dieselben Resultate wie oben gezeigt, jedoch bestimmt ein dir-Kommando eine von 3921 abweichende Datei-Länge:

```
c:> dir wc.c
WC    C    4082 13.01.91    0.15
```

Der Grund sind die nicht mitgezählten Carriage-Returns!

7.2   Ein Undelete-System

Diesem Programm-System liegt das bekannte Problem zugrunde, daß man gern das unbeabsichtigte oder fehlerhafte Löschen von Files zurücknehmen möchte. Es gibt dafür etwa unter DOS ein undelete-Kommando, das unter bestimmten Umständen Files wiederherstellen kann. Auch unter OS/2 gibt es ähnliche Techniken und unter graphischen X-Window-Oberflächen bei UNIX gibt es manchmal einen Papierkorb, den man wieder ausleeren kann.

Wir wollen hier ein generell anwendbares System (d.h für UNIX, MS-DOS und OS/2 wie auch für Windows NT) schreiben, das Files bei Eingabe eines Lösch-Kommandos anstatt zu löschen zunächst in ein bestimmtes Verzeichnis verschiebt oder kopiert. Dieses Lösch-Kommando soll vom Programm *dl.c* ausgeführt werden. Zur Initialisierung des Systems muß man eine Environment-Variable GONE setzen, die auf das Verzeichnis verweist, in dem alle "gelöschten" Files gesammelt werden. Mit Hilfe des Programms *dlinit.c* kann das System initialisiert werden. Damit werden alte Files im GONE-Verzeichnis entgültig gelöscht und die Verwaltungs-Files NUMB und INDEX auf einen initialen Stand gebracht. Danach kann man mit dem System arbeiten. Neben *dl* und *dlinit* gibt es ein Kommando *dllist*, das durch das Program *dllist.c* realisiert wird. Damit verschafft man sich einen Überblick, welche Files im GONE-Directory gespeichert sind und mit welchen Attributen (Zeit, User bzw. UID, etc.) sie versehen sind. Ferner sieht damit den jetzigen Namen. Mit Hilfe dieser Information kann man die gesuchten Files zurückholen. Dazu benutzt man vorteilhaft das Programm *dlrest.c*.

Das gesamte System besteht also aus vier User-Kommandos *dl*, *dlinit*, *dllist* und *dlrest*. Dieses Userinterface ist recht primitiv, kann aber leicht verfeinert werden. Wir beginnen mit dem Makefile für das gesamte System, in der UNIX-Version. Wir benutzen hier den GNU-C-Compiler gcc.

Programm 7.2: Makefile für dl-System (UNIX)

```
# Makefile for dl-System

all:            dl dlinit dllist dlrest
dlinit.o:       dlinit.c dl.h dlport.h
                gcc -c dlinit.c
dllist.o:       dllist.c dl.h dlport.h
                gcc -c dllist.c
dlrest.o:       dlrest.c dl.h dlport.h
                gcc -c dlrest.c
dl.o:           dl.c dl.h dlport.h
                gcc -c dl.c
move.o:         move.c dlport.h
                gcc -c move.c
cpy.o:          cpy.c dlport.h
                gcc -c cpy.c
error.o:        error.c
                gcc -c error.c
erralloc.o:     erralloc.c dlport.h
                gcc -c erralloc.c
mkname.o:       mkname.c dlport.h
                gcc -c mkname.c
filename.o:     filename.c dlport.h
                gcc -c filename.c
newname.o:      newname.c dlport.h
                gcc -c newname.c
index.o:        index.c dlport.h
                gcc -c index.c
opindex.o:      opindex.c dlport.h
                gcc -c opindex.c
chgmode.o:      chgmode.c dlport.h
```

```
                        gcc -c chgmode.c
dl:                     dl.o move.o cpy.o error.o erralloc.o mkname.o \
                        filename.o newname.o index.o opindex.o chgmode.o
                        gcc -o dl dl.o move.o cpy.o error.o erralloc.o mkname.o \
                        filename.o newname.o index.o opindex.o chgmode.o
dlinit:                 dlinit.o error.o chgmode.o
                        gcc -o dlinit dlinit.o error.o chgmode.o
dllist:                 dllist.o error.o chgmode.o index.o opindex.o mkname.o
                        gcc -o dllist dllist.o error.o chgmode.o index.o opindex.o \
                        mkname.o
dlrest:                 dlrest.o error.o mkname.o
                        gcc -o dlrest dlrest.o error.o mkname.o
```

Programm 7.3: Header-Files dl.h und dlport.h

```c
/* dl.h */
#define GONE      "GONE"
#define NUMB      "NUMB"
#define INDEX     "INDEX"


/* dlport.h */
#include <time.h>
#define ERROR     (-1)
#define MAXNAME   100
#define PERM      0644

#ifndef MSDOS
#define STAR      "*"
#define SLASH     '/'
#define CP        "/bin/cp "
#define RM        "/bin/rm -f "
#define CFLAGS    O_WRONLY|O_CREAT
#define OFLAGS    O_WRONLY|O_APPEND
#define WFLAGS    O_WRONLY
#define RFLAGS    O_RDONLY
#endif


#ifdef MSDOS
#define STAR      "*.* < yes"
#define SLASH     '\\'
#define CP        "copy "
#define RM        "del "
#define CFLAGS    O_WRONLY|O_CREAT|O_BINARY
#define OFLAGS    O_WRONLY|O_APPEND|O_BINARY
#define WFLAGS    O_WRONLY|O_BINARY
#define RFLAGS    O_RDONLY|O_BINARY
#endif


struct fileinfo {
    int    index;
    char   filename[MAXNAME];
    int    uid;
    time_t deltime;
} ;
```

In dlport.h steht auch die Record-Struktur für das Index-File. Es folgt das Hauptprogramm dl.c, das eine ganze Reihe von C-Funktionen in getrennten C-Files benutzt. Das Programm ist mit Kommentaren versehen, so daß man den Ablauf verstehen sollte. Das Symbol EMXGCC gilt nur für OS/2 und den GNU-Compiler.

Programm 7.4: Hauptprogramm dl.c

```
/*   dl.c                 */
#include <sys/types.h>
#include <sys/stat.h>
#include <stdlib.h>
#include <stdio.h>
#include <string.h>
#include <signal.h>
#include <fcntl.h>
#include "dl.h"
#include "dlport.h"

/* Externe Variablen */
char *progname;

void chgmode();
void error();
void newname();
void wrindex();
int  cpy();
int  mkname();
int  move();
int  opindexw();
char *erralloc();
char *filename();

main(argc, argv)
int argc;
char *argv[];
{
    int    ifd, number, i, rv;
    char   *new, *fname, *iname;
    char   *zname, *gonedir, *slash;
    char   buf[6];
    struct stat statbuf;

    slash = (char *) malloc(2);
    *slash = SLASH;
    *(slash+1) = '\0';

#ifdef EMXGCC
    _wildcard(&argc, &argv)
#endif

    /* Argumente ueberpruefen */
    progname = argv[0];
    if (argc < 2) error(1);

    /* Gone-Directory aus Environment ermitteln */
    gonedir = getenv(GONE);
    if (gonedir == (char *) 0)
```

```c
        error(2);
i = strlen(gonedir);
if (gonedir[i-1] == SLASH) gonedir[i-1] = '\0';

/* Name des Zaehler-Files bilden */
zname = erralloc();
strcpy(zname, gonedir);
strcat(zname, slash);
strcat(zname, NUMB);
/* Name des Index-Files bilden */
iname = erralloc();
strcpy(iname, gonedir);
strcat(iname, slash);
strcat(iname, INDEX);
number = mkname(zname);

/* Interrupts ignorieren */
signal(SIGINT,  SIG_IGN);
signal(SIGQUIT, SIG_IGN);

/* Index-File erzeugen bzw. oeffnen */
ifd = opindexw(number, iname);
/* File-Argumente abarbeiten */
argc--;
for(i = 1; i <= argc; i++) {
   if (stat(argv[i], &statbuf) == ERROR) {
      perror(argv[i]);
      continue;
   }
   if (statbuf.st_mode & S_IFREG) { /* Gewoehnliches File */

     /* Schreiberlaubnis ? */
     if (access(argv[i], 2) == 0) {
         /* Schreiberlaubnis existiert */
         if (statbuf.st_nlink > 1) {
            /* Es existieren weitere Links,
               nur diesen Link loeschen */
            if(unlink(argv[i]) == ERROR)
               perror(argv[i]);
         } else {
            /* File verschieben */
            /* absoluten Pfadnamen ermitteln */
                 fname = filename(argv[i], slash);
            /* Neuen Namen bestimmen */
            new = erralloc();
            strcpy(new, gonedir);
            strcat(new, slash);
            number++;
            sprintf(buf, "%d", number);
            strcat(new, buf);
            printf("%s ==> %s\n", fname, new);

            rv = move(argv[i], new);
            if (rv > 0) {
               if (rv == 1) {
                     /* Kopieren */
                    rv = cpy(argv[i], new);
```

```
                           if (rv > 0) {
                             fprintf(stderr, "%s: Fehler beim Retten von %s\n",
                                     progname, argv[i]);
                           free(new);
                           number--;
                           continue;
                       } else
                             free(new);
                   } else {
                       fprintf(stderr, "%s: Fehler beim Retten von %s\n",
                               progname, argv[i]);
                       free(new);
                       number--;
                       continue;
                   }
           } else {
            free(new);
           }
           /* Index-Eintrag schreiben */
           wrindex(ifd, fname, number, statbuf.st_uid,statbuf.st_mtime);
           free(fname);
           }
       } else {
         /* Keine Schreiberlaubnis */
          fprintf(stderr, "%s: darf %s nicht loeschen\n",
                  progname, argv[i]);
          continue;
       }
     } else {
        /* kein gewoehnliches File */
       fprintf(stderr, "%s: %s ist kein gewoehnliches File\n",
               progname, argv[i]);
       continue;
     }
   }
   /* Number-File aktualisieren */
   newname(zname, number);
   /* Index-File schliessen */
   close(ifd);
   chgmode(iname, 1);
   return 0;
}
```

Die Funktion chgmode() im gleichnamigen Quellfile dient zur Änderung von Zugriffrechten. Man beachte die Unterschiede zwischen UNIX und MS-DOS.

Programm 7.5: chgmode.c

```
/* chgmode.c, Modul von dl */
#include <sys/types.h>
#include <sys/stat.h>
#include "dlport.h"
int chmod();
int error();

void chgmode(name, mode)
char *name;
```

```
int   mode;
{
   int chmod();
   int mod;

#ifdef MSDOS
   if (mode == 0)
      mod = 0;
   else if (mode == 1)
      mod = S_IREAD;
   else if (mode == 2)
      mod = S_IWRITE;
#else
   if (mode == 0)
      mod = 0;
   else if (mode == 1)
      mod = 0444;
   else if (mode == 2)
      mod = 0644;
#endif

   if (chmod(name, mod) == ERROR) error(8);
}
```

Die Funktion cpy() im gleichnamigen Quellfile dient zum Kopieren der zu löschen-
den Files. Sie wird nur gebraucht, wenn das Verschieben der Files nicht klappt.

Programm 7.6: cpy.c

```
/*   cpy.c,  Modul von dl    */
#include <stdio.h>
#include <stdlib.h>
#include <string.h>
#include <sys/types.h>
#include <fcntl.h>
#include "dlport.h"
extern char *progname;
#define B_LEN 16384

int cpy(source, dest)
char *source, *dest;
{
   int  fhandle1, fhandle2;
   int  bytesread, byteswritten;
   char *buffer;

   fhandle1 = open(source, RFLAGS);
   fhandle2 = open(dest, CFLAGS);
   if (fhandle1 < 0) {
      perror(strcat("Fehler beim Oeffnen von ", source));
      return(1);
   }
   if (fhandle2 < 0) {
      perror(strcat("Fehler beim Oeffnen von ", dest));
      close(fhandle1);
      return(1);
   }
```

```
    if ((buffer = (char *) malloc(B_LEN)) == (char *) 0) {
        fprintf(stderr, "%s: Fehler bei der Speicherallokation\n", progname);
        close(fhandle1);
        close(fhandle2);
        return(1);
    }

    bytesread = B_LEN;
    byteswritten = B_LEN;
    while (bytesread > 0) {
        bytesread = read(fhandle1, buffer, B_LEN);
        byteswritten = write(fhandle2, buffer, bytesread);
        if (byteswritten < bytesread) {
            fprintf(stderr, "%s: Fehler bei Schreiben\n", progname);
            close(fhandle1);
            close(fhandle2);
            free(buffer);
            return(1);
        }
    }

    close(fhandle1);
    close(fhandle2);
    free(buffer);

    if (unlink(source) < 0) {
        fprintf(stderr, "%s: Fehler beim Loeschen von %s\n", progname, source);
        return 2;
    }

    utime(dest, NULL);
    chgmode(dest, 1);
    return 0;
}
```

Die Funktion erralloc() im Modul erralloc.c alloziert Speicherplatz und gibt, wenn nötig, eine Fehlermeldung aus.

Programm 7.7: erralloc.c

```
/*  erralloc.c, Modul von dl */
#include <stdlib.h>
#include "dlport.h"

char *erralloc()
{
    char *ptr;
    void error();

    if ((ptr = (char *) malloc(MAXNAME)) == (char *)0) error(3);
    else return ptr;
}
```

Die Funktion error() im Modul error.c gibt in verschiedenen Situationen bestimmte Fehlermeldungen aus.

Programm 7.8: error.c

```
/* error.c, Modul von dl  */
#include <stdio.h>
extern char *progname;

void error(n)
int n;
{
   switch(n) {
      case 1 :
         fprintf(stderr, "Aufruf: %s file ... \n", progname);
         exit(1);
      case 2 :
         fprintf(stderr, "%s: Name des GONE-Directory unbekannt\n", progname);
         exit(1);
      case 3 :
         fprintf(stderr, "%s: Fehler bei Speicherallokation\n", progname);
         exit(1);
      case 4 :
         fprintf(stderr, "%s: Fehler bei Namensbestimmung\n", progname);
         exit(1);
      case 5 :
         fprintf(stderr, "%s: Fehler bei Directory-Bestimmung\n", progname);
         exit(1);
      case 6 :
         fprintf(stderr, "%s: Fehler beim Oeffnen des INDEX-Files\n", progname);
         exit(1);
      case 7 :
         fprintf(stderr, "%s: Fehler beim Schreiben des INDEX-Files\n", progname);
         exit(1);
      case 8 :
         fprintf(stderr, "%s: Fehler beim Aendern des Filemodes\n", progname);
         exit(1);
      case 9 :
         fprintf(stderr, "%s: Fehler beim Lesen des INDEX-Files\n", progname);
         exit(1);
      case 10 :
         fprintf(stderr, "%s: INDEX-File existiert nicht\n", progname);
         exit(1);
   }
}
```

Die Funktion filename im File filename.c bestimmt den absoluten Pfadname des kopierenden Files. Man beachte Komplizierungen unter MS-DOS durch die Existenz von Laufwerken.

Programm 7.9: filename.c

```
/* filename.c, Modul von dl  */
#include <string.h>
#include <ctype.h>
#include "dlport.h"

char *getcwd();
char *erralloc();
```

```c
char *filename(pn, slash)
char *pn, *slash;
{
   char *p1, *p2;
   char *cd, *full;
   int ch, lw, rv;

   cd = erralloc();
   lw = 0;
   strcpy(cd, slash);

#ifdef MSDOS
   /* Laufwerksbezeichnung vorhanden ?*/
   if (isalpha(pn[0]) && pn[1] == ':') {
      /* ja */
      ch = toupper(pn[0]);
      lw = ch - 'A';
   } else {
      /* nein */
      lw = 0;
   }
#endif

   if (((p1 = strchr(pn, (int) SLASH)) == (char *)0) ||
       (lw == 0 && p1 != pn) || (lw > 0 && p1 > pn+2)) {
      /* relativer Pfadname */
      char cwdbuf[MAXNAME];
      if ((char *) 0 == getcwd(cwdbuf, MAXNAME-2)) error(5);
      strcpy(cd, cwdbuf);
      strcat(cd, slash);
      strcat(cd, pn);
      return cd;
   } else {
   /* absoluter Pfadname */

#ifdef MSDOS
      char cwdbuf[MAXNAME];
      strcpy(cd, "X:");
      if (lw == 0) {
        if ((char *) 0 == getcwd(cwdbuf, MAXNAME-2))
           error(5);
        cd[0] = cwdbuf[0];
      } else
         cd[0] = 'A' + lw;
      strcat(cd + 2, pn);
#else
      strcpy(cd, pn);
#endif
      return(cd);
   }
}
```

Im Modul index.c sind die Funktionen wrindex(), benutzt von dl und rdindex(), benutzt von dllist zusammengefaßt.

Programm 7.10: index.c

```
/*  index.c,  Modul von dl  */
#include <string.h>
#include <sys/types.h>
#include <sys/stat.h>
#include "dlport.h"

#ifndef uid_t
#define uid_t int
#endif

extern char* progname;
void error();

void wrindex(fd, fname, index, uid, time)
char *fname;
int  fd, index;
uid_t uid;
time_t time;
{
   int rv;
   struct fileinfo fi;

   fi.index = index;
   strcpy(fi.filename, fname);
   fi.uid = (int) uid;
   fi.deltime = time;
   rv = write(fd, &fi, sizeof(fi));
   if (rv != sizeof(fi)) error(7);
}

void rdindex(fd, fname, index, uid, time)
char *fname;
int  fd, *index;
uid_t *uid;
time_t *time;
{
   int rv;
   struct fileinfo fi;

   rv = read(fd, &fi, sizeof(fi));
   if (rv != sizeof(fi)) error(9);
   *index = fi.index;
   strcpy(fname, fi.filename);
   *uid = (uid_t) fi.uid;
   *time = fi.deltime;
}
```

Im Modul mkname.c finden wir nur die Funktion mkname(), die die laufende Nummer des zu beschreibenden Save-Files aus dem File NUMB bestimmt.

Programm 7.11: mkname.c

```
/*  makename.c,  Modul von dl  */
#include <stdio.h>
#include "dlport.h"
```

```c
int mkname(name)
char *name;
{
    FILE *num;
    int   number;

    if ((num = fopen(name, "rt")) == (FILE *) NULL)
        error(4);
    if (!fscanf(num, "%d", &number))
        error(4);
    fclose(num);
    return number;
}
```

Das Modul move.c enthält die Funktion move(), die zum Verschieben der Files vom Ausgangs-Verzeichnis in das GONE-Verzeichnis dient. Sie ist für UNIX und MS-DOS unterschiedlich programmiert.

Programm 7.12: move.c

```c
/* move.c, Modul von dl */
#ifndef MSDOS

#include <stdlib.h>
#include <errno.h>
#include "dlport.h"

#ifndef NULL
#define NULL 0
#endif

void chgmode();
void error();
int utime();

int move(old, new)
char *old, *new;
{
    if (link(old, new) == ERROR) {
        if (errno == EXDEV)
            return 1;
        else {
            perror(old);
            return 2;
        }
    }
    if (unlink(old) == ERROR) {
        perror(old);
        return 2;
    }
    utime(new, NULL);
    chgmode(new, 1);
    return 0;
}
#endif

#ifdef MSDOS
```

```
#include <errno.h>
#include <stdio.h>
#define ENOTSAM EXDEV

int move(old, new)
char *old, *new;
{
    int rv;

    rv = rename(old, new);
    if (rv < 0) {
       if (errno == ENOTSAM) return 1;
       else return 3;
    }
    utime(new, NULL);
    chgmode(new, 1);
    return 0;
}
#endif
```

Die Funktion newname() im gleichnamigen Modul erhöht die laufende Nummer des Save-Files im File NUMB.

Programm 7.13: newname.c

```
/*  newname.c,  Modul von dl  */
#include <stdio.h>
#include "dlport.h"
void chgmode();

void newname(name, number)
char *name;
int number;
{
    FILE *num;

    chgmode(name, 2);
    if ((num = fopen(name, "wt")) == (FILE*) NULL) error(3);
    fprintf(num, "%d\n", number);
    fclose(num);
    chgmode(name, 1);
}
```

Das Modul opindex.c enthält die Funktionen opindexw() und opindexr: Sie werden von dl.c und dllist.c zum Öffnen des Index-Files INDEX benutzt.

Programm 7.14: opindex.c

```
/*  opindex.c,  Modul von dl */
#include <fcntl.h>
#include <sys/types.h>
#include <sys/stat.h>
#include "dlport.h"

void chgmode();
int creat();
int open();
```

```
int opindexw(number, indname)
int number;
char *indname;
{
   int ifd;

   if (number == 0) {
      if ((ifd = open(indname, CFLAGS)) == ERROR) error(6);
   } else {
      chgmode(indname, 2);
      if ((ifd = open(indname, OFLAGS)) == ERROR) error(6);
   }
   return ifd;
}

int opindexr(indname)
char *indname;
{
   int ifd;

   chgmode(indname, 1);
   if ((ifd = open(indname, RFLAGS)) == ERROR) error(6);
   return ifd;
}
```

Das Programm dlinit.c initialisiert das dl-System durch Löschen der bisherigen Save-Files und des Index-Files. Das File NUMB wird mit 0 beschrieben. Der Einfachheit halber haben wir bestimmte Operationen durch UNIX-Kommandos bzw. MS-DOS-Kommandos mit Hilfe von system() programmiert.

Programm 7.15: Hauptprogramm dlinit.c

```
/* dlinit.c              */
#include <stdio.h>
#include <stdlib.h>
#include <string.h>
#include "dl.h"
#include "dlport.h"
char *progname;
void chgmode();
int access();

main(argc, argv)
int argc;
char *argv[];
{
   char *gname, *slash;
   char buf[50];
   char cmdline[MAXNAME];
   FILE *fout;
   int i;

   slash = (char *) malloc(2);
   *slash = SLASH;
   *(slash+1) = '\0';

   progname = argv[0];
```

```c
    if (argc >= 2) {
        fprintf(stderr, "Aufruf: %s \n", progname);
        exit(1);
    }

    gname = getenv(GONE);
    if (gname == (char *) 0)
        error(2);
    i = strlen(gname);
    if (gname[i-1] == SLASH) gname[i-1] = '\0';

    strcpy(buf, gname);
    strcat(buf, slash);
    strcat(buf, STAR);

#ifdef MSDOS
    strcpy(cmdline, "attrib -r ");
    strcat(cmdline, buf);
    puts(cmdline);
    system(cmdline);
#endif

    strcpy(cmdline, RM);
    strcat(cmdline, buf);
    puts(cmdline);
    system(cmdline);

    strcpy(buf, gname);
    strcat(buf, slash);
    strcat(buf, NUMB);

    if (access(buf, 0) == 0)
        chgmode(buf, 2);
    fout = fopen(buf, "wt");
    if (fout == NULL) {
        fprintf(stderr, "%s: Fehler beim Oeffnen von NUMB\n", progname);
        exit(2);
    }

    fprintf(fout, "  0");
    fclose(fout);
    chgmode(buf, 1);
    return 0;
}
```

Das Programm dllist.c listet am Bildschirm die vom dl-System gesicherten Files auf.
Der Einfachheit halber haben wir bestimmte Operationen durch UNIX-Kommandos
bzw. MS-DOS-Kommandos mit Hilfe von **system** programmiert. Man beachte einen
minimalen Unterschied zwischen UNIX und MS-DOS.

Programm 7.16: Hauptprogramm dllist.c

```c
/* dllist.c              */
#include <stdio.h>
#include <stdlib.h>
#include <string.h>
#include <unistd.h>
```

```c
#include <time.h>
#include "dl.h"
#include "dlport.h"

char *progname;
int access();
int zname();
void error();
int opindexr();
int close();
int getpw();

main(argc, argv)
int argc;
char *argv[];
{
   char *gonedir, *slash, *c;
   char fname[MAXNAME], buf[MAXNAME], zname[MAXNAME];
   int number, num, i, r, ifd, uid;
   time_t time;

   slash = (char *) malloc(2);
   *slash = SLASH;
   *(slash+1) = '\0';

   progname = argv[0];
   if (argc >= 2) {
      fprintf(stderr, "Aufruf: %s", progname);
      exit(1);
   }

   /* Gone-Directory aus Environment ermitteln */
   gonedir = getenv(GONE);
   if (gonedir == (char *) 0) error(2);
   i = strlen(gonedir);
   if (gonedir[i-1] == SLASH)
      gonedir[i-1] = '\0';

   strcpy(zname, gonedir);
   strcat(zname, slash);
   strcat(zname, NUMB);
   number = mkname(zname);

   strcpy(buf, gonedir);
   strcat(buf, slash);
   strcat(buf, INDEX);

   if (access(buf, 0) == ERROR) error(10);

   ifd = opindexr(buf);

   puts("");
   for (i=1; i<=number; i++) {

      /* Index-Eintrag lesen */
      rdindex(ifd, fname, &num, &uid, &time);
#ifdef MSDOS
```

```
        r = -1;
#else
        r = getpw(uid, buf);
#endif
        if (r == -1)
            printf("%s as %d uid %d time %s\n", fname, num, uid, ctime(&time));
        else {
            c = strchr(buf, ':');
                    *c = '\0';
            printf("%s as %d user %s time %s\n", fname, num, buf, ctime(&time));
        }
    }

    close(ifd);
    return 0;
}
```

Das Programm dlrest.c erledigt die eigentliche segensreiche Arbeit des dl-Systems.
Es kopiert die gesicherten Files zurück an eine beliebige Stelle unter beliebigem
Namen.

Programm 7.17: Hauptprogramm dlrest.c

```
/* dlrest.c              */
#include <stdio.h>
#include <stdlib.h>
#include <string.h>
#include "dl.h"
#include "dlport.h"

char *progname;
int zname();
void error();
int opindexr();
int chmod();

main(argc, argv)
int argc;
char *argv[];
{
    char *gonedir, *slash;
    char fname[MAXNAME];
    char cmdline[MAXNAME], zname[MAXNAME], buf[50];
    int number, num, i, uid;

    slash = (char *) malloc(2);
    *slash = SLASH;
    *(slash+1) = '\0';

    progname = argv[0];
    if (argc != 3) {
        fprintf(stderr, "Aufruf: %s number filename\n", progname);
        exit(1);
    }

    num = atoi(argv[1]);
    if (num <= 0) {
```

```c
        fprintf(stderr, "%s: Falsche Nummer\n", progname);
        exit(2);
    }

    strcpy(fname, argv[2]);

    /* Gone-Directory aus Environment ermitteln */
    gonedir = getenv(GONE);
    if (gonedir == (char *) 0)
        error(2);
    i = strlen(gonedir);
    if (gonedir[i-1] == SLASH)
        gonedir[i-1] = '\0';

    strcpy(zname, gonedir);
    strcat(zname, slash);
    strcat(zname, NUMB);
    number = mkname(zname);

    if (number < num) {
        fprintf(stderr, "%s: File %d existiert nicht\n", progname, num);
        exit(3);
    }

    strcpy(buf, gonedir);
    strcat(buf, slash);
    strcat(buf, argv[1]);
    strcpy(cmdline, CP);
    strcat(cmdline, buf);
    strcat(cmdline, " ");
    strcat(cmdline, fname);

    puts(cmdline);
    system(cmdline);
    if (chmod(fname, 0644) < 0) {
        fprintf(stderr, "%s: Fehler bei aendern der Rechte\n", progname);
        exit(4);
    }

    return 0;
}
```

Das Makefile für UNIX-Systeme ist schon oben gezeigt worden. Das dl-System wird mit dessen Hilfe durch das Kommando

```
$ make all
```

generiert. Zur Initialisierung des Systems legen wir ein GONE-Directory an und setzen die Environment-variable GONE darauf. Dann wird dlinit aufgerufen. Bei Verwendung der csh sieht das folgendermaßen aus:

```
$ mkdir /home/weber/gone
$ setenv GONE /home/weber/gone
$ dlinit
```

Anschließend löschen wir mit dl unsere Files, listen die gelöschten mit dllist auf und
holen gelöschte mit dlrest zurück. Zur Compilierungs des Systems unter MS-DOS
haben wir ebenfalls den dafür angepaßten GNU C-Compiler verwandt. Das Makefile
hat nun folgendes Aussehen. Eine explizite Angabe von -DMSDOS ist hier nicht
notwendig.

Programm 7.18: Makefile makefile.dos für dl-System

```
# Makefile for dl-System
# MS-DOS, gcc

all:            dl.exe dlinit.exe dllist.exe dlrest.exe
dl.exe:         dl
                coff2exe dl
dlinit.exe:     dlinit
                coff2exe dlinit
dllist.exe:     dllist
                coff2exe dllist
dlrest.exe:     dlrest
                coff2exe dlrest
dlinit.o:       dlinit.c dl.h dlport.h
                gcc -c dlinit.c
dllist.o:       dllist.c dl.h dlport.h
                gcc -c dllist.c
dlrest.o:       dlrest.c dl.h dlport.h
                gcc -c dlrest.c
dl.o:           dl.c dl.h dlport.h
                gcc -c dl.c
move.o:         move.c dlport.h
                gcc -c move.c
cpy.o:          cpy.c dlport.h
                gcc -c cpy.c
error.o:        error.c
                gcc -c error.c
erralloc.o:     erralloc.c dlport.h
                gcc -c erralloc.c
mkname.o:       mkname.c dlport.h
                gcc -c mkname.c
filename.o:     filename.c dlport.h
                gcc -c filename.c
newname.o:      newname.c dlport.h
                gcc -c newname.c
index.o:        index.c dlport.h
                gcc -c index.c
opindex.o:      opindex.c dlport.h
                gcc -c opindex.c
chgmode.o:      chgmode.c dlport.h
                gcc -c chgmode.c
dl:             dl.o move.o cpy.o error.o erralloc.o mkname.o \
                filename.o newname.o index.o opindex.o chgmode.o
                gcc -o dl dl.o move.o cpy.o error.o erralloc.o mkname.o \
                filename.o newname.o index.o opindex.o chgmode.o
dlinit:         dlinit.o error.o chgmode.o
                gcc -o dlinit dlinit.o error.o chgmode.o
dllist:         dllist.o error.o chgmode.o index.o opindex.o mkname.o
                gcc -o dllist dllist.o error.o chgmode.o index.o opindex.o \
```

```
                          mkname.o
dlrest:                   dlrest.o error.o mkname.o
                          gcc -o dlrest dlrest.o error.o mkname.o
```

Auf DOS-Ebene sind in etwa folgende Befehle erforderlich:

```
> make -f makefile.dos
> set GONE=d:\gone
> dlinit
```

Bei OS/2 können wir die bedingte Compilation mit #ifdef MSDOS ... #endif ebenfalls benutzten, wenn wir auch hier den GNU-C-Compiler in der EMX-Version benutzen. Das Makefile sieht ein wenig anders aus:

Programm 7.19: Makefile makefile.os2 für dl-System

```
# Makefile for dl-System
# OS/2, gcc

all:              dl.exe dlinit.exe dllist.exe dlrest.exe
dl.exe:           dl
                  emxbind dl
dlinit.exe:       dlinit
                  emxbind dlinit
dllist.exe:       dllist
                  emxbind dllist
dlrest.exe:       dlrest
                  emxbind dlrest
dlinit.o:         dlinit.c dl.h dlport.h
                  gcc -c -DMSDOS dlinit.c
dllist.o:         dllist.c dl.h dlport.h
                  gcc -c -DMSDOS dllist.c
dlrest.o:         dlrest.c dl.h dlport.h
                  gcc -c -DMSDOS dlrest.c
dl.o:             dl.c dl.h dlport.h
                  gcc -c -DMSDOS -DEMXGCC dl.c
move.o:           move.c dlport.h
                  gcc -c -DMSDOS move.c
....
....
chgmode.o:        chgmode.c dlport.h
                  gcc -c -DMSDOS chgmode.c
dl:               dl.o move.o cpy.o error.o erralloc.o mkname.o \
                  filename.o newname.o index.o opindex.o chgmode.o
                  gcc -o dl dl.o move.o cpy.o error.o erralloc.o mkname.o \
                  filename.o newname.o index.o opindex.o chgmode.o
dlinit:           dlinit.o error.o chgmode.o
                  gcc -o dlinit dlinit.o error.o chgmode.o
dllist:           dllist.o error.o chgmode.o index.o opindex.o mkname.o
                  gcc -o dllist dllist.o error.o chgmode.o index.o \
                  opindex.o mkname.o
dlrest:           dlrest.o error.o mkname.o
                  gcc -o dlrest dlrest.o error.o mkname.o
```

Auf OS/2-Ebene geben wir in etwa folgende Befehle ein:

```
> gmake -f makefile.os2
> set GONE=e:\gone
> dlinit
```

7.3   Eine Minishell

In diesem Abschnitt betrachten wir das UNIX-Programm **minish**, das wichtige Eigenschaften der Bourne- Shell **sh** besitzt. Man kann damit UNIX-Kommandos und Shell-Kommandos *exit, set, export* und *cd* ausführen. Die Minishell erlaubt wie die echte Shell Pipelines mittels | zwischen Kommandos und I/O-Umlenkung durch <, > und >>. Hintergrundverabeitung wird durch & möglich gemacht. Die Signale SIGINT und SIGQUIT werden von der Shell ignoriert. Wir beginnen mit einem Header-File, der von allen Modulen includiert wird. Es enthält Definitionen und Prototypen. Das Programm **minish** ist von einem Programm in [Rochkind2] abgeleitet.

Programm 7.20: Header-File minish.h

```
/* minish.h */
#define ERROR     (-1)
#define MAXFNAME 10
#define MAXARG   10
#define MAXWORD  20
#define MAXFD    20
#define MAXVAR   50
#define MAXNAME  20
#ifndef MAXSIG
#define MAXSIG   19
#endif
#define TRUE     1
#define FALSE    0
#define BADFD    (-2)

#define lowbyte(w)   ((w) & 0377)
#define highbyte(w)  lowbyte((w) >> 8)

typedef int BOOLEAN;
typedef enum {S_WORD, S_BAR, S_AMP, S_SEMI, S_GT, S_GTGT, S_LT, S_NL, S_EOF} SYMBOL;

SYMBOL execcmd();
int exsimcmd();
void fdredir();
char *envget();
int envinit();
BOOLEAN envupdate();
void envprint();
void envexport();
void envass();
void envset();
void sigigno();
void sigrest();
void fatal();
void syserr();
void prnstate();
```

Das Hauptprogramm minish.c ist recht kurz. Wir sehen darin die Ignorierung von Signalen durch den Aufruf von sigigno(), Danach wird das übergebene Environment intern in einer Symboltabelle gespeichert durch envint(). Danach beginnt die Hauptschleife des Programms. Mit execcmd() werden durch Pipes verbundene Kommandosequenzen ausgeführt. Bei bestimmten Prozessen muß auf die Beendigung mit waitfor() gewartet werden. Etwaige aus Fehlergründen noch offene Filedeskriptoren werden geschlossen.

Programm 7.21: Hauptprogramm minish.c

```c
/* minish.c                  */
/* gcc 2.6.3, SunOS 4.1.2    */
/* gcc 2.5.8, Solaris 2.4    */
/* gcc 2.5.8, Linux          */
/* gcc 2.6.3, FreeBSD 2.0.5 */
#include <stdio.h>
#include "minish.h"

main()
{
    char *prompt;
    int pid, fd;

    SYMBOL term;
    sigigno();
    if (!envinit())
       fatal("cannot initialize environment.");
    if ((prompt = envget("PS2")) == NULL)
       prompt = "> ";
    printf("%s", prompt);

    while (TRUE) {
       term = execcmd(&pid, FALSE, NULL);
       if (term != S_AMP && pid != 0)
          waitfor(pid);
       if (term == S_NL)
          printf("%s", prompt);
       for (fd=3; fd<MAXFD; fd++)
          close(fd);
    }
}
```

Das Modul getsymb ist der Scanner der Shell. Es liefert die Symbole (oder Tokens), in die die Eingabe zerlegt wird. Die Symbole sind in minish.h als enum-Typ deklariert.

Programm 7.22: getsymb.c

```c
#include <stdio.h>
#include "minish.h"
typedef enum {NEUTRAL, GTGT, INQUOTE, INWORD} STATUS;

SYMBOL getsymb(word)
char *word;
{
    STATUS state;
```

```c
    int c;
    char *w;

    state = NEUTRAL;
    w = word;
    while ((c = getchar()) != EOF) {
      switch (state) {

        case NEUTRAL :
          switch (c) {
             case ';' : return S_SEMI;
             case '&' : return S_AMP;
             case '|' : return S_BAR;
             case '<' : return S_LT;
             case '\n': return S_NL;
             case ' ' :
             case '\t': continue;
             case '>' : state = GTGT; continue;
             case '"' : state = INQUOTE; continue;
             default  : state = INWORD; *w++ = c; continue;
          }

        case GTGT:
          if (c == '>') return S_GTGT;
          ungetc(c, stdin);
          return S_GT;

        case INQUOTE:
          switch (c) {
             case '\\' : *w++ = getchar(); continue;
             case '"'  : *w = '\0'; return S_WORD;
             default   : *w++ = c; continue;
          }

        case INWORD:
          switch (c ) {
             case ';' :
             case '&' :
             case '|' :
             case '<' :
             case '>' :
             case '\n':
             case ' ' :
             case '\t': ungetc(c, stdin); *w = '\0'; return S_WORD;
             default  : *w++ = c; continue;
          }
      }
    }
    return S_EOF;
}
```

Von besonderem Interesse ist die Funktion execcmd(). Sie führt ein Kommando
bzw. eine Gruppe von durch Pipelines verbundenen Kommandos aus. Hierbei fällt
der rekursive Aufruf von execcmd auf, wenn ein | einem einfachen Kommando
folgt. Jeder rekursive Aufruf erzeugt eine Pipe. Ein einfaches Kommando wird erst
bei der Rückkehr aus der Rekursion aufgerufen. Pipes werden also von links nach

rechts abgearbeitet, die einfachen Kommandos von rechts nach links. Für das ganz links stehende einfache Kommando gibt es einen Aufruf von execcmd() mit makepipe = FALSE, für jedes weitere einfache Kommando einen rekursiven Aufruf von execcmd() mit makepipe = TRUE. Bei Abbau des Stacks werden die einfachen Kommandos aufgerufen. Dies geschieht durch exsimcmd(). Eine weitere Aufgabe von execcmd() besteht darin, Ein- und Ausgabeumlenkungen zu erkennen.

Programm 7.23: execcmd.c

```c
#include <stdio.h>
#include <stdlib.h>
#include <string.h>
#include "minish.h"

SYMBOL execcmd(waitpid, makepipe, pipefdp)
int *waitpid;
int *pipefdp;
BOOLEAN makepipe;
{
    SYMBOL symbol, term;
    int argc, sourcefd, destfd;
    int pid, pipefd[2];
    char *argv[MAXARG+1], sourcefile[MAXFNAME];
    char destfile[MAXFNAME];
    char word[MAXWORD];
    BOOLEAN append;

    argc = 0;
    sourcefd = 0;
    destfd = 1;
    while (TRUE) {

        switch (symbol = getsymb(word)) {

        case S_WORD : if (argc == MAXARG) {
                        fprintf(stderr, "Too many args.\n");
                        break;
                      }
                      argv[argc] = (char *) malloc(strlen(word)+1);
                      if (argv[argc] == NULL) {
                        fprintf(stderr, "Out of arg memory.\n");
                        break;
                      }
                      strcpy(argv[argc], word);
                      argc++;
                      continue;

        case S_LT   : if (makepipe) {
                        fprintf(stderr, "Extra <.\n");
                        break;
                      }
                      if (getsymb(sourcefile) != S_WORD) {
                        fprintf(stderr, "Illegal <.\n");
                        break;
                      }
                      sourcefd = BADFD;
```

```
                            continue;

           case S_GT   :
           case S_GTGT : if (destfd != 1) {
                            fprintf(stderr, "Extra > or >>.\n");
                            break;
                         }
                         if (getsymb(destfile) != S_WORD) {
                            fprintf(stderr, "Illegal > or >>.\n");
                            break;
                         }
                         destfd = BADFD;
                         append = (symbol == S_GTGT);
                         continue;

           case S_BAR  :
           case S_AMP  :
           case S_SEMI :
           case S_NL   : argv[argc] = NULL;
                         if (symbol == S_BAR) {
                            if (destfd != 1) {
                               fprintf(stderr, "> or >> conflicts with |.\n");
                               break;
                            }
                            term = execcmd(waitpid, TRUE, &destfd);
                         } else
                            term = symbol;
                         if (makepipe) {
                            if (pipe(pipefd) == ERROR) syserr("pipe");
                            *pipefdp = pipefd[1];
                            sourcefd = pipefd[0];
                         }
                         pid = exsimcmd(argc, argv, sourcefd,
                                       sourcefile, destfd, destfile,
                                       append, term == S_AMP);
                         if (symbol != S_BAR)
                            *waitpid = pid;
                         if (argc == 0 && (symbol != S_NL || sourcefd > 1))
                            fprintf(stderr, "Missing command.\n");
                         while (--argc >= 0)
                            free(argv[argc]);
                         return term;

           case S_EOF : exit(0);
       }
    }
}
```

Einfache Kommandos führt die Funktion exsimcmd() aus. Sie sorgt auch für Umlenkung der Standardfiles mittels Aufruf von fdredir() und das Zurücksetzen von Signalen bei Vordergrundprozessen durch sigrest(). Nach dem **fork**() und vor dem execvp-Aufruf wird das intern in der Symboltabelle gespeicherte Environment durch envupdate() dem zu überlagernden Prozeß bereitgestellt.

Programm 7.24: exsimcmd.c

```
   #include <stdio.h>
```

```c
#include <unistd.h>
#include "minish.h"

int exsimcmd(ac, av, sourcefd, sourcefile, destfd, destfile, append, backgrnd)
int ac;
char *av[];
int sourcefd;
char *sourcefile;
int destfd;
char *destfile;
BOOLEAN append;
BOOLEAN backgrnd;
{
    int pid;

    if (ac == 0 || shellcmd(ac, av, sourcefd, destfd)) return 0;

    pid = fork();
    switch (pid) {
        case ERROR : fprintf(stderr, "Cannot create new process.\n");
                     return 0;

        case 0 :    if (!backgrnd)
                        sigrest();
                    if (!envupdate())
                        fatal("Cannot update environment.\n");
                    fdredir(sourcefd, sourcefile, destfd, destfile,
                            append, backgrnd);
                    execvp(av[0], av);
                    fprintf(stderr, "Cannot execute %s\n", av[0]);
                    exit(0);

        default :   if (sourcefd > 0 && close(sourcefd) == ERROR)
                        syserr("close sourcefd");
                    if (destfd > 1 && close(destfd) == ERROR)
                        syserr("close destfd");
                    if (backgrnd)
                        printf("%d\n", pid);
                    return pid;
    }
}
```

Das Modul fredir.c dient zur Umlenkung von Ein-und Ausgaben. Dabei wird wie üblich **dup()** verwendet.

Programm 7.25 : fdredir.c

```c
#include <stdio.h>
#include <string.h>
#include <fcntl.h>
#include <unistd.h>
#include "minish.h"

void fdredir(sourcefd, sourcefile, destfd, destfile,
             append, backgrnd)
int sourcefd;
char *sourcefile;
```

```
    int destfd;
    char *destfile;
    BOOLEAN append;
    BOOLEAN backgrnd;
    {
       int flags, fd;

       if (sourcefd == 0 && backgrnd) {
          strcpy(sourcefile, "/dev/null");
          sourcefd = BADFD;
       }
       if (sourcefd != 0) {
          if (close(0) == ERROR) syserr("close");
          if (sourcefd > 0) {
             if (dup(sourcefd) != 0)
                fatal("dup");
          }
          else if (open(sourcefile, O_RDONLY, 0) == ERROR){
             fprintf(stderr, "Cannot open %s\n", sourcefile);
             exit(0);
          }
       }

       if (destfd != 1) {
          if (close(1) == ERROR) syserr("close");
          if (destfd > 1) {
             if (dup(destfd) != 1)
                fatal("dup");
          } else {
             flags = O_WRONLY | O_CREAT;
             if (!append)
                flags |= O_TRUNC;
             if (open(destfile, flags, 0666) == ERROR) {
                fprintf(stderr, "Cannot create %s\n", destfile);
                exit(0);
             }
             if (append)
                if (lseek(1, 0L, 2) == ERROR) syserr("lseek");
          }
       }
       for (fd =3; fd < MAXFD; fd++) close(fd);
       return;
    }
```

Das Modul envsh.c unserer Minishell ist für das Symboltabellenhandling verantwortlich. In der Symboltabelle werden die Environmenteinträge verwaltet. Sie werden in der Minishell durch *set, export,* und Zuweisungen der Form VARIABLE=WERT manipuliert. Wichtig ist das Exportieren der Environment-Variablen, damit ein von der Minishell gestarteter Prozeß darauf zugreifen kann. Von anderen Modulen aus werden die Funktionen envinit(), envupdate(), envset(), envass() und envexport() aufgerufen.

Programm 7.26 : envsh.c

```
/* Symboltabellen-Handling */
/* fuer Environment        */
```

```c
#include <stdio.h>
#include <stdlib.h>
#include <string.h>
#include <unistd.h>
#include "minish.h"

extern char **environ;

static struct slot {
    char *name;
    char *value;
    BOOLEAN export;
} envsym[MAXVAR];

static struct slot *slfind(name)
char *name;
{
    int i;
    struct slot *v;

    v = NULL;
    for (i = 0; i < MAXVAR; i++)
        if (envsym[i].name == NULL) {
            if (v == NULL) v = &envsym[i];
        }
        else if (strcmp(envsym[i].name, name) == 0) {
            v = &envsym[i];
            break;
        }
    return v;
}

static BOOLEAN assign(p, s)
char **p;
char *s;
{
    int size;

    size = strlen(s) + 1;
    if (*p == NULL) {
        if ((*p = (char *) malloc(size)) == NULL)
            return FALSE;
    }
    else if ((*p = (char *) realloc(*p, size)) == NULL)
        return FALSE;
    strcpy(*p, s);
    return TRUE;
}

BOOLEAN set(name, value)
char *name;
char *value;
{
    struct slot *v;
    BOOLEAN b;

    if ((v = slfind(name)) == NULL)
```

```c
         return FALSE;
      b = assign(&v->name, name) && assign(&v->value, value);
      return b;
}

BOOLEAN export(name)
char *name;
{
   struct slot *v;

   if ((v = slfind(name)) == NULL)
      return FALSE;
   if (v->name == NULL)
      if (!assign(&v->name, name) || !assign(&v->value, ""))
         return FALSE;
   v->export = TRUE;
   return TRUE;
}

char *envget(name)
char *name;
{
   struct slot *v;

   if ((v = slfind(name)) == NULL || v-> name == NULL)
      return NULL;
   return v->value;
}

BOOLEAN envinit()
{
   int i, leng;
   char name[MAXNAME];

   for (i = 0; environ[i] != NULL; i++) {
      leng = strcspn(environ[i], "=");
      strncpy(name, environ[i], leng);
      name[leng] = '\0';
      if (!set(name, &environ[i][leng+1]) ||
         !export(name))
         return FALSE;
   }
   return TRUE;
}

void envass(ac, av)
int ac;
char *av[];
{
   char *name, *value;

   if (ac != 1)
      printf("Extra args.\n");
   else {
      name = strtok(av[0], "=");
      value = strtok(NULL, "\1"); /* alles uebrige */
      if (!set(name, value))
```

```c
            fprintf(stderr, "Cannot set.\n");
    }
}

void envexport(ac, av)
int ac;
char *av[];
{
    int i;
    if (ac == 1) {
        envset(ac, av);
        return;
    }
    for (i = 1; i < ac; i++)
        if (!export(av[i])) {
            fprintf(stderr, "Cannot export %s\n", av[i]);
            return;
        }
}

void envset(ac, av)
int ac;
char *av[];
{
    if (ac != 1)
        printf("Extra args.\n");
    else
        envprint();
    return;
}

void envprint()
{
    int i;

    for (i = 0; i < MAXVAR; i++)
        if (envsym[i].name != NULL)
            printf("%3s %s=%s\n", envsym[i].export ? "[E]" : "",
                    envsym[i].name, envsym[i].value);
    return;
}

BOOLEAN envupdate()
{
    int i, envi, nvlen;
    struct slot *w;
    static BOOLEAN updated = FALSE;

    if (!updated)
        if ((environ = (char **) malloc((MAXVAR+1) *
             sizeof(char *))) == NULL)
            return FALSE;
    envi = 0;
    for (i = 0; i < MAXVAR; i++) {
        w = &envsym[i];
        if (w->name == NULL || !w->export)
            continue;
```

```
            nvlen = strlen(w->name) + strlen(w->value) + 2;
            if (!updated) {
                if ((environ[envi] = (char *) malloc(nvlen)) == NULL)
                    return FALSE;
            } else
                if ((environ[envi] = (char *) realloc
                                   (environ[envi], nvlen)) == NULL)
                    return FALSE;
            sprintf(environ[envi], "%s=%s", w->name, w->value);
            envi++;
        }
    environ[envi] = NULL;
    updated = TRUE;
    return TRUE;
}
```

Im Modul shutil.c schließlich sind verschiedene Funktionen aus verschiedenen Bereichen zusammengestellt. Dazu gehören Fehlermeldungen: die Routinen fatal() und syserr(), ferner die Signalbehandlung: die Routinen sigigno(), sigrest(). Hinzu kommen noch die Ausführung von Shellkommandos: shellcmd() und das Warten auf die Prozeßbeendigung mit waitfor() und die Ausgabe des Exitstatus mit prnstate().

Programm 7.27 : shutil.c

```c
#include <stdio.h>
#include <stdlib.h>
#include <string.h>
#include <errno.h>
#include <signal.h>
#include "minish.h"
#ifndef BADSIG
#define BADSIG (void (*)) (-1)
#endif

#ifndef BSD
#ifndef OS2
extern sys_nerr;
extern char *sys_errlist[];
#endif
#endif

void fatal(message)
char *message;
{
    fprintf(stderr, "Error: %s\n", message);
    exit(1);
}

void syserr(message)
char *message;
{
    fprintf(stderr, "Error: %s (%d", message, errno);
    if (errno > 0 && errno < sys_nerr)
        fprintf(stderr, "; %s)\n", sys_errlist[errno]);
    else
        fprintf(stderr, ")\n");
    exit(1);
```

```
}

static void (* oldint)();
static void (* oldquit)();

void sigigno()
{
   static BOOLEAN first = TRUE;

   if (first) {
      first = FALSE;
      oldint = signal(SIGINT, SIG_IGN);
      oldquit = signal(SIGQUIT, SIG_IGN);
      if (oldint == BADSIG || oldquit == BADSIG) syserr("signal");
   }
   else if (signal(SIGINT, SIG_IGN) == BADSIG || signal(SIGQUIT, SIG_IGN) == BADSIG)
      syserr("signal");
}

void sigrest()
{
   if (signal(SIGINT, oldint) == BADSIG ||
       signal(SIGQUIT, oldquit) == BADSIG)
      syserr("signal");
}

void waitfor(pid)
int pid;
{
   int wpid, status;

   while ((wpid = wait(&status)) != pid && wpid != ERROR)
      prnstate(wpid, status);
   if (wpid == pid)
      prnstate(0, status);
}

#ifndef OS2
void prnstate(pid, status)
int pid;
int status;
{
   int k;

   if (status != 0 && pid != 0)
      printf("Process %d: ", pid);
   if (lowbyte(status) == 0) {
      if ((k = highbyte(status)) != 0)
         printf("Exit code %d\n", k);
   }
   else {
      if ((k = status & 0177) <= MAXSIG)
         printf("%s", sys_siglist[k]);
      else
         printf("Signal #%d", k);
      if ((status & 0200) == 0200)
         printf(" - core dumped");
```

```c
            printf("\n");
        }
        return;
    }
    #endif

    #ifdef OS2
    void prnstate(pid, status)
    int pid;
    int status;
    {
        int k;
        static char *sigmess[] = {
            "",
            "Hangup",
            "Interrupt",
            "Quit",
            "Illegal instruction",
            "Trace trap",
            "IOT instruction",
            "EMT instruction",
            "Floating point exception",
            "Kill",
            "Bus error",
            "Segmentation violation",
            "Bad arg to system call",
            "Write on pipe",
            "Alarm clock",
            "Terminate signal",
            "User signal 1",
            "User signal 2",
            "Death of child",
            "Power fail"  };

        if (status != 0 && pid != 0)
            printf("Process %d: ", pid);
        if (lowbyte(status) == 0) {
            if ((k = highbyte(status)) != 0)
                printf("Exit code %d\n", k);
        }
        else {
            if ((k = status & 0177) <= MAXSIG)
                printf("%s", sigmess[k]);
            else
                printf("Signal #%d", k);
            if ((status & 0200) == 0200)
                printf(" - core dumped");
            printf("\n");
        }
        return;
    }
    #endif

    BOOLEAN shellcmd(ac, av, sourcefd, destfd)
    int ac;
    char *av[];
    int sourcefd;
```

```
    int destfd;
{
    char *path;

    if (strchr(av[0], '=') != NULL)
        envass(ac, av);
    else if (strcmp(av[0], "export") == 0)
        envexport(ac, av);
    else if (strcmp(av[0], "set") == 0)
        envset(ac, av);
    else if (strcmp(av[0], "cd") == 0) {
        if (ac > 1)
            path = av[1];
        else
            if ((path = envget("HOME")) == NULL)
                path = ".";
        if (chdir(path) == ERROR)
            fprintf(stderr, "%s: bad directory.\n", path);
    } else if (strcmp(av[0], "exit") == 0) {
        exit(0);
    } else
        return FALSE;
    if (sourcefd != 0 || destfd != 1)
        fprintf(stderr, "Ilegal redirection or pipeline.\n");
        return TRUE;
}
```

Es folgt noch das Makefile für unsere kleine Shell.

Programm 7.28: Makefile für Minishell

```
# Makefile for minish-System

all:    minish

minish.o:       minish.c minish.h
                gcc -c minish.c

shutil.o:       shutil.c minish.h
                gcc -c shutil.c

shenv.o:        shenv.c minish.h
                gcc -c shenv.c

getsymb.o:      getsymb.c minish.h
                gcc -c getsymb.c

execcmd.o:      execcmd.c minish.h
                gcc -c execcmd.c

fdredir.o:      fdredir.c minish.h
                gcc -c fdredir.c

exsimcmd.o:     exsimcmd.c minish.h
                gcc -c exsimcmd.c

minish:         minish.o shutil.o getsymb.o execcmd.o fdredir.o \
                exsimcmd.o shenv.o
```

```
gcc -o minish minish.o shutil.o getsymb.o execcmd.o \
fdredir.o exsimcmd.o shenv.o
```

Die Minishell wird erzeugt durch

```
$ make all
```

und aufgerufen bzw. beendet durch

```
$ minish
> ...
> ...  <-- UNIX-Kommandos und Minish-Kommandos
> ...
> exit
$
```

Die Shell ist unter UNIX portabel. Auch unter OS/2 läßt sie sich übersetzen und ausführen. Dort fehlt allerdings noch einiges an Funktionalität, z.B. Laufwerksbezeichnungen! Unter MS-DOS läuft die Shell nicht. Unter Windows NT läßt sie sich nicht kompilieren. Das liegt jedoch hauptsächlich am verwendeten Compiler. Was fehlt dieser Minishell eigentlich noch für vernünftiges Arbeiten? Recht viel wohl: arbeiten Sie einfach mal mit ihr. Sie werden vieles vermissen. Es beginnt schon mit der Wildcard-Expansion....

7.4   Ein Synchronisationsproblem

Wir betrachten hier n prinzipiell gleichartige Prozesse, die konkurrent zueinander ablaufen und um ein Betriebsmittel kämpfen. Der Einfachheit halber ist dieses Betriebsmittel die Bildschirmausgabe. Jeder der Prozesse möchte gern eine Zeile ungestört auf den Bildschirm schreiben, kann jedoch dabei durch die konkurrierenden Prozesse gestört werden. Wir haben es also mit sogenannten kritischen Abschnitten in den zugehörigen Programmen zu tun.

7.4.1   Programm ohne Synchronisation.

Diese Version dient dazu, zu zeigen, daß die Synchronisation notwendig ist.

Programm 7.29: nosynch.c

```
/* nosynch.c */
#include <stdio.h>

main(argc, argv)
int argc;
char *argv[];
{
    int loops;
    char no;

    if (argc != 3) {
        fprintf(stderr, "Usage: %s no loops\n", argv[0]);
        exit(1);
    }
```

```
      puts("");
      no = argv[1][0];
      loops = atoi(argv[2]);

      handle(no, loops);
      return 0;
}

handle(no, loops)
int loops;
char no;
{
    int i, j;
    char buf[1];

    sleep(2);
    buf[0]=no;
    for (i=0; i<loops; i++)
    {
       /* critical section */
       for (j=0; j<60; j++)
          write(1, &buf, 1);
       puts("");
    }

    sleep(2);
    printf("\nprocess %d exiting\n", getpid());
    return 0;
}
```

Zur konkurrenten Ausführung von 5 Prozessen, die auf nosynch.c basieren, schreiben wir ein Shellskript:

Programm 7.30: Shellskript nosyn5

```
nosynch 1 30& nosynch 2 30& nosynch 3 30& nosynch 4 30& \
nosynch 5 30&
```

Wir übersetzen das Programm und führen es fünffach aus:

```
$ cc -o nosynch nosynch.c
$ nosyn5
```

Dies liefert eine Ausgabe am Bildschirm, bei der sich die einzelnen Zeilen zum Teil ins Gehege kommen, z.B.

```
111111111111111111111111111111
2222222222222222222222222233333333333333333333333333333333
22
111111111111111111111111111111
5555555555555555555555554444444444444444444444444444444
33333333333333333333333333333
555555
111111111111111111111111111111

....
```

7.4.2   Synchronisation mit einem Semaphor

Wir beginnen mit einem Header-File und zwei Funktionen, die den Semaphor
handlicher erscheinen lassen.

Programm 7.31: pv.h, p.c und v.c

```
/* pv.h                       */
/* semaphor example header file */
#include <sys/types.h>
#include <sys/ipc.h>
#include <sys/sem.h>

#include <errno.h>

extern int errno;

#define SEMPERM  0666
#define TRUE     1
#define FALSE    0


/* p.c -- semaphore p operation */
#include <stdio.h>
#include "pv.h"

p(semid)
int semid;
{
   struct sembuf p_buf;

   p_buf.sem_num = 0;
   p_buf.sem_op  = -1;
   p_buf.sem_flg = SEM_UNDO;

   if (semop(semid, &p_buf, 1) == -1) {
      perror("p(semid) failed");
      exit(1);
   } else {

#ifdef DEBUG
      printf("P-operation by process %d\n", getpid());
#endif
      return(0);
   }
}


/* v.c -- semaphore v operation */
#include "pv.h"

v(semid)
int semid;
{
   struct sembuf v_buf;

   v_buf.sem_num = 0;
```

```
    v_buf.sem_op  = 1;
    v_buf.sem_flg = SEM_UNDO;

    if (semop(semid, &v_buf, 1) == -1) {
      perror("v(semid) failed");
      exit(1);
    } else
      return(0);
}
```

Es wird einiges an Vorbereitung benötigt, so ein Programm zum Erzeugen des Semaphors, ein Programm zum Initialisieren und schließlich noch eins zum Löschen des Semaphors nach getaner Arbeit.

Programm 7.32: mksem.c

```
/* mksem.c */
#include <stdio.h>
#include <sys/types.h>
#include <sys/ipc.h>
#include <sys/sem.h>

main(argc, argv)
int argc;
char *argv[];
{
    int semid;
    key_t semkey;

    if (argc != 2) {
      fprintf(stderr, "Usage: %s semkey\n", argv[0]);
      exit(1);
    }
    semkey = atoi(argv[1]);
    semid = semget(semkey, 1, 0666|IPC_CREAT);
    printf("Result: semkey=%d semid=%d\n", semkey, semid);
    system("ipcs");
}
```

Programm 7.33: setsem.c

```
/* setsem.c */
#include <stdio.h>
#include <sys/types.h>
#include <sys/ipc.h>
#include <sys/sem.h>
#ifdef SEMUN
union semun {
      int               val;      /* value for SETVAL */
      struct semid_ds   *buf;     /* buffer for IPC_STAT & IPC_SET */
      ushort            *array;   /* array for GETALL & SETALL */
};
#endif

main(argc, argv)
int argc;
char *argv[];
{
```

```
    int semid, val;
    key_t semkey;
    union semun arg;

    if (argc != 3) {
        fprintf(stderr, "Usage: %s semkey semvalue\n", argv[0]);
        exit(1);
    }
    semkey = atoi(argv[1]);
    semid = semget(semkey, 1, 0);
    val = semctl(semid, 0, GETVAL, arg);
    printf("Old value is %d\n", val);
    arg.val = atoi(argv[2]);
    semctl(semid, 0, SETVAL, arg);
    val = semctl(semid, 0, GETVAL, arg);
    printf("New value is %d\n", val);
}
```

Programm 7.34: rmsem.c

```
/* rmsem.c */
#include <stdio.h>

main(argc, argv)
int argc;
char *argv[];
{
    char s[20];

    strcpy(s, "ipcrm -S ");
    if (argc != 2) {
        fprintf(stderr, "Usage: %s semkey\n", argv[0]);
        exit(1);
    }
    strcat(s, argv[1]);
    system(s);
    system("ipcs");
}
```

Nun ist es so weit, daß wir das eigentliche Programm semsynch.c aus dem alten no-synch.c entwickeln können, das p() und v() benutzt:

Programm 7.35: semsynch.c

```
/* semsynch.c --  synchronisation with semaphores  */
#include <stdio.h>
#include "pv.h"

main(argc, argv)
int argc;
char *argv[];
{
    key_t semkey;
    int loops;
    char no;

    if (argc != 4) {
        fprintf(stderr, "Usage: %s no semkey loops\n", argv[0]);
```

```
        exit(1);
    }

    no = argv[1][0];
    semkey = atoi(argv[2]);
    loops = atoi(argv[3]);

    handlesem(no, semkey, loops);
    return 0;
}

handlesem(no, skey, loops)
key_t skey;
int loops;
char no;
{
    int i, j, semid;
    int pid;
    char buf[1];

    buf[0] = no;
    pid = getpid();

    if ((semid = semget(skey, 1, 0)) < 0) {
        printf("process %d: semaphore not found.\n", pid);
        exit(1);
    }
    printf("process %d: semaphore found.\n", pid);
    sleep(2);

    for (i=0; i<loops; i++)
    {
        p(semid);

        /* critical section */
        for (j=0; j<60; j++)
            write(1, &buf, 1);
        puts("");

        v(semid);
    }

    sleep(2);
    printf("process %d exiting\n", pid);
    return 0;
}
```

Unter Benutzung der Programme mksem.c und setsem.c kommt analog zu früher ein Shellskript semsyn5 zusammen:

Programm 7.36: Shellskript semsyn5

```
mksem 3      /* Semaphor erzeugen */
setsem 3 1   /* Semaphor initialisieren */
semsynch 1 3 30& semsynch 2 3 30& semsynch 3 3 30& semsynch 4 3 30& semsynch 5 3 30&
```

Wir kompilieren alles und führen semsynch fünffach aus:

```
$ cc -o semsynch semsynch.c v.c p.c
$ cc -o setsem setsem.c
$ cc -o mksem mksem.c
$ cc -o rmsem rmsem.c
$ semsyn5
```

Nun erfolgt die Bildschirmausgabe der Prozesse zeilenweise sauber getrennt.

```
111111111111111111111111111111
222222222222222222222222222222
222222222222222222222222222222
333333333333333333333333333333
111111111111111111111111111111
555555555555555555555555555555
444444444444444444444444444444
111111111111111111111111111111
...
```

Wir schließen mit

```
$ rmsem 3
```

7.4.3   Synchronisation durch ein Nachrichtensystem

Prozesse können durch ein Nachrichtensystem in ähnlicher Weise wie mit Semaphoren synchronisiert werden. An die Stelle der Operationen p und v treten hier Operationen receive zum Empfangen einer Nachricht und send zum Senden. Wir beginnen mit einem Header-File und den genannten Operationen, die hier durch eine Named Pipe bzw. FIFO implementiert werden. Andere Möglichkeiten wären gewöhnliche Pipes oder Message-Queues.

Programm 7.37: fifo.h und fifo.c

```
/* fifo.h */
void receive();
void send();

/* fifo.c  */
#include "fifo.h"

void send(fd)
int fd;
{
    char buf[1];

    write(fd, &buf, 1);
}

void receive(fd)
int fd;
{
    char buf[1];

    read(fd, &buf, 1);
```

```
    }
```

Zur Erzeugung einer FIFO verwenden wir das UNIX-Kommando mknod bzw.
mkfifo. Zum Initialisieren der Fifo dient das folgende Programm.

Programm 7.38: setfifo.c

```
/* setfifo.c */
#include <stdio.h>
#include <fcntl.h>

main(argc, argv)
int argc;
char *argv[];
{
    int i, nomess, fd;
    char *fifoname, buf[1];

    if (argc != 3) {
        printf("Usage: %s fifo no\n", argv[0]);
        exit(1);
    }
    fifoname = argv[1];
    puts(fifoname);
    nomess = atoi(argv[2]);

    fd = open(fifoname, O_RDWR);
    if (fd < 0) {
        printf("%s: could not open fifo\n", argv[0]);
        exit(2);
    }

    for (i=0; i<nomess; i++)
        write(fd, buf, 1);

    sleep(200);
    close(fd);
}
```

Aus dem Programm nosynch.c entsteht in diesem Fall durch Einbau der Synchroni-
sationsprotokolle das Programm fifosyn.c

Programm 7.39: fifosyn.c

```
/* fifosyn.c -- synchronisation with fifos    */
#include <stdio.h>
#include <fcntl.h>
#include "fifo.h"

main(argc, argv)
int argc;
char *argv[];
{
    int loops;
    char no, *fifoname;

    if (argc != 4) {
        fprintf(stderr, "Usage: %s no fifo loops\n", argv[0]);
```

```c
        exit(1);
    }

    no = argv[1][0];
    fifoname = argv[2];
    loops = atoi(argv[3]);

    handlefifo(no, fifoname, loops);
    return 0;
}

handlefifo(no, fifoname, loops)
char no;
int loops;
char *fifoname;
{
    int fifo, i, j;
    int pid;
    char buf[1];

    buf[0] = no;
    pid = getpid();

    if ((fifo = open(fifoname, O_RDWR)) < 0) {
        printf("process %d: fifo not found.\n", pid);
        exit(1);
    }

    printf("process %d: fifo found.\n", pid);
    sleep(2);

    for (i=0; i<loops; i++)
    {
        receive(fifo);

        /* critical section */
        for (j=0; j<60; j++)
            write(1, &buf, 1);
        puts("");

        send(fifo);
    }

    close(fifo);
    sleep(2);
    printf("process %d exiting\n", pid);
    return 0;
}
```

Zum Starten von drei Versionen von fifosyn.c können wir das folgende Shellskript
benutzen.

Programm 7.40: Shellskript fifosyn3

```
rm fifo
mknod fifo p
```

```
setfifo fifo 1 &
fifosyn 1 fifo 30& fifosyn 2 fifo 30& fifosyn 3 fifo 30&
```

Übersetzen und Ausführen benötigt die Befehle:

```
$ cc -o fifosyn fifosyn.c fifo.c
$ cc -o setfifo setfifo.c
$ fifosyn3
```

Das Resultat ähnelt dem weiter oben durch den Semaphor erzielten.

7.4.4   Synchronisation durch eine Software-Lösung

Es gibt Verfahren zur Gewährleistung des gegenseitigen Ausschlusses von Prozessen, die nicht auf spezielle Hardwareinstruktionen bzw. Betriebssystemdienste aufbauen, sondern auf der Vorrangsteuerung des Speicherwerks des Rechners aufbauen. Sie heißen Software-Lösungen. Dazu gehören die Algorithmen von Dekker und Peterson, siehe [Silberschatz] oder [Tanenbaum3], für 2 Prozesse. Es sind auch komplizertere Varianten für n>2 Prozesse bekannt. Es werden drei Synchronisation-Variablen verwendet, dazu die Technik des Aktiven Wartens (busy waiting). Zur Vorbereitung der Benutzung des Shared-Memory-Segmentes mit den drei Synchronisations-Variablen in der Struktur *prot* benutzen wir das Header-File mem.h.

Programm 7.41: mem.h

```
/* mem.h                      */
/* shared memory header file  */

#include <sys/types.h>
#include <sys/ipc.h>
#include <sys/shm.h>
#include <errno.h>

extern int errno;

#define SHMPERM  0666
#define TRUE     1
#define FALSE    0

struct prot {char turn, flag0, flag1; };
```

Die folgenden beiden Programme dienen der Erzeugung bzw. Löschung des Shared-Memory-Segmentes.

Programm 7.42: mkshm.c

```
/* mkshm.c */
#include <stdio.h>
#include <sys/types.h>
#include <sys/ipc.h>
#include <sys/shm.h>

main(argc, argv)
int argc;
char *argv[];
{
```

```
      int shmid;
      key_t shmkey;
      size_t size;

      if (argc != 3) {
         fprintf(stderr, "Usage: %s shmkey size\n", argv[0]);
         exit(1);
      }

      shmkey = atoi(argv[1]);
      size = atoi(argv[2]);
      shmid = shmget(shmkey, size, 0666|IPC_CREAT);
      printf("Result: shmkey=%d shmid=%d\n", shmkey, shmid);
      system("ipcs");
   }
```

Programm 7.43: rmshm.c

```
/* rmshm.c */
#include <stdio.h>

main(argc, argv)
int argc;
char *argv[];
{
   char s[20];

   strcpy(s, "ipcrm -M ");
   if (argc != 2) {
      fprintf(stderr, "Usage: %s shmkey\n", argv[0]);
      exit(1);
   }
   strcat(s, argv[1]);
   system(s);
   system("ipcs");
}
```

Das Programm setshm.c initialisiert die Synchronisations-Variablen im Memory-Segment.

Programm 7.44: setshm.c

```
/* setshm.c */
#include <stdio.h>
#include "mem.h"

main(argc, argv)
int argc;
char *argv[];
{
   int shmid;
        struct prot *b;
   key_t shmkey;

   if (argc != 5) {
      fprintf(stderr, "Usage: %s shmkey turn flag0 flag1\n", argv[0]);
      exit(1);
   }
```

```
        shmkey = atoi(argv[1]);
        shmid = shmget(shmkey, 1, 0);
        b = (struct prot *) shmat(shmid, NULL, 0);
        b->turn = argv[2][0];
        b->flag0 = argv[3][0];
        b->flag1 = argv[4][0];
        shmdt(b);
}
```

Nun sind wir soweit, aus dem früheren Programm nosynch.c eine Version mit der Synchronisierung durch 3 Variablen nach dem Algorithmus von Peterson herzustellen.

Programm 7.45: softsync.c

```
/* softsync.c --  synchronisation with Peterson's  */
/* software solution                               */
#include <stdio.h>
#include "mem.h"

main(argc, argv)
int argc;
char *argv[];
{
    key_t shmkey;
    int loops;
    char no;
    int process;

    if (argc != 5) {
        fprintf(stderr, "Usage: %s no procno shmkey loops\n", argv[0]); exit(1);
    }

    no = argv[1][0];
    process = atoi(argv[2]);
    if (process != 0 && process != 1) {
        printf("Wrong process.\n");
        exit(1);
    }
    shmkey = atoi(argv[3]);
    loops = atoi(argv[4]);

    handlesoft(no, process, shmkey, loops);
    return 0;
}

handlesoft(no, process, shmkey, loops)
key_t shmkey;
int loops, process;
char no;
{
    int i, j, shmid;
    int pid;
    char buf[1];
    struct prot *b;

    buf[0] = no;
```

```
    pid = getpid();

    if ((shmid = shmget(shmkey, 3, 0)) < 0) {
       printf("process %d,%d: shared memory segment not found.\n", pid, process);
       exit(1);
    }
    printf("process %d: shared memory segment found.\n", pid);
    b = (struct prot *) shmat(shmid, NULL, 0);
    if (b == (void *) -1) {
       printf("process %d: shared memory segment not attached.\n", pid);
       exit(2);
    }

    sleep(2);
    for (i=0; i<loops; i++)
    {
       /* pre-protocol */
       if (process == 0) {
          b->flag0 = '1';
          b->turn = '1';
          while ((b->flag1 == '1') && (b->turn == '1')) /* wait */;
       } else {
          b->flag1 = '1';
          b->turn = '0';
          while ((b->flag0 == '1') && (b->turn == '0')) /* wait */;
       }

       /* critical section */
       for (j=0; j<60; j++)
          write(1, &buf, 1);
       puts("");

       /* post-protocol */
       if (process == 0)
          b->flag0 = '0';
       else
          b->flag1 = '0';

       /* noncritical section */
       if (i%10 == 0) sleep(1);
    }

    shmdt(b);
    sleep(2);
    printf("process %d exiting\n", pid);
    return 0;
}
```

Zum Starten von zwei Versionen von softsync.c zum konkurrenten Ablauf können
wir das folgende Shellskript benutzen.

Programm 7.46: Shellskript softsyn2

```
mkshm 1 3
setshm 1 0 0 0
softsync 0 0 1 30& softsync 1 1 1 30&
rmshm 1
```

Das Übersetzen der Programme und Ausführung geschieht durch die Kommandos

```
$ cc -o softsync softsync.c
$ cc -o mkshm mkshm.c
$ cc -o setshm setshm.c
$ cc -o rmshm rmshm.c
$ softsyn2
```

Das Resultat ähnelt auch hier dem weiter oben durch den Semaphor erzielten, wenn wir dort nur zwei Prozesse laufen lassen. Die zeilenweisen Ausgaben bleiben ungestört.

Die obigen Programme sind leider zum größten Teil nicht portabel.

A   Anhang

A.1   UNIX-Fehlercodes

Die AT&T-Definitionen und die des Berkeley-UNIX-Systems stimmen nur bis Nr. 34
überein. Die SVID2 (System V Interface Definition) Issue 2 erklärt nur die unter 1 -
46 und 83 - 87 aufgeführten Fehler. Die X/OPEN-Definition enthält nur die Fehler
EPERM bis ENOLCK (1 bis 46).

1	EPERM	*Not owner* oder *No permission match.* Der versuchte Zugriff ist nicht erlaubt, z.B. falls diese Funktion nur der Superuser oder Owner einer Datei durchführen darf.
2	ENOENT	*No such file or directory.* Das File oder das Directory existiert nicht.
3	ESRCH	*No such process.* Der spezifizierte Prozeß existiert nicht. Wird von kill erzeugt.
4	EINTR	*Interrupted system service.* Ein Systemaufruf wurde durch ein Signal unterbrochen.
5	EIO	*I/O error.* Ein physikalischer Fehler trat bei einem I/O-Vorgang auf.
6	ENXIO	*No such device or address.* Das angegebene Gerät oder die Geräteadresse existiert nicht oder das Gerät ist nicht einsatzbereit.
7	E2BIG	*Arg list too long.* Die Argumentenliste im exec-Aufruf ist zu lang.
8	ENOEXEC	*Exec format error.* Das mit exec zur Ausführung gebrachte Programm ist nicht im gültigen Format. Wird von exec erzeugt.
9	EBADF	*Bad file number.* Der angegebene Filedeskriptor verweist nicht auf ein geöffnetes File oder Zugriffsmode erlaubt nicht die verlangte Operation.
10	ECHILD	*No child process.* Der Prozeß rief wait, aber kein Child-Prozeß existiert (mehr).
11	EAGAIN	*Resource temporarily unvailable, try again later.* Bei einem fork-Aufruf ist entweder in der Systemtabelle für Prozesse kein Platz mehr oder der Benutzer hat sein Prozeß-Limit überschritten.

12	ENOMEM	*Not enough space.* Allgemeiner Speicherfehler, wenn ein Prozeß mehr Speicher allokieren will, als zur Verfügung steht. Kann von fork, exec, brk oder sbrk generiert werden.
13	EACCES	*Permission denied.* Die Zugriffsrechte eines Files lassen die aufgerufenen Funktion nicht zu. Kann von Funktionen wie open, link, creat oder von exec erzeugt werden.
14	EFAULT	*Bad address.* Bei Hardwarefehlern (Speicherschutz) nach falschen Adreßangaben kann dieser Fehler auftreten.
15	ENOTBLK	*Block device required.* Es wurde der Name eines normalen Files anstelle des Namens eines blockorientierten Geräts angegeben. Passiert bei mount und umount.
16	EBUSY	*Device or resource busy.* Es wurde versucht, ein bereits montiertes Filesystem zu montieren oder ein Filesystem zu demontieren, in dem noch Files offen sind.
17	EEXIST	*File exists.* Es existiert ein File, das die auszuführende Operation verhindert, z.B. bei link, mknod oder open.
18	EXDEV	*Cross link device.* Es wurde versucht, ein Link auf ein File zu erzeugen, das auf einem anderen Device liegt.
19	ENODEV	*No such device.* Die Operation ist für das angegebene Gerät nicht erlaubt oder das Gerät existiert nicht.
20	ENOTDIR	*Not a directory.* Ein Pathname repräsentiert kein Directory, dort wo ein Directory erforderlich ist, z.B. bei chdir, chroot oder mount.
21	EISDIR	*Is a directory.* Es wurde eine Schreiboperation auf ein Directory versucht.
22	EINVAL	*Invalid argument.* Das Argument eines Systemaufrufs ist ungültig.
23	ENFILE	*File table overflow.* Die Systemtabelle für offene Files ist voll. Wird z.B. von creat, open oder pipe erzeugt.
24	EMFILE	*Too many file open in a process.* Der Prozeß hat versucht, mehr Files zu öffnen, als ein Prozeß darf.

25	ENOTTY	*Not a character device.* Die angegebene Datei ist keine Dialogstation. Wir von ioctl generiert.
26	ETXTBSY	*Text file busy.* Es wurde versucht, ein Programm auszuführen, dessen File zum Lesen und zum Schreiben geöffnet war oder das Programmfile eines gerade laufenden Programms zu lesen oder zu schreiben.
27	EFBIG	*File too large.* Es wurde versucht, ein File über die prozeßspezifische Filegröße auszudehnen
28	ENOSPC	*No space left on device.* Auf dem angesprochene Gerät ist nicht mehr genügend Platz für eine bestimmte Operation. Kann von write, creat, open, mknod oder link generiert werden.
29	ESPIPE	*Illegal seek.* Es wurde ein Positionierungsbefehl (seek) auf ein File ausgeführt, bei dem das nicht möglich ist, z.B. bei einer Pipe.
30	EROFS	*Read-only file system.* Es wurde versucht, auf einem schreibgeschützten Gerät ein File oder ein Directory zu modifizieren
31	EMLINK	*Too many links.* Zu viele Links auf ein File.
32	EPIPE	*Broken pipe.* Es wurde versucht, in eine Pipe zu schreiben, aus der nicht gelesen wird.
33	EDOM	*Math argument.* Das Argument einer mathematischen Funktion ist ungültig.
34	ERANGE	*Result too large.* Das Resultat einer mathematischen Funktion liegt außerhalb des darstellbaren Bereichs.
35	ENOMSG	*No message of desired type.* Versuch, eine Message zu lesen, welche in der entsprechenden Warteschlange nicht vorhanden war.
36	EIDRM	*Identifier removed.* Ein Name einer Message Queue, eines Semaphorbereichs oder von Shared Memory wurde gelöscht.
45	EDEADLK	*Deadlock in record locking.* Es ist ein Deadlock durch Record Locking aufgetreten, bzw. vermieden worden.
46	ENOLCK	*No locks available.* Es sind keine Locks mehr für Record Locking Operationen frei.

A.2   Systemabhängige Konstanten unter UNIX

Zur Erreichung möglichst großer Portabilität ist es geboten, bestimmte Hardware-
bzw. implementationsabhängige Konstanten nicht durch ihre absoluten Werte zu
codieren, sondern in Form von symbolischen Konstanten. Diese sind in der Regel
im Include-File *limits.h* bzw. in *sys/conf.h* zu finden, vgl. [Gulbins]. In den folgenden Tabellen bezeichnet Minimum einen minmalen Wert, den eine UNIX-
Implementation zur Verfügung stellen sollte.

Von der Hardware abhängige Größen

Name	Funktion	Minimum (dezimal)
CHAR_BIT	Anzahl der Bits in einem Character	8
CHAR_MIN	kleinster Wert eines char-Elements	0
CHAR_MAX	größter Wert eines char-Elements	128
SHRT_MIN	kleinster Wert eines short-Elements	-32768
SHRT_MAX	größter Wert eines short-Elements	32767
INT_MIN	kleinster Wert eines short-Elements	-32768
INT_MAX	maximaler Wert eines unsigned-Elements	32767
WORD_BIT	Anzahl von Bits in einem int-Wort	16
USI_MAX	maximaler Wert eines unsigned-Elements	65536
LONG_BIT	Anzahl von Bits in einem long-Element	32
LONG_MIN	kleinster Wert eines short-Elements	-2147483648
LONG_MAX	größter Wert eines short-Elements	2147483647

Von der UNIX-Generierung abhängige Werte

Name	Funktion	Minimum (dezimal)
CHILD_MAX	Maximalzahl von Prozessen pro User	4
LOCK_MAX	Maximalzahl von Einträgen in der lock table (Tabelle für Record Locking)	32
OPEN_MAX	Maximalzahl von gleichzeitig offenen Files pro Prozeß	16
PROC_MAX	Maximalzahl von gleichzeitig aktiven Prozesse im System	8
SYS_OPEN	Maximalzahl von gleichzeitig im System offenen Files	16

Von der UNIX-Implementation abhängige Größen

Name	Funktion	Minimum (dezimal)
ARG_MAX	Maximalzahl des Argument-Arrays bei exec...	4096
CLK _TCK	Anzahl der Clock Ticks pro sekunde	10
FCHR_MAX	maximale Größe eines Files in Bytes	1000000
LINK_MAX	Maximalzahl von Links auf ein File	8
NAME_MAX	Maximalzahl von Zeichen im Filenamen	14
PASS_MAX	Maximalzahl der signifikanten Zeichen im User-Paßwort	8
PATH_MAX	Maximalzahl von Zeichen in einem Pfadnamen	255
PID_MAX	Maximaler Wert einer Prozeß-Id	32000
SYSPID_MAX	MAX Maximaler Wert der Prozeß-Id eines Systemprozesses	1
PIPE_BUF	Maximalzahl von Bytes, die in einer ungeteilten Operation in eine Pipe geschrieben werden können	512
PIPE_MAX	Maximalzahl von Bytes, die mit einem **write** in eine Pipe geschrieben werden können	4096
STD_BLK	Anzahl von Bytes in einem phys. I/O-Block	256
SYS_NMLEN	Maximalzahl von Zeichen, die bei **uname** zurückgegeben werden	8
TMP_MAX	Maximalzahl von sich nicht wiederholenden Namen, die mit **tmpname** erzeugt werden	10000
UID_MAX	Maximalwert für UID und GID	32000

A.3   UNIX-Kommandos im Vergleich zu MS-DOS, OS/2 und Windows NT/95

Die bei MS-DOS (gilt i.a. auch für PC-DOS und andere DOS-Abkömmlinge), OS/2 bzw. Windows NT (Windows 95) genannten Kommandos haben eine ähnliche, aber nicht immer dieselbe Wirkung wie das UNIX-Kommando. Ein * bei Nicht-UNIX-Kommandos besagt, daß diese nicht zum Lieferumfang des Systems gehören, aber kommerziell oder als Public-Domain-Programme erhältlich und gebräuchlich sind.

UNIX	*MS-DOS*	*OS/2*	*NT/95*	*UNIX-Bedeutung*
at	-	-		Ausführung des Files <file> zur Zeit <time>
cal	-	-		Ausgabe eines formatierten Kalenders
cat	type	type	type	Ausgabe von Files am Bildschirm
	copy	copy	copy	Verkettung von Files
cc, gcc	versch.	versch.	versch.	Aufruf des C-Compilers
cd	cd	cd	cd	Current Working Directory wechseln
	chdir	chdir	chdir	
chmod	attrib	attrib	attrib	File-Mode ändern
chown	-	-	-	File-Owner ändern
cmp	comp	comp	comp	Vergleich von Files
		fc	fc	
cp	copy	copy	copy	Kopieren von Files
		xcopy	xcopy	
date	date	date	date	Ausgabe des Datums
df	chkdsk	chkdsk	chkdsk	Freier Plattenplatz
diff	comp	comp	comp	Differenz von Files
du	-	-	-	Angabe der durch einen Dateibaum belegten Blöcke
dump	backup	backup	backup	Backup erzeugen
echo	echo	echo	echo	Ausgabe eines Textes auf dem Bildschirm
ed	edit	e	edit	Texteditor
exit	exit	exit	exit	Beendigung der Shell
grep	find	find	find	Suche nach Textausdrücken in Files
	grep*	grep*	grep*	
fsck	chkdsk	chkdsk	chkdsk	Überprüfung des Filessystems
	scandisk		scandisk	
format	fdisk	fdisk	fdisk	Platte in Partitionen aufteilen
head	-	-	-	Anfang eines Files ausgeben
kill	-	-	-	Senden eines Signals an einen Prozeß
ld	link	link	link	Binder-, Linkage-Editor
lex	lex*	lex*	lex*	Generierung eines Scanners
lint	lint*	lint*	lint*	Überprüfung von C-Programmen
ln	-	-	-	Link auf File setzen
login	-	-	-	Terminalsitzung eröffnen
lpr	print	print	print	File drucken

ls	dir	dir	dir	Directory-Listing erzeugen
mail	-	-	-	Ausgabe von E-Mail
make	make	make*	make*	Make-Utility
man	help	help	help	Manual-Seiten zeigen
mkdir	mkdir	mkdir	mkdir	Directory kreieren
	md	md	md	
mkfs	format	format	format	Neues File-System erzeugen
more	more	more	more	Seiteweise Bildschirmausgabe von Files
mount	join	join	join	Filesystem montieren
mv	rename	rename	rename	File umbenennen oder verschieben
	move		move	
	ren	ren	ren	
od	-	-	-	Dump eines Files ausgeben
passwd	-	-	-	Paßword eines Users ändern
pr	-	-	-	Druckausgabe formatieren
ps	-	pstat	pstat	Prozeßstatus listen
pwd	cd	cd	cd	Current Working Directory ausgeben
restore	restore	restore	restore	Backup weider einspielen
rm	del	del	del	Files oder Links löschen
rmdir	rmdir	rmdir	rmdir	Directory löschen
	rd	rd	rd	
set	set	set	set	Environment-Variable setzen
setenv	set	set	set	
sh	command	cmd	command	Shell starten
sort	sort	sort	sort	Textfiles sortieren
stty	stty	stty	stty	Terminalparameter einstellen bzw. ausgeben
	mode	mode	mode	
sync	-	-	-	Puffer auf Platte schreiben
tail	-	-	-	Ende eines Files ausgeben
time	-	-	-	Rechenzeit für die Ausführung eines
				Kommandos messen
touch	touch*	touch*	touch *	Time-Angabe eines Files setzen
umount	join	join	join	Filesystem abmontieren
uniq	-	-	-	Löschen hintereinanderliegender
				identischer Zeilen eines Files
vi	elvis*	elvis*	elvis*	Full-Screen-Editor vi
who	-	-	-	Ausgabe der aktiven User
wc	wc*	wc*	wc *	Zählen von Zeilen, Worten, Zeichen in Files
yacc	yacc*	yacc*	yacc*	Generierung eines Parsers

Daneben bestehen syntaktische Unterschiede, z.B. beim Verlangen nach Verarbeitung im Hintergrund, wo bei UNIX

$ kommando &

und bei OS/2

$ detach kommando

geschrieben wird. Bei MS-DOS ist dies sowieso nicht möglich.

Literaturverzeichnis

Lehrbücher über Systemprogrammierung und verwandte Gebiete

[Andleigh]   *Andleigh, Prabhat K.:* UNIX System Architecture, Prentice Hall, Englewood Cliffs 1990

[Bach]   *Bach, Maurice, J.:* The Design of the UNIX Operating System, Prentice-Hall, Englewood Cliffs 1986

[Berlage]   *Berlage, Thomas:* OSF/Motif und das X-Window System, Addison Wesley, Bonn 1991

[Bloomer]   *Bloomer, John:* Power Programming with RPC, O' Reilly & Associates, Inc, Sebastopol 1992

[DalCin1]   *Dal Cin, Mario:* Grundlagen der systemnahen Programmierung, Teubner-Verlag, Stuttgart 1988

[DalCin2]   *Dal Cin, Mario; Lutz, Joachim; Risse, Thomas:* Programmierung in Modula-2, Teubner-Verlag, Stuttgart 1986

[Dannegger]   *Dannegger, Christian; Geugelin-Dannegger, Patricia:* Parallele Prozesse unter UNIX, Carl Hanser Verlag, München-Wien 1991

[Davignon]   *Davignon, Bernhard:* UNIX C-Programmierung, te-wi-Verlag, München 1991

[Deitel]   *Deitel, Harvey M.:* Operating Systems, 2nd edition, Addison-Wesley, Reading 1990

[Dhamdhere]   *Dhamdhere, D.M.:* Introduction to System Software, Tat McGraw-Hill, New Dehli 1986

[Encarnacao]   *Encarnacao, Jose L.; Encarnacao, L. Miguel; Herzner, Wolfgang R.:* Graphische Datenverarbeitung mit GKS, Hanser-Verlag, München 1987

[Fairley]   *Fairley, Richard:* Software Engineering Concepts, McGraw-Hill, New York 1985

[Garfinkel]   *Garfinkel, Simson; Spafford, Gene:* Practical UNIX Security, O' Reilley & Associates, Inc., Sebastopol 1994

[Gulbins]   *Gulbins, Jürgen:* UNIX, Eine Einführung in Begriffe und Kommandos von UNIX - Version 7, bis System V.3, Springer Compass, Springer-Verlag, Berlin 1988

[Haviland]   *Haviland, Keith; Salama, Ben:* UNIX System Programming, Addison Wesley, Wokingham 1989

[Heuer]   *Heuer, Konrad:* Reichhaltige Auswahl, Shells im Überblick, iX 2(1996), S. 170-174

[Holub]   *Holub, Allen I:* Compiler Design in C, Prentice-Hall, Englewood
                 Cliffs 1990

[Horn]   *Horn, Thomas:* Systemprogrammierung unter UNIX, Verlag
                 Technik, Berlin 1994

[Horowitz]   *Horowitz, Ellis (ed.):* Programming Languages, A Grand Tour
                 (Third Edition), Computer Science Press, Rockville 1987

[Horton]   *Horton, Mark R.:* Portable C Software, Prentice Hall, Englewood
                 Cliffs 1990

[Johnson]   Johnson, Eric, F.; Reichard, Kevin: X Window Applications
                 Programming, MIS:Press, New York 1992

[Kernighan]   *Kernighan, Brian W.; Ritchie, Dennis M.:* Programmieren in C,
                 Mit dem C-Reference Manual in deutscher Sprache, Zweite
                 Ausgabe: ANSI C, Hanser-Verlag, München 1990

[Kofler]   Kofler, Michael: Linux, Installation, Konfiguration, Anwendung,
                 Addison-Wesley, Bonn 1995

[Krantz]   *Krantz, Jeffrey I.; Mizell, Ann M.; Williams, Robert L.:* OS/2,
                 Features, Functions and Applications, John Wiley & Sons, New
                 York 1988

[Leininger]   *Leininger, Kevin E.:* UNIX Developer' s Tool Kit, McGraw-Hill,
                 New York 1994

[Lewine]   *Lewine, Donald.:* POSIX Programmers Guide, O-Reilley &
                 Associates, Sebastopol 1991

[Linux]   *Hetze, Sebastian; Hohndel, Dirk; Müller Martin u.a.:* Linux
                 Anwenderhandbuch und Leitfaden für die Systemverwaltung,
                 UnetIX Softfair 1994

[Maddix]   *Maddix, Frank; Morgan, Gareth:* Systems Software, An
                 Introduction to Language Processors and Operating Systems, Ellis
                 Horwood, Chichester 1989

[Mehlhorn]   *Mehlhorn, Kurt:* Effiziente Algorithmen, Teubner-Verlag, Stuttgart
                 1977

[Miller]   *Miller, Webb:* A Software Tools Sampler, Prentice-Hall,
                 Englewood Cliffs 1987

[Nemeth]   *Nemeth, Evi, Snyder, Garth, Seebass, Scott:* UNIX System
                 Administration Handbook, Prentice Hall, Englewood Cliffs 1989

[Plauger]   *Plauger, P.J.:* The Standard C Library, Prentice Hall, Englewood
                 Cliffs 1992

[Petzold]   *Petzold, Charles:* Programming the OS/2 Presentation Manager,
                 Microsoft Press, Redmond 1989

[Polze]   *Polze, Christoph:* Softwareentwicklung mit UNIX, Hüthig-Verlag, Heidelberg 1990

[Richter]   *Richter, Lutz:* Betriebssysteme, Teubner-Verlag, Stuttgart 1985

[Ritchie]   *Ritchie, D.M.; Johnson, S.C.; Lesk, M.E.; Kernighan, B.W.:* The C Programming Language, Bell Technical Journal, July-August 1978, AT&T, reprinted in [Horowitz].

[Rochkind1]   *Rochkind, Marc J.:* Fortgeschrittene Bildschirmprogrammierung in C unter Unix und DOS, Carl Hanser Verlag, München 1989

[Rochkind2]   *Rochkind, Marc J.:* UNIX-Programmierung für Fortgeschrittene, Carl Hanser Verlag, München-Wien 1988

[Silberschatz]   *Silberschatz, Abraham; Peterson, James L.:* Operating Systems Concepts, Alternate Edition, Addison-Wesley, Reading 1988

[Schnupp1]   *Schnupp, Peter;* Von C zu C, Problemlos Portieren, Carl Hanser Verlag, München-Wien 1990

[Schnupp2]   *Schnupp, Peter;* Standard-Betriebssysteme, Handbuch der Informatik 6.2, Oldenbourg, München 1988

[Schreiner]   *Schreiner, Axel T.; Friedman, H. George:* Compiler bauen mit UNIX, Hanser-Verlag, MünchenWien 1985

[Stevens1]   *Stevens, W. Richard:* UNIX Network Programming, Prentice Hall, Englewood Cliffs 1990

[Stevens2]   *Stevens, W. Richard:* Programmierung in der UNIX-Umgebung, Addison-Wesley, Bonn 1995

[Tanenbaum1]   *Tanenbaum, Andrew S.:* Operating Systems, Design and Implementation, Prentice-Hall, Englewood Cliffs 1987

[Tanenbaum2]   *Tanenbaum, Andrew S.:* Structured Computer Organization (3rd. ed.), Prentice-Hall, London 1990

[Tanenbaum3]   *Tanenbaum, Andrew S.:* Moderne Betriebssysteme, Carl-Hanser-Verlag & Prentice-Hall, London 1994

[Thomas]   *Thomas, Rebecca; Rogers, Lawrence R.; Yates, Jean L.:* Advanced Programmers Guide to UNIX System V, Osborne McGraw-Hill, Berkley 1986

[Wait]   *The Wait Group's* MS-DOS Developer's Guide (second edition), Howard W. Sams & Company, Indianapolis 1989

Norm-Dokumente

[SVID]   *AT&T:* System V Interface Definition, Issue 2, Vol. 1 und 2, 1985

[POSIX]   *Technical Committee on Operating Systems of the IEEE Computer Society:* IEEE Trial-Use Standard Portable Operating Systems for Computer Environments (POSIX), 1986

[X/OPEN]   *The X/OPEN Group:* X/OPEN Portability Guide, Issue 2, Volume 1-5, Elsevier Science Publishers BV, Amsterdam 1987

[Ledgard]   *Ledgard, Henry:* Ada, An Introduction, Ada Reference Manual, Springer-Verlag, New York 1981

Hersteller-Dokumentation zu Betriebssystemen

[AT&T1]   *AT&T* UNIX System V User' s Reference Manual, Prentice-Hall, Englewood Cliffs 1987/1991

[AT&T2]   *AT&T* UNIX System V Programmer' s Reference Manual, Prentice-Hall, Englewood Cliffs 1987/1991

[MINIX]   *MINIX* 1.5 Reference Manual, Prentice-Hall, Englewood Cliffs 1991

[UNIX1]   *UNIX* System V/386 Programmer' s Guide, Prentice-Hall, Englewood Cliffs 1988

[UNIX2]   *UNIX* System V/386 Programmer' s Reference Manual, Prentice-Hall, Englewood Cliffs 1988

[UNIX3]   *UNIX SVR4.2 Documentation,* Programming with UNIX System Calls, Prentice Hall. Englewood Cliffs 1992

[MS1]   *Microsoft MS-DOS* 3.1 Operating System Programmer' s Reference Manual, Markt&Technik Verlag, Haar bei München 1986

[MS2]   *Microsoft Operating System/2,* Programmer' s Reference, Version 1.2, Vol. 1/4, Microsoft Press, Redmond, Washington 1989

[MS3]   *Microsoft* Operating System/2, Programming Tools, Version 1.2, Vol. 1-4, Microsoft Corporation 1989

Sachwortverzeichnis

/

/dev/console 265
/dev/tty01 265
/dev-Verzeichnis 264
/etc/getty 137
/etc/passwd 99

—

_exit 140,144

8

80X86-Assembler 19

A

a.out 51,53,56,57,73,75
abnormale Termination 158
abort 159
access 101
Ada 13,14,15,17,18,19,53,81
adb Kommando 62
addch 279
addstr 279
Administration 1
Advisory Locking 208
alarm 172
Alias 36,38,39
Anwendersoftware 1
Archiv-Utility ar 5,50,55,56,290
Assembler
 7,8,9,12,13,14,17,19,21,23,25,50,53,62

B

Baumstruktur 111
Betriebssysteme 1
Betriebssystemkern 189
Betriebssystemschnittstelle 81
Bildschirm 97
Bildschirmsteuerung 272
Block Special Files 134

Bootstrap-Block 131
box 288
Break-Wert 187
brk 186

C

C 15,82
C++ 16,52,53,62,72,81,82,289
Cache 133
Call 10
calloc 188
cat Kommando 31,48,134,151,216,217
cd Kommando
 40,43,48,49,112,118,119,154,272,315,326
 ,339
CGI 81
chdir 118
Child-Prozeß 138
chmod 102
chown 103
chroot 116
clear 284
Client-Server-System 208
close 88,195,204
closedir 121
Compiler 2
Compilerbau 72,77
CORE 81
Core Dump 158,159,165
creat 87,114,190
crmode 287
curses
 12,253,271,279,283,285,286,287,288,301

D

Datenbanksystem 234
Daten-Blöcke 132
dbx 54,62,63,66,67,158
dbxtool 62,63,67
Debugger
 1,13,50,53,54,61,62,63,67,158,290
Default-Aktion bei Signal 161
delch 284
Dienstprogramme 1,5

P

Parameter 143
Parent-Prozeß 138
Parser 72,73,75,76
Pascal 11,13,14,16,17,22,53,62,68,72,181
Paßwort-File 99
pause 170
pclose 203
Peripheriegeräte 133
perror 84
Pfadname
    40,43,48,103,110,116,117,118,126,127,
    136,142,143,205,314,315
PHIGS 81
Pipe 31,90,92,98,166,190,193,194,195,196,
    197,198,199,200,201,202,203,204,205,
    227,299,328,346
PL/I 14,262
Plattenpartition 134
Plattenplatz 1
popen 203
P-Operation 189
Portabilität
    12,17,22,36,81,132,279,289,293,300,303
Portabiltät von Entwicklungstools 289
POSIX 81
Präprozessor 51,52,53,54
printw 279
Programmierstil 23
Prozeß 28,137,152
Prozeß-Attribute 139,152
Prozeßbeendigung 336
Prozeß-Gruppe 152
Prozeß-Gruppen-Führer 153
Prozeß-Hierarchie 136
Prozeß-Kommunikation 188
Prozeß-Manipulation 137
Prozessor-Verwaltung 5
Prozeß-Priorität 157
Prozeß-Tabelle 29,136
Prozeßüberlagerung 140
Prozeß-Verwaltung 5,28
putenv 154

R

raise 160
Random-Zugriff 92
read 89,91,122,134,195,204,264,265
readdir 121,123
readlink 96

Read-Only-File-System 132
Read-Only-Text-Segment 138
reale Groupid 154
reale Userid 154
realloc 188
Record Locking 100,208
refresh 279
remove 94
rename 292
Return-Wert 86
rewinddir 123
rmdir 126
Root Directory 116,139,144

S

sbrk 187
Scanner 72,73,77,327
Scheduler 30,152
Scheduling 27,30,140,152
Schichtenmodell 6
Schreibsperre 210
seekdir 124
Segmente 140
Semaphor
    189,190,193,227,228,229,230,234,260,
    342,345,349,353
semctl 229
semget 227
semop 228
sequentieller Lesemechanismus 91
setgid 155
setjmp 181
setpgrp 152,171
setuid 155
Shared Memory 230
Shell 30
shmat 232
shmctl 233
shmdt 232
shmget 231
sigaction 173,178,184
sigaddset 174
sigdelset 174
sigemptyset 174
sigfillset 174
SIGINT-Signal 162
sigismember 175
SIGKILL-Signal 158
siglongjmp 184
Signal 158,161,178
Signal fangen 161